中国改革开放史料丛书

科技体制改革

穆荣平　眭纪刚　主编

中国工人出版社

“中国改革开放史料丛书”
编委会

总序

铭记改革开放历史
奋进新时代新征程

历史是一面镜子，也是一部教科书。重视历史，研究历史，借鉴历史，是中华几千年文明的一个优良传统。当代中国是历史中国的延续和发展，书写着中国人民和中华民族不懈奋斗的宏伟篇章。历史的无穷魅力在于包含了大量丰富的史料。史料是保存历史、记述历史、再现历史的基本素材和重要依据。重视历史的学习、研究和传承，必须重视史料的收集、整理、汇辑。

改革开放是中国人民和中华民族发展史上一次伟大革命，正是这场伟大革命推动了中国特色社会主义事业的伟大飞跃。1978 年底，中国共产党召开具有重大历史意义的十一届三中全会，开启了改革开放历史新时期。从那时以来，中国共产党带领全国人民以一往无前的进取精神和波澜壮阔的创新实践，谱写了壮丽史诗。改革开放 40 多年来，从农村到城市，从生产到投资、流通、分配、消费，从所有制结构到企业形式，从经济领域到生产关系和上层建筑的某些环节，都进行了系统和全面改革，成功实现了从高度集中的计划经济体制到充满活力的社会主义市场经济体制的伟大历史性转变；对外开放从建立经济特区到沿海、沿江、沿边，从东部到中西部地区，再到加入世界贸易组织，从大规模“引进来”到大踏步“走出去”，成功实现了从封闭半封闭到全方位开放的伟大历史性转变。我们在深化经济体制改革的同时，不断深化政治体制、文化体制、社会体制、生态文明体制改革和其他领域改革，不断推进国家治理体系和治理能力现代化。在改革开放推动下，我国经济和社会发展取得了举世瞩目的辉煌成就，实现了人民生活由温饱不足到小康宽裕的伟大历史性转变。事实雄辩地证明，改革开放是决定当代中国前途命运的关键一招，是当代中国发展进步的动力之源，是大踏步赶上时代前进步伐的重要法宝，为实现中华民族伟大复兴提供了充满新活力的体制保障和快速发展的物质条件，中华民族迎来了从站起来、富起来到强起来的伟大飞跃。

现在，我国在广袤大地上全面建成小康社会，正阔步迈向全面建设社会主义现代化国家的新征程。在庆祝中国共产党成立 100 周年大会上，习近平总书记强调，“以史为鉴，可以知兴替。我们要用历史映照现实、远观未来，从中国共产党的百年奋斗中看清楚过去我们为什么能够成功、弄明白未来我们怎样才能继续成功，从而在新的征程上更加坚定、更加自觉地牢记初心使命、开创美好未来”。改革开放以来的岁月将彪炳于中华民族发展的壮丽史册。40 多年来，中国共产党从理论到实践的伟大创造，探索和积累的宝贵经验是党和人民弥足珍贵的精神财富，对于新时代坚持和发展中国特色社会主义有着极为重要的指导意义，应当倍加珍惜。

2022年，党的二十大召开。“中国改革开放史料丛书”的出版，为了铭记改革开放以来的光辉历史过程，收集、保存、传承40多年的宝贵历史资料，也为了以实际行动落实党中央关于加强改革开放史教育的部署要求，展示改革开放历史的史料价值。

这套丛书共有20卷。分别是：《中国社会主义市场经济体制形成与发展》《计划投资体制改革》《农业农村改革》《对外开放》《行政体制改革》《财政税收体制改革》《价格体制改革》《经济特区发展》《城市改革与发展》《国有企业改革》《金融体制改革》《教育体制改革》《收入分配改革》《科技体制改革》《外贸体制改革》《商品与要素市场改革》《就业体制改革》《社会保障体制改革》《民营经济发展》《改革开放大事记》，力求从不同领域、不同角度，全面、系统、客观记录我国改革开放40多年的历史进程，重点收录具有重要价值的史料，特别是历史文献、重要人物和事件、实物和口述史料，以期在服务全面深化改革开放事业、加强改革开放史研究和教育中提供参考、发挥作用。

这套丛书的各卷主编和参与者大多是相关领域知名的专家学者，也是我国改革开放的亲历者、见证者。丛书集结了他们长期亲历和研究我国改革开放的重要成果，凝聚了他们对改革开放伟大事业的深厚情怀和责任担当。中国工人出版社对这套丛书的出版给予了大力支持，集全社之力，不舍昼夜，为本书如期付梓出版不辞辛劳；中国（海南）改革发展研究院作为30多年如一日勇立改革开放潮头、以建言改革为己任的改革智库，为此书的策划、组织和出版作出了重要贡献，彰显出改革智库记录好、传播好改革开放历史的初心使命。我作为这套丛书的编委会主任，在此向为本套丛书付出艰辛努力的各位编委会成员、作者，对中国工人出版社的领导、编辑表示由衷的敬意和感谢！

这套丛书内容时间跨度大，涉及领域多，涵盖方面广，力图史料全面、翔实、准确，任务艰巨。由于时间较紧，难免有不足之处，恳请读者批评指正。

魏礼群

2024年3月

前言

科学技术是第一生产力，创新是引领发展的第一动力。但科技活力的释放、创新驱动作用的发挥，需要一个合适的科技体制和制度环境。“周虽旧邦，其命维新。”为了解放科技生产力，我国科技体制不断改革，为科技创新创造良好环境。

1978 年 3 月召开的全国科学大会，迎来了“科学的春天”。伴随着经济体制改革的浪潮，我国的科技体制改革也拉开了序幕。通过科技拨款制度、“稳住一头、放开一片”方针、“面向依靠”方针和科研院所转制、建设国家创新体系、建设创新型国家、实施创新驱动发展战略等一系列改革措施，我国不断改善科技发展环境，使生产关系不断适应生产力的发展。经过 40 多年的持续改革，我国科技资源配置不断优化、科技政策体系更加完善、国家创新体系更加健全、科研人员创新活力不断激发、创新能力不断提升，为实施创新驱动发展战略和建设科技强国奠定了重要基础。

当前，新一轮科技革命与产业变革正在兴起，世界处于百年未有之大变局，我国处于发展方式转换期，更需要坚持创新在现代化建设全局中的核心地位。党的二十大报告和《中华人民共和国国民经济和社会发展第十四个五年规划和2035年远景目标纲要》都对科技创新进行了专章部署，强调科技体制改革对于科技创新的重要作用。“雄关漫道真如铁，而今迈步从头越。”为进一步加快科技体制改革，未来需要深入贯彻落实党中央关于创新驱动发展战略的系列重大部署，以提高科技创新治理体系与治理能力现代化为核心，加快国家创新体系转型与变革，在科技创新环境、创新主体能力、创新组织模式、区域创新布局、国际合作开放等方面实现新突破，为建设世界科技强国和高质量发展提供强有力的制度支撑。

本书内容分为两大部分：“历程篇”系统梳理了我国科技体制改革在不同阶段面临的形势、改革的主要举措以及产生的成效；“史料篇”汇总了我国颁发的与科技体制改革相关的政策规章，科技体制改革过程中重要的期刊文献摘要，以及反映科技体制改革的重要著作介绍。整理形成中国科技体制改革史料索引，并记录了1978年以来科技体制改革的大事记。通过这些史料汇编，一方面记录我国科技体制改革的历程；另一方面也为读者研究相关历史提供较为全面的资料。

本书是由中国科学院原创新发展研究中心的师生共同编写完成的。其中，穆荣平研究员负责全书的总体设计以及总论和第1、2章撰写，眭纪刚研究员负责总论和第3至6章的撰写以及著作介绍和全书统稿工作，张林林负责第1、2章的初稿撰写、部分政策文件的收集以及中国科技体制改革大事记的整理工作，魏莹、张一民、黄筠怡、孙禧洋负责政策文件、法律规章、史料索引的整理工作，陈熹微负责期刊文献摘要的整理工作。我们对团队成员的辛勤付出表示感谢。本书编委会也对中国（海南）改革发展研究院和中国工人出版社的精心组织策划表示感谢。当然，中国科技体制改革相关史料浩如烟海，因为编写时间紧迫难免有所遗漏，且受篇幅所限，我们只能选择在科技体制改革过程产生重要推动作用的史料，恳请读者提出宝贵意见和建议。

穆荣平、眭纪刚

2024 年 12 月 6 日

目录

第一部分
历程篇

第二部分
史料篇

CHINA'S REFORM AND OPENING UP

第一部分

历程篇

总 论
科技体制改革历史、成就与展望

▼

科技体制对于促进科技活动、提高科研效率、增强科研活动的社会效益有着重要的意义。这就要求国家的科技体制能充分反映科学技术领域的内在联系和新变化，对不合理的科技体制进行不断改革，使各类科技创新主体相互协同，提升国家科技创新能力和创新系统整体效率。改革开放以来，我国根据不同时期科技经济社会发展的不同需求，对科技体制进行不断改革，有力促进了科技经济发展。当前，新一轮科技革命与产业变革对我国科技体制提出了新的挑战，改革不适应时代要求的科技体制，建立新的科技体制，增强国家的科技实力向现实生产力转化的能力，成为我国在新时代的迫切需要。

一、我国科技体制改革主要阶段与取得的成就

改革开放以来，我国科技体制改革的脚步从未停歇，一直在努力探索解放和发展科技生产力的最优道路。科技体制改革始终与国家科技经济社会整体发展目标紧密联系在一起，不同阶段的改革都强调科技与经济相结合，但是在不同阶段，改革的重点和措施有所不同，如早期的改革重点是微观领域的科研机构改革，激发科研人

员积极性，后来转向国家创新体系建设，推动企业成为技术创新主体，提高自主创新能力，自 2012 年以来，我国科技体制改革围绕创新驱动发展战略展开。

（一）恢复重建阶段（1978—1985 年）

1978 年以后，我国进入一个新的社会转型期。1978 年 3 月，全国科学大会明确提出，科学技术是第一生产力，知识分子是工人阶级一部分，四个现代化的关键是科学技术现代化，自此迎来了“科学的春天”。这一时期的改革举措首先是恢复重建科研组织和科技活动，提升广大科技工作者的地位，并对建立适应经济发展的科技体制改革进行探索。

党的十一届三中全会以后，随着党的工作重心逐渐转向经济建设，原有科技体制已经不适应经济发展的要求，科技体制改革的呼声越来越高。1984 年 10 月，党的十二届三中全会提出了一系列重要的思想，如改革计划体制、减少指令性计划和增加指导性计划、大力发展商品经济、加大企业自主权、提倡自由竞争等。同时，会议还通过《中共中央关于经济体制改革的决定》，确定了经济体制改革的方向、性质、任务和方针政策。随着经济体制的改革，原有科技体制下科技与经济“两张皮”的弊端日益显现，科技体制改革逐渐被提上日程。经济体制改革对科技体制改革起到了重要的导向和启示作用，科技界开始思考科技工作应该做怎样的调整变化才能适应经济体制改革的需要，促进科学技术加快发展，也促进科技和经济加快结合、紧密结合。

（二）改革启动阶段（1985—1992 年）

1985 年 3 月，中共中央发布《关于科学技术体制改革的决定》，正式启动了科技体制改革。党中央明确提出，科技体制改革的根本目的是，使科学技术成果迅速、广泛地应用于生产，使科学技术人员的作用得到充分发挥，大大解放科学技术生产力，促进经济和社会的发展，并对科技管理机制、科技拨款制度等方面的改革做出了明确的指示，标志着我国科研机构改革进入了有领导、有组织、有计划的全面实施阶段。

这一阶段科技体制改革的中心任务是通过宏观调控和资源分流着力解决科技与经济“两张皮”问题，实现科技与经济协调发展，加速推进科技与经济一体化。1987 年 10 月，党的十三大召开，这次会议的中心任务是加快和深化改革，要进一步确定今后经济建设、经济体制改革和政治体制改革的基本方针，也对科技体制改革提出了新的要求。1988 年 5 月，国务院印发《关于深化科技体制改革若干问题的决定》，提出要进一步建立科技与经济紧密结合的机制，加快和深化科技体制改革。在“经济建设必须依靠科学技术、科学技术工作必须面向经济建设”战略方针和“科技长入经济”思想的指导下，改革主要从组织结构、拨款制度、人事制度等方面开展。

（三）科教兴国阶段（1992—1998 年）

以 1992 年邓小平“南方谈话”和同年召开的党的十四大为标志，我国进入建设社会主义市场经济体制阶段。为了适应新形势，我国科技界在全面总结上一阶段科技体制改革成功经验的基础上，提出了“稳住一头、放开一片”的改革方针，即稳住基础性研究、基础性技术工作和科技人员这支队伍，同时放开、放活技术开发机构、社会公益机构和科技服务机构，面向社会、面向经济建设，开始了以结构调整、人才分流、机制转变为重点的系统改革试点工作。1995 年 5 月，全国科学技术大会提出了科教兴国战略，即全面落实科学技术是第一生产力的思想，坚持教育为本，把科技和教育摆在经济、社会发展的重要位置，增强国家的科技实力及向现实生产力转化的能力，提高全民族的科学文化素质，把经济建设转移到依靠科学技术进步和劳动者素质的轨道上来，加速实现国家的繁荣强盛。此后，我国又出台一系列的法律、规定和政策，设立“攀登计划”、“重点基础研究发展计划”（即“973 计划”），实施“211 工程”“技术创新工程”等，进一步深化科技体制改革。在这一阶段，在“发展高科技、实现产业化”思想的指导下，企业创新地位不断提高，各地政府积极营造有利于各类民营科技企业和高新技术产业发展的政策环境。

（四）建设国家创新体系阶段（1998—2006 年）

1998 年初，党中央对中国科学院提交的报告“迎接知识经济时代 建设国家创新体系”做出重要批示，提出要建设中国的国家创新体系。随后，党中央、国务院做出重大决策，决定由中国科学院率先开展知识创新工程试点，探索建立中国特色国家创新体系。同年，党中央开始实施旨在重点支持北京大学、清华大学等部分高等学校创建世界一流大学和高水平大学的“985 工程”。

1999 年 8 月召开的全国技术创新大会，正式提出把完善和发展国家创新体系作为一项长期战略任务。2002 年 11 月，党的十六大把加强国家创新体系建设与经济发展并列，标志着科技体制改革和科技政策进入国家创新体系阶段。

1998 年 5 月，国务院印发《关于深化科技体制改革若干问题的决定》，要求科技体制改革必须从我国处于社会主义初级阶段的基本国情出发，科技创新要以促进生产力发展为首要目标，加强经济发展与科学技术之间的衔接。这一阶段科技体制改革的核心和主要政策导向是提高企业创新能力，构建以企业为核心、产学研互动的技术创新体系。各级政府纷纷出台了一系列的促进科技体制改革、科研机构转型的政策，旨在提升企业科技创新的能力。为了减少独立的国家部门所属应用研究机构，鼓励企业建立自己的研发机构，1998 年以后，国家部委所属 376 个技术开发型研究院所分两批进行整体企业化转制。

（五）建设创新型国家阶段（2006—2012 年）

2006 年 1 月，我国先后发布实施《中共中央 国务院关于实施科技规划纲要增强自主创新能力的决定》《国家中长期科学和技术发展规划纲要（2006—2020）》，提出到 2020 年进入创新型国家行列的发展目标，明确了科技体制改革的重要方向和主要任务。2006 年 2 月，国务院发布实施《国家中长期科学和技术发展规划纲要（2006—2020 年）》的若干配套政策，初步形成了“提高自主创新能力，建设创新型国家”的科技政策体系框架。此后，国家有关部门先后出台 78 项配套政策的实施细则，各省（区、市）先后出台 1500 多个政策落实文件，进一步细化配套政策的可操作性和针对性，着力形成推进中长期科学和技术发展规划纲要实施的政策迭代优化制度环境。

2012年9月，中共中央、国务院印发《关于深化科技体制改革加快国家创新体系建设的意见》，对《规划纲要》在实施过程中出现的新问题进行了补充，提出“十二五”时期我国科技体制改革的主要目标。在这一阶段，改革主要从企业技术创新主体地位、提高创新体系整体效能、改革各级管理体制、完善人才发展机制、创造良好创新环境等方面深入推进。

（六）创新驱动发展阶段（2012—2021年）

2012年11月，党的十八大提出实施创新驱动发展战略，要“深化科技体制改革，推动科技和经济紧密结合，加快建设国家创新体系，着力构建以企业为主体、市场为导向、产学研相结合的技术创新体系”[①]。2013年11月，党的十八届三中全会通过《中共中央关于全面深化改革若干重大问题的决定》，并专门阐述了深化科技体制改革相关问题，进一步明确新时期深化科技体制改革的目标，即摒除深层次的体制机制障碍，提高自主创新能力，以创新驱动经济和社会发展，完善国家创新体系，建设创新型国家。2015年3月，中共中央、国务院印发《关于深化体制机制改革加快实施创新驱动发展战略的若干意见》，从营造公平的竞争环境、强化金融支持、建立市场导向机制、激励成果转化、完善科研体系、加快人才培养和流动、推动开放创新、加强统筹协调等8个方面，提出了30条改革措施，旨在让创新资源更合理配置，激发全社会创新

---

① 胡锦涛：《坚定不移沿着中国特色社会主义道路前进　为全面建成小康社会而奋斗——在中国共产党第十八次全国代表大会上的报告》，北京：人民出版社，2012年版，第21页。

活力。这一时期科技体制改革的主要特征是在破除长期制约科技创新发展体制机制障碍上，构建与创新驱动发展战略实施相适应的体制机制，充分激发全社会创新创业活力，在改革过程中以“立”为主，充分发挥科技创新在经济社会发展中的支撑引领作用，为建设世界科技强国构建长远制度基础。

由此可以看出，我国科技体制改革经历了从计划经济体制向市场经济体制转型的巨大转变过程。从改革任务来看，早期的改革是试图突破计划经济中形成的科技体制，后期改革任务扩延至建设国家创新体系；从改革领域来看，早期改革更多侧重于微观运行机制，而后期改革主要是在宏观管理体制和机制上有所变革；从改革重点来看，从面向科研院所、高等院校的重点突破或单项推进，深化至推动企业成为创新主体，更关注创新体系的整体推进；从政策工具来看，早期改革更多关注单项政策指导，后期则希望建立起基本的制度和政策体系。特别是党的十八大以后，科技体制改革按照创新驱动发展战略要求，主动进行改革部署，加强顶层设计，强调发挥科技创新在全面创新中的核心作用，甚至发挥科技体制改革在全面深化改革中的突破带动作用，改革更加系统，措施更加有力，实现科技创新治理现代化、构建适应创新驱动发展要求的改革方向更加明确，向着既符合市场经济发展要求、科技创新基本规律，又有利于推动创新驱动发展的目标稳步推进。

（七）我国科技体制改革取得的成就

经过 40 多年坚持不懈的改革，党中央、国务院围绕科技体制改革密集出台系列政策措施，体制机制改革的力度逐步加大，一些长期以来制约科技发展的核心问题和障碍得到了突破和解决，我国科技体制改革取得了重大进展和明显成效。

一是科技政策体系日益健全。从中央政府和各部门制定的科技体制改革措施和相关政策来看，科技体制改革目前已经形成了涵盖创新宏观管理体制、科技资源配置机制、产学研合作、成果转化机制、人才培养机制、科研管理机制、激励机制、评价机制和风险机制系统的改革措施；同时，也进一步完善了财政、税收、金融、人才、对外合作、产业发展等多方面政策措施。《中华人民共和国专利法》《中华人民共和国科学技术进步法》《中华人民共和国促进科技成果转化法》等法律的相继颁布和修订，科技创新法律法规体系基本形成。总体来看，我国初步建立了实施创新驱动发展战略、应对科技革命和产业变革要求的新型科技政策体系。

二是宏观管理体制不断完善。我国通过体制机制改革，优化了科技体制的顶层设计，持续推进科技管理部门设置和职能改革，主管部门从过去主抓项目管理转为战略规划与宏观调控，科技管理体制更加完善。科技管理和运行机制发生了重要转变，改变了主要依靠行政手段管理科技工作的局面，市场配置科技创新资源的基础性作用日益突出。注重科技资源的系统谋划和前瞻性布局配置，着力完善财政支持创新机制，改变科研项目资助模式，竞争择优成为科技资源配置的主要方式，创新资源配置更加优化。在政府与市场、中央与地方、科技与经济社会发展的关系处理上形成了具有中国特色的科技创新治理模式。

三是科技创新主体结构优化。经过不断的科技体制改革和创新体系建设，我国科技创新主体结构得到优化，改变了过去以科研机构为主的研发格局，形成了科研院所、高校、企业和科技中介机构等各具优势和特色的多元化创新主体格局，结构布局得到重大调整。改革开放以来，企业的创新主体地位不断上升，已成为研发投入和技术创新的主体；高校是以人才培养和基础研究为主要使命的创新主体；科研机构则是以国家战略使命和行业发展需求为导向的创新主体。同时，各类新型研发机构不断涌现，兼具科学研究、技术开发和产业孵育发展职能，成为创新体系的有益补充。

四是科技创新能力大幅提升。科技体制改革以来，我国科技发展成就显著。全社会研发支出从 2012 年的 1.03 万亿元增长到 2021 年的 2.79 万亿元，研发投入占GDP的比重从 1.98%增至 2.44%，超过欧盟平均水平；科研人员数量、科学论文产出、专利申请量和授权量位居世界第一。世界知识产权组织发布的《2021 年全球创新指数报告》显示，我国全球创新指数从 2012 年的全球第 34 位跃居 2021 年的第 12 位，已经进入创新领导者行列。总体来看，我国科技创新已进入世界主要国家中游水平，部分重点和关键领域已接近或达到国际先进水平，为创新发展奠定了坚实基础。

五是创新驱动发展成效显著。创新驱动发展战略实施以来，科技创新为经济社会发展和民生改善提供了有力保障。我国涌现出一批国际知名创新型企业，掌握了一批具有自主知识产权的技术，装备制造能力和技术创新能力快速提升，促进了一批高新技术产业迅速崛起。集成电路制造技术步入自主发展快车道，自主研发的 3.0T超导磁共振达到国际先进水平，渤海粮仓科技示范工程的各项技术被广泛推广应用，取得“超级稻”、转基因抗虫棉、重型拖拉机等重要成果。我国的高铁、核电、卫星导航、5G移动通信、特高压输变电、高难度的油气田、长距离的燃气运输、大型化工装备等技术都逐渐成熟，在世界处于领先地位。

二、对未来深化科技体制改革的建议

新一轮科技革命与产业变革正在蓬勃发展，国际局势也处于百年未有之大变局，既为我国科技发展带来了重大机遇，也给我们提出了严峻挑战。要发挥科技创新的战略支撑作用，必须深化科技体制机制改革，坚定不移实施创新驱动发展战略，推动科技创新和经济社会发展深度融合，为科技自立自强和高质量发展提供制度保障。

（一）建设高效协同的创新治理体系，强化国家战略科技力量建设

探索建立政府引导，科学家、企业家、社会公众多元主体共同参与，国家与企业、社会力量各司其职、密切合作的创新治理模式。建立国家科技宏观决策机制，在科技决策中充分发挥科技创新咨询委员会、各类智库和社会各界的积极作用。深化行政体制改革，转变政府科技管理职能，政府部门从直接管理具体项目转为主要负责科技发展战略、规划、政策、布局、评估和监督，探索建立符合创新规律的政府管理制度。建立功能完备的创新发展政策体系，促进科技政策、创新政策、产业政策、贸易政策、竞争政策、教育政策的有机融合。

在空天海洋、信息网络、人工智能、能源资源、智能制造、卫生健康等战略必争领域，加快建设一批新的国家实验室，显著提升我国战略安全领域自主创新能力。推动建设世界一流的科研院所、高水平研究型大学、创新型领军企业，超前布局前瞻性基础研究和前沿引领技术研究开发任务。加快重大科技基础设施集群建设，优

先发展对突破关键领域“卡脖子”技术和经济社会发展有重大影响的多学科共用平台型设施。系统整合国家研究中心、国家重点实验室、国家技术创新中心等创新平台。

（二）建设以企业为主的产业创新体系，建立关键核心技术攻关的新型举国体制

依托创新型企业布局建设一批国家技术创新中心，引导有条件的企业加大应用基础研究和前沿引领技术开发投入。依托特色优势创新型企业布局建设国家产业创新中心、国家制造业创新中心、国家工程研究中心等产业创新平台，加强以国家企业技术中心为核心的企业技术创新体系建设，引领产业创新驱动转型发展。构建行业领军创新型企业主导，大学、科研院所有效参与的产业创新联合体，系统布局产业创新链，确保战略领域技术自主可控。支持行业领军企业主导的产业研发体系全球化布局，强化行业领军创新型企业的国际竞争力，深度融入全球产业创新网络。

在事关全局和长远利益的战略领域建立核心技术攻关的新型举国体制，科学统筹、集中力量、优化机制、协同攻关，着力提升我国综合竞争力、保障实现国家安全的创新发展体制安排。着眼于国家战略目标，在重点领域加快启动和实施国家科技重大专项，实现关键共性技术、前沿引领技术、颠覆性技术的重大突破。在关系长远发展和国家安全的重点领域，建立战略（产业）技术联盟，加强政产学研协同创新，力争取得重大创新成果，为国家安全、经济社会可持续发展提供强大支撑。

（三）完善市场导向科技创新生态环境，加快建设高水平创新人才队伍

在劳动力市场、知识技术、资本流动、产权保护、市场竞争等多个领域建立合理的市场环境，发挥市场对技术研发方向、路线选择、要素价格、创新资源配置的导向作用。充分发挥国内超大规模市场优势，创造有利于新技术快速大规模应用和迭代升级的场景，加速重大创新的市场选择。营造公平竞争环境，加大反垄断力度，放松市场准入条件，激发企业创新的内生动力，使创新成为企业的自发需求。鼓励多种技术方案之间的竞争，开辟全新技术轨道，实现换道超车。改善企业融资条件，完善风险投资机制，解决中小型企业融资难问题。加大知识产权保护力度，确保创新收益。

在重大研究实验协同创新实践中发现和培养造就世界级战略科学家、科技领军人才、青年科技人才，把握和引领未来世界科学技术发展方向。加快推进“双一流”大学建设，扩大高校教学科研自主权，为创新发展培养高层次研究型人才。建立技能型大学，大力提升职业教育水平，形成人才培养梯队，为产业发展输送高技能人才。深入推进和落实科研评价体系改革，鼓励交叉学科研究，促进理论研究涌现更多重大原创成果，为人类知识作出原创性贡献；工程技术类专业应面向技术和市场开展科研，提升解决核心技术问题、服务经济发展的能力。

在新的时代背景下，知识、人才、信息、资金、技术等创新要素和科技资源已突破国家边界，加速在全球范围内流动和配置，开放与合作创新成为必然选择。应抓住全球创新多极化趋势和机遇，大力推进我国与主要创新型国家之间的合作。另外，只有拥有强大

的自主创新能力，才能更好地利用外部资源，掌握创新发展的自主权。在开放创新中，合理有效利用全球科技资源和市场，建立与国际规则相适应的体制机制与政策环境；主动设置和发起全球性创新议题与国际合作计划，共同探索人类未知领域，共同应对粮食安全、能源安全、环境污染、气候变化以及公共卫生等全球性挑战。

第一章
开放视野下科技体制改革探索（1978—1985年）

▼

我国科技体制整体上是在计划经济体制下孕育发展形成起来的。改革开放之初，科技体制改革实践总体上纳入经济体制改革范畴，计划经济与市场经济基本规则差异引发了改革实践者一系列观念冲突乃至对科技体制改革方向的争论。1978年3月，全国科学大会召开，标志着我国科技事业发展迎来了“科学的春天”。1981年4月，中共中央、国务院转发国家科委《关于我国科学技术发展方针的汇报提纲》，要求科学技术应当与经济、社会协调发展，并把促进经济发展作为首要任务。1982年，党中央提出了“经济建设必须依靠科学技术，科学技术必须面向经济建设”的方针。在这一时期，科技体制改革试点探索主要从解放思想、恢复重建科技管理体制、资源配置引入市场竞争机制和扩大科技人才队伍方面，试点探索科技与经济结合的科技体制改革的大方向。

第一节　改革前科技体制形成与基本特征

新中国成立至1977年，科技体制在改革探索中不断调整。从1949年11月成立中国科学院并赋予其全国科学技术管理行政职能，到组建中国科学院学部，成立国家科学技术委员会和中国人民解放军国防科学技术委员会，初步确立了国家科学技术管理行政体制和全国学术领导核心。1970 年 7 月，国家科学技术委员会和中国科学院合并，1977 年 9 月重建国家科学技术委员会和 1977 年 11 月成立中央军委科学技术装备委员会，中国科学院回归全国科学技术研究中心和国家自然科学学术机关定位，标志着改革前的国家科学技术管理体制的确立。

一、新中国成立之初的国家科技体制

成立中国科学院，行使国家科学技术行政管理职能。1949 年 9 月 27 日，中国人民政治协商会议第一届全体会议一致通过《中华人民共和国中央人民政府组织法》，明确在政务院下设立“科学院”，主持其负责的国家行政事宜，并受政务院文化教育委员会指导，包括对“科学院”颁发决议和命令，并审查其执行。1949 年 9 月 29 日，中国人民政治协商会议第一届全体会议通过了起临时宪法作用的《中国人民政治协商会议共同纲领》，在第五章“文化教育政策”部分第四十三条明确规定，努力发展自然科学，以服务于工业农业和国防的建设。奖励科学的发现和发明，普及科学知识。[①] 1949 年 10 月 19 日，中央人民政府委员会第三次会议任命郭沫若为中国科学院院长，陈伯达、李四光、陶孟和、竺可桢为中国科学院副院长。1949 年 11 月 1 日，中国科学院正式对外办公并以

① 《中国人民政治协商会议共同纲领》，北京：人民出版社，1953 年版，第 15–16 页。

此为成立日，标志着国家科技体制初步形成。

强化中国科学院全国科学技术管理和科学研究中心功能。1950年3月23日，政务院文化教育委员会批准《中国科学院1950年工作计划纲要（草案）》，6月14日以《中央人民政府政务院文化教育委员会郭沫若主任关于中国科学院基本任务的指示》下达给中国科学院，明确中国科学院工作的基本方针：按人民政协共同纲领规定的文化教育政策，改革过去的科研机构，以期培养科学建设人才，使科学研究真正服务于国家的工业、农业、保健和国防事业的建设。中国科学院的基本任务：一是确立科学研究方向；二是科学研究人才的培养与合理分配；三是科学研究机构的调整与充实。建院之初，中国科学院机关设办公厅，研究计划局、国际联络局、出版编译局，逐步形成了国家科技管理体制机制。1951年3月5日，周恩来签发政务院关于科学研究工作的指示，明确提出：一是各部门举行的各种专业会议，凡与科学研究有关者，应邀请科学院派专人参加。二是各部门科学研究机构制定研究计划时应与科学院取得联系，并定期报告研究情况，以使科学院对全国科学事业有全面了解。三是科学院应注意有系统地宣传国内外科学研究成果，并建议有关部门采用或者共同研究。四是科学院应注意有系统地调查生产部门对科学研究的需要，并力求使全国科学研究满足这些需求。1954年3月8日，中共中央批准中国科学院党组于1953年11月19日呈送的《中国科学院党组关于目前科学院工作的基本情况和今后工作任务给中央的报告》，在《中央对科学院党组报告的批示》（以下简称“批示”）中明确：科学院是全国科学研究中心，除了应以主要力量组织本院的科学研究工作之外，还必须密切联系全国科学工作者，协助各方面的科学研究工作。

明确全国科学研究力量分工合作与管理机制。“批示”提出要建设以中国科学院为中心、包括高等学校和各生产部门科学研究机构在内的全国科学研究工作体系。科学院主要研究基本科学理论问题和解决对于国民经济具有重要意义的关键性的科学问题。生产部门科研机构主要是解决生产中的实际技术问题。高等学校则视具体条件研究基础的科学理论或实际生产中的科学问题。国家计划委员会应负责审查上述三方面的科研计划，以便解决科学研究和生产实践相结合的问题以及各方面在科研工作中的分工与配合问题。

二、国家科技行政学术管理体制确立

强化中国科学院全国学术领导和高层次科学人才培养与激励功能。1954 年 6 月 3 日，中国科学院为建立学部设立了物理学数学化学部筹委会、生物学地学部筹委会、技术科学部筹委会、哲学社会科学筹委会，主要任务是制定科学工作发展的长远计划和目前计划，组织全国科学力量，充分运用和发挥各单位的特长，用以解决国家建设的重要任务。1955 年 6 月 1 日至 10 日，中国科学院学部成立大会在北京召开，6 月 3 日周恩来签发国务院令，公布学部委员名单，进一步明确了中国科学院作为全国学术领导机构的职能。1955 年 8 月，周恩来总理签发《中国科学院研究生暂行条例》和《中国科学院科学奖金暂行条例》，一方面加快培养高级科学人员，另一方面激发科学家创造热情，是建立国家研究生培养和科技奖励制度的重要探索。1956 年 1 月 14 日，周恩来代表党中央作《关于知识分子问题的报告》，强调“用极大的力量来加强中国科学院，使它成为领导全国提高科学水平、培养新生力量的火车头”。[①]

探索国家科学技术行政管理体制改革，打造全国统一的科学研究工作体系。1954 年 9 月 21 日，全国人大第一次会议通过《中华人民共和国国务院组织法》，中国科学院不再列为政府部门，1954 年 11 月 10 日，国务院发出《关于设立、调整中央和地方国家行政机关及其有关事项的通知》，原政务院所属的中国科学院不再作为国务院的组成部分，但工作仍受国务院指导，有关工作与国务院第二办公室联系。1956 年 3 月 14 日，国务院成立科学规划委员会，负责领导制定 1956 年至 1967 年全国自然科学和社会科学十二年长期规划。1956 年 5 月，第一届全国人民代表大会常务委员会第四十次会议决定成立国家技术委员会，主管国家技术进步和发展。1956 年 10 月 29 日，陈毅、李富春、聂荣臻联名向周恩来并中央送呈《关于科学规划工作向中央的报告》及《1956—1967 年科学技术发展远景规划纲要（草案）》，明确提出我国的统一的科学研究工作系统，是由中国科学院、产业部门的研究机构、高等学校和地方研究机构四个方面组成的。在这个系统中，科学院是学术领导核心，产业部门的研究机构和高等学校是两支主要力量。

确立国家科学技术行政管理体制。1958 年 5 月，国防部成立航空委员会和第五部，负责国防科技工业的组织领导。1958 年 10 月 16 日，中共中央批准组建国防部国防科学技术委员会（中国人民解放军国防科学技术委员会），组建了一批国防科研机构，建立了国防科学技术管理体制。1958 年 11 月，一届全国人大常委会第

① 中共中央文献研究室编，《建国以来中央文献选编》（第八册），北京：中央文献出版社，2011 年版，第 33–34 页。

102 次会议决定，国家技术委员会与国务院科学规划委员会合并，设立国家科学技术委员会，标志着中国科技管理体制在实践探索过程中逐步实现了从中国科学院主管到国家科学技术委员会主管的历史转变。与此同时，新中国已经形成了由中国科学院、产业部门属科研院所、高等院校和地方政府属科研机构以及国防部门属科研机构等五路科技大军构成的国家科研体系。

探索党对基层科研机构科技工作的领导。1961 年 6 月，聂荣臻向中央作《关于当前自然科学工作中若干政策问题的请示报告》（以下简称《请示报告》），国家科委党组和中国科学院党组提出《关于自然科学研究机构当前工作的十四条意见（草案）》（以下简称《科研工作十四条》）。同年 7 月，中共中央将《请示报告》和《科研工作十四条》以正式文件印发。《科研工作十四条》是党领导科学工作的第一部既有原则又有具体政策的条例，是第一个全面系统的科技政策文件，它总结了全国科学工作的经验，后来被称为科学工作的第一部“宪法”。《科研工作十四条》重申了党的知识分子政策，明确研究所的任务是出成果、出人才。在科研机构中党的领导体制和责任方面，提出研究所这一层是党委起领导作用，但是也要征求专家的意见，尊重专家。对研究室一级，则明确党支部不起领导作用，而是起“监督保证”的作用，保证党的方针能够在研究室里面贯彻落实。在保证科研活动的工作条件上，《科研工作十四条》提出要“保证每周六分之五的业务工作时间”。

动态调整国家科技管理体制，形成军民科技管理新模式新范式。1970 年 7 月 1 日，国家科学技术委员会和中国科学院合并，成立新的中国科学院革命委员会，下设负责原国家科学技术委员会行使的全国科学技术管理工作的科研生产一组，负责原中国科学院科研生产工作的科研生产二组。在 1977 年 8 月召开的科学和教育工作座谈会上，与会人员对于要求有一个统管科学工作的机构反映比较强烈。邓小平在题为《关于科学和教育工作的几点意见》的讲话中，提到关于恢复国家科委的问题时说："重建国家科委，这个意见我个人比较赞成。什么时机合适？怎样组成？是否把军队方面的科研也统一管起来？这些问题要经过中央、国务院研究，暂时不作结论。但不管采取什么组织形式，都要搞统一规划。"①

1977 年 9 月 18 日，中共中央批准重建国家科学技术委员会，作为国务院主管科学技术工作的组成部门，中国科学院不再承担国家科学技术委员会的行政管理职能。国家科学技术委员会主要职能包括调查研究科学技术工作方针、政策，编制全国科学技术发展计划和长远规划，组织重大科研任务，重要科研成果鉴定、奖励和推广应用，科技队伍培养管理使用，科研情报图书、仪器、设备、试剂等条件保障，外国专家和对外科学技术交流活动，等等。1977 年 11 月，国务院、中央军委决定成立中央军委科学技术装备委员会，统一领导国防科学技术和国防工业生产工作。至此，改革开放初期计划经济体制下国家科学技术管理体制框架基本形成。

三、改革前科技体制演化的基本特征

1977 年，随着国家科学技术委员会和中央军委科学技术装备委员会的先后成立，标志着改革开放初期计划经济体制下国家科学

① 邓小平：《在全国教育工作会议上的讲话》，《邓小平文选》（第二卷），北京：人民出版社，1994 年版，第 104 页。

技术体制的基本框架已经形成。这一时期科技管理体制主要有四个特征。

一是多层次体系化的科学技术行政管理体制。一方面，设立国务院科学技术主管部门——国家科学技术委员会，省、市、县等各级人民政府设立科学技术行政主管部门，形成四层科学技术行政主管工作体系。另一方面，各级人民政府相关行政主管部门设立科学技术业务管理职能机构，形成体系化科学技术业务管理网络和有利于推动全国科技力量联合攻关的机制。

二是高度集中的国防科学技术行政管理体制。一方面，设立中央军委科学技术装备委员会，建立了中央军委直接领导、国防任务主导的科学技术管理体系和科研机构组织体系。另一方面，建立了动员组织民口科技创新主体参与国防科技攻关任务的管理体系和工作机制。

三是军民分工合作的科学技术研究开发体系。一方面是由中国科学院、产业部门属科研机构、高等院校和地方科研机构等构成的民口科研体系，科学院是学术领导核心，产业部门属科研机构和高等学校则是各有分工侧重的重要科研力量。另一方面是由国防部门属科研机构和高等院校构成的国防科学技术研究开发力量。例如，《1956—1967 年科学技术发展远景规划纲要》提出的 57 项任务中，科学院主要负责 8 项任务，产业部门主要负责 16 项任务，各委员会主要负责 3 项任务，其他 30 项任务由几个部门联合负责。

四是国家科学技术发展规划和计划管理体系。一方面，在研究编制《1956—1967 年科学技术发展远景规划纲要（草案）》和《1963—1972 年科学技术发展规划纲要》过程中，形成了国家科学技术发展规划研究编制组织体系与能力。另一方面，在规划实施过程中形成了“规划确定任务、计划落实任务”的科技规划和计划体系以及任务导向的科技资源保障模式。例如，针对规划提出的重要科学技术任务，从研究机构设置、人才培养使用、经费和条件保障等方面提出具体举措和任务推进机制。

第二节　科技体制在恢复重建中试点改革

1978 年 3 月，中共中央、国务院在北京召开全国科学大会，邓小平阐述了“科学技术是生产力”、“知识分子是工人阶级的一部分”和“四个现代化，关键是科学技术的现代化。没有现代科学技术，就不可能建设现代农业、现代工业、现代国防”等重要论断，号召全党和全国人民向现代科学技术进军。1978 年 12 月，党的十一届三中全会实现了思想路线、政治路线、组织路线的拨乱反正，确立了科学技术在经济建设中的重要地位。因此，从经济发展的实际需要和国力的可能出发，调整对科技资源的配置逐渐受到重视。1982 年 10 月，全国科技奖励大会召开，党中央提出了“科学技术工作必须面向经济建设，经济建设必须依靠科学技术”的方针，为科技体制改革探索指明了方向。

一、尊重依靠广大知识分子

1977 年 8 月 8 日，邓小平在科学和教育工作座谈会上发表了题为《关于科学和教育工作的几点意见》的讲话，充分肯定了绝大多数知识分子对社会主义建设的贡献，强调为科学技术人员创造必要的工作条件，细心爱护和调动知识分子的工作积极性，尊重劳动、尊重人才，坚持按劳分配，对有贡献的科学、教育工作者给予奖励，坚持“百家争鸣”，允许争论，不同学派之间要互相尊重，取长补短，加强学术交流。1977 年 8 月 12 日，党的十一大政治报告明确提出，在适当的时候召开全国科学大会，要交流经验，制定规划，表扬先进，特别要表扬有发明创造的科技工作者和工农兵群众，把科技战线上广大干部和群众的革命积极性充分调动起来，向科学技术的现代化进军。1977 年 9 月 18 日，中共中央政治局会议审议通过《中共中央关于召开全国科学大会的通知》，阐述了新时期我国科技事业的路线方针和政策，包括建设又红又专的科技队伍，落实知识分子政策，贯彻执行百家争鸣的方针，制定科技规划，坚持学习世界先进科技和独创相结合等。

1978 年 3 月 18 日至 31 日，中共中央、国务院在北京召开全国科学大会。邓小平在开幕式上的讲话中重申了“科学技术是生产力”这一马克思主义的基本观点，作出了“知识分子是工人阶级的一部分”的判断。他的讲话打破了长期禁锢人们特别是知识分子的精神桎梏，为知识分子解开了“紧箍咒”，彻底改变了知识分子的命运。邓小平指出，“四个现代化，关键是科学技术的现代化。没有现代科学技术，就不可能建设现代农业、现代工业、现代国防”[①]，号召全党和全国人民向现代科学技术进军。大会通过《1978—1985 年全国科学技术发展规划纲要（草案）》，表彰了 862 个先进集体、1192 名先进科技工作者和 7657 项优秀科研成果。在

① 邓小平：《在全国科学大会开幕式上的讲话》，《邓小平文选》（第二卷），北京：人民出版社，1994 年版，第 86 页。

大会闭幕式上，郭沫若作了题为《科学的春天》的书面发言，向广大科技工作者发出“热烈地拥抱科学的春天”的倡议。在这次全国科学大会的精神指引下，广大科技人员工作热情高涨，加速了科学技术事业恢复重建的步伐，拉开了落实知识分子政策、加强科技队伍建设等科技体制机制改革的序幕。

1978年4月22日至5月16日，全国教育工作会议在北京举行，邓小平出席开幕式并指出，“把我国建设成为现代化的社会主义强国，并且在上层建筑领域最终战胜资产阶级的影响，就必须培养具有高度科学文化水平的劳动者，必须造就宏大的又红又专的工人阶级知识分子队伍”。《1978—1985年全国科学技术发展规划纲要（草案）》（以下简称“八年规划”）提出的四大奋斗目标：部分重要的科学技术领域接近或达到20世纪70年代的世界先进水平；专业科学研究人员达到80万人；拥有一批现代化的科学实验基地；建成全国科学技术研究体系。为了准确掌握全国自然科学技术队伍基本情况，落实党的知识分子政策，组织实施“八年规划”，1978年6月，国家计委、国家科委、民政部、国家统计局决定开展全国自然科学技术人员基本情况普查，普查结果显示，截至1978年6月底，全国共有科技人员595万人。其中，全民所有制单位从事科技工作的人员和工程技术人员157万人，农林技术人员29万人，医药卫生技术人员128万人，科技研究人员31万人，教育人员89万人，其他161万人。将普查结果与规划目标相比可以发现，科技人才队伍建设任重道远。

1978年11月，中共中央组织部发布《关于落实党的知识分子政策的几点意见》，强调要“做好工作，把党的知识分子政策落到实处”。要求充分信任，放手使用，做到有职有权有责；调整用非所学，做到人尽其才；努力改善工作条件和生活条件；把觉悟高、业务能力强、工作干劲大、群众关系好的知识分子提拔到适当的领导岗位上来；要在政治上关心知识分子，解决知识分子入党难的问题。[①]

二、恢复重建科技管理体系

1978 年 4 月，国务院批准国家科委《关于全国科协当前工作和机构编制的请示报告》，中国科协书记处和机关正式恢复工作，中国科协所属全国学会及地方科协也相继得到恢复。1978 年 3 月，全国科学大会审议通过“八年规划”，提出在 8 年内要建成门类齐全、相互配套、布局合理、协调发展、专群结合、平战结合、军民结合的全国科学技术研究体系；中国科学院、国务院各部门集中力量，恢复、加强和新建一批重点科学研究机构；高等学校恢复、建立和加强研究所（室）；各省、自治区、直辖市根据国民经济发展的需要，根据本地区自然条件和资源特点，建立和充实若干科学研究机构；工矿企业和事业单位普遍发展科研小组、科技攻关大队。我国在恢复高考制度和研究生制度后，还全部恢复并增加了一批高等学校的科研机构，并取得了一批新的科研成果。截至 1985 年底，全国独立的科研机构数量已经达到 4690 个，基本形成了由中国科学院，产业部门，地方和高校科研机构，国防科研机构和企业科研机构六大系统组成的科研体系，民营科研机构也快速

---

① 《中共中央组织部关于落实党的知识分子政策的几点意见》，载中共中央组织部、中共中央文献研究室编：《知识分子问题文献选编》，北京：人民出版社，1983 年版，第 52 页。

发展。

1979 年 1 月 15 日，中央批复同意中国科学院学部恢复活动，1980 年增补学部委员 283 名，分属 25 个部门。1981 年，中共中央书记处指出，中国科学院是国家自然科学的最高咨询机构和综合研究中心。1982 年 5 月 5 日，国务院下发《关于国家计划委员会、国家经济委员会、国家科学技术委员会分工的通知》，明确科技发展计划及重点科技攻关项目，由国家计委为主，会同国家科委、国家经委编制，由国家经委、国家科委分别组织实施。科技成果推广计划由国家经委为主编制，由国家计委综合平衡后纳入国民经济计划。1982 年 12 月，中共中央、国务院发出《关于成立国务院科技领导小组的通知》，决定成立国务院科技领导小组，包括国家计委、国家经委、国家科委、国防科工委、中国科学院、教育部和劳动人事部等部委在内的负责人参加。领导小组的主要任务是从宏观和战略方面统筹和协调全国科技工作，包括统一组织管理全国科技队伍，统一领导科学技术长期规划工作和重点企业技术改造规划，研究重大技术政策，决定重大技术引进和消化项目，协调各部门科技工作。

1978 年 11 月，国家科委发布《关于科学技术研究成果的管理办法》，提出我国科学技术情报研究所，国务院各有关部、委、局及各省、自治区、直辖市的科学技术情报研究所，均应设科学技术研究所成果管理部门，负责管理有关科学技术研究成果。1984 年 2 月，国家科委发布《关于科学技术研究成果管理的规定（试行）》，提出国家科委统一领导全国科技成果管理工作，国务院各有关部门和各省、自治区、直辖市自行规定科技成果管埋机构的设置和职责，国家科技成果管理体系基本形成。1978 年 12 月，国务院发布了重新修订的《中华人民共和国发明奖励条例》；1979 年 11 月，国务院发布《中华人民共和国自然科学奖励条例》；1984 年 9 月，国务院发布了《中华人民共和国科学技术进步奖励条例》，标志着国家科技奖励制度基本形成。1979 年 10 月，国家科委向国务院报送《关于我国建立专利制度的请示报告》；1980 年 1 月，国务院批准成立中国专利局；1984 年 3 月，六届全国人大常委会第四次会议通过《中华人民共和国专利法》，标志着我国现代专利制度的正式建立。

三、科技拨款制度改革探索

从 20 世纪 80 年代开始，为了加速推动科学技术攻关、推动科学技术向生产力转化，促进经济社会全面发展，国家在实施科技发展规划的同时，实施了一系列国家指令性科技计划，形成了面向经济建设主战场、发展高新技术及其产业和加强基础性研究三个层次的纵深部署，构筑了中国新时期科技发展的战略框架。一方面，从科技界内部着手解决科技面向经济建设的问题，保证科学技术高水平发展，为经济的高度发展创造前提，提高劳动生产率。另一方面，从科研管理体制改革入手，探索从国民经济计划发展和提高效益出发制订科技目标，通过科技计划把国民经济各部门联系起来，降低物资、能源消耗，发展新产品和新工艺。

1981 年，中国科学院学部委员联名给党中央、国务院建议设立中国科学院科学基金，以资助面向全国的基础性研究。该建议很快得到批准。中国科学院科学基金委员会于 1982 年 3 月成立，并于当年面向全国开始受理项目申请，到 1986 年共资助 4424 项课题，资助金额1.72亿元，中国科学院仅占资助金额的14.6%，有力支持了全国的基础研究。以此为基础，国务院于1986年2月批准成立国家自然科学基金委员会。

1982年，国家计委和国家科委对制定“八年规划”中的项目建议进行汇总筛选，将“八年规划”中的108个重点项目调整为最迫切和最有条件实现的38个项目，从中又选出对国民经济全局关系重大的7个“重中之重”项目，以“六五”国家科技攻关计划的形式实施。国家科技攻关计划是我国第一个被纳入国民经济和社会发展规划的国家指令性科技计划，标志着科技攻关计划成为国家科技计划体系的主体和我国国民经济和社会发展计划的重要组成部分。与此同时，国家科技攻关计划管理逐步引入市场竞争机制，尊重价值规律，逐步试行面向社会公开招标，采用项目合同管理方法。

1984年，国家计委组织实施的国家重点实验室计划，作为国家科技计划的重要组成部分，主要依托国家教委、中国科学院、农牧渔业部、卫生部等系统的高校科研院所建设，实行多种形式的联合和开放共用的新体制新模式，打破封闭式的研究体系，集中有限的人力、物力、财力进行协同攻关，提高科研工作的效益。“六五”后两年建设20个，“七五”前两年又开建了22个。

四、科技人才培养体制改革

恢复高等学校招生入学考试制度。1977年8月，邓小平在全国科技和教育工作座谈会上指出，“今年就要下决心恢复从高中毕业生中直接招考学生，不要再搞群众推荐。从高中直接招生，我看可能是早出人才、早出成果的一个好办法”[①]。在招生指导方针问题讨论上，邓小平认为“自愿报考、统一考试、择优录取”比“自愿报名、群众推荐、领导批准、学校复审”更好。座谈会后，教育部在北京饭店召开了当年第二次全国高等学校招生工作会议，形成《关于 1977 年高等学校招生工作的意见》，提出废除推荐制度，恢复文化考试、择优录取的新生入学考试制度。1977 年 12 月，全国共有 570 万人报名参加了高考，共录取大中专生 27.3 万人。1978 年，国务院批转教育部《关于 1978 年高等学校和中等专业学校招生工作的意见》，决定自 1978 年起高等学校招生实行全国统一命题，各省（区、市）组织考试、评卷等，高等学校招生步入正轨。恢复高考制度，不仅有利于选拔优秀生源，更重要的是极大地激发了全社会特别是青少年学知识、学科技的热情，为社会主义现代化建设培养和造就青年科技人才后备军。

恢复研究生教育制度，建立学位制度。恢复高考招生制度带动了研究生教育体制改革和学位制度建设。1977 年 9 月 10 日，中国科学院向国务院呈交《关于招收研究生的请示报告》，提出委托中国科学技术大学在北京筹办研究生院。当月底，国务院批准中国科学院呈交的《关于招收研究生的请示报告》，决定在科学院所属的 66 个研究所和 4 所大学恢复研究生制度。1977 年 11 月，中国科学院和教育部联合发出《关于 1977 年招收研究生具体办法的通知》，标志着我国中断了十多年的研究生教育正式得到恢复。1977 年 12 月 19 日，中国科学院批复同意中国科学技术大学研究生院

---

① 邓小平：《关于科学和教育工作的几点意见》，《邓小平文选》（第二卷），北京：人民出版社，1994 年版，第 55 页。

（北京）机构设置和人员编制。中国科学技术大学研究生院（北京）于1978年3月1日在北京正式成立，这是我国历史上第一个研究生院，首届研究生共招收1015人。1978年1月，教育部发布《关于高等学校1978年研究生招生工作安排意见》，决定将1977年和1978年的研究生招生工作合并进行，统称为1978级研究生。1979年3月，党中央提出建立学位制度。1980年12月，五届全国人大常委会第十三次会议通过《中华人民共和国学位条例》，规定学位分学士、硕士、博士三级。

支持邀请外国专家来华讲学、派遣科学技术人员出国学习进修、加强驻外机构科技调研工作和参加国际学术组织和会议。1978年1月21日，中法两国签订《中华人民共和国政府和法兰西共和国政府科学技术协定》，这是我国改革开放后与西方国家签订的第一个政府间科技合作协定。此后不久，我国相继与德国、意大利和英国签订了政府间科技合作协定，开始有计划地选派科技人员出国进修、留学，开阔了我国科技人员的国际视野，明确了追赶目标，提升了科技发展水平和能力。1984年5月21日，邓小平对于李政道提出的“建立科研流动站，试行博士后制度”的建议表示赞同，并指示中国科学院和教育部进行博士后制度试点。教育部还制定了新时期海外留学政策，向西方发达国家派遣各类留学生、研修生。

此外，1979年12月，颁布实施《中国科学院研究所暂行条例》，明确提出“侧重基础，侧重提高，为国民经济和国防建设服务”的工作方针，实行党委领导下的所长负责制，规定科研计划管理、财务、人事、外事、后勤等工作职责，为扩大研究所自主权、积极组织科研成果推广应用等提供了制度保障。

第三节　试点探索把握科技体制改革方向

从1978年3月到1985年3月，科技体制改革总体上是在科研体系恢复重建的同时，沿着“引入市场竞争机制、强化科技经济结合、激发科研人员活力”的大方向展开。在宏观方面，主要是围绕经济体制改革大方向确立新的科技工作方针，着力探索新型科技拨款制度，调整科技资源配置方式，促进科技与经济的结合。在微观方面，主要是贯彻落实科技工作新方针，着力改革科研管理机制，激发科研机构活力和科学技术人员的创造力。为此，从中央到地方科技管理体制、高校科研院所和企业的管理体制机制都进行了全方位的改革探索，形成了许多行之有效的工作思路和实践经验，为1985年全面启动科技体制改革目标确立与路径选择提供了重要参考。

一、引入市场竞争机制，探索科技拨款制度改革方向

从1978年3月到1985年3月，我国科技体制改革顺应经济体制改革要求，逐步引入市场竞争机制，将科技经费拨款制度按照科研机构性质和科研活动规律进行分类改革。例如，1982年3月成立中国科学院科学基金委员会，探索基于“竞争”的科研经费分配机制，采用“项目申请”方式支持全国基础性研究，为1986年设立国家自然科学基金积累了经验并储备了人才。1983年国家计委组织实施的“六五”国家科技攻关计划，探索了从服务国民经济与社会角度落实科学技术发展规划的科技项目组织管理新模式，并在科技计划管理中探索引入市场竞争机制，试行面向社会公开招

标和项目合同管理，为1986年组织实施的国家高技术研究发展计划（863计划）提供了重要经验。1984年国家计委组织建设国家重点实验室是打破封闭体系、实行多种形式联合和开放共用实验室的新体制新模式探索，旨在集中有限的人力、物力、财力进行协同攻关，减少低水平重复，多快好省地发展科技事业，为建设国家工程（技术）研究中心等科技创新基地（平台）相关体制机制改革积累了经验。

1984年8月，国家科委、国家体改委联合发布《关于开发研究单位由事业费开支改为有偿合同制的改革试点意见》，旨在使科研任务与经费直接挂钩，明确科研单位的技术责任和经济责任，克服吃“大锅饭”的弊病，增强研究单位的动力、活力，促进科研与生产的密切结合。“有偿合同制”试点要求，试点单位无论是承担国家、上级部门提出的重点科研任务，还是承担有关部门、单位委托的研制任务，一律签订合同。与国家或上级部门签订合同，经费由试点单位上级科技管理部门建立的统一掌握使用的科技发展基金拨付，其他单位委托的科研任务由委托方提供经费。合同双方要严格履行合同规定的经济技术责任，如果一方未履行合同而使另一方造成经济损失，则要视情况进行赔偿。如果提前完成合同规定的任务或技术经济指标高于合同规定，经双方协商，委托方可适当给予经费鼓励。

设立中国科学院科学基金、实施国家科技攻关计划和建设国家重点实验室计划以及开发研究单位实行有偿合同制的改革试点等一系列改革探索，关键是在科技拨款制度改革中引入市场竞争机制。一方面为探索国家科技计划管理和建立科技计划落实科技规划的工作机制提供了政策实验经验借鉴，另一方面为探索适合不同类型科研机构特点的“竞争性科研项目经费”与财政固定额度拨付的“事业费”相结合的拨款制度提供改革思路和丰富的实践经验。

二、强化科技经济结合，探索科研管理体制改革方向

为了强化科技与经济结合，改变研究、设计、教育、生产相互脱节的状况，促进科研机构、设计机构、高等学校、企业之间的协作联合，加强企业的技术吸收与开发能力和精简技术成果转化为生产能力的中间环节，一些地方属科研机构开始改革试点探索，逐步推动科研机构管理体制改革，强化科研机构自我发展能力和自觉服务经济建设活力，并在改革实践过程中不断完善试点政策。

1979 年，四川、上海等地在少数科研单位开展了以扩大自主权和发展横向联系为目标的改革试点。扩大自主权主要侧重于计划管理、财务管理和人事管理三个方面的改革。在计划管理上，改革原有行政命令式管理办法，转变为以经济办法为主。在财务管理上，主要是把科研成果的无偿转让改为有偿转让。在人事管理上，主要是打破“部门所有”“单位所有”，实行动态管理，量才录用，使科研单位有对各类人员调整、招聘、晋级和奖惩的权力。扩大科研单位自主权的探索包括三个方面。一是允许科研单位在完成上级下达的任务后，结合本单位科研方向承揽外单位科研任务，并通过科研成果有偿转让等方式提高经济收入；二是科研单位获得的经济收入归本单位使用，补充国家财政拨款，可以用于自主部署课题开支、购置和更新仪器、开展业务培训、发放职工福利等；三是科研单位制定有关定额标准，加强经济核算，建立岗位责任制和其他必要管理制度。虽然这些改革探索取得了较好效果，但是仍然面临一

些需要解决的问题，如科研人员收入合法性问题、收入分配“平均主义”和“大锅饭”、科研机构考核评价导向不清晰等体制机制问题。北京、湖北、辽宁等地开始探索用经济办法对科研单位进行管理，试行科研责任制和合同制，有的地方还对有收益的科研项目试行贷款制或部分偿还制。这一时期，北京、湖北、辽宁等地试行科研责任制和合同制，有的地方还对有收益的科研项目试行贷款制或部分偿还制。上海机械制造工艺研究所、上海轻工业研究所等少数科研单位开始试行“有偿合同制”。

1981 年 4 月，中共中央、国务院转发国家科委《关于我国科学技术发展方针的汇报提纲》，要求科学技术应当与经济、社会协调发展，并把促进经济发展作为首要任务，加强生产技术的研究，正确选择技术，形成合理的技术结构，加强工农业生产第一线的技术开发和科研成果推广工作。湖南株洲电子研究所对外实行有偿服务，对内实行课题承包独立核算、自负盈亏、经费自立的改革做法，5 年未要国家一分事业费，纯收入达 367 万元。1984 年 4 月，安徽省改革科研单位经费拨款方式，科研任务实行合同制，事业费实行包干制，逐步实现经费独立。科研机构通过开展对外技术服务，能够更好地促使科技与经济相结合。在改革实践过程中提出了“对不要国家事业费、经济完全自主的技术开发类科研机构，全部放权。对逐步实现经济自立的科研机构，逐步放权。对于完全拿事业费的科研机构，其成果有偿转让权原则上属于国家，这样科研院所不实行奖金不封顶的办法”等思路。1984 年 8 月，国家科委、国家体改委联合发布《关于开发研究单位由事业费开支改为有偿合同制的改革试点意见》，强调科研单位的技术责任和经济责任，违约方要赔偿违约经济损失并能获得超额完成任务的经费激励。1984

年 9 月，大连市人民政府批转大连市科教委等单位《关于大连市开发研究单位由事业费开支转为有偿合同制的改革意见的报告》，将大连市从事应用开发的研究所，逐步将事业费开支改为有偿合同制。

1985 年 1 月，国家科委、国家经委、国防科工委向国务院报送了《关于开放技术市场几点意见的报告》，经国务院批准后向全国转发，并成立了由 13 个部门组成的“全国技术市场协调指导小组”，开启了中国技术交易及市场的“合法”发展之路，促进了技术商品化活动，同时冲击了原有体制下的观念和政策。

三、强化人才队伍建设，改革科技人才培养管理体制

科技人才培养管理体制机制改革涉及培养人才的高等教育体制机制、博士后管理体制、科研机构管理国际科学技术合作的体制机制改革，是强化科技人才队伍建设的必然要求。恢复高考制度，改革人才培养选拔机制。

恢复高等学校入学考试制度，改革青年人才培养选拔机制，不仅拓宽了青年人才培养选拔范围并提高培养选拔标准，而且强化了人才培养选拔的竞争机制，一方面带动了研究生教育体制改革和学位制度建设，另一方面带动了中小学教育体制机制改革和教学培养模式变革。恢复研究生教育制度，建立学位制度。恢复研究生教育制度是落实“八年科技规划”建成全国科学技术研究体系和形成 80 万专业科学研究人员队伍目标的要求，是建设现代化科学实验基地并接近或达到 20 世纪 70 年代世界科技先进水平的必然要求。中国科学技术大学研究生院（北京）有关研究生培养的改革探索对国家科研机构和高等学校探索科技与教育结合乃至融合发展的模式

具有重要借鉴意义。

1981 年 1 月 1 日起实施的《中华人民共和国学位条例》，不仅标志着我国学位制度的建立，而且作为中华人民共和国颁布的第一部教育法律，开启了教育法治建设进程。《中华人民共和国学位条例》明确了学士、硕士、博士三级学位的授予条件和程序，为探索培养社会主义现代化急需的高层次人才的高等教育体制机制改革奠定了重要基础，提供了有力的法治保障。1984 年 5 月，中国科学院和教育部进行博士后制度试点，为 1985 年 7 月国务院批准在全国推行博士后制度奠定了基础。

1978 年 1 月 21 日，中法两国签订《中华人民共和国政府和法兰西共和国政府科学技术协定》，此后与德国、意大利和英国等国签订的政府间科技合作协定，以及邀请外国专家来华讲学、派遣科学技术人员出国学习进修留学、加强驻外机构科技调研工作和参加国际学术组织和会议等政策实践，为探索国际科技合作与交流体制机制改革提供了经验借鉴。1979 年 12 月，中国科学院颁布实施《中国科学院研究所暂行条例》，为探索扩大研究所自主权和科研成果推广应用的体制机制改革提供了政策实践借鉴。

第二章
商品经济下科技体制改革（1985—1992年）

▼

经过改革开放初期的试点探索，科技体制改革被正式提上议程。1985年3月，中共中央发布《关于科学技术体制改革的决定》，标志着我国科技体制改革正式拉开序幕。总的来说，1985年至1991年的科技体制改革实践是全面展开的阶段，也是对科技体制改革的认识不断加深的阶段。在“经济建设必须依靠科学技术、科学技术工作必须面向经济建设”战略方针和“科技长入经济”思想的指导下，改革主要从拨款制度、科研机构运行机制、组织结构、人事制度等方面开展，有效激发了广大科技工作者的创新活力。

第一节　科技体制需与经济体制改革相适应

改革开放后，我国的科技发展进入恢复期。1985年以前科技工作遵循“经济建设必须依靠科学技术，科学技术必须面向经济建设”（以下简称“面向依靠”）的方针。在探索如何充分调动科技人员的积极性、加速科技成果转化为生产力以及科技工作面向经济建设，实现科技、经济、社会协调发展等方面所做的种种努力都受到了原有科技体制的约束，遇到部门分割、条块分割的重重阻碍，如调动科研机构的活力、科研机构与生产单位的联合、科技成果推广应用等方面都遇到了来自科技体制的约束。体制方面的问题也越来越多地阻碍科研机构活力的释放、科研机构与生产单位的联合以及科研成果的推广。这时，科技界开始强烈地意识到，要解决科研与生产脱节的问题，要真正发挥科技在经济建设中的作用，科技体制改革就必须进行。

一、国内环境对我国科技技术的影响

科技体制改革思路的形成受到了国内环境的积极影响。在理论上，关于真理标准问题的讨论和党的十一届三中全会的精神，为科技界冲破僵化观念的束缚提供了思想武器及政策依据；技术成果商品化理论上的突破，为科技工作中引入竞争机制、搞活科研机构、搞活科技人员提供了依据。在实践上，这一阶段我国开展农村联产承包责任制、进行城市改革、设立经济特区等一系列对单一计划经济体制的改革。1979 年 4 月，邓小平首次提出要开办“出口特区”。此后不久，广东省的深圳、珠海、汕头三市和福建省的厦门市试办出口特区，之后更名为“经济特区”。1988 年 4 月，海南经济特区设立。经济特区通过创造良好的投资环境，吸引投资，引进先进技术和科学管理方法，以达到经济技术发展的目的。此外，在微观上则进行了扩大企业自主权、建立经济责任制的探索。此时，国内宏观和微观的改革都对促使科技界考虑改革自身体制问题产生了客观要求和积极影响。

党的十二届三中全会通过《中共中央关于经济体制改革的决定》，提出科学技术和教育对国民经济的发展有极其重要的作用。随着经济体制的改革，我国经济运行机制和科技进步动力机制已经发生了深刻变化。技术和产品处于开放的市场环境，消费者和企业更关注商品的价值，而不仅仅是产品本身。因此，转轨时期的科技体制不可能完全照搬计划经济下的举国体制，不能再沿用传统举国体制不计成本的资源配置方式，否则新技术和产品由于成本过高而无法在市场上生存。科技体制和教育体制的改革越来越成为迫切需要解决的战略性问题。党中央委托国家科委联合有关部委成立科技体制改革研究组，科技体制改革提上了议事日程。

二、世界科学技术发展对我国的影响

世界范围内的科学技术发展状况对我国的科技体制改革产生了促进作用。20 世纪 70 年代，现代科学技术引发了一场革命。1983 年，美国总统里根提出“星球大战计划”，在全球引发广泛关注。新华社驻海外记者陆亨俊翻译收集了很多关于高技术发展对世界技术革命影响的资料，编成内部参考，反映到了党中央。党中央收到这份材料后，召集国家计委、国家经委、国家科委和中国社科院、国防科工委的有关领导同志，组织会议讨论世界新产业革命给我国提供的挑战和机遇。其间，国务院领导发表了题为《应当注意研究新的技术革命和我们的对策》的讲话。这次会议决定，由中国社会科学院马洪在北京牵头成立新产业革命对策研究领导小组，召集专家学者针对世界新产业革命发展的形势研究出一个对策，并向党中央报告。

1984 年 3 月，中组部、中宣部、中央国家机关党委、中直机关党委、中国科协、国家科委六个部委联合组织了“新技术革命知识讲座”，有 2000 多名党中央和国务院各部门的司局级以上干部参加，讲座围绕学习和掌握现代科学技术知识、现代管理技能，抓住世界新技术革命的机会，采用新技术成果，加快实现战略目标而开展。讲座结束后一个月，全部演讲稿由湖南科学技术出版社汇编成书出版，书名叫作《迎接新的技术革命——新技术革命知识讲座》。同年 4 月，新产业革命对策研究领导小组向党中央提交《世界新技术革命的发展对我国的挑战和我们的对策》报告，共计十条，涉及引进先进技术认真消化吸收、加快对新兴产业经营管理体制改革、加快教育改革步伐、改变干部知识结构、搞活思想促进管理体制改革和科学技术创新等。

1985 年初，国务院科技领导小组邀请科技界、经济界和海外华裔科学家进行座谈讨论，在以下三个方面达成共识：第一，要彻底解决科技面向经济建设问题，改变研究、设计、生产相脱节的状况，就必须改革原有的管理体制；第二，国家科技资源分配要分层次配置，改革中要分类对待；第三，要创造人尽其才的环境。至此，科技体制改革的思路基本形成。

第二节　科技体制改革正式拉开大幕

1985 年 3 月 2 日至 7 日，全国科技工作会议在北京举行，中心议题是研究科技体制改革的重大问题。邓小平在会议的闭幕式上发表了题为《改革科技体制是为了解放生产力》的讲话，“经济体制，科技体制，这两方面的改革都是为了解放生产力。新的经济体制，应该是有利于技术进步的体制。新的科技体制，应该是有利于经济发展的体制”，“希望大家放开手脚，把经济搞上去，把生产力搞上去”。[①] 这次全国科技工作会议为党中央做出科技体制改革的决定做了准备。

1985 年 3 月 13 日，中共中央印发《关于科学技术体制改革的决定》（以下简称《决定》），标志着科技体制改革由试点阶段进入全面开展阶段。《决定》明确了改革的方向和指导思想，即应当按照经济建设必须依靠科学技术、科学技术工作必须面向经济建设的战略方针，尊重科学技术发展规律，从我国的实际出发，对科学技术体制进行坚决的有步骤的改革。《决定》阐明了长期以来逐步形成的科学技术体制存在的严重弊病，清楚地说明了科技体制改革的意义、目标和内容，包括运行机制、组织结构和人事制度。一是改革对研究机构的拨款制度，按照不同类型科学技术活动的特点，实行经费的分类管理。二是促进技术成果的商品化，开拓技术市场。三是调整科学技术系统的组织结构，鼓励研究、教育、设计机构与生产单位的联合，强化企业的技术吸收和开发能力。四是改革农业科学技术体制，推动农村经济向专业化、商品化、现代化转变。五是合理部署科学研究的纵深配置。六是扩大研究机构的自主权，改善政府机构对科学技术工作的宏观管理。七是坚持对外开放、走向世界的基本政策。八是改革科学技术人员管理制度，造成人才辈出、人尽其才的良好环境。

---

① 邓小平：《改革科技体制是为了解放生产力》，《邓小平文选》（第三卷），北京：人民出版社，1993 年版，第 109 页。

在这一阶段，我国科技体制改革工作的全面开展，得到了整个社会与广大科技人员的理解和拥护，取得了初步成效。但是，改革仍然遇到或未能解决许多问题。例如，科技与生产脱节的状况未能从根本上扭转；科技系统的组织结构基本没有变动；科研机构仍然是政府部门的附属物，未能与国家经济建设充分结合；企业缺乏依靠科技进步的动力和活力。

为了进一步解决在改革中遇到的这些问题，适应形势发展的需要，1987 年 1 月，国务院印发《关于进一步推进科技体制改革的若干规定》和《关于推进科研设计单位进入大中型工业企业的规定》。前一份文件从两个方面入手促进改革：一是放活科研机构，促进多层次、多形式的科研生产横向联合，推动科技与经济的紧密结合；二是进一步改革科技人员管理制度，放宽放活对科技人员的政策，为充分发挥科技人员作用创造良好的社会环境。后一份文件为独立科研单位和设计单位进入大中型企业创造政策环境。在这两个文件的指导下开始了科技体制的组织结构的调整。

随着行政部门的组织改革，首先从大院大所动起，这是当时对科技体制组织结构调整的标志。但在实际推进过程中，由于原定要出台的部门改组推迟，从而使原设想的大院大所组织结构调整失去了前提条件。另外，对企业技术进步内在需求程度缺乏充分估计，也使组织结构的改革遇到了种种障碍。这些障碍令科技界逐渐意识到，体制改革是一个整体，科技体制的改革越来越多地受到了经济体制改革深度的制约，各个领域的改革必须同时协调才能相互促进，不断完善。当时，科技体制改革的战略方针是“经济建设必须依靠科学技术、科学技术工作必须面向经济建设”，但在实际行动中经济与科技结合的问题没有取得实质性突破，“两张皮”的问题依然存在。究其原因，一是整个社会对科技的要求不迫切，技术进步还没有成为企业的真正内在需求，经济建设依靠科技的大环境还没有真正形成；二是政治、经济、科技改革不同步，经济体制改革的重点没有真正放在建立促进经济依靠技术进步机制上。整体改革的不协调、不同步，导致主要研究机构仍然是行政部门的附属品，没有与国民经济形成休戚与共的依存关系。

1987 年 10 月，党的十三大召开，中心任务是加快和深化改革，进一步确定当时经济建设、经济体制改革和政治体制改革的基本方针。在关于经济发展战略方面，会议提出我国的经济建设肩负着既要着重推进传统产业革命，又要迎头赶上世界新技术革命的双重任务。为此，需要把发展科学技术和教育事业放在首要位置，使经济建设转到依靠技术进步和提高劳动者素质的轨道上来。科学技术进步和管理水平的提高，在根本上决定了我国现代化建设的进程，是关系民族振兴的大事。[①] 这再次强调了科技对经济建设服务的重要性。因此，要使科技真正与经济融为一体，必须使政治、经济、科技改革协同配套进行。1987 年底，科技界提出“科技长入经济”的思想，这标志着科技体制改革进入了新阶段，科技体制改革从以科研管理体制的改革为主转为以推动国民经济发展依靠科技进步为主。

1988 年 9 月，党的十三届三中全会批准了中央政治局提出的治理经济环境、整顿经济秩序、全面深化改革的指导方针和政策措施。我国在财力和金融信贷方面的困难影响了对科技的直接投入，

---

① 《沿着有中国特色的社会主义道路前进——在中国共产党第十三次全国代表大会上的报告》，《人民日报》，1987 年 11 月 4 日。

进而难以用经济调控措施促进社会科技进步。严峻的外部环境虽然给科技体制改革带来了困难，但同时也带来了机遇。有限的资源要求国民经济的发展必须走集约型扩大再生产的道路，必须把“依靠科技进步发展国民经济”从口号变为实际行动。1988年9月5日，邓小平在会见捷克斯洛伐克总统胡萨克时，提出了“科学技术是第一生产力”的重要论断。同年9月12日，邓小平在听取中央有关领导同志工作汇报时重申：“从长远看，要注意教育和科学技术。”“对科学技术的重要性要充分认识。”同时还强调，“科学技术是第一生产力嘛，知识分子是工人阶级的一部分嘛。”① 1991年5月23日至27日，中国科学技术协会第四次全国代表大会在北京举行，科学技术是第一生产力被确立为现代化建设新阶段的指导方针。同时，还号召全党、全国人民把经济建设真正转移到依靠科技进步和提高劳动者素质的轨道上来，这与党的十三大提出的“把发展科学技术放在首要位置”的思想完全一致。

一、改革的总体设计

在计划经济时代，我国逐渐形成了政府直接管理科研机构，科研和技术开发课题的确定及人力、经费、物资都由上级主管部门直接控制和统一调配的制度。在科技体制改革以前，科技拨款制度是“供给制”，这种制度是在计划经济体制之下建立起来的，其特点是科研机构经费靠政府财政供给。政府按单位和人员编制分配经

① 邓小平：《科学技术是第一生产力》，《邓小平文选》（第三卷），北京：人民出版社，1993年版，第275页。

费，科研机构在这种制度下仅仅对拨款的上级负责，与生产单位缺乏联系。此外，科研机构不是根据课题项目接受经费，导致内部“大锅饭”局面普遍，人才浪费现象严重；其科研成果由上级单位进行无偿调配，机构缺乏为生产服务的动力；科研机构内部的独立经费可以自行安排课题，这导致在全社会层面出现研究项目重复、科技投入回报率低的问题。为解决原体制带来的种种问题，科技拨款制度改革势在必行。

科技拨款制度的改革，是科技体制改革的主要内容之一。这一改革旨在通过尊重价值规律，发挥经济杠杆作用，使科学技术机构具有自我发展的能力和自动为经济建设服务的活力，推动科学技术工作面向经济建设，改善自身工作和生活水平。

1982 年 3 月，中国科学院设立科学基金委员会，资助面向全国的基础性研究。实行科学基金制度，有利于调动科技人员积极性，加强基础性研究工作责任制。1985 年 1 月 6 日至 13 日，中国科学院年度工作会议在北京召开，决定改变科研经费拨款方式，开始实行基金制和合同制等改革措施，为我国科技拨款制度的改革进行了积极探索。1985 年 3 月 13 日，中共中央印发《关于科学技术体制改革的决定》，提出改革对科研机构的拨款制度，按照不同类型科学技术活动的特点，实行经费的分类管理。中央和地方财政应以高于财政经常性收入增长的速度逐步增加，同时还要广开经费来源，鼓励社会向科学技术投资。[①] 1986 年 1 月 23 日，国务院印发《关于科学技术拨款管理的暂行规定》，拨款制度改革在全国正式

---

① 《中共中央关于科学技术体制改革的决定》，《中华人民共和国国务院公报》，1985 年 09 期。

开展。改革涉及科研事业费归口管理、科研机构分类管理、实现科研事业费来源多渠道化、经费与任务挂钩和提倡竞争等方面。

1986年3月6日，国家科委、财政部发出《关于办理科研事业费指标划转工作的通知》，要求国务院各部门的科研事业费由国家科委归口管理，国防工业部门的“科学研究费”和中国社会科学院科学事业费暂不划交国家科委。此外，还对划转工作中的具体问题做了明确规定。同年3月24日，国家科委发出《关于对科研单位进行分类工作的通知》，按照研究与开发机构所从事的工作性质、承担课题的类型，对经费实行分类管理，把研究与开发机构划分为四个类型：技术开发类型，基础研究类型，多种类型，社会公益事业、技术基础、农业科学研究类型。

为了形成科学研究结构合理的纵深配置，实现科研事业费来源的多渠道化，1987年2月27日，国家科委、财政部发布《关于科学事业费管理的暂行规定》，重申按照不同类型科学技术活动的特点而实行科学事业费分类管理，同时提出，各类科研单位在保证完成国家任务的前提下，可以通过技术转让、技术咨询、技术服务、技术培训、技术承包、技术出口、技术入股联合经营、成果推广和科研中间试验等科技活动取得技术性收入，也可在小批量试生产和从事与科技发展相关的经营活动中取得合法收入，以增强科研单位自我发展的能力和自觉为经济建设服务的活力。[①]为促进技术开发类型科研单位和其他类型中可以实行技术商品化的科研单位逐步向经济自立过渡，1987年9月22日，国家科委、财政部发布《关于

① 《关于科学事业费管理的暂行规定》，《中华人民共和国国务院公报》，1987年07期。

科研单位建立三项基金的规定》，提出各类型科研单位可以从其纳税后留用的纯收入中，分不同情况按一定比例建立事业发展基金、集体福利基金和奖励基金等三项基金，不同类型的科研单位实行集体福利基金、奖励基金提取比例与减拨科学事业费幅度挂钩的办法。

1988 年 5 月 3 日，国务院印发《关于深化科技体制改革若干问题的决定》，提出科研事业费部分自给的科研机构，实行奖励福利基金比例与事业费减拨比例挂钩；科研事业费完全自给的科研机构，在切实保证事业发展的前提下，其纯收入由单位自主分配和使用；为鼓励科研事业费拨款制度改革，对科研事业费部分自给和完全自给的科研机构，根据自立程度给予不同的奖励；对科技三项费用、科研基本建设投资、科研事业费等各种科技经费的管理，采用多种拨款方式，运用招标、合同、承包等办法，提高科技投资效益。[①] 1988 年 11 月 15 日，国家科委、财政部、人事部、国家税务局联合发布《关于深化改革科研单位事业费拨款和收益分配制度的意见》，细化给予科研单位减拨事业费的相应的专项奖励，鼓励有能力的单位应逐步走向经济自立。

二、改革拨款制度

在这一时期的科技体制改革，我国的技术市场经历了从无到有的阶段。随着改革的不断深化，技术市场的发展逐渐变得稳定、健康，成为我国社会主义商品市场的重要组成部分。

---

① 《国务院关于深化科技体制改革若干问题的决定》，《中华人民共和国国务院公报》，1988 年 14 期。

技术市场的发展与我国科学技术成果转让的演变过程密不可分。1978 年 11 月，国家科委发布《关于科学技术研究成果的管理办法》，明确科学技术研究成果属于全民所有，全国一切单位（包括集体所有制单位）都可利用它所需要的科学技术研究成果。1984 年 2 月，国家科委发布《关于科学技术研究成果管理的规定（试行）》，规定科技成果是国家的重要财富，全国各有关单位都可利用它所需要的科技成果，一切成果的完成单位都有向其他单位交流、推广（或转让）本单位科技成果的义务，绝不允许封锁和垄断。当然，这一时期科技成果的转让是无偿的。

1985 年 1 月 10 日，国务院印发《关于技术转让的暂行规定》，提出在社会主义商品经济条件下，技术也是商品，单位、个人都可以不受地区、部门、经济形式的限制转让技术。同时，还提出我国决定广泛开放技术市场，繁荣技术贸易，以促进生产发展。该文件承认了技术的商品属性，并规定技术商品的价格，实行市场调节，由双方协商议定。经技术转让有关各方协商议定，促成技术商品交易的中介人（包括单位、个人）可以取得合理的报酬。同年 3 月 13 日，中共中央印发的《关于科学技术体制改革的决定》指出，科学技术主要是人类智力劳动的产物，应当充分认识和评价智力劳动所创造的价值。越来越多的技术已经成为独立存在的知识形态商品，新的知识产业已经出现。随着科技成果的商品属性越来越受到认可，技术市场的发展也趋于稳定。

这一阶段的政策规定也为技术市场的发展提供了有力支持。1985 年 4 月 1 日，《中华人民共和国专利法》正式实施，为技术交易提供了法律保障。1985 年 3 月，《关于科学技术体制改革的决定》明确提出要开拓技术市场，促进技术成果的商品化。同年 4 月

20日，国务院批准国家科委、国家经委、国防科工委《关于开放技术市场几点意见的报告》，其中建议：一是成立全国技术市场协调指导小组；二是充分发挥各级、各类技术开发、技术咨询服务等机构开拓技术市场的作用，鼓励开展各种形式的贸易活动，允许多种所有制并存；三是在技术有偿转让暂行规定颁布后，要尽快制定实施细则。同日，全国技术市场协调指导小组成立。同年5月，首届全国技术成果交易会在北京举行，这次交易会吸引了来自全国各地共78个交易团、3000多个单位参加。1986年8月，全国技术市场协调指导小组发布《技术市场管理暂行办法》，提出技术市场是我国社会主义商品市场的重要组成部分，技术市场的基本任务是"促进技术商品流通，推动技术成果的推广和应用"。1987年11月1日，《中华人民共和国技术合同法》开始施行，从法律上明确了技术合同的地位。1989年2月，国家科委发布《关于加强技术市场管理工作的通知》，进一步健全和完善技术市场的管理体系。

在这一时期，我国技术成果商品化的发展十分迅速。据统计，1984年我国技术交易金额为7.2亿元，1985年为23亿元，1986年为20.6亿元，1987年为33.5亿元。[①] 技术市场成为疏通技术成果流向生产的渠道，改变了单纯采用行政手段无偿转让成果的做法。这一运行机制的转变，把研究机构和生产单位的经济利益联系起来，有利于促进竞争，使生产对科学技术的要求迅速成为研究的课题，研究的成果及时应用于生产。这与"经济建设必须依靠科学技术、科学技术工作必须面向经济建设"的战略方针是高度一致的。

---

① 国家科学技术委员会：《中国科学技术政策指南（科学技术白皮书第2号）》，北京：科学技术文献出版社，1987年版，第42页。

技术市场与科技拨款制度改革是相辅相成的，拨款制度改革堵住了科研单位“大锅饭”的来源，技术市场的建立则开辟了科研单位实现经济自立的渠道。

三、开放技术市场

我国原有的科技单位管理模式从计划经济体制中成长起来，上级行政主管部门控制着科研机构的经费分配和人事安排。科研单位的研究课题的设立、科研成果的产出也都是对上级主管单位负责，与生产单位分离，企业只能长期处于被动接受技术的地位。科研单位积压了大量科研人员和科技成果，而企业则缺乏相应的科技人才和科技成果。这种浪费现象促使科技单位必须改变管理模式，打通与生产单位的制度壁垒，使科研成果、科技人员等资源更好地得到配置。

（一）管理制度改革

“简政放权”的改革思路贯穿了这一阶段的科技体制改革。早在 1978 年 3 月，邓小平在全国科学大会开幕式上的讲话中就涉及扩大科研机构自主权，提出“科学研究机构的基本任务是出成果出人才”，“科学研究机构要建立技术责任制，实行党委领导下的所长负责制”，“要有分工负责，要从上到下建立岗位责任制”，“科学技术的业务领导工作，应当放手让所长、副所长分工去做”，“许多事情，比如对学术论文的评价，科学技术人员业务水平的考核，研究计划的制定，研究成果的鉴定，等等，都应该充分发扬民主，走群众路线，广泛倾听有关科学技术人员的意见”。[①] 1985年3月，中共中央发布《关于科学技术体制改革的决定》，正式提出扩大研究机构的自主权，改善政府机构对科学技术工作的宏观管理。除国家委托课题和由上级任命的院、所长外，计划、经费、人事管理和内部的组织机构的决定权都交由科研机构。同时，国家行政部门对于科研机构的影响由原来的直接管理转为宏观管理，“简政放权”成为改革的主要目标。行政部门退出直接管理后，研究所实行所长负责制，在研究机构内部应当充分尊重和发挥科学技术人员的作用，建立和实行各种责任制，并加强民主管理，特别是要相应扩大课题组长的职权。[②] 1986年4月19日，为了增强科研机构的活力，使之成为自主的科学技术研究开发实体，国务院印发《关于扩大科学技术研究机构自主权的暂行规定》，细化了1985年中共中央发布的《关于科学技术体制改革的决定》提出的改革事项。

1987年1月，国务院印发《关于进一步推进科技体制改革的若干规定》，细化了扩大自主权的精神，可以概括为“两个放活”，即放活科研机构和放活对科技人员的政策。放活科研机构涉及四个方面：一是政研分开，让科研机构逐步下放到企业，采取多种形式使科研机构面向经济建设；二是精简缩编，全面实行所长负责制；三是所有权与经营管理权分离，试行租赁、承包制；四是大院大所探索新的经营管理模式，包括划分独立核算单位、进入企业或由集

① 邓小平：《在全国科学大会开幕式上的讲话》，《邓小平文选》（第二卷），北京：人民出版社，1994年版，第97-98页。

② 《中共中央关于科学技术体制改革的决定》，《中华人民共和国国务院公报》，1985年09期。

体、个人承包等。

1988 年 5 月，国务院印发《关于深化科技体制改革若干问题的决定》，提出在科研机构中切实引入竞争机制，积极推行各种形式的承包经营责任制，实现科研机构所有权和经营管理权分离；在科研机构内部或者面向社会公开招标，通过竞争来选择并确定经营管理者；通过优胜劣汰的制度，对经营管理不好的机构，可以关停并转，对职工可以按在岗不在岗、编内编外等不同情况给予不同的工资、奖励、福利待遇，从而改善科研机构冗余、人员结构不合理、人浮于事、劳动效率低的问题。①

在这一时期，相比改革前，科研机构得到了更多的自主权，但是简政放权的目标受到了行政管理体制的制约。尽管从 1982 年到 1993 年进行了三次政府机构改革，科研机构的行政主管部门也进行了相应的调整，但由于政府职能没有真正转变，科研机构隶属行政部门的状况没有发生变化。

（二）人事制度改革

在这一阶段，人事制度改革的重点是打破原有僵化的人事制度，促进科技人员的流动。由于国家包得过多，统得过死，束缚和遏制了科技人员的才能和智慧的发挥，许多科研机构“等米下锅”，积压了大量的科技人才，在人才的培养和选择上产生了矛盾。改革科技拨款管理办法以后，迫使科研机构放宽了人才的合理流动。此外，有关部门还颁布了一系列的激励政策，以调动科技人员的积极性。

---

①《国务院关于深化科技体制改革若干问题的决定》，《中华人民共和国国务院公报》，1988 年 14 期。

促进科技人员流动的政策可以分为两个时期。

第一个时期是 1985 年到 1986 年，我国主要通过行政手段在国有部门之间调动科技人员。早在 1983 年 7 月，国务院印发的《关于科技人员合理流动的若干规定》就指出，当时我国科技队伍的分布和结构很不合理，一些部门和单位科技人员严重不足，而另一些部门和单位却存在科技人员积压或用非所学、用非所长的现象。为此，必须改变这种科技人员配置不合理的现象。需要有计划、有步骤地促进科技人员按照合理的方向流动，即从城市到农村、从大城市到中小城市、从内地到边远地区、从科技人员富余的部门和单位到科技力量薄弱而又亟须加强的部门和单位。打破部门、地区界限，合理调配和使用全国科技力量，有计划地从一些重工业和国防工业部门中抽调一部分科技人员，加强能源、交通、轻工、农业等科技力量薄弱的部门；从高等院校和科研部门中抽调一部分富余的科技人员，充实中等教育和职业教育的师资，支援新建院校和生产建设单位。1985 年 3 月，中共中央发布《关于科学技术体制改革的决定》，重申促使科学技术人员合理流动。当时我国许多中小城市经济发展欣欣向荣，广大农村商品生产蓬勃发展，不少边疆地区和少数民族聚居地区不断开发。我国采取各种政策和优待措施，吸引科学技术人员到那里去工作。研究、设计机构和高等学校，逐步试行责任制。科学技术人员在做好本职工作的情况下可以适当兼职，以促进知识交流和充分发挥潜力。1986 年 7 月，国务院下发《关于促进科技人员合理流动的通知》，依然提出科技人员不得擅自离职，本质上仍是落实 1983 年文件的有关问题。这一时期虽然强调人员的合理流动，但实际仍是部门之间的人员调动，科技人员的自主性仍然受到了限制。

1986年2月18日，国务院印发《关于实行专业技术职务聘任制度的规定》，目的是打破科技人员的终身制，使人才的使用更加合理。其基本内容是：专业技术职务是根据实际工作需要设置的有明确职责、任职条件和任期，并需要具备专门的业务知识和技术水平才能担负的工作岗位，不同于一次获得而终身拥有的学位、学衔等各种学术、技术称号；建立专业技术职务聘任制度，应当根据实际需要设置专业技术工作岗位，规定明确的职责和合理的任职条件；在定编定员的基础上，确定高、中、初级专业技术职务的合理结构比例；由行政领导在经过评审委员会评定的、符合相应条件的专业技术人员中聘任；有一定的任期，在任职期间领取专业技术职务工资。[①] 该规定首先在高教、科研、卫生三个系统的省市和部委直属事业单位展开，同时在三个系统以外的事业单位进行了试点工作，并且于1987年在全国事业单位全面展开。该规定的实施给专业技术人员带来了竞争的压力和工作的动力，有利于科技人员队伍的结构趋向合理。但是，缺乏相配套的政治、经济政策，没有建立起相应的社会保障体系，使得聘用单位和科技人员难以相互选择。所以，有些地方只是在形式上实行了聘任制。

1986年6月，国务院公布修订后的《合理化建议和技术改进奖励条例》，逐步设立了各种国家奖项和各系统内部的多种奖励制度，鼓励科技人员积极创造智力劳动成果，激发科技人员奋发向上的进取精神。

第二个时期是1987年至1988年，我国开始放活科技人员，促

---

① 《国务院关于发布〈关于实行专业技术职务聘任制度的规定〉的通知》，国务院办公厅网站，2012年9月21日。

进科技人员走向市场。1987 年 1 月，国务院印发《关于进一步推进科技体制改革的若干规定》（以下简称《若干规定》），提出进一步改革科技人员管理制度，放宽放活对科技人员的政策；支持和鼓励科技人员以调离、停薪留职、辞职等方式，走出科研机构，去承包中小企业，兴办各种所有制形式的技术机构，创办公司；等等。在激励机制上，《若干规定》首次提出允许科技人员在为社会创造财富的同时，取得合法收入，技术入股者可以按股分红。1988 年 5 月，国务院印发《关于深化科技体制改革若干问题的决定》，提出进一步探索科技人员管理制度的综合性改革，提出用人单位和科技人员可以双向选择，放活了对科技人员的政策。

四、改革科技单位管理模式

民营科技企业是以科技人员为主体创办的，实行自筹资金、资源组合、自主经营、自负盈亏、自我约束、自我发展的经营机制，主要从事科技成果转化及技术开发、技术转让、技术咨询、技术服务或实行高新技术及其产品的研究、开发、生产、销售的智力和技术密集型的经济实体。民营科技企业是在改革开放中诞生和发展起来的。在旧体制下，我国科研单位都是在政府的管理之下，民营科技企业没有生存的空间。改革开放以后，民营科技企业逐渐崛起，打破了由国家办科技的单一局面，开始形成全民、集体、个体、私营等多种所有制并存的新局面，科研机构所有制结构发生了重大变化。

民营科技企业在改革开放后首先经历了从无到有的阶段。从 1979 年开始，在党的十一届三中全会精神的影响下，就有少数科技人员冲破旧体制的樊篱，离开全民所有制科研机构，创办民办科技企业。1980 年 10 月，中国科学院物理所研究员陈春先走出国家科研机构，在中关村创办“北京先进技术发展服务部”，这是中关村第一家民办科技实业机构。随后，中关村的民营科技企业如雨后春笋般发展起来，比较典型的是，1982 年创办的北京京海计算机机房技术开发公司、1984 年创办的北京四通集团和北京时代集团公司、1985 年创办的北京长城钛金有限公司等，这些企业聚集在一起，逐渐形成了以研制、开发、经营电子产品为主的北京中关村电子一条街。北京中关村电子一条街的经验在全国引起了强烈的社会反响，全国其他地方也相继诞生了一批民营科技企业。

“简政放权”的改革思路贯穿了这一阶段的科技体制改革。早在 1978 年 3 月，邓小平在全国科学大会开幕式上的讲话中就涉及扩大科研机构自主权，提出“科学研究机构的基本任务是出成果出人才”，“科学研究机构要建立技术责任制，实行党委领导下的所长负责制”，“要有分工负责，要从上到下建立岗位责任制”，“科学技术的业务领导工作，应当放手让所长、副所长分工去做”，“许多事情，比如对学术论文的评价，科学技术人员业务水平的考核，研究计划的制定，研究成果的鉴定，等等，都应该充分发扬民主，走群众路线，广泛倾听有关科学技术人员的意见”。[①] 1985 年 3 月，中共中央发布《关于科学技术体制改革的决定》，允许集体或个人建立科学研究或技术服务机构，加快了民营科技企业的发展脚步。1987 年 2 月，由中国科协主持的全国民办科技实业企业家座谈会在北京召开。同年 5 月，中国民办科技实业家协会在北京农科院举行成立

① 邓小平：《在全国科学大会开幕式上的讲话》，《邓小平文选》（第二卷），北京：人民出版社，1994 年版，第 97–98 页。

大会，标志着民办科技企业的发展进入了新阶段。1988 年 5 月，国务院印发《关于深化科技体制改革若干问题的决定》，在深化全民所有制科研机构改革的同时，积极支持和促进集体、个体等不同所有制形式科技机构的发展。此外，还要充分发挥民办科技机构自筹资金，自主经营，自负盈亏，以市场为导向，以技术为依托，技工贸、技农贸一体化运行机制等方面的优势，逐步形成国家、集体、个人一起兴办科技事业的新局面。

在政策的鼓励和支持下，科研机构和高校也积极探索科技成果转化之路。中国科学院在这一时期的改革目标是建立“一院两制”，即对于科学研究和高技术开发两种不同类型的工作采取不同的运行机制和管理体制。实行“一院两制”后，中国科学院鼓励其所属科研机构和科技人员通过创办企业转化自主研发的科研成果，先后与北京市海淀区政府联合创办了科海电子有限公司、北京信通科技有限公司。其内部所属各研究所先后创办了计算所新技术发展公司（联想集团前身）、化学所公司、种子公司、太恒公司、大洋图像技术公司、三环高技术公司等。北京大学、清华大学等高校也分别创办了北大新技术公司（北大方正前身）、华海公司、清华大学技术开发总公司（清华紫光前身）等一大批校办企业。

在这一时期，我国民营科技企业是在改革开放的大环境下发展起来的，是与经济体制改革、科技体制改革密不可分的。首先，民营科技企业冲破了旧体制、旧思想的樊篱，适应商品经济发展的要求，配合放活科研人员的制度改革，促进科技人员走向市场。在政策的鼓励下，越来越多的科技人员走向市场，民营科技企业成为这些科技人员的新选择。其次，民营科技企业为谋求生存和壮大，会采取相应的竞争手段和不断地自我发展，积极主动地了解市场需求，不断开拓市场，进而做到科技与经济的有机结合。最后，民营科技企业为缺乏科研能力的小企业、乡镇企业提供了技术后盾。

五、支持和鼓励民营科技企业发展

在改革开放的宏观背景下，科技体制改革科研单位拨款制度，支持和鼓励科技人员或科研院所整体“下海”，催生了对高技术产业发展的支持政策，也促进了高新技术产业开发区的诞生。

1985 年 3 月，中共中央发布《关于科学技术体制改革的决定》，提出促进技术成果的商品化，加快技术成果向生产能力的转化，为加快新兴产业的发展，要求在全国选择若干智力密集的地区，采取特殊政策，初步形成具有不同特色的新型产业开发区。随着经济体制和国家行政管理体制的改革不断深化，科技体制的改革也进一步展开。1987 年 1 月 20 日，国务院印发《关于进一步推进科技体制改革的若干规定》，旧的科技体制由此逐渐变得松动，科研机构的权力和科研人员的选择都有所增加。与此同时，世界上第三次技术革命浪潮正在涌起。尤其是随着微电子技术的发展，一个以开发高技术和建立高技术产业园区为方向的新潮迅猛发展起来，用高技术开拓未来崭新的领域，已成为世界跨入高技术时代的大趋势。世界上有不少发达国家和地区已经纷纷出现了高技术产业园区，正是在这样的世界技术发展趋势和科技体制改革的背景下，部分思想解放的科技人员开始下海创业，高技术产业在国内开始萌芽。

始建于 1985 年的深圳科技工业园诞生于深圳经济特区，是我国出现的第一个具有类似高新技术产业开发区功能的工业园。在深圳特区建设初期，进入特区的企业大多是劳动密集型企业。考虑到产业发展的后劲问题，当时深圳的主要领导认为必须重视发展先进工业，并以先进技术改造传统工业，大力引进技术密集型、知识密集型的工业项目。当时的深圳市委书记梁湘认为，深圳要想快速借鉴国外科技发展的经验，必须借助中国科学院的力量，他的想法得到当时的中国科学院广东分院院长梁嘉的赞同。在深圳经济特区的建设过程中，中国科学院广东地区各研究所在城市规划、市政建设和资源利用等方面提供咨询服务。1984 初，中国科学院与深圳市人民政府签订了长期科技合作协议。同年 12 月，中国科学院地理专家进驻深圳，开展为期一个多月的科技园区选址工作。1985 年 4 月，《深圳经济特区科技工业园区规划》完成，中国科学院和深圳市人民政府签订了合办科技园的协议书。同年 7 月，中国科学院与深圳市人民政府合资建立的深圳科技工业园在深圳南头奠基，这是我国最早建立的科技工业园区。

1987 年 8 月，国家科委完成题为《北京中关村建立高技术开发区》的调研报告。同年底，新华社记者夏俊生关于中关村电子一条街的系列调查报告引起了中央领导的关注，中共中央办公厅随即牵头成立七部门联合调查组赴中关村电子一条街调查，随后提出“把中关村地区作为我国科学工业园区（或新技术开发区）的试点”的建议。1988 年 3 月，中央财经领导小组同意在中关村试办高科技产业开发区。同年 5 月，国务院批准《北京市新技术产业开发试验区暂行条例》（以下简称《暂行条例》），这标志着我国第一个国家级高新技术产业开发区的正式成立。同年 6 月，北京市人民政府发布《北京市新技术产业开发试验区暂行条例实施办法》（以下简称《实施办法》），对《暂行条例》进行了细化。《暂行条例》和《实施办法》的出台，使试验区有了政策实施细则和管理体制，从此试验区开始了发展壮大之路。深圳科技工业园利用特区的政策优势、北京中关村电子一条街利用科技资源优势形成了我国高新产业集聚的雏形，对探索科技体制改革、推动高技术产业发展和产业园区建设起了非常重要的作用。

北京市新技术产业开发试验区的建立依托于它的科技资源优势，发端于自下而上的需求和地方政府的推动，而真正加快了全国高新区的建设速度，使国家部门开始自上而下地主动建设高新区则主要依靠“火炬计划”的出台。早在 1986 年 6 月，国家科委就探索过实施“火炬计划”、建立高新技术开发区的可能性，当时委托中国科学院等单位组成课题组对我国高技术开发区进行系统的调查研究。1988 年 5 月，国务院印发《关于深化科技体制改革若干问题的决定》，提出科研机构可以和企业互相承包、租赁、参股、兼并，实行联合经营，或进入企业、企业集团，或发展成科研型企业等；可以充分利用中心城市、沿海开放地区、智力密集区的优势，面向国际市场，创办或联办多种所有制形式的公司、企业、企业集团等，积极开发和组织生产新产品、高技术产品，进行引进技术的消化、吸收、创新，促进外向型经济的发展和新技术产业的形成；也可以直接在国外布点，建立各种独资、合资机构。同时，智力密集的大城市，可以积极创造条件试办新技术产业开发区，并制定相应的扶持政策。此外，还提出位于内地和三线的科研机构、高等院校及大中型企业，应积极为本地区经济振兴服务，有条件的可以以本地区为依托，组织和引导科技力量，在沿海开放地区设立窗口，为发展外向型经济搭桥，与沿海地区建立多种形式的联合，互相支持，互相促进，带动本地区科技与经济的发展。[1]同年7月，国务院批准国家科委上报的《关于动员和组织科技力量为沿海地区经济发展战略服务的决定》，提出国家科委开始实施“火炬计划”。同年8月4日，国务委员兼国家科委主任宋健、国家科委常委副主任李绪鄂向中央政治局汇报“火炬计划”工作的准备情况和发展战略，得到了中央政治局常委会的肯定和批复。同年8月6日，全国第一次“火炬计划”工作会议在北京远望楼宾馆召开，宋健和李绪鄂分别作了题为《创造有利于高新技术、新技术产业发展的适宜环境和条件》和《发挥科技优势，推动高新技术、新技术产业的发展》的报告，其间还讨论了《关于高新技术、新技术企业认定条件和标准的暂行规定》和《关于简化高新技术、新技术企业部分人员出国手续的暂行办法》等文件。至此，“火炬计划”正式出台。

1988年下半年，我国进入治理经济环境、整顿经济秩序的阶段，部分人士对科研人员创办企业和设立高新区表示担忧和反对，建立高新区的计划受到一定影响。直到1991年3月，国务院正式下发《关于批准国家高新技术产业开发区和有关政策规定的通知》，批准成立26个国家级高新区，授权国家科委负责审定各国家高新技术产业开发区的区域范围、面积，并进行归口管理和具体指导。同时批准国家科委制定的《国家高新技术产业开发区高新技术企业认定条件和办法》《国家高新技术产业开发区若干政策的暂行规定》和国家税务局制定的《国家高新技术产业开发区税收政策的规定》，为国家级高新区制定了切实的优惠政策。1991年10

---

① 《国务院关于深化科技体制改革若干问题的决定》，《中华人民共和国国务院公报》，1988年14期。

月，国家科委、国家体改委发布《关于深化高新技术产业开发区改革，推进高新技术产业发展的决定》，提出此次改革的目标是根据发展社会主义有计划商品经济的要求，促进计划经济与市场调节相结合，在开发区内建立起符合商品经济运行规律，适应高新技术产业发展要求和国际惯例的体制、机制和环境条件，以最大限度地解放科技生产力，促进经济繁荣昌盛。此外，还把开发区建成高新技术成果商品化、产业化的基地，高新技术向传统产业渗透的辐射源，对外开放的窗口，深化改革的试验区和示范区，优化小环境，形成大气候，促进我国高新技术成果的商品化、产业化和国际化。自此，我国的高新区发展开始大规模、全方位推进。

高新技术产业开发区为高技术企业的产生和发展提供了较好的小环境，为科研院所转制和科技人员融入企业开辟了新天地。为发展高科技、实现产业化，促进科学技术成果转化为现实生产能力，调整我国产业结构和提高综合国力做出了贡献。

第三节　体制改革激发科研人员活力

从 1985 年 3 月至 1991 年底，在中共中央发布的《关于科学技术体制改革的决定》和国务院印发的《关于深化科技体制改革若干问题的决定》的指导下，我国科技体制改革进入全面开展的阶段。以“促进科研机构面向经济建设”为主思路，从运行机制、人事管理制度、组织结构三个方面首先进行改革。在改革的深化阶段，在继续贯彻、完善已出台的各项改革措施的基础上，以“科技长入经济”为主线，打破科研单位和生产单位之间的功能界限，提出科研机构以多种形式长入经济进而发挥科研机构和科研人员的作用，并探索了解决科技与经济“两张皮”问题的有效途径。经过多年实践探索，我国科技工作的面貌和机制发生了深刻变化，改革取得了显著的成效。

一、拨款制度变化推动科研机构改革

从1986年1月国务院印发的《关于科学技术拨款管理的暂行规定》实施开始，拨款制度的改革取得了显著成效，科研机构发生重大变化。首先，科研机构的科学事业费进入新的拨款运行方式。科研机构的科学事业费完成了划转归口工作，截至1988年，中央部门科研事业机构1037个，省级（含直辖市、计划单列市）科研事业机构1946个，地、州、市级科研事业机构2013个，县级科研事业机构1464个。共包括职工67万人，其中技术人员占比48.5%。[①] 研究机构的分类工作和拨款改革工作也有序开展：对主要从事技术开发工作的科研机构实行技术合同制，我国逐年减拨事业费，到1991年，全国县以上自然科学领域的研究与开发机构5074个，其中不再由国家拨付事业费的研究机构1186个，占1983个技术开发类型机构的60%左右；[②] 对基础研究机构实行国家拨款和科学基金相结合的制度，对重大科技项目实行招标制度，国家自然

① 国家科学技术委员会：《中国科学技术政策指南（科学技术白皮书第3号）》，北京：科学技术文献出版社，1989年版，第14页。
② 朱丽兰、管志安、徐昌敏主编：《中国改革全书（1978—1991）：科技体制改革卷》，大连：大连出版社，1992年版，第31页。

科学基金委员会成立后，1986 年至 1991 年，五年多已累计投入经费 6.3 亿元，资助了 1 万多项基础性研究项目，部分地方和部门还筹集了 1 亿多元的科学基金，支持了 3000 多项基础性研究项目。[①]其次，单纯由国家下达科研任务和经费的单一模式得到改善，科研单位逐步形成了多层次、多渠道、多形式吸收资金的局面。1990 年，全国科研单位的毛收入中，横向收入占 68%，纵向收入占 32%；纯收入中，横向占 87.7%，纵向占 12.3%。科技发展利用贷款的能力和数额迅速增加，从 1984 年的 0.2 亿元，增加到 1990 年的 20 亿元。[②]最后，拨款制度改革推动了科研机构内部管理制度的改革。据这一时期的《科技统计年报》统计，1986 年至 1988 年减拨事业费科研机构课题完成情况和成果获奖情况均有明显提高。[③]所长责任制或目标责任制、科研责任制或课题承包责任制、课题成本核算制度在全国广泛推行，淡化了科研机构对主管部门的依赖，科研机构自主权不断扩大，科研工作者的工作积极性和主动性不断提高，科研机构自我发展的能力进一步增强，科技事业得到快速发展。

技术市场的建立与拨款制度改革相辅相成。拨款制度的改革使科研机构和科研人员产生压力和动力，促进他们以技术为商品，使技术市场的成立在理论和实践上成为可能。技术市场的建立为科研机构在拨款制度改革下逐步实现自立创造了条件。据统计，

---

① 宋健：《科技兴则国兴》，《中国科技论坛》，1991 年 03 期。

② 赵华庭、邓天佐：《科技拨款制度的回顾与思考》，《科学学与科学技术管理》，1991 年 11 期。

③ 朱丽兰、管志安、徐昌敏主编：《中国改革全书（1978—1991）：科技体制改革卷》，大连：大连出版社，1992 年版，第 32 页。

从1985年至1989年，全国技术合同成交额逐年上升，成交合同项目数除1989年略有下降外，均保持增长态势。技术市场机构、人员数量也发生了较明显增长。从1987年至1989年，全国技术市场机构数量从9649个增长至19719个，技术市场固定人员从267912人增长至361262人。1990年，我国技术市场机构增至20711个，但固定人员数量减少至267128人，科技人员数量的增长情况与固定人员情况保持一致。[①] 根据统计分析，这一时期的技术交易活动有如下特点：第一，技术交易的规模逐渐扩大，1986年以来每份技术合同平均成交额逐年增长。1986年为2.365万元，1987年为2.546万元，1988年为2.735万元，1989年达到3.2万元。第二，技术交易中各类技术合同的构成比改变，技术咨询与服务合同占最大比重，技术开发合同比例逐年上升，技术转让合同比例较小。第三，工业企业是技术市场的最大买主，约占技术交易额的71%；研究开发机构和工业企业是技术商品的最大卖方。第四，技术贸易体系进一步扩大，初步形成了全国范围的多层次、多种所有制、多种形式的技术市场经营体系，技术市场的建立促进了技术贸易中介机构的大量涌现。各种技术服务贸易机构、常设技术市场、高新技术市场、技术信息市场以及各种科技成果交易会与新产品展销会形成了技术市场网络。技术交易活动的范围从中心城市向县、乡镇扩大延伸。[②]

---

① 国家统计局、国家科学技术委员会编：《中国科技统计年鉴1991》，北京：中国统计出版社，1992年版，第340页。

② 朱丽兰、管志安、徐昌敏主编：《中国改革全书（1978—1991）：科技体制改革卷》，大连：大连出版社，1992年版，第33页。

二、初步缓解科技经济“两张皮”问题

科技体制改革促进了科研机构与生产单位的多种形式的结合，科技经济“两张皮”的问题得到了初步缓解。科研机构与生产单位的结合形式多种多样，包括进入企业或企业集团，成为企业的技术开发中心；承包、经办或者兼并中小或乡镇企业；以技术、资金入股，与企业合资经营；以科技成果为龙头，与生产单位建立产供销、技工贸一体化的科研经济实体；以科研机构牵头，吸收企业发展能成为科研先进企业、企业集团或者企业群体；自筹资金创办企业或公司，由原来的事业单位转化为技工贸一体化的经济实体。截至1990年，科研机构大批进入企业或企业集团，与企业结成科研、生产联合体1万多个，科研机构创办独资、合资技术经济实体3500多家。1990年，全国科研机构创收86.5亿元，其中技术性收入达52.2亿元。[①]

在科技体制改革的深化过程中，科技工作形成了三个层次的纵深部署，形成了面向经济建设主战场、高技术研究及发展高新技术产业、基础性研究三个层面的战略格局。

在面向经济建设主战场方面，形成了“科技攻关计划”“丰收计划”“星火计划”“国家科技成果重点推广计划”和“燎原计划”等。“七五”期间，“星火计划”共立项27913个，总计投资170.76亿元，培训人员650万人，建立培训基地67个。

在高技术研究及发展高新技术产业方面，形成了“863计划”

① 朱丽兰、管志安、徐昌敏主编：《中国改革全书（1978—1991）：科技体制改革卷》，大连：大连出版社，1992年版，第35页。

和“火炬计划”。1988年至1990年，国家级“火炬计划”共立项579个，总投资32.9亿元。1989年至1990年，全国高新技术产业开发区不断发展。1989年，全国共有高新技术产业开发区26个，企业数量1704家，职工总数47876人，全年总产值172239万元。1990年，全国高新技术产业开发区增加至36个，其中国家级高新技术产业开发区27个。全国高新技术产业开发区内的企业数量为1690家，其中国家级高新技术产业开发区内企业数量为1652家。职工总数127994人，其中国家级高新技术产业开发区职工总数102889人。全年总产值594401万元，比1989年增长2.45倍，其中国家级高新技术产业开发区创造产值577434万元。[①]

在基础性研究和应用研究方面，国家自然科学基金委员会积极开展工作，推动基础性研究管理制度的改革，保证了基础性研究工作的稳定发展。1988年，国家自然科学基金委员会共批准各类资助项目3013项，资助总金额11939.74万元；1989年，共批准各类资助项目3184项，资助总金额12443.97万元。加上之前批准的资助，需要继续拨款的项目，每年滚动资助项目大约1万项，这些项目分布在约1000个单位中，受资助科技人员约10万人次。[②]

在这一时期，民办科技机构和民间科技活动也在全国各地迅速发展起来。1988年初，北京中关村电子一条街的经验在全国范围内引起强烈反响，民办科技机构的地位与作用得到社会承认与

---

① 国家统计局、国家科学技术委员会编：《中国科技统计年鉴1991》，北京：中国统计出版社，1992年版，第308页。

② 国家科学技术委员会：《中国科学技术政策指南（科学技术白皮书第3号）》，北京：科学技术文献出版社，1989年版，第37页。

理解，进入了迅速发展的阶段。同年11月底，全国26个省、市、自治区科委和工商部门注册的民办科技机构就已经有11196家，比1987年翻了一番，一年内新增民办科技机构相当于1980年至1987年的总和。[①]

在这一时期，中国科协系统的科技活动也广泛开展起来。在学术会议方面，1990年，共召开国内学术会议965次，参加74529人次。其中，在国内举行的国际学术会议47次，参加1065人次，赴国外参加国际学术会议34次，派出84人次。在举办的科技培训方面，院校培训269641人次，举办的培训班培训2653868人次，外派研修548人次。[②]科普活动、咨询活动、出版物的种类与频次也明显上升。

① 国家科学技术委员会：《中国科学技术政策指南（科学技术白皮书第3号）》，北京：科学技术文献出版社，1989年版，第17–18页。

② 国家统计局、国家科学技术委员会编：《中国科技统计年鉴1991》，北京：中国统计出版社，1992年版，第348页。

第三章
市场经济下的科技体制改革（1992—1998年）

▼

在这一时期，党中央明确提出“建立社会主义市场经济体制”，改革开放步伐不断加快。1995年5月，中共中央、国务院发布《关于加速科学技术进步的决定》，标志着我国科技体制改革进入了新阶段。20世纪90年代，我国科技体制改革以经济建设中的问题为导向，释放了科研人员的活力，解放了生产力，提高了科技与产业的竞争力，增强了综合国力。与此同时，我国科研从跟踪模仿和引进，逐渐转向部分领域的创新。

第一节　市场经济制度下科技体制改革

20世纪80年代，我国按照“一个中心，两个基本点”的基本路线，全面实行改革开放，大力推动经济建设转移到依靠科技进步和提高劳动者素质的轨道上来。这一时期既是我国国民经济、社会发展的关键时期，也是我国科技发展至关重要的时期。1991年3月，七届全国人大四次会议通过《中华人民共和国国民经济和社会发展十年规划和第八个五年计划纲要》，为20世纪90年代实现我国社会主义现代化建设第二步战略目标做出了重要部署，明确了经济、社会发展各领域的目标与方针、重点与任务、政策与措施。

一、确立社会主义市场经济制度

以邓小平1992年的“南方谈话”和同年10月召开的党的十四大为标志，我国进入建设社会主义市场经济体制阶段。1993年11月，党的十四届三中全会通过的《中共中央关于建立社会主义市场经济体制若干问题的决定》指出，经过十多年改革，我国经济体制发生了巨大变化，以公有制为主体的多种经济成分共同发展的格局初步形成，农村经济体制改革不断深入，国有企业经营机制正在转换，市场在资源配置中的作用迅速扩大，对外经济技术交流与合作广泛展开，计划经济体制逐步向社会主义市场经济体制过渡。改革解放和发展了社会生产力，推动我国经济建设、人民生活和综合国力上了一个大台阶。[①] 1994年，我国开始税制改革，把中央和地方之间的财税分成，从过去的财政包干变为分税制，其主要目的是加强中央财政。这样，中央政府所掌握的财政资源越来越雄厚，为政府逐步增加科技投入奠定了重要基础。

社会主义市场经济制度的确立，不仅极大推动了我国经济社会的进步，也为充分发挥科技第一生产力的作用带来了机遇，同时也对科技如何更好地为经济建设服务提出了新的、更高的要求。科技

① 《中共中央关于建立社会主义市场经济体制若干问题的决定》，北京：人民出版社，1993年版，第1–2页。

体制改革作为经济体制改革的配套工程，相应地走向全面推进、深化改革、配套实施的新阶段。这一时期的科技体制改革准确把握国际科技经济发展的基本态势，改变以往相对封闭与僵化的运行模式，把我国科技带入快速与高质量发展的新阶段。科技工作从体制、运行机制、总体布局、战略重点等多方面适应社会主义市场经济发展的要求，加速推进科技经济一体化进程。市场经济与传统的计划经济最重要的区别就在于，市场经济把竞争机制引入经济活动，从而把企业推向了竞争前沿。企业要在竞争中取胜，必须不断吸收新技术、新成果，开展技术创新，开发有竞争力的新产品。这就迫使企业不断增强依靠科技进步的内在动力和迫切需求，进一步要求广大科技工作者更加自觉地面向经济建设，投入经济建设主战场。此外，20 世纪 90 年代信息技术革命蓬勃兴起，1991 年的海湾战争是信息技术条件下的现代战争形态，让我们意识到与国际先进科技水平的巨大差距。因此，这一时期我国以积极的姿态迎接新技术革命的挑战，大力发展高科技产业，大幅度提高研究开发能力，迎头赶上世界经济、科技发展潮流。

二、科技发展奠定较为良好的基础

从改革开放到 20 世纪 90 年代初期，我国科技事业取得了很大的成绩。党和国家制定了一系列有关科技发展的方针政策，实施了国家科技攻关计划、“星火计划”、“火炬计划”、国家高技术研究发展计划（以下简称“863 计划”）、“火炬计划”、国家重点新产品计划、国家重点工业性试验性项日计划、国家科技成果重点推广计划等多项科技计划，共取得重要科技成果 10 多万项，为经济建设、国防建设和社会发展解决了一批关键技术问题。到1990年，全国已拥有1000多万人的自然科学技术队伍，建立起学科门类比较齐全的科技体系，形成了较强的科技攻坚能力。科技体制改革在全社会确立了技术成果商品化的地位；科技工作形成了纵深部署、有机联系的格局；计划管理与市场调节相结合的新型科技计划体制正在形成，科技工作的机制、格局和面貌正在发生深刻的历史性变化。所有这些，都为20世纪90年代我国科学技术的发展奠定了比较坚实的基础。

在科技体制改革初期，我国把技术成果商品化作为改革的突破口。通过这项改革，更新了拨款制度，培育了技术市场，建立了新的运行机制。然而，我国科技工作在取得显著经济效益和社会效益的同时，也存在一些问题和困难，科技与经济脱节的状况并没有从根本上得到扭转。主要是经济、科技等领域的改革缺乏总体规划和协调；经济建设缺乏依靠科技进步的压力、动力与活力；国家财政对科技投入强度低，金融、企业投入渠道尚待拓宽；科技人员待遇普遍偏低；科技管理体制仍需进一步理顺。随着改革的深入，调整结构和分流人员的问题被提上了日程。只有从这里着手，科技人员在经济领域无用武之地和企业中大量科技问题无人问津的状况才能得到根本改变。

三、实施科教兴国战略

1995年5月，全国科学技术大会在北京召开，号召全党、全国人民进一步全面落实科学技术是第一生产力的思想，加速全社会的科技进步，为实现我国现代化建设的战略目标而努力。江泽民指出，“创新是一个民族进步的灵魂，是国家兴旺发达的不竭动力。如果自主创新能力上不去，一味靠技术引进，就永远难以摆脱技术落后的局面。一个没有创新能力的民族，难以屹立于世界先进民族之林。作为一个独立自主的社会主义大国，我们必须在科技方面掌握自己的命运”[①]。这次会议被称为我国科技发展史上第三个里程碑。

这次会议提出了科教兴国战略，即全面落实科学技术是第一生产力的思想，坚持教育为本，把科技和教育摆在经济、社会发展的重要位置，增强国家的科技实力及向现实生产力转化的能力，提高全民族的科学文化素质，把经济建设转移到依靠科学技术进步和劳动者素质的轨道上来，加速实现国家的繁荣强盛。会议结束后，中共中央、国务院发布《关于加速科学技术进步的决定》（以下简称《决定》），全面总结了新中国成立以来特别是改革开放以来我国科学技术发展的实践经验，正式提出了科教兴国战略。《决定》围绕党中央提出的“要抓紧有利时机，加快改革开放步伐，力争国民经济更好地上一个新台阶”的要求，进一步明确了新时期科技工作的大政方针和战略部署，提出了我国科技工作的基本方针，即在“面向、依靠”的基础上，增加了“攀高峰”——科学技术不仅要面向经济建设，而且要攀登科学技术高峰。

1995 年之后，实施科教兴国战略成为我国科技政策的总基调。1996 年 3 月，八届全国人大四次会议通过《中华人民共和国国民经济和社会发展“九五”计划和 2010 年远景目标纲要》，再次强调科教兴国是基本国策。此后，我国又出台一系列的法律、规

---

① 江泽民：《实施科教兴国战略》，《江泽民文选》（第一卷），北京：人民出版社，2006 年版，第 432 页。

定和政策，进一步深化科技体制改革，加速科学技术进步。

第二节　把科技摆在经济社会发展的重要位置

以1992年邓小平的“南方谈话”为标志，我国经济体制开始迈入新的发展阶段，同时科技体制改革的方向从20世纪80年代的“面向、依靠”调整为“面向、依靠、攀高峰”，科技发展从三个层面进行布局，即面向经济主战场，发展高科技及产业、加强基础研究；在具体的改革举措上，则是按照“稳住一头，放开一片”的方针，从结构调整、人才分流和机制转变等方面系统展开，推进科技经济一体化发展。

在科技结构调整方面，1996年9月，国务院印发的《关于“九五”期间深化科学技术体制改革的决定》提出，在“九五”期间，初步建立适应社会主义市场经济体制和科技自身发展规律的科技体制，包括建立以企业为主体、产学研相结合的技术开发体系，以重点科研机构、高等学校为主的科学研究体系，以及社会化的科技服务体系。[①] 按照这一要求，我国开始对科研机构从系统上进行结构调整，启动了以部、省为单位的科研机构结构调整的改革试点工作。

在科技机制转变方面，我国以深化运行机制改革为重点，在多数科研机构实行事业单位企业化管理，或以“一院两制”的管理模

① 《国务院关于“九五”期间深化科学技术体制改革的决定》，《中华人民共和国国务院公报》，1996年29期。

式鼓励科研机构壮大科技产业。这一时期科技管理体制改革的明显特点，就是“竞争机制”与“创新意识”的确立与增强。科技拨款制度的改革、科学基金制的实行、技术市场的发展、科研机构向企业的进入、结构的调整与人才的分流、科技成果的转化等，都大大强化了市场导向和竞争机制，促进了科技创新与经济结合，有力支撑了科教兴国战略的实施。

在科技人才分流方面，1992 年 8 月，国家科委和国家体改委发布《关于分流人才、调整结构、进一步深化科技体制改革的若干意见》，提出在科研院所内部建立“开放、流动、竞争、协作”的用人制度，实行与贡献挂钩的分配制度。该政策对于鼓励科研人员面向经济建设、向企业流动、创办高技术企业、发展高技术产业发挥了重要作用。

一、稳住一头，放开一片

为了适应新发展形势，进一步明确科技体制改革的思路、目标与任务，我国科技界在全面总结上一阶段科技体制改革成功经验的基础上，提出了“稳住一头，放开一片”的方针。按照这一原则，通过市场牵引、政策导向并辅之以必要的行政措施，加快科技体制改革的步伐。

1992 年 8 月，国家科委和国家体改委联合发布《关于分流人才、调整结构、进一步深化科技体制改革的若干意见》(以下简称《意见》)，开启了这一时期科技体制改革的序幕。此时的改革重点逐步转向结构调整和综合配套改革，尝试性地提出了进行分流和调整的基本路子是“稳住一头，放开一片”，即稳住基础性研究、基础性技术工作和科技人员这支队伍；同时放开、放活技术开发机构，社会公益机构和科技服务机构，面向社会，面向经济建设，开始了以结构调整、人才分流、机制转变为重点的系统改革试点工作。

按照《意见》，“稳住一头”有两层含义：一是在基础性研究、高技术研究、重大科技攻关和社会公益性研究领域保持一支精干的科研队伍，开展高技术研究和事关经济建设、社会进步和国防事业长远发展的重大研究开发，形成优势力量，力争重大突破，提高中国整体科技实力和发展后劲；二是对研究机构分类定位，优化基础性科研机构的结构和布局，以政府投入为主，稳住少数重点高校院所的科研机构。为实现“稳住一头”的目标，《意见》提出，对从事基础性研究、高技术研究、重大工程建设和重点项目攻关的科技人员，较大幅度地提高其工资水平，其中达到国际水平和国内领先水平的，其工资、待遇要逐步向具有相对国际可比性靠拢。为稳定支持科研活动，1993 年 7 月，八届全国人大常委会第二次会议通过《中华人民共和国科学技术进步法》，明确规定“全国研究开发经费应当占国民生产总值适当的比例，并逐步提高”[1]。此外，我国还增加各级政府对科技活动的财政投入；优化科技投入结构，各项科技计划突出重点领域，向重点项目、重点单位倾斜；建立一批达到世界先进水平和国内领先水平的研究开发基地等。

“放开一片”则是指，在国家政策的引导下，发挥市场机制的作用，放开各类直接为经济建设和社会发展服务的研究开发机构，通过实行结构调整、人才分流，将这些机构面向市场开展科技成果

① 《中华人民共和国科学技术进步法》，《中华人民共和国国务院公报》，1993 年 12 期。

商品化、产业化活动，使之以市场需求为导向运行发展，为国家经济建设做贡献。“放开一片”的目的是重组队伍，分流人员培育高新技术产业，塑造现代企业，为经济建设做出更大贡献，其主要政策措施有：鼓励各类科技机构实行技工贸一体化经营，或与企业进行合作开发、生产和经营；赋予有条件的科研机构国有资产经营权，支持其投资创办科技企业，依法享有投资收益；支持有条件的科研机构以多种形式进入大中型企业或企业集团；推动社会公益科技机构成为新型法人实体，参考外国非营利机构的运行模式，建立自我积累、自我运作、自我发展的机制，实行社会化监督和管理。为了鼓励技术开发类科研人员服务经济建设，《意见》提出“对从事技术开发、科技服务和社会公益研究的科技人员，其工资和待遇要进一步放开，经有关部门批准实行联系其创造的经济效益计算报酬的办法”。

“稳住一头，放开一片”是我国科技体制改革实践经验的科学总结和高度概括。在社会主义市场经济体制下，市场机制与宏观管理都是科技进步不可缺少的手段。“稳住一头，放开一片”的改革方针，体现了这两种手段结合的内在规律。

二、加强科技立法工作

为推动我国科技发展的法制化建设，1993 年 7 月，八届全国人大二次会议通过了我国第一部科学技术基本法——《中华人民共和国科学技术进步法》，标志着我国高科技管理体制的改革迈入了法制化新阶段。这部法律规定了科技事业的基本方针、布局、保障措施，明确了科研机构和科技人员的基本义务，并以法律形式对国家提高科学技术经费投入提出了明确要求，对一系列改革成果给予了肯定，如建立高新区并实行优惠政策、发展技术市场、鼓励研发机构实行技工贸一体化经营、允许企业技术开发费计入成本等。该法也强调要发挥科学技术第一生产力的作用，推动科学技术为经济建设服务，对发展高技术研究和高技术产业做了具体规定，为我国科技法制的建设奠定了重要基础。

1996年5月，八届全国人大常委会第十九次会议审议通过《中华人民共和国促进科技成果转化法》，对科技成果转化活动的组织实施、保障措施、技术权益、法律责任等做出了全面、细致的规定，包括企事业单位科技人员的奖励等，都纳入其中。该部法律的颁布实施，意味着加速科技成果转化已经提升到了法律高度，这对加强科技成果转化、落实科教兴国战略具有显著的促进作用。这一法律施行之后，对加快高科技管理体制改革步伐、促进高科技成果尽快转化为现实生产力，起到了重要作用。

在这一时期，我国还建立和修订了一系列与知识产权相关的法律。1992年9月，七届全国人大常委会第二十七次会议修订通过《中华人民共和国专利法》，把保护范围扩大到食品、药品和用化学方法获得的物质，发明专利的保护期限由15年延长到20年。1993年2月，七届全国人大常委会第三十次会议修订通过《中华人民共和国商标法》，不仅加强商品商标保护，而且保护服务商标，并按国际公约要求对驰名商标给予特别保护。1993年9月，八届全国人大常委会第三次会议审议通过《中华人民共和国反不正当竞争法》，明确对商业秘密给予有效保护。再加上1991年开始实施的《中华人民共和国著作权法》，我国基本形成了以专利、商标、版权为三大支柱的知识产权法律框架。

三、设立新的科技计划

在这一时期，我国在科技、教育领域设立了一系列计划，而且调整了国家计划资助的方式，从单纯的以项目为核心的方式，转变为支持项目和支持科研基地建设并重的方式，支持方式也越来越多元化。

1992 年 3 月，我国启动“攀登计划”。该计划出台后，科技工作的方针调整为“面向、依靠、攀高峰”，表达了我国科技工作重视基础研究和应用基础研究的导向。

1993 年 2 月，中共中央、国务院印发《中国教育改革和发展纲要》，提出面向 21 世纪重点建设 100 所左右的大学和一批重点学科，简称“211 工程”。同年 7 月，国家教委印发《关于重点建设一批高等学校和重点学科点的若干意见》，“211 工程”正式启动。

按照《关于加速科学技术进步的决定》和全国科学技术大会的精神，国家经贸委决定在组织实施国家重点工业性试验项目计划和国家重点新技术推广项目计划的基础上，于 1996 年 8 月开始实施针对企业的“技术创新工程”，国家经贸委首批资助宝钢、长虹、海尔等数家大型企业建立研发中心，并选择青岛、合肥、柳州和绵阳作为全国技术创新试点城市。

1997 年 3 月，国家科委设立“973 计划”*。该计划与“攀登计划”以国家重大需求为导向，分别聚焦重大基础性研究以及经济建设与社会发展中的重大科学问题，力图在世界科学发展的主流方向上，取得一批具有重大影响的原创性成果。该计划资助范围之广，强度之大，都是前所未有的。

* “973 计划”即“国家重点基础研究发展计划”。

为配合这些科技创新工程、计划的实施，我国设立了一批重大人才专项计划。例如，1990 年 10 月 26 日，国务院批准中国科学院学部开展增选学部委员，中国科学院恢复了中断10年的学部委员增选，并实现制度化。1993 年 10 月，国务院第十一次常务会议决定，将中国科学院学部委员改称中国科学院院士。1994 年 6 月 3 日，中国工程院在北京成立。此后，中国科学院和中国工程院作为中国科学技术和工程科技的最高咨询机构，为我国科技进步、重大工程建设、经济社会发展和国家安全做出了重要贡献。这些人才专项计划已经成为人才引进、培养的重要平台，相继培养了一大批学术带头人和领军人才。

通过一系列计划的实施，我国加大了对基础性研究、战略性研究项目和科学教育等领域的财政支持力度，并形成了以基金、重大科技计划和重大科技工程等为主要形式的新资助格局。至此，在以竞争项目为基础的国家科技计划逐步体系化的同时，我国在企业、高校和中国科学院相继完成了支持科学研究基地的布局，并由此形成了建设国家创新系统的框架。

四、提升企业创新地位

这一时期除了继续深化高校和科研机构的改革以外，我国也开始意识到企业在技术创新中的作用。为了优化和调整科技力量宏观布局，科技体制改革按照“稳住一头，放开一片”的方针，促进科研机构管理体制改革和企业化转制，强调大力推进企业科技进步，促进企业逐步成为技术开发的主体。同时，继续推动产学研结合，鼓励科研院所、高等学校的科技力量以多种形式进入企业或企业集团，参与企业的技术改造和技术开发，以及合作建立中试基地、工程技术开发中心等，加快先进技术在企业中的推广应用。

一是建立企业技术中心。为了鼓励企业开展技术创新活动，早在1993年，国家经贸委、财政部、海关总署和国家税务总局就联合制定《鼓励和支持大型企业和企业集团建立技术中心暂行办法》，启动了国家认定企业技术中心工作。到1996年，全国20多个行业和部门建立了140个企业技术中心。

二是从以国立科研机构改革为重点，转向构建社会化的、多元主体的研发组织体系，尤其突出了企业的创新主体地位。1995年5月，中共中央、国务院发布的《关于加速科学技术进步的决定》首次从体系构建的角度确立科技体制改革的思路和目标。为了鼓励企业加强研发投入，1996年我国全面实施企业研发费用加计扣除政策，1999年又出台一系列鼓励企业创新的政策。其中，科技型中小企业技术创新基金的设立，标志着支持科技型中小企业发展成为科技政策的重点之一。

三是国家科研体系出现重大调整，行业性科研机构转为企业。1996年9月，国务院印发的《关于"九五"期间深化科学技术体制改革的决定》（以下简称《决定》）把科研院所继续推向市场，以解决科研机构与市场脱节问题。《决定》提出把国家局所属的科研机构转变为科技型企业，整体或部分进入企业和转为技术服务与中介机构等。科研院所的管理体制改革和企业化转制，进一步推进了科学技术面向市场的转变，明确了以企业为创新主体，以市场为导向的定位。这次改革使得市场上出现了一批科技型企业，也对我国产业共性技术供给能力和技术扩散产生了影响。

为推动技术开发类科研机构的企业化转制，1996年初，国家科委启动了以机械部、交通部、冶金部和中国纺织总会四个部门所属科研机构为主体的改革试点工作。从整体结构调整、人才分流入手，突出“稳与放相协调”“软件建设与硬件建设相协调”，重点是管好用好试点经费，努力形成研究开发、成果转化、技术辐射三个层次有机结合的新格局，加快科技产业化步伐，为促进机制根本转变创造有利条件。

五、发展科技产业

早在 1985 年 3 月，中共中央发布《关于科学技术体制改革的决定》，提出加快新兴产业的发展，在全国选择若干智力资源密集的地区，采取特殊政策，逐步形成具有不同特色的新兴产业开发区。但这个政策直到 20 世纪 90 年代才得到全面实施。“火炬计划”提出建立高新技术产业开发区的设想，并对全国范围内国家高新技术产业开发区建设做出部署。从 1991 年 3 月到 1997 年 6 月，我国批准建立了 52 个国家高新技术产业开发区，为高新技术产业的成长营造提供了配套条件和适宜的环境，有力促进了中国高新技术产业的蓬勃发展。[①]

1993 年 6 月，国家科委和国家体改委联合发布《关于大力发展民营科技型企业若干问题的决定》，动员更多科技人员创办民营科技型企业，允许国有科技机构、高等院校、大中型企业按照国有民营方式创办新的科技型企业，从而为科研机构实行“一所两制”、高校创办高技术产业，以及国有企业改革和部分引入民营机

① 薛澜等:《中国科技发展与政策（1978～2018）》，北京：社会科学文献出版社，2018 年版，第 35 页。

制发展高新技术产业提供了政策依据。这一措施对于促进科技与经济结合，实现科技成果产业化、商品化，成效极其显著。这不仅给了民营科技企业合法的社会地位，更重要的是，探索了运用市场机制搞活国有科技、经济要素，促进科技成果产业化的有效途径。

1996年9月，国务院印发《关于“九五”期间深化科学技术体制改革的决定》，把发展高技术、促进高新技术产业化作为一项主要任务，提出高技术研究与开发是发展现代经济的先导，是高技术产业发展的源泉，选择一批对国民经济发展有重大带动作用、拥有一定基础和优势、能增强我国综合国力的重大项目，采取竞争招标方式，组织力量，联合攻关；允许大多数研究开发机构直接进入市场，开发高技术成果，加速科技成果转化，实现产业化。其中提出的主要措施有：推动国家高新技术产业开发区的发展；创造更好的环境，吸收科研机构、高等学校和大中型企业发展高技术产业；鼓励高等学校创办符合高教改革方向的高技术校办企业。[①]

在这一阶段，在“发展高科技、实现产业化”和“科技长入经济”思想的指导下，各地政府利用国家高新技术产业开发区政策，积极营造有利于各类民营科技企业和高新技术产业发展的政策环境。

---

① 《国务院关于“九五”期间深化科学技术体制改革的决定》，《中华人民共和国国务院公报》，1996年29期。

第三节　科技活动与经济发展相结合

1992—1998年，经过长期的探索和实践，科技体制改革工作取得了重大进展。科研机构面向市场的活力和自我发展能力大幅度提高，为经济建设解决了大量重大、关键性的技术难题，科技成果转化的速度和规模有了显著提高，科研机构与企业进行了多种形式的结合，培育了大批高新技术企业；市场机制在科技运行和管理中开始发挥主导作用，技术开发类科研机构收入近90%来自市场；科研机构微观运行机制发生了很大转变，逐步完善了院所长负责制，保证了科研机构的充分自主权，推行了岗位聘任制，实行了有利于调动科技人员积极性的内部新的人事管理和分配制度；技术市场和民营科技企业获得长足发展。

一、打破计划管理体制，结构调整不断深化

在这一时期，原有单一、封闭的计划管理体制已经被打破，科技与经济脱节的状况有所改观，市场机制在科技运行中的作用逐步得到加强。技术成果已按价值规律、供求关系与其他生产要素优化组合。国家对科技发展的推进机制，已由原来单一的分配经费和下达指令性计划，转向遵循市场经济规律和科技自身的发展规律，依靠政策、法律、指令性计划、指导性计划等综合手段推进科技进步。

科技系统的组织结构调整取得重大进展。我国的重点科研基地在投入等方面得到加强；占全国科研机构总数不到5%的骨干机构，承担全国80%以上的重大科研课题。此外，大批科研机构进

入市场，科技界、经济界和企业界的结合发生深刻变化。2000多个中央部门和地方所属的技术开发型科研机构基本实现经济自主，其中1500多个机构与企业建立了长期稳定的合作关系，700多个机构已成为企业的技术开发中心。全国科研机构横向收入占总收入的比例已超过60%。以科技人员为主体的民营科技企业迅速发展，从科研机构、高校、大中企业中衍生出1万多家高新技术企业和5万多家民营科技企业，已成为推动中国高新技术产业蓬勃发展的重要力量。①

二、法制化建设不断进步，科研机构优化整合

科技发展按照面向经济建设主战场、发展高新技术及其产业、加强基础性研究三个层次的部署全面推进。绝大多数省、市、行业都制定了科教兴省、科教兴市、科教兴行业的总体战略。

科技法制建设迈出新的步伐。这一时期我国初步形成了以《中华人民共和国科学技术进步法》为基础的科技法制体系。我国软科学研究有了较大进展，推进了决策的民主化、科学化进程，形成了一支软科学研究队伍，为一系列重大科技经济决策提供了科学依据，已经成为各级政府指导现代化建设的重要参考。

一批研究机构按照新机制运行，取得不俗的成绩。根据测算，到“九五”末期，中央财政支持10余万人规模的精干科研力量，主要从事为国家目标服务的基础性、社会公益性、综合性研究开发

---

① 中华人民共和国国家科学技术委员会、加拿大国际发展研究中心编：《改革十年：中国科技政策》，北京：北京科学技术出版社，1998年版，第221页。

工作，其中5万人大体分布在200多个中央部门所属民口独立科研机构中。[①]这些机构实行以机构内部结构调整、人员分流、转变机制为重点的改革。根据发展的需要，在竞争中优化整合，进一步精简，形成一批新型的、具有较高科技水平的国家重点科研机构。

三、形成尊重知识的氛围，促进经济科技相结合

全社会越来越尊重知识、尊重人才，党的知识分子政策得到进一步落实，广大科技人员在不同岗位上较好地发挥了才能和价值。随着项目支持和基地支持的强度不断提高，科技人员的地位大幅度上升，知识分子的待遇得到较大提高，社会重新树立了尊重知识的风气。此外，越来越多的海归加盟祖国的科研教育事业，改革开放后国内培养的博士也逐步挑起科研工作的大梁，我国科技走上了快速发展的轨道。

各类教学科研生产联合体与联营企业、技术开发公司不断涌现。20世纪90年代初期，以北京大学“推倒南墙”开建南街企业工程为标志，高校企业迎来了大发展时期。高校科技成果产业化，尤其是高新技术产业化代表了知识经济时代的发展方向。我国实行的产学研结合，以及相应的国家科技成果重点推广计划、“火炬计划”、“星火计划”、产学研工程项目等科技计划和工程，都对促进高校院所科研成果的转化起到了积极作用。这种“产学研联合体”成为促进科技与经济结合的有效模式，为我国传统产业的改造、地

① 吴波尔、叶丹、穆恭谦、汤世国、蒋丹平、贺德方等：《解放第一生产力》，桂林：广西师范大学出版社，1998年版，第96页。

区经济的发展、新兴产业的开拓做出了贡献。

在这一时期，科技体制的一系列改革，促进了管理和运行机制的转变，成效是显著的，影响是深远的。但是远未达到科教兴国战略目标和适应市场机制的要求。我国技术创新能力和科技成果产业化的总体水平还比较低，重大技术成果还不能满足产业技术升级的要求，科技与经济相脱节的问题还没有从根本上得到解决，科技系统和科技力量宏观布局上还不适应社会主义市场经济发展的要求，独立于企业之外运行的科研机构过多条块分割，导致机构和专业重复、力量分散的状况仍未得到根本改变。事实表明，科技体制改革仅在科技领域里搞微观调整是不够的。就科技体制内部而言，不仅要推动科研机构改革，面向经济建设，更要改变条块分割的封闭式科研管理体系，以实现资源优化配置。从外部来讲，科技体制改革必须与其他各项改革配套。20 世纪 80 年代至 90 年代的科技体制改革，着重点在科研机构，特别是基层科研机构方面，缺乏科技体制改革所必需的其他方面改革的配套，以及对宏观科研管理体制的触动，直到 1998 年国务院机构改革才被提上议事日程。

第四章
国家创新体系视角科技体制改革（1998—2006年）

▼

我国早期的科技体制改革主要关注科研机构，没有发挥各类主体之间的协同功能。直到20世纪90年代后期，我国引入国家创新系统政策理念与制度框架，通过机构改革及一系列政策措施后，开始解决国内创新系统存在的系统失灵和市场失灵问题，并对科技发展战略和科技体制改革进行实质性调整。此后，我国进行了大规模的科研机构转制，借此推进科技成果的转化，并开始着眼于国家创新体系的建设。

第一节　从单项改革到创新体系建设

一、国际科技经济发生巨大变化

20世纪90年代以后，世界政治经济格局发生巨大而深刻的变化，表现出一系列新特征，经济全球化加速发展，科学技术日新月异，知识经济初现端倪。科学技术对经济社会发展的主导作用日益显现，作为生产要素在全球加速流动，深刻影响着经济增长方式，特别是微电子、信息技术、生物技术、新材料等核心技术不断取得重大突破，引领和推动了新兴产业发展，深刻改变了传统产业结构，开辟了生产力快速增长的新空间，科技竞争力已成为国家竞争力的关键因素。OECD关于创新体系的系列报告受到主要国家的高度重视，创新体系成为创新政策制定的指导思想。

与此同时，1997 年爆发的亚洲金融危机，使泰国、马来西亚、韩国等新兴经济体陷入困境。这场危机暴露了东亚国家经济高速增长背后隐藏的深层次问题，也引发世人对后发国家工业化道路的思考。其中一个重要启示就是，单纯依靠资源、劳动力和资本驱动是无法保持竞争优势的，科技创新对经济持续发展至关重要。后发国家必须大幅提高科技创新能力，调整产业机构，提高产业核心竞争力。

二、国内各种科技力量过于分散

自 1985 年科技体制改革全面开展以来，我国科研机构面向市场的活力大为增强，科技成果商品化、产业化取得了很大成绩，为国民经济发展做出了重要贡献，但科技结构不合理的状况并未得到根本改变，仍存在一些亟待解决的问题。例如，独立于企业外运行的科研机构太多，条块分割导致机构和专业设置重复，力量分散；尚未建立起“开放、流动、竞争、协作”的机制，内部缺乏活力；科技投入强度低且分散，共性技术、关键技术供给偏少；企业自我开发的技术少、成果转化难等。同时，我国企业的科技研究开发能力还略有欠缺，承担的科研开发工作约占全国总量的一半，这一比例略低于发达国家的水平。随着科技和经济发展的日新月异，科技创新工作要求更多创新主体形成系统，发挥协同作用。创新系统是由政府机构、科研机构、高等学校、企业、各种中介服务组织等组成的网络，这些机构与组织相互紧密联系，以各自的职能成为体系中的不同主体。而我国当时却尚未形成这样一种系统。

其实早在1995年，即我国科技体制改革10周年之际，国家科委邀请加拿大国际发展研究中心（International Development Research Centre，IDRC）对我国从1985年到1995年这10年的科技体制改革情况进行评估，并形成题为《十年改革：中国科技政策》的报告。该报告提出，中国专家在接受访谈的过程中没有人提及“创新”这个词语，也没人提出要建立中国的“国家创新体系”。报告还指出，基于国家创新体系概念和方法制定的科技体制改革对中国的发展是有用的，“应该注意国家创新系统这种分析方式，以此作为辨认未来科技改革需要、确定科技系统与国家的整个经济和社会活动的关系的手段”[①]。这一观点为我国政府关注国家创新体系研究开启了一扇大门，并受到国家科委的高度重视，为此专门设立“市场经济下中国技术创新体系建设”研究课题。

这一时期也是全面建设小康社会的关键时期和深化改革开放、加快转变经济发展方式的攻坚期，党中央、国务院对深化科技体制改革，加快国家创新体系建设进行了全面的战略部署。这是党中央、国务院准确把握世界经济社会发展和创新大势，立足于我国改革开放和现代化建设全局，坚持走中国特色自主创新道路的又一重

① 中华人民共和国国家科学技术委员会、加拿大国际发展研究中心编：《十年改革：中国科技政策》，北京：北京科学技术出版社，1998年版，第52页。

大战略决策，是我国科技生产力发展的又一次深刻变革，对于加快国家创新体系和创新型国家建设、推动科技事业又好又快发展具有重大意义。

第二节　确立企业的技术创新主体地位

科教兴国战略早在 1995 年就已确立，但这一战略的真正实施是在 1998 年之后。这一阶段，我国科技发展战略和科技体制改革有了实质性调整。1998 年，国家经贸委 10 个国家局所属的 242 个科研院所进行管理体制改革；1999 年 8 月，中共中央、国务院发布《关于加强技术创新，发展高科技，实现产业化的决定》；随后，《国家中长期科学和技术发展规划纲要（2006—2020 年）》的研究、制定和颁布，标志着我国科技体制改革进入实施科研机构转制和推进以企业为主体的国家创新体系建设阶段。提高企业创新能力，构建以企业为核心、产学研互动的技术创新体系等方面成为这一阶段科技体制改革的“核心”和主要政策导向，党中央、各级政府都纷纷出台了一系列的促进科技体制改革、科研机构转型的政策，旨在提升企事业单位科技创新的能力、产业创新的能力，最终促进科教兴国战略发展目标的顺利实现。

一、改革科技计划体系

1998 年 3 月，国务院政府机构调整后，国家科委更名为科技部，并对“十五”期间国家科技计划的体系结构、组织形式、管理模式等方面做出相应改革和调整，构建了更有利的科技计划管理体系，也称为“3+2”体系*。

在这一时期，我国通过三大主体科技计划，进一步在国民经济和社会发展的战略性领域，实现国家科技发展战略，集聚资源，集中力量，并明确以重大专项的实施为突破口，推动科技计划从注重单项创新转变为更加强调多种技术的集成性、配套性、成熟性，提高技术产品、产业在国际市场的竞争力。研究开发条件建设计划包括国家重点实验室建设计划、国家科技基础条件平台建设计划、中央级科研院所科技基础性工作专项、科研院所社会公益研究专项、国际科技合作重点项目计划、国家软科学研究计划、科学技术普及工作等。科技产业化环境建设计划包括“星火计划”、“火炬计划”、国家科技成果重点推广计划、国家重点新产品计划、科技型中小企业技术创新基金、农业科技成果转化资金、科技兴贸行动计划、科研院所技术开发研究专项资金等。此外，还有三峡移民科技开发专项、西部开发科技专项、“奥运科技（2008）行动计划”等。这一计划体系的建立，使得国家科技计划的组织实施成为一个将项目、人才、基地能力建设与体制环境建设紧密结合的政策系统。

此外，高等教育领域也设置了新的计划。1998 年 5 月 4 日，江泽民在纪念北京大学建校 100 周年的大会上提出，“为了实现现代化，我国要有若干所具有世界先进水平的一流大学”[①]。随后，教育部开始启动和实施“985 计划”**，选择少量高校进行重点扶持，大幅度提高其事业费额度，力争早日在国内建设若干所世界一流高

* 在“3＋2”体系中，“3”是指三大主体科技计划，即国家科技攻关计划、“863 计划”、“973 计划”；“2”是指两大类科研环境建设计划，即研究开发条件建设计划、科技产业化环境建设计划。

** “985 计划”即世界一流大学计划。

① 江泽民：《继承和发扬五四运动的光荣传统》，《江泽民文选》（第二卷），北京：人民出版社，2006 年版，第 123 页。

校。1999年1月，国务院批转教育部《面向21世纪教育振兴行动计划》，同意设立“面向21世纪教育振兴行动计划”，以提高大学科研能力和建设高质量的人才培养基地。1998年8月，教育部和李嘉诚基金会共同启动实施“长江学者奖励计划”，大批海归加盟祖国的科研教育事业，改革开放后国内培养的博士也逐步挑起了科研工作的大梁，缓解了人才青黄不接的局面。

为利用20世纪90年代末和21世纪初的国际主流技术，我国选择一些重大项目，加速产业化，构建支撑“科技—经济—社会”发展大系统的技术平台。在战略构思、技术选择和项目实施中，以经济建设为中心，从国内外的环境条件、国家科技与经济资源的实际出发，坚持市场导向和国家目标结合，充分发挥后发优势，实现技术发展的跨越，注意现实性和超前性结合。通过技术的跨越式发展，推动我国的生产力发展和经济增长方式转变，大幅提高国家科技和经济综合实力，提高竞争力，保障国家安全。扩大内需，启动市场，拉动经济增长，促使国家科技力量和经济力量的高层次融合，掀起技术革新、产品创新和新产业兴起的高潮，选择产品和技术时兼顾可持续发展。2001年12月，经国家科技教育领导小组第十次会议批准，科技部决定在“十五”期间组织实施12个重大科技专项，探索在市场经济条件下发挥社会主义制度集中力量办大事的优势，解决国民经济和社会发展中的重大科技问题，集中攻克一批制约我国国民经济和社会可持续发展的关键技术问题，以促进农业、工业及社会发展等方面一些重大问题的解决，对国民经济的战略性调整做出贡献。

二、实施知识创新工程

20世纪90年代，随着知识经济的到来，科学技术在经济发展中的作用日益凸显，世界各国纷纷掀起了建设国家创新体系的热潮。中国科学院敏锐觉察到这一趋势，组织战略研究组，研究世界政治、经济、社会、科技发展的新趋势、新特点、新变化，以及我国经济社会发展的新形势和对科技提出的新任务、新要求。1997年12月，中国科学院向党中央和国务院报送题为《迎接知识经济时代，建设国家创新体系》的研究报告，分析了从20世纪90年代到21世纪初国际形势对我国的影响，认为这一时期是实现我国现代化建设的关键时期，国际形势的深刻变化将给我们带来不可多得的历史机遇和严峻挑战。在这种机遇与挑战并存的新形势下，增强国家科学技术的创新能力，将成为我国此后一个时期的主要任务。该报告通过一系列数据说明了我国科技创新能力的现状，指出我国科技能力落后于经济竞争力、知识创新和技术创新效率不高、技术储备不足等问题，并建议建设国家创新体系、开展知识创新工程试点。报告提出，中国科学院作为我国国立科研机构的骨干和代表，组织实施知识创新工程，是提高我国知识创新能力的战略选择。

1998年6月，国家科技教育领导小组召开第一次会议，审议并原则通过中国科学院的《关于开展“知识创新工程”试点的汇报提纲》，这标志着知识创新工程正式启动。知识创新工程是国家面向21世纪全球化知识经济时代做出的战略性决策，是落实科教兴国战略的重大举措，标志着我国科技发展和体制改革进入了建设国家创新体系的新阶段。在国家创新体系中，政府、研究机构、研究型大学、企业研发机构和中介组织是其组成部分，都有自己的功能分工，彼此之间形成一个完整的体系，缺一不可。

中国科学院围绕国家创新体系建设，率先启动了知识创新工程试点工作，从而也启动了国家创新体系的建设。国家创新体系是由科研机构、大学、企业及政府等组成的网络，它能够更加有效地提升创新能力和创新效率，使得科学技术与社会经济融为一体，协调发展。知识创新工程的基本内容是深化体制机制改革，在用人制度、分配制度、资源配置制度、评价奖励制度等方面加大改革探索，建立与国际接轨并具有中国特色的“现代国立科研机构体制”，包括国家科研机构和部门科研机构；转变管理机制，建立现代科研院所管理制度，包括明确国家科研机构的方向和任务，发展和完善科学基金制和竞争制，建立和完善国家科研机构年度预算拨款制度、科研院所研究理事会制度、科研人员聘任年限制度、科学合理的评议制度，促进科研机构与高等学校、企业和国际的合作和联合等；调整结构，集中力量，重点建设一批国际知名的国家知识创新基地，包括一批科研机构和若干所教学科研型大学；创造有利于知识创新的良好环境，提高知识创新的效率；培养具有创新意识和能力的高素质人才，不断取得重大科技成果，提高国家知识创新能力。1999 年 11 月，江泽民视察知识创新工程并为中国科学院建院 50 周年题词，要求中国科学院“攀登科学技术高峰，为我国经济发展、国防建设和社会进步做出基础性、战略性、前瞻性的创新贡献”①，进一步明确了中国科学院的战略定位。

① 《中科院为祖国和世界科学事业作出卓越贡献》，《光明日报》，1999 年 11 月 2 日。

中国科学院的知识创新工程也为国家创新体系建设做出了有益探索。从创新单元来看，国家创新体系由国家科研院所、大学、企业与社会研发机构等单元组成。从创新过程来看，国家创新体系由知识生产、知识流动、知识应用等部分组成。从创新环境来看，国家创新体系是一个开放系统，需要充分体现公平竞争的规范的市场环境。从系统调控来看，国家创新体系通过特殊的制度安排，形成自我调节与宏观调控相结合的机制。在这一时期，建设我国国家创新体系坚持创新能力建设与构建体系内外相互联系并重；注重整体设计，立足深层次改革，结合我国社会主义市场经济发展进程，走出建设我们自己的创新体系的新路，为国家创新体系建设的本土化和再实践指明方向。此后，国家创新体系建设成为制定国家中长期科学和技术发展规划以及科技体制改革的重要内容。[①]

三、加快科研机构转制

为了加强企业技术创新主体地位，精简国家部门所属应用研究机构，鼓励企业建立自己的应用类研究机构，使之真正成为技术创新的主体，1998 年以后，国家部委所属 376 个技术开发型研究院所分两批进行整体企业化转制，成为科技型企业、科技中介服务机构或者进入企业。为此，一系列相关政策于次年陆续出台，国防科技体制也通过改革成立了十大集团公司。至此，我国通过政府部门科研院所的转制，推动企业（集团）建立技术研发机构，增强企业

① 汪前进、沈华：《中国科学院的改革实践——纪念科技体制改革二十周年》，《中国科学院院刊》，2005 年 02 期。

自主研发能力和内生科学技术水平。

（一）应用开发类科研机构转制

我国科技体制改革自1985年正式启动以来，科研机构一直是改革的重要内容。例如，1985年，党中央和国务院提出让科研机构"进入经济建设主战场"；1987年，我国首次提出让科研机构进入企业，解决科技游离于经济之外的问题；1991年4月，邓小平为国家科委召开的全国"863计划"工作会议和高新技术产业开发区工作会议题词："发展高科技，实现产业化"。随后，我国围绕结构调整、人才分流和机制转变，开始更深入的改革实践。大多数科研机构通过承包、技术转让、合资合作等多种形式走向市场，出现了一批年收入过亿元的科研机构。科研机构的事业费削减后，大部分开发型科研机构直接面向经济建设第一线，90%以上的收入来自市场。但是由于科研机构没有从根本上转变政府所属事业单位性质，科研院所在人事、劳动、用工和社会保障等方面难以建立公正的奖罚制度，不能像企业那样对员工降级、降职、降薪，更不能让人"下岗"，因此科研机构的运行效率仍然不高，科技经济"两张皮"问题没有得到根本解决。

随着政府机构改革的进行，政府部门的职能发生转变，为科研院所的彻底改制提供了良机。由于国家经贸委管理的10个国家局*所属242个科研院所大都属于工业，在市场竞争中有较大的优势，而且这242个科研机构占中央属科研机构总数的三分之一，占产业部门属科研机构总数的五分之三；在职职工12.5万人，占中央属科研机构职工总数的五分之二。这10个国家局所属科研机构的转制便成为新一轮改革的先行者。1999年2月22日，国务

* 10个国家局分别是：内贸局、煤炭局、机械局、冶金局、石化局、轻工局、纺织局、建材局、烟草局、有色金属局。

院办公厅转发科技部、国家经贸委、国家计委、财政部、国家税务总局、中央编办《关于国家经贸委管理的10个国家局所属科研机构管理体制改革的意见》，进一步明确了各类科研机构的改革方向和政策措施，规定了政府对转制的科研机构给予的优惠政策。例如，原有的正常事业费继续拨付，主要用于解决转制前的离退休人员的社会保障问题，其他人员的社会保障参照国家对企业职工的社会保障政策执行；五年内，免征企业所得税，免征技术转让收入的营业税，免征科研开发自用土地的城镇土地使用税；基本建设项目经费，由国家经贸委和有关国家局协商国家计委确定投资基数，给予适当支持；参加国家科研课题和项目的申请、竞标享有与其他科研机构同等的权利。[①] 这些配套政策，为科研机构转制创造了较好的政策环境。特别是为那些产业化不高、实力不强的科研机构留了一定的时间和空间，体现了政府对科研机构改革的决心和谨慎务实的态度，有助于科研机构的平稳过渡、轻装上阵，在市场竞争中不断发展壮大。

党中央和国务院对242个科研机构的转制工作十分重视，全面部署相关部门所属科研机构的改革工作，国务院办公厅多次专门召开会议协调有关问题。有关部门积极支持、大力配合，为科研机构转制创造了良好的政策条件，有力地保障了改革工作的顺利进行。1999年5月20日，科技部、国家经贸委发出《关于印发国家经贸委管理的10个国家局所属科研机构转制方案的通知》，131个科研机构进入企业（集团），40个科研机构转为科技企业实行属地化管理，24个科研机构并入高校、划转其他部门及撤销，12个（涉及

---

① 《国务院办公厅转发科技部等部门关于国家经贸委管理的10个国家局所属科研机构管理体制改革意见的通知》，《中华人民共和国国务院公报》，1999年09期。

29 个）科研机构转为中央直属大型科技企业。这个方案要求 10 个国家局必须在 1999 年 6 月 30 日前将所属科研机构完成与有关省、自治区、直辖市及有关部门、企（事）业单位的交接工作，1999 年 7 月 1 日起开始按新的管理体制运行。这是一个彻底的、不留退路的改革方案。

1999 年 5 月 26 日，科技部和国家经贸委在北京召开国家经贸委管理的 10 个国家局所属 242 个科研机构改革座谈会，对科研院所改革进行总动员，标志着改革方案进入了具体实施阶段。李岚清在这次会议上提出，科研机构向企业化转制是顺应世界经济、科技发展趋势的必然选择，242 个科研机构与原主管部门脱钩，也是实行政事分开的试点工作，为全面开展事业单位的改革探索道路积累经验。此外，李岚清还指出，“推动 242 个科研机构向企业化转制，不是要削弱这支研究开发力量，而是要通过新的机制来加强。国家对广大科研机构寄予厚望，科研机构企业化转制后，国家将继续重视发挥它们的作用，并为转制努力创造良好的政策环境”①。

各科研机构转制后，运行机制发生根本性转变，都在根据发展科技产业建立现代企业制度的要求进行内部组织结构、人员结构和专业结构的重大调整。到 1999 年底，已有 3 个科研院所上市，十几个科研院所进入了上市的评审程序，一批科研院所开始进行股份制改造；大部分科研机构在重新制订产业发展规划，面向市场发展的动力和主动性明显增强，科研合同额比 1998 年都有了较大提高；进入企业的科研院所也获得了较大的发展，如北京化工研究院进入

① 《科技体制改革的重大突破——10 个国家局科研机构改制综述》，《中国科技论坛》，1999 年 04 期。

中国石化集团公司，上海内燃机研究所进入上汽大众汽车有限公司后，都成为企业技术开发的骨干力量，企业也为加强创新基地建设投入几千万元乃至上亿元。

242 个科研机构改制只是整个科研体制突破性改革的第一步。这批科研机构完成转制后，党中央决定以这些科研机构转制为突破口，进而推动其他不同部委所属几百个科研机构的改革，四千多个地方级科研机构企业化改制也会在地方配套的优惠政策下全面展开，一场以科技产业化为核心的科研机构改革开始走向深入。

2000 年 7 月，科技部会同有关部委召开科技体制改革工作座谈会，研究全面推进其他应用型科研机构的企业化转制工作。同年 7 月 7 日，科技部与中央编办等六部局联合发出《关于印发建设部等 11 个部门（单位）所属 134 个科研机构转制方案的通知》，公布了建设部、铁道部、交通部、信息产业部（不含电子部分院所）、国家药品监管局、中国科学院、国家电力公司、中国石油化工集团公司、中国石油天然气集团公司、中国建筑工程总公司、中国汽车工业总公司所属 134 个科研机构的转制方案。11 个部门所属的 134 个科研机构转制工作随即启动，于 2001 年底完成工商注册，并享受与国家经贸委管理的 10 个国家局所属 242 个转制科研机构相同的政策。这标志着国务院产业部门属的科研机构转制工作基本完成。

（二）公益类科研机构纷纷改革

公益类科研机构主要从事农业、卫生、资源环境等科研工作，提供公共技术产品和服务。当时，我国共有 2400 多家公益类院所，其中国务院部门所属有近 270 家，集中在国土资源部、水利部、农业部、卫生部、国家环保局、国家林业局、国家技术监督局、国家地震局、国家气象局、国家测绘局、国家中医药管理局等部门，在职职工约 5.4 万人。[①] 随着我国经济快速发展，到 20 世纪 90 年代末期，社会领域各种矛盾和问题日益突出，公益类科研机构与应用型科研机构相比改革明显滞后，大部分机构生存困难，加强社会公益科研事业的呼声日益迫切。

2000 年 3 月，科技部召开社会公益类科研机构改革试点工作座谈会，全面部署社会公益类科研机构改革试点工作。党中央提出对社会公益类科研机构进行分类改革，有面向市场能力的科研机构，通过转成企业、进入企业或转为中介机构等方式向企业化转制。同年 5 月，国务院办公厅转发科技部等 12 个部门《关于深化科研机构管理体制改革的实施意见》，对不同类型、分属不同部门的科研机构实行分类改革。其中，社会公益类科研机构分不同情况实施改革，主要从事基础研究或提供公共服务，无法得到相应经济回报，确需国家支持的研究机构，仍作为事业单位，按非营利性机构运行和管理；有面向市场能力的要向企业化转制。[②] 根据改革方案，按照非营利性机构管理的院所共 101 家，占原有机构的 38%；转为科技型企业的 56 家，占 21%；转为其他事业单位及属地化管理的 95 家，占 36%；进入大学的 5 家。

2001 年 8 月，科技部召开全国社会公益类科研机构改革工作座谈会，标志着我国社会公益类科研机构分类改革工作全面启动。同年 11 月，国土资源部、水利部、国家林业局、中国气象局等四

① 中华人民共和国科技部编：《中国科技发展 70 年（1949—2019）》，北京：科学技术文献出版社，2019 年版，第 155 页。

② 《关于深化科研机构管理体制改革的实施意见》，科技部网站，2006 年 1 月 5 日。

部门所属 98 个公益类科研机构改革正式启动，其中 69 个公益类科研机构向企业化转制、转为中介机构、并入高校或其他事业单位。主要从事应用基础研究或提供社会公共服务、无法得到相应经济回报的 29 个科研机构，按照非营利性机构运行和管理，继续作为事业单位得到国家支持，但这些院所按照“开放、流动、竞争、协作”原则，实行新的管理体制和运行模式。2002 年 10 月 21 日，科技部召开公益类科研机构体制改革工作会议，交流了国土资源部等四部门的改革进展情况，启动了 9 部门*所属 107 个科研机构改革方案。至此，启动改革的部门数超过部门总数的一半，已启动院所数占部门公益类院所总数的四分之三以上，标志着我国大部分部门和公益类科研机构的分类改革工作进入实质性操作阶段。

* 9部门分别为：农业部、国家广电总局、国家新闻出版总署、国家体育总局、中国地震局、国家粮食局、国家测绘局、中华全国供销合作总社和科技部。

与此同时，在各地政府的积极推动下，地方科技体制改革的步伐也明显加快。据统计显示，到 2002 年底，全国省属技术开发类科研机构 981 个，已有约 660 个科研机构实行企业化转制，完成工商注册工作的占 67%，其中北京、上海、宁夏、天津、陕西等 13 个省、区、市已全部完成。① 此外，地方公益类科研机构的改革工作也在积极推进，科技部选择广东、宁夏和沈阳三个地方开展改革试点工作。

科研机构实行企业化转制，在体制上由原来政府部门管理变为以市场引导为主，在机制上从事业单位机制变为企业经营机制，真正成为市场竞争的主体，成为实行现代企业制度的科技企业。这样做既能解决政研不分、科研机构游离于企业和市场之外的问题，又可以解决科研机构产业做不大的问题，也有利于增强企业的技术创

① 巩曜平：《科技管理体制由计划为主向市场引导演变》，《中国创业投资与高科技》，2003 年 07 期。

新能力。通过改革促使科研机构迅速摒弃落后的管理体制和运行机制，采用更灵活、更适应市场竞争的体制和机制，把科技人员的积极性充分调动起来，把研究开发优势尽快转化为市场竞争优势，成为国内外市场竞争的强者。这一改革是建立以企业为主体的技术创新体系的重大步骤，是促进科技与经济结合、加速科技产业发展的根本措施，在我国科技体制改革史上具有突破性的意义，为下一步推进全国技术开发类科研机构企业化转制起到了重要的示范和带动作用。

当然，任何改革都不会一帆风顺、一蹴而就。在这一阶段，科研院所改革的成功，不仅是因为科研机构尽快转变观念和思维，还是因为企业把科研机构的进入当成技术创新的源泉和动力，积极为科研机构创造较为宽松的科研环境，提供必要的资金支持，参与到"市场—科研—生产—市场"的大循环中，更是因为各地方各部门顾全大局，密切配合，把各项政策落到实处，解决转制过程中遇到的实际问题和困难，保障它们正常的经营权、管理权，少干预、多服务，为科研院所的顺利转制创造条件。

四、大力发展科技产业

1998 年 12 月，国家经贸委制定《企业技术中心认定与评价办法》和《企业技术中心评价指标体系》，支持有条件的大企业建立技术中心，并对符合条件的企业技术中心给予国家认定，可享受税收优惠政策。1999 年 8 月，中共中央、国务院召开科学技术创新大会，并发布《关于加强技术创新，发展高科技，实现产业化的决定》，对深化科技体制改革、加速高新技术产业化等工作做了全面动员和部署。2004 年，科技部在部分企业开展了企业技术中心试点工作。截至2005年底，国家认定企业技术中心已达到118家。在这一阶段，在国家认定企业技术中心的示范和带动下，各省（区、市）努力创造条件，积极引导和支持企业技术中心的建设，开展企业技术中心认定工作，企业技术中心迅速发展。[①]

为迅速提升企业在国家创新系统中的主体地位，1999年5月，科技部设立科技型中小企业技术创新基金，成为支持科研型中小企业技术创新项目的政府性专项基金；同年11月，科技部、国家计委、国家经贸委、财政部、中国人民银行、国家税务总局和中国证监会联合发布《关于建立风险投资机制的若干意见》，促进风险投资在我国的发展，与此同时，国家经贸委和科技部继续深入实施“技术创新工程”，促进企业和地区的创新工作，推出了以提高产业创新能力为目标的创新政策。

1999年3月，科技部、教育部、人事部、财政部、中国人民银行、国家税务总局、国家工商行政管理局发布《关于促进科技成果转化的若干规定》。这一规定的政策出现较大突破，要求科研机构、高等学校转化职务科技成果，应当依法对研究开发该项科技成果的职务科技成果完成人和为成果转化做出重要贡献的其他人员给予奖励，并给出了具体的实施标准。

1999年8月，中共中央、国务院发布《关于加强技术创新，发展高科技，实现产业化的决定》，在强调全国要加强技术创新和产业化的同时，专门提出高等学校要充分发挥自身人才、技术、信息等方面的优势，鼓励教师和科研人员进入高新技术开发区从事科

① 中华人民共和国科技部编：《中国科技发展70年（1949—2019）》，北京：科学技术文献出版社，2019年版，第138页。

技成果商品化、产业化工作；支持发展高等学校科技园区，培育一批知识和智力密集、具有市场竞争优势的高新技术企业和企业集团，使产学研更加紧密地结合起来。[①] 这就意味着高等学校更多地参与技术创新和产业化工作，为经济发展做出更大、更直接的贡献。同年 9 月，科技部和教育部联合发出《关于组织开展大学科技园建设试点的通知》，从国家层面联合推进大学科技园建设，并于同年 12 月确定清华大学、东北大学等 15 个大学科技园作为国家大学科技园建设的试点。2000 年 11 月，科技部、教育部印发《国家大学科技园管理试行办法》，为大学科技园的规范化建设提供了保障。

此外，2000 年 7 月，在政府部门科研院所转制工作基础上，国家经贸委发布《关于深化改革 建立面向行业的技术开发基地的意见》，提出在机械科学研究院、中国农业机械化科学研究院、钢铁研究总院、长沙矿冶研究院等 12 个综合性大型科技企业基础上，以行业共性、关键性、前瞻性技术的开发和应用为切入点，通过整合社会科技资源，形成面向行业的、开放式的、具有国际先进水平的技术开发基地。

第三节　中国特色创新体系逐步形成

1998—2006 年，经过坚持不懈的深化改革，我国科技体制在体系结构、运行管理机制、创新主体活力能力等多方面发生了显著

① 《中共中央、国务院关于加强技术创新，发展高科技，实现产业化的决定》，《中华人民共和国国务院公报》，1999 年 31 期。

的变化，改革取得了重大进展和明显成效。

一、科技体系结构得到持续优化

改革开放以前，我国科研力量和科技资源主要集中在独立科研机构。经过多年改革，已经形成了科研院所、高校、企业等各具优势和特色的创新主体，科技创新系统结构布局得到重大调整。2006 年，我国的研究与试验发展（Research and Experimental Development，R&D）经费支出 3003 亿元，企业、政府研究机构、高等学校三方面经费支出占全国总支出的比重分别为 68.3%、20.9%和 9.9%。2006 年，我国R&D人员总量中的企业R&D人员为 98.8 万人，占总量的 65.7%，研究机构R&D人员占总量的 15.4%，高等学校R&D人员占总量的 16.1%，其他R&D人员占总量的 2.7%。

从经费和人员统计指标上看，企业技术创新的主体地位显著增强。"十五"期间，我国各类科技中介机构近 7 万家，其中常设技术市场 330 余个，技术贸易机构 32935 家，各类高新技术创业服务中心 534 家，生产力促进中心 1331 家，国家大学科技园 42 家。

二、科技管理和运行机制发生转变

通过改革，我国改变了主要依靠行政手段管理科技工作的局面，竞争择优机制在科技资源配置中发挥主导作用，对宏观调控、政策引导和绩效评价等现代管理手段的使用力度不断加大。

政府科技计划管理改革持续进行，项目全面实行招标，竞争资助机制不断强化；科技政策法规体系不断完善，政策法规对科技发展的引导、支持和规范作用加强；加大了用人和分配制度改革，科研机构内部的“平均主义”和“大锅饭”局面基本打破；竞争择优和分配激励政策，激发了科技人员的竞争意识和创新创业积极性，促进了科技成果转化。技术合同成为技术转移和产学研合作的重要形式，全国经统计的技术合同成交额从 1985 年的 23 亿元增长到 2007 年的 2226.51 亿元。[①]

三、科研院所改革取得重要突破

从 1999 年开始，全国县以上 2000 多家，包括国务院各产业部门所属 376 家应用开发类科研机构陆续通过转成企业、进入企业和转为中介机构等方式，全部实行了企业运行机制。在社会公益类科研院所分类改革方面，农林、水利、卫生等 3 批共 18 个部门的 248 家机构，其中 149 个机构可以企业化运行的，转为企业；剩余 99 家机构改革后，按国家公益院所予以支持（后增加 2 家，共 101 家）。[②] 改革精简了科研队伍，使科研院所数量大幅度减少，从改革前的 5000 多家，减少到 3000 多家。

据对 248 家中央级转制科研院所的调查，2006 年科技经费投入约 150 亿元。其中来自政府部门的纵向科技经费 16.6 亿元，比 2000 年转制时增长了一倍；来自行业企业的横向科技收入达 118 亿元，是 2000 年的三倍多。转制科研院所承担了大量国家科技计划和行业重点研发任务，取得了一批重要创新成果。2006 年，248

① 张景安：《科技体制改革 40 年》，《中国软科学》，2018 年 10 期。
② 张景安：《科技体制改革 40 年》，《中国软科学》，2018 年 10 期。

家中央级转制科研院所申报专利2864项，获发明专利授权1021项，转让技术成果1642个，受益企业达1.12万家。2006年，248家中央级转制科研院所实现总收入742亿元，实现利润48亿元，均为2000年的三倍以上。[①] 通过对开发类科研院所实施企业化转制，从体制上解决了大批应用开发类院所长期游离于企业之外的问题，科技人员市场意识和技术创新能力显著增强。

通过多年不懈努力，科技已经全面深入经济社会，为社会经济发展提供了强大支撑。例如，在重大工程中，我国攻克了一批长期制约发展的重大关键技术，支撑了三峡工程、青藏铁路、西电东输等重大工程建设，带动了产业结构的优化升级。在重点产业领域，大型石化装置、钢铁连铸连轧、亚临界火力发电机组、多轴联数控机床、汽车发动机、超大规模集成电路设计等研制能力大幅度提高，促进了相关产业的发展，提升了产业的国际竞争力。在高新技术产业化领域，2006年，我国高技术产业实现增加值突破1万亿元，占全国GDP比重为4.8%；全国56个国家高新区工业增加值8521亿元，占全国工业增加值的9.3%。在农业领域，我国攻克了超级杂交稻、转基因抗虫棉等一系列重大技术，科技进步对农业发展的贡献率显著提高。在卫生健康领域，心脑血管病、肿瘤等重大疾病，艾滋病、病毒性肝炎、SARS病毒、高致病禽流感等重大传染病防控以及创新药物研制、中医药现代化等取得进展，保障了我国人民的生命健康。

---

① 《三十年来科技体制改革的主要阶段与成效》，《中国科技产业》，2008年12期。

四、知识创新工程取得重大进展

在这一时期，作为国家知识创新体系的核心组成部分和国家创新体系的试点单位，中国科学院紧紧围绕试点目标，坚持面向国家战略需求和世界科技前沿，锐意改革，大幅提升自主创新能力，取得一大批支撑我国经济社会发展和国家安全、攀登科技高峰的重大创新成果，有力推动了我国科技体制改革，引领带动中国特色国家创新体系建设，有效提高科技支撑经济社会发展能力和我国科学技术的国际竞争力、影响力，为我国科学技术进步、经济社会发展和国家安全做出了不可替代的重要贡献。

围绕着知识创新工程实施，中国科学院充分发挥科技国家队的作用，完成知识创新工程试点的目标任务，创新水平和能力迈上新的台阶，初步探索出一条建设中国特色国家知识创新体系的新路子，做出基础性、战略性、前瞻性的创新贡献，成为瞄准国家战略目标和国际科技前沿、具有强大和持续创新能力的国家自然科学和高技术的知识创新中心；成为具有国际先进水平的科学研究基地、培养造就高级科技人才的基地和促进我国高技术产业发展的基地；成为具有国际影响的国家科技知识库、科学思想库和科技人才库。

五、国家创新体系建设初见成效

在这一时期，我国颁布了一系列支持科技创新和创新体系建设的政策，采用投资、贷款贴息、设立风险投资基金、补助资金等形式为创新活动提供支持，鼓励科研人员积极创办高新技术企业，支持科技成果转化。通过改革，逐步形成较为完善的国家创新体系，自由探索的基础研究以研究型大学为主，重大应用基础研究、战略高技术等以中国科学院为主，公益研究以国家和地方公益类院所为主，技术开发以企业为主体，走产学研结合之路。

总体来看，这一阶段的改革促进了科技产业化，使科技和经济“两张皮”问题有所改善，但是也要看到，改革以市场生存能力为判断标准，经济效应不明显的基础研究、公益性研究受到了影响，制约了基础类科研院所和公共科技事业的发展。此外，国家宏观的科技管理体制还缺少根本性的改变，部门间科技预算缺乏协调、科技资源重复投入、民口和军口科技创新活动分离等问题依然存在，束缚了科技创新生产率的提高，需要在下一阶段的科技体制改革中不断发力。

第五章
面向创新型国家科技体制改革（2006—2012年）

▼

加入世界贸易组织后，我国全面融入全球经济体系，科技创新活动也融入全球创新网络。2006年2月，国务院印发的《国家中长期科学和技术发展规划纲要（2006—2020年）》明确提出“自主创新，重点跨越，支撑发展，引领未来”的指导方针和“建设创新型国家”的目标，从加强企业技术创新主体地位、提升国家创新体系整体效能、增强自主创新能力等方面，提出这一时期科技体制改革的目标和举措。

第一节　全球化时代更加需要自主创新

进入21世纪，随着全球化的进一步发展，世界各国的政治冲突已大为缓和，经济发展成为各国的主要目标。同时，随着人类进入知识经济时代，知识成为最重要的生产要素，促使世界经济增长模式发生了根本性变革，人类的生产方式、竞争手段、教育与学习等都在发生深刻的变化。经济全球化加速发展，促使资本、知识、技术和人才等生产要素以空前的速度和规模在全球范围内流动，各经济主体之间从事经济活动越来越不受地理空间的制约，跨国公司、网络社会的发展加强了相互依存的全球分工体系，高科技投资主体正在从政府转向多元化的资本市场。

在此背景下，科学技术成为一种重要的战略性资源，但是世界科技发展的不均衡性要远大于世界经济的不均衡性，主要的科技资源、技术贸易和价值增值仍然由发达国家控制。据统计，全世界86%的研发投入、90%以上的发明专利掌握在发达国家手里。发达国家还在航空、核能、汽车、微电子、软件等战略技术和战略产业领域进行了超前部署，长期保持领先地位。[1]发展中国家创新能力严重不足，科学技术落后，直接危及国家经济安全。

一、科技创新面临的形势日益紧迫

我国加入WTO后，致力全方位融入全球经济。经过改革开放以来的高速经济增长，人民生活显著改善，综合国力大为增强。从2000年到2005年，我国GDP增长了87%，是同期全世界范围内经济增长最快的国家。同时，我国也不可能关起门来发展科学技术，而是需要吸收和借鉴发达国家先进的科学技术，并在此基础上寻求自己的创新和突破，从而在解决我国发展问题的同时，为人类科学和技术发展做出自己的贡献。我国通过大规模引进国外直接投资和国外技术，促进传统产业的技术改造和结构调整，面临着重要的科

① 舒冠华：《新时期我国科技发展战略与对策》，《中国软科学》，2005年10期。

技发展战略机遇，同时也存在着重大挑战。

随着经济全球化的持续推进，新自由主义思想在全球蔓延，形成了基于新自由主义理念的科技发展观，对我国科技发展也产生了一定的负面影响。特别是在我国加入WTO后，这种思潮更加活跃，认为在全球科技体系中，我国科技发展整体水平相对较低，处于弱势地位，而西方发达国家科技处于主导地位，全球主要研发资源都集中在西方发达国家，科技的原始创新也基本上集中在西方发达国家。由此，一些学者认为我国科技发展的总体指导思想应该是“坚持跟踪模仿为主，创新为辅的基本方针”。还有一些学者甚至认为，我国开展科技创新没有优势，不符合国情，而且科技创新的成本高，“创新不经济”。具体来说，新自由主义科技发展观认为科学技术只是一般的生产要素，与资本一样，可以在全球范围内自由地流动和配置，我国经济发展所需要的科技应当主要通过引进实现。一方面，以购买的方式，从西方发达国家获得我国经济发展需求的技术；另一方面，只有通过技术引进，才能降低经济发展成本，实现较快的经济增长。新自由主义科技发展观还主张政府应尽量减少甚至放弃对科技发展的宏观管理和调控，发展中国家应承认落后，放弃赶超战略。

二、打破技术封锁需要自主创新

随着知识产权、技术贸易壁垒、反倾销等成为众多企业参与国际竞争所面临的重大障碍。事实告诉我们，真正的核心技术是买不来的。另外，从冷战时期的巴黎统筹委员会到20世纪90年代的《关于常规武器与两用产品和技术出口控制的瓦森纳协定》，以美国为首的西方国家对技术出口的控制不断加强。为了打破技术封锁，我国需要加强基础学科和基础理论的研究，加强共性技术、关键技术的自主开发和创新，推进具有战略意义的高技术研究，培育一批技术推广机构，给中小企业提供技术支持和技术援助，推进高技术产业化。更重要的是，我国已经具备了推进自主创新战略、建设创新型国家的一定基础和能力，开始进入科技投入快速增长时期；2005 年，我国科技人力资源总量已达 3200 万人，研发人员总数达 105 万人，分别居世界第一位和第二位，这是建设创新型国家的最大优势。同时，我国创新能力指数*已接近 20（指数进入 25 即被认为是创新型国家），居发展中国家前列。

* 创新能力指数着重考察一个国家的创新能力，即这个国家创造有商业价值的发明的能力。

总体而言，此时我国科学技术发展水平仍然不能适应经济社会发展的要求。例如，在经济地位快速上升的同时，我国技术能力并未得到同步增长，自主创新能力还略显不足，未能对增长方式转变形成有效支撑。同时科技体制和创新体系也存在一些问题：一是企业尚未真正成为技术创新的主体，自主创新能力不足；二是各方面科技力量自成体系、分散重复，整体运行效率不高，社会公益领域科技创新能力较为薄弱；三是科技宏观管理各自为政，科技资源配置方式、评价制度等不能适应科技发展新形势和政府职能转变的要求；四是激励优秀人才、鼓励创新创业的机制还不够完善。这些问题制约了我国整体创新能力的提高，需要在制定国家中长期科技发展规划中予以通盘考虑，并以改革和创新的精神，从法律、体制和机制上予以根本解决。因此，加快提升自主创新能力，建设创新型国家，成为这一时期我国科技创新政策和体制改革的重要目标。

第二节　改革为创新点燃强力引擎

2006 年 2 月，国务院正式印发《国家中长期科学和技术发展规划纲要（2006—2020 年）》（以下简称《规划纲要》），成为这一时期科技发展和科技体制改革的纲领性文件。《规划纲要》除了对一些重点领域和优先主题做出规定，还对科技体制改革和国家创新体系的建设做了深入的论述，并给出了 9 个方面的若干重要的落实政策和措施。2012 年 9 月，中共中央、国务院印发《关于深化科技体制改革加快国家创新体系建设的意见》，对《规划纲要》在实施过程中出现的新问题进行了补充。

一、制定中长期科技规划纲要

2002 年 11 月，党的十六大就明确提出制定我国中长期科技发展规划的要求。2003 年 5 月 30 日，温家宝主持召开国家科技教育领导小组第一次会议，审议并原则通过《关于制定国家中长期科学和技术发展规划工作方案》。同年 6 月 6 日，国务院办公厅发出《关于成立国家中长期科学和技术发展规划领导小组的通知》，决定成立制定国家中长期科学和技术发展规划领导小组。随后，国务院启动《规划纲要》的研究编制工作。科技部会同有关部门，成立了 20 个战略研究专题研究组，有 2000 余名专家参与，研究我国经济、社会和科技发展所面临的重大战略问题。为确保规划战略研究的开放性和国际视野，还邀请美国、德国、日本、俄罗斯等国家的科技官员和专家参与规划编制研讨。2004 年 4 月，各专题陆续完成阶段性工作，并送中国科学院、中国工程院、中国社会科学院开展“三院”咨询。2005年，科技部、国家发改委、财政部、人事部、中国人民银行5个部门牵头成立了12个专题工作小组，200余名科技管理人员和专家学者参与了《规划纲要》配套政策的研究与制定工作。可以说，新时期中长期科技发展规划的编制，本身就是一次突破和创新。

2006年1月，中共中央、国务院召开全国科学技术大会，胡锦涛在开幕式上发表了题为《坚持走中国特色的自主创新道路，为建设创新型国家而努力奋斗》的讲话。同年2月9日，国务院正式印发《规划纲要》，提出自主创新，建设创新型国家的发展战略；确定了科技工作的指导方针为“自主创新，重点跨越，支撑发展，引领未来”，其中“自主创新”是十六字方针的核心，是贯穿《规划纲要》的一条主线；《规划纲要》明确了到2020年，我国科学技术发展的总体目标是：自主创新能力显著增强，科技促进经济社会发展和保障国家安全的能力显著增强，为全面建设小康社会提供强有力的支撑；基础科学和前沿技术研究综合实力显著增强，取得一批在世界具有重大影响的科学技术成果，进入创新型国家行列，为在21世纪中叶成为世界科技强国奠定基础。此外，《规划纲要》还明确提出把我国建设成为创新型国家的战略目标，号召全国人民坚持走中国特色自主创新道路，为建设创新型国家而努力奋斗。①

设立国家科技重大专项是《规划纲要》的一个重要战略部署，也是在这一时期沿用“举国体制”模式的一次实践。国家科技重大专项旨在充分发挥社会主义制度集中力量办大事的优势和市场机制

① 《国家中长期科学和技术发展规划纲要（2006—2020年）》，《中华人民共和国国务院公报》，2006年09期。

的作用，围绕国家目标，进一步突出重点，筛选出若干重大战略产品、关键共性技术或重大工程，努力实现以科技发展的局部跃升带动生产力的跨越发展，并填补国家战略空白。

《规划纲要》针对科技体制存在的主要矛盾和突出问题，制定了9个方面的政策措施：一是实施激励企业技术创新的财税政策；二是加强对引进技术的消化、吸收和再创新；三是实施促进自主创新的政府采购；四是实施知识产权战略和技术标准战略；五是实施促进创新创业的金融政策；六是加速高新技术产业化和先进适用技术的推广；七是完善军民结合、寓军于民的机制；八是扩大国际和地区科技合作与交流；九是提高全民族科学文化素质，营造有利于科技创新的社会环境。其宗旨是“建设国家创新体系，提升科技自主创新能力”，突出企业作为科技创新的主体地位，为企业实施科技创新营造良好的、公平公正的环境，激励企业走出一条从技术引进消化吸收再创新的自主创新之路。

为配合《规划纲要》的顺利实施，2006年2月，国务院印发《实施〈国家中长期科学和技术发展规划纲要（2006—2020年）〉若干配套政策》。配套政策从增加科技投入、加强税收激励和金融支持、利用政府采购扶持自主创新、支持引进消化吸收再创新、创造和保护知识产权、加快创新人才队伍培养和建设、发挥教育与科普对创新的促进作用、建设科技创新基地与平台、加强统筹协调等十个方面提出了创新政策框架，共60条基本政策措施，体现了科技政策、经济政策、产业政策、教育政策和社会发展政策的综合性、系统性与协同性。为落实配套政策，从2006年4月开始，科技部、国家发改委等16个国务院直属部委研究制定相应的配套政策实施细则，并陆续发布了70余项实施细则。

《规划纲要》的制定与实施，正是在国家层面上通过科技规划这一传统的政策工具，切实落实自主创新战略的有效手段。《规划纲要》目标明确，配套政策具有突破性，实施细则具有一定的可操作性。在《规划纲要》实施过程中，针对形势变化和新出现的问题，我国也相应调整了科技体制和科技计划体系。随着各项目标圆满实现，《规划纲要》成为继《1956—1967 年科学技术发展远景规划》之后，我国中长期科技规划的又一个划时代的里程碑。和前面几个阶段相比，《规划纲要》是在我国经济高速增长近 30 年后，根据国内外的新形势而做出的，也是我国市场经济体制基本建立及加入WTO后的首个国家科技规划。此时，尽管我国仍然强调技术引进的必要性和重要性，但也已经清楚地认识到，一些关键技术不可能依赖技术引进，只能依靠自主创新。而且，随着世界经济一体化程度的加深，关税壁垒的日益下降，知识产权日益成为我国企业向海外拓展市场最重要的障碍。正因如此，《规划纲要》特别强调了知识产权战略和标准战略。自主创新的关键就在于拥有自主知识产权的产品及行业标准。只有拥有自主开发能力，才能对瞬息万变的市场情况做出及时的反应，才可能避免陷入“落后—引进—再落后—再引进”的恶性循环。

二、加快国家创新体系建设

为加快推进创新型国家建设，全面落实《规划纲要》，充分发挥科技对经济社会发展的支撑引领作用，在 2012 年 7 月召开的全国科技创新大会上，中共中央、国务院印发《关于深化科技体制改革加快国家创新体系建设的意见》(以下简称《意见》)。这是指导我国科技改革发展和创新型国家建设的又一个纲领性文件，标志着我国建设创新型国家的进程进入一个新的历史节点。《意见》指出了我国科技体制机制存在的突出问题。例如，科技与经济结合问题没有从根本上解决，原创性科技成果较少，关键技术自给率较低；一些科技资源配置过度行政化，分散重复封闭低效等问题突出，科技项目及经费管理不尽合理，研发和成果转移转化效率不高；科技评价导向不够合理，科研诚信和创新文化建设薄弱等。[①]《意见》的核心是解决科技和经济"两张皮"的问题，推进科技与经济的紧密结合，真正建立企业主导产业技术研发创新的主体。

全国科技创新大会结束后，在原来国家科技教育领导小组的基础上，国务院成立了国家科技体制改革和创新体系建设领导小组，其主要职责是组织领导科技体制改革和创新体系建设工作，审议相关重大政策措施，统筹协调有关重大问题，总结推广工作经验。2012 年 7 月 30 日，国家科技体制改革和创新体系建设领导小组召开第一次会议，审议《落实〈中共中央、国务院关于深化科技体制改革加快国家创新体系建设的意见〉任务分工》。

三、进一步完善法律环境

2007 年 12 月，十届全国人大常委会第三十一次会议审议通过修订后的《中华人民共和国科学技术进步法》，把这一时期我国发展科学技术的目标、方针、战略上升为法律，为实施《规划纲

① 《中共中央、国务院关于深化科技体制改革加快国家创新体系建设的意见》，《中华人民共和国国务院公报》，2012 年 28 期。

要》、提高自主创新能力、建设创新型国家提供了重要的法律保障。

修订后的《中华人民共和国科学技术进步法》具有如下主要特点：第一，将增强自主创新能力作为我国科学技术发展的战略基点，保护知识产权，重视技术标准，建立激励机制、宽容机制和保障措施。例如，《中华人民共和国科学技术进步法》第二十五条规定："对境内公民、法人或者其他组织自主创新的产品、服务或者国家需要重点扶持的产品、服务，在性能、技术等指标能够满足政府采购需求的条件下，政府采购应当购买；首次投放市场的，政府采购应当率先购买。"① 第二，明确企业在技术创新中的主体作用，对企业开展创新予以税收优惠和财政支持。例如，《中华人民共和国科学技术进步法》第三十条规定："国家建立以企业为主体，以市场为导向，企业同科学技术研究开发机构、高等学校相结合的技术创新体系，引导和扶持企业技术创新活动，发挥企业在技术创新中的主体作用。"② 第三，明确各级政府在科学技术决策、科技规划、科技管理、人才队伍建设、科技投入等方面的职责。例如，《中华人民共和国科学技术进步法》第十三条规定："国家完善科学技术决策的规则和程序，建立规范的咨询和决策机制，推进决策的科学化、民主化。"③ 第四，建立配置、整合科技资源的协调机制，优化科研机构布局，建立科技资源的共享制度。例如，《中华人民共和国科学技术进步法》第十二条规定："国家建立科学技术进步工作协调机制，研究科学技术进步工作中的重大问题，协调国家科

① 《中华人民共和国科学技术进步法》，北京：法律出版社，2007 年版，第 9 页。
② 《中华人民共和国科学技术进步法》，北京：法律出版社，2007 年版，第 9–10 页。
③ 《中华人民共和国科学技术进步法》，北京：法律出版社，2007 年版，第 5–6 页。

学技术基金和国家科学技术计划项目的设立及相互衔接，协调军用与民用科学技术资源配置、科学技术研究开发机构的整合以及科学技术研究开发与高等教育、产业发展相结合等重大事项。"①

自从我国加入WTO后，随着关税的日益减让、非关税壁垒的不断消除，专利保护的作用日益明显。但是我国的知识产权保护意识还很淡薄，既会妨碍我国引进国外的先进技术，又会使我国的知识产权得不到有效保护。为了适应我国国家发展战略和现实需求，2008 年 12 月，十一届全国人大常委会第六次会议审核通过修订后的《中华人民共和国专利法》。其中对科技发展产生较大影响的修订内容主要有：强化了对遗传资源的保护，修改了先申请原则，实行绝对新颖性标准；拓宽了专利保护的范围，也加快了技术创新的步伐。当然，《中华人民共和国专利法》的修订最重要的是对科技发展起到了积极作用。一是推动作用，为发明创造提供了更加有效的创新机制，促进了专利申请和授权的迅速增加，调动从事发明创造人员的积极性。二是调节作用，正确地调节了专利发明人、专利所有人和专利使用人三者之间的关系，平衡了保护和公开之间的关系，调节了技术在市场流动中的关系。三是保护的作用，包括提高了专利保护的标准，明确了侵害专利权的赔偿责任。

四、设立高层次人才计划

这一时期，随着人才在科技创新中的作用不断凸显，从国家、

① 《中华人民共和国科学技术进步法》，北京：法律出版社，2007 年版，第 5 页。

部门到地方的人才计划纷纷出台。这些人才计划主要是围绕国家发展战略目标，引进并有重点地支持一批能够突破关键技术、发展高新产业、带动新兴学科的高层次和领军人才来我国创新创业。

2007 年 2 月，人事部、教育部、科技部等 16 个部门联合发布《关于建立海外高层次留学人才回国工作绿色通道的意见》，强调要为海外高层次留学人才回国创造良好条件及出入境和居留便利。截至 2012 年末，全国建设留学人员创业园超过 260 家，入园企业超过 1.7 万家，有 4 万多名留学人员在园创业。[①]

2008 年 12 月，中共中央办公厅转发中央人才工作协调小组《关于实施海外高层次人才引进计划的意见》，宣布我国开始组织实施海外高层次人才引进计划（以下简称“千人计划”）。这一计划提出围绕国家发展战略目标，用 5 至 10 年时间引进约 2000 名 55 岁以下在国外著名高校、科研院所担任相当于教授职务的专家学者、有经验的公司高管和掌握核心技术专利的企业家，并有重点地支持一批能够突破关键技术、发展高新产业、带动新兴学科的战略科学家和领军人才来我国创新创业。2010 年底，“千人计划”又新增了“青年千人计划”专项，入选者年龄不超过 40 岁，在海外著名高校获得博士学位，至少有 3 年的海外科研经历，在海外著名高校、研究机构或公司正式任职。“千人计划”作为《规划纲要》最重要的保障措施之一，自 2008 年实施至 2019 年，已成功吸引

① 中华人民共和国科技部编:《中国科技发展 70 年（1949—2019）》，北京：科学技术文献出版社，2019 年版，第 210 页。

6000 余名各类创新、创业人才回国。[①]

为了激励国内培养的人才，与面向海外高层次人才的“千人计划”相对应，2012 年 8 月，中组部、人力资源和社会保障部等 11 个部门联合发布《国家高层次人才特殊支持计划》，启动实施面向国内高层次人才的“国家高层次人才特殊支持计划”（以下简称“万人计划”），其目标是从 2012 年起，用 10 年左右时间，面向国内分批次遴选 1 万名左右自然科学、工程技术和哲学社会科学领域的杰出人才、领军人才和青年拔尖人才并给予特殊支持，包括第一层次 100 名具有冲击诺贝尔奖、成长为世界级科学家潜力的杰出人才；第二层次 8000 名国家科技和产业发展急需紧缺的领军人才；第三层次 2000 名具有较大发展潜力的青年拔尖人才。

“千人计划”和“万人计划”都是在中央人才工作协调小组统一领导下的国家级人才工程。这两个工程的协同推进，有利于合理配置资源，凝聚海内外高层次科技人才，推动创新型国家目标的实现。

2012 年，我国引智体制机制创新取得新进展，初步建立国家引智“十二五”规划实施机制及外国专家建言机制，引智法规政策建设取得突破性进展。同年 6 月，十一届全国人大常委会第二十七次会议通过《中华人民共和国出境入境管理法》，其中在普通签证类别中增加了“人才引进”一类，引智行政许可深入推进，引智公共服务建设得到改善，引智发展环境进一步优化。同年 9 月，中央

① 曹聪、李宁、孙玉涛：《中长期科技规划与自主创新战略（2006—2012 年）》，载薛澜等：《中国科技发展与政策（1978—2018）》，北京：社会科学文献出版社，2018 年版，第 87 页。

组织部、人力资源和社会保障部、公安部等25部门联合发布《外国人在中国永久居留享有相关待遇的办法》，进一步降低了海外人才获得中国“绿卡”的门槛。此外，为表彰在我国现代化建设和改革开放事业中做出突出贡献的外国专家设立中国政府友谊奖，截至2012年，共有来自65个国家的1249名外国专家获得该奖项。[①]

第三节　向着创新型国家不断迈进

这一时期的科技体制改革，突出了整体改革和创新能力建设。从改革效果与目标的吻合程度看，我国科技体制改革取得了明显成效，整个科学技术事业发展的面貌焕然一新。在这一时期，科技与经济“两张皮”的问题有了明显改善，科技对传统产业的改造和升级、对经济结构的调整以及高新技术发展的作用显著增强；科技经费的配置格局朝着以企业为主体的方向发展，推动了企业成为技术创新主体的进程；产学研之间的不断结合大大加速了科技成果的转化、推广和应用；科技服务体系得到完善，逐步形成了组织网络化、功能社会化、服务产业化的科技服务体系。同时，科技体制改革极大地增强了科技界的创新意识和市场意识，科研环境也有了明显改善。

① 中华人民共和国科技部编：《中国科技发展70年（1949—2019）》，北京：科学技术文献出版社，2019年版，第211页。

一、科技体制结构不断优化

优化科技力量结构和布局。改革前，我国的研发能力和技术资源主要集中在独立的研究机构，经过多年改革，形成了科研院所、高校、企业和科技中介机构等各具优势和特色的创新主体和模式。企业在技术创新中的主导地位继续加强，全社会研发资金投入在2012 年首次超过 1 万亿元，其中 74%来自企业。截至 2012 年，我国研发人员总量达到 320 万人，稳居世界第一。

促进科技与经济的紧密结合。随着科技创新能力的不断增强，科技进步的贡献率越来越高，从 2001 年的 39%提高到 2012 的51.7%，对国家经济社会发展的支撑作用不断凸显。科技创新在三峡工程、高速铁路、“西电东送”等重大工程中发挥重要作用，我国在水电装备、高速列车、特高压输变电等方面居世界前列。国家高新区对区域经济发展的辐射、示范和带动作用明显。2012 年 105个高新区的工业增加值占全国的 14.5%。

加强公益性科技创新和服务能力。配合推进公益类科研院所分类改革，国家持续加大对公益科研的投入。改革后，公益科研院所的学科结构得到优化，人员水平明显提升，实行了新型的人事和分配等制度，科研人员任务饱满，科技产出大幅增加，解决农业和社会发展的若干具有重大科学和技术领域的问题，促进了先进适用技术，为农业和社会福利服务的发展提供了有力的支撑和服务。

二、科技发展水平不断进步

我国科技水平和实力大幅提升。我国科技论文被国际三大检索系统收录的总数已居世界前列，特别是《科学引文索引》(*Science Citation Index*，SCI) 收录的中国科学家论文数已居美国之后，与英、德、日三国相当，数学、物质科学、生命科学和工程科学等领域论文增长明显，纳米领域的论文数量已居世界前两位，引用数也进入世界前列。SCI收录的我国科技论文数快速增长，连续四年位居世界第二；2012 年发明专利授权量达 21.7 万件，稳居世界第三；全国技术合同交易额年均增长超过 20%，达到 6400 亿元。

改进科技管理和运行机制。通过改革，我国改变了主要依靠行政手段管理科技工作的局面，市场机制在科技资源配置中扮演主要角色，政府科技计划项目实施的竞争资助机制不断改进和完善。

科技政策法规体系逐步完善。2007 年，我国重新修订《中华人民共和国科学技术进步法》，围绕实施《规划纲要》，制定公布了 76 条政策实施细则，科技创新的政策体系初步建立。促进创立“开放、流动、竞争、协作”的科研新机制，激发了科技人员的创新热情。

但由于改革实施的是渐进的、目标不断调整的模式，在这一时期，我国的科技体制仍不是一个真正与市场经济相符的科技体制，原有体系的许多深层次问题尚未彻底改革，而一些新的结构性问题又开始显露出来。2011 年，温家宝在《求是》发表的《关于科技工作的几个问题》一文指出，我国科技体制存在三个突出问题：一是科技与经济“两张皮”问题没有真正解决；二是宏观科技决策机制和组织结构不合理；三是广大科技人员的积极性创造性还没有充分调动起来。[①] 随着改革进入深水区，有许多深层次的问题需要解决，包括与市场经济体制相符的科技体制所需的基本法律框架、政府与市场的关系、科研院所的治理结构、社会力量的发挥、政府在国家科技发展中的职能定位、科技资源的使用和监督等，这些都是制约我国科技发展中的重要因素。只有逐步解决好这些问题，我国的科技发展才会有更健康、稳定的发展基础。

① 温家宝:《关于科技工作的几个问题》,《求是》，2011 年 14 期。

第六章

面向创新发展的科技体制改革（2012—2022 年）

▼

改革开放以来，我国经济保持快速增长，但是随着劳动力成本不断上升、资源环境不断恶化，依靠要素驱动和数量扩张的传统增长方式难以为继，从要素驱动转向创新驱动已成为我国经济发展的紧迫任务。2012 年 11 月召开的党的十八大提出实施“创新驱动发展”战略，也标志着我国科技体制改革进入新的阶段。在这一阶段，我国科技体制围绕创新驱动发展战略，在科技治理体系、科技资源配置、加强创新能力、评价激励机制等领域全面深化改革，努力破除长期制约科技创新发展的体制机制障碍，并取得显著成效。这十年来，重大创新成果不断涌现，国家创新体系逐步健全，服务经济社会发展能力显著提升。

第一节　发展方式转变呼唤深化科技体制改革

我国科技体制改革的脚步从未停歇。从 20 世纪 80 年代“经济建设必须依靠科学技术，科学技术工作必须面向经济建设”[①]，改革拨款制度，培育技术市场，到20世纪90年代实施科教兴国战略和可持续发展战略，推进应用开发类科研院所企业化转制和社会公益类科研院所分类改革，再到21世纪初期，制定和实施《国家中长期科学和技术发展规划纲要（2006—2020年）》，提出全面推进中国特色国家创新体系建设，自主创新已经变成举国共识。历次改革实践和理念，都贯穿着一条清晰的脉络，那就是促进科技与经济紧密结合。如果说以前的改革着眼于解放生产力，那么新时期的改革在很大程度上就是发展生产力。2012年7月，在全国科技创新大会上，万钢表示，“2006年中长期科技发展规划是一个发展规划，改革只提了方向。现在我们要做的是顺势推动、进一步全面落实规划纲要”[②]。

世界新一轮科技革命和产业变革加速演进，大数据、5G、人工智能等新一代信息技术推动新一轮科技革命和产业变革快速发展，科技创新活动的系统性、复杂性和不确定性等特征不断强化，丰富的大数据资源和数字技术手段为创新科研攻关组织方式、优化科技创新模式提供了新的支撑。科技创新优势成为一个国家的最大优势，科技创新竞争是国家间最根本的竞争。世界主要经济体为抢占新一轮科技革命和产业变革的先机，纷纷出台相关政策，世界正面临百年未有之大变局。我国发展面临的国际竞争更加激烈，中美

① 《中共中央关于科学技术体制改革的决定》，《中华人民共和国政府公报》，1985年09期。
② 《强化企业技术创新主体地位 提高创新体系整体效能——科技部部长万钢谈深化科技体制改革》，《科技日报》，2012年7月20日。

博弈已由贸易摩擦演变为科技战，科技创新面临前所未有的复杂外部环境。这些因素大大增加了实施科技攻关、实现科技自立自强的难度，对科技创新治理提出了更高要求。

与此同时，国内经济发展阶段和社会主要矛盾都已经发生深刻转变。2012 年，我国劳动年龄人口首次出现下降，经济增速跌破 8%，传统的依靠要素和投资规模驱动的发展模式难以为继。全面建设中国特色社会主义现代化国家，更加需要依靠科技创新提供动力源泉，迫切需要加快转变经济发展方式，通过科技创新促进经济转型发展。当前我国经济正处于转型发展的关键时刻，提高经济的质量和效益，必须以科技创新、技术进步为动力。技术创新支撑传统产业优化升级，科技更多地融入经济主战场。多重因素叠加，对我国的科技事业和创新发展水平提出了更高要求，也对中国特色社会主义科技体制，国家科技创新治理体系和治理能力提出了更高要求。

经过改革开放四十多年的快速发展，我国科技经济综合实力已大幅提升，由改革开放初期的全面跟跑进入跟跑、并跑、领跑“三跑并存”阶段，但早期的后发优势红利和改革红利基本耗尽，原有的科技体制已经无法适应科技的发展，创新基础薄弱、体制机制不畅、资源配置分散、产出效能较低、内生动力不足、创新环境脆弱等制约科技创新的问题仍然存在。因此，在新的发展阶段需要进一步深化科技体制改革，建立一个科学合理、富有活力、更有效率的科技体制机制，创造新的制度红利。迫切需要我们立足于新时代对科技创新的新需求，研判新一轮科技革命带来的科技创新规律变化，加强趋势分析和前瞻谋划，把握新时期科技创新政策的发展方向，加快突破关键领域核心技术，推动创新驱动发展，构建有效市场、有为政府，成为新时期科技体制改革重要的时代命题。而坚持党的集中统一领导、发挥社会主义市场经济在资源配置中的作用，是我国科技体制和科技创新治理体系的显著优势。

一、新发展阶段下科技创新的重要性凸显

2017 年 10 月，党的十九大指出，我国经济已由高速增长阶段转向高质量发展阶段，但并不意味着我国经济已经实现了全面高质量发展。而是指改革开放后，支撑我国经济高速增长的要素和投资规模驱动模式难以为继，必须转向以创新为主要驱动的高质量发展。这是由国内要素禀赋结构和国际竞争环境等因素共同决定的。从国内资源禀赋来看，2012 年末，我国大陆 15 岁至 59 岁劳动年龄人口数量首次出现下降，比 2011 年末减少 345 万人，下降 0.6%，这意味着支撑要素和投资规模驱动模式的丰裕劳动力供给状况开始出现逆转。而资源能源、环境污染、碳排放等方面的约束也要求尽快实现发展方式的转变。以原油为例，早在 2009 年，我国原油对外依存度就超过 50%，到 2019 年更是超过 70%。

从国际竞争环境来看，2008 年全球金融危机后，美国、欧盟、日本、英国、韩国等主要经济体纷纷推出各种科技发展战略或产业发展计划，以期在全球产业价值链中占据主导地位，保持其在国际竞争中的优势，大国之间的竞争日益激烈。而 2018 年 4 月美国制裁中兴事件发生后，中美贸易摩擦正式演变为科技博弈，面对美方不时出台的“芯片禁售”“实体清单”等打压措施，我们迫切需要加快科技创新步伐，实现科技自立自强，彻底解决关键核心技术“卡脖子”问题。

从碳排放方面来看，我国人均GDP到2019年刚刚超过一万美元，尚未达到高收入国家门槛，要在2030年实现碳达峰、2060年实现碳中和，必须从根本上转变发展方式。

二、“三跑并存”下研发攻关的难度显著增加

从新中国成立之初到改革开放，我国在经济发展和科技攻关上采取的都是赶超战略，着力缩小同欧美发达国家之间的差距。对于后发者来说，科学技术的发展方向、实现路径大致是明确的，因此，在追赶过程中基本上可以避免重大技术路线选择的失误，通过集中攻关或多或少都能取得一定的突破。如果再辅之以发达国家技术转移所产生的溢出效应，还有望在较高的起点进行消化吸收再创新，进而实现“后发优势”。从某种意义上讲，我国集中力量办大事的举国体制优势能够在科技领域得到充分体现，与追赶者能够选择正确路线并享受技术外溢是有直接关联的。2012年以后，我国的科技发展水平相比改革开放初期有了显著的提升，与欧美发达国家的差距大幅缩小，在全球科技竞争中的位势也由以往的完全跟跑转变为跟跑、并跑、领跑“三跑并存”。

以往完全跟跑状态下由巨大技术落差带来的后发优势红利已经基本消耗殆尽，很多领域的技术研发开始进入无人区，没有太多先例可以借鉴，甚至技术方向都不甚明了，研发失败的风险大幅增加。在并跑和领跑领域开展科技创新，企业和科研院所需要直面研发阶段的“死亡之谷”。即使成功跨越“死亡之谷”，仍然要面对技术和产品推广应用的“达尔文之海”，接受市场的考验。随着我国整体科技创新实力的增强，美国及其他西方国家开始将我国作为

最重要的竞争对手，相关的技术封锁措施变得更为严格，这给我们很多仍处于跟跑状态领域的科技创新工作也带来了新的挑战，迫使必须更好地调动国内创新要素，加快自主创新步伐。

三、新科技革命对科技体制提出新要求

随着新一轮科技革命和产业变革的深入发展，世界科技呈现出两大演进趋势。一方面，物联网、大数据、人工智能、量子计算等新一代信息技术形成的新主导技术体系，加速推动人、机、物的智能化融合；另一方面，基础科学研究正在向宏观拓展、向微观深入、向极端方向加速，前沿技术创新出现多点群发势头，跨学科交叉融合正催生新的科学理论和思想，宇宙演化、生命起源、意识机理等重大问题有望取得突破。

上述两大趋势正深刻影响着人类的生产、生活和思维方式，并使得研发创新模式发生革命性变化，具体来说有以下特点：一是创新活动加速数字化转型，开放性、协同性不断提高，新一代信息技术大规模应用使得人与人、人与物、物与物之间呈现出高连通和多链接状态，催生出以用户参与、开源社区等为代表的开放协同创新模式；二是科技研发特别是前沿领域重大科技攻关呈现投入驱动特点，由于涉及越来越多的学科，科技攻关的难度大幅提升，对于大科学装置的依赖性也越来越强，相应的创新资源投入也大幅增加；三是众多创新主体、各类创新资源、关联学科交叉共同构成了一个日益复杂的创新生态系统，从科学探索，到研究开发，再到商业推

广，中间衍生出大量易变因素，增加了创新结果的不确定性。[①]

以党的十八大为逻辑原点，改革开放进入了新时代。习近平总书记指出，“推进自主创新，最紧迫的是要破除体制机制障碍，最大限度解放和激发科技作为第一生产力所蕴藏的巨大潜能”[②]。科技体制改革的全面提速冲破固有的藩篱和羁绊，不仅让科技工作者焕发创新的活力，也提升我国在全球创新格局中的地位。面对全球新一轮科技革命与产业变革的重大机遇和挑战，面对世界百年未有之大变局，面对经济发展新常态下的趋势变化和特点，全面深化科技创新体制机制改革成为我国从经济大国走向经济强国的迫切需要和根本保证。

第二节　进入全面深化改革阶段

深化科技体制改革是全面深化改革的重要内容，是实施创新驱动发展战略、建设创新型国家的根本要求。党的十八大以来，党中央对科技体制改革和创新驱动发展做出了全面部署，出台了一系列重大改革举措，从解决存量问题向寻求增量的方向进行了突破，除了继续深入破除制约创新的障碍和桎梏，在强化自主创新内生动力的体制机制上进行了有效探索。2012 年以来，我国出台的政策文件从点到面、从局部到系统，全面探索加快实施创新驱动发展战略

① 蔡跃洲：《中国共产党领导的科技创新治理及其数字化转型——数据驱动的新型举国体制构建完善视角》，《管理世界》，2021 年 08 期。

② 习近平：《努力成为世界主要科学中心和创新高地》，《求是》，2021 年 06 期。

的重要改革措施构成了这一时期科技体制改革的整体安排。

一、创新驱动发展战略

2012年以来，我国经济增长由高速转向中高速，经济发展进入新阶段，迫切需要摆脱对传统增长方式的依赖，实现创新驱动发展。2012年11月，党的十八大正式提出实施创新驱动发展战略。2014年6月，在中国科学院第十七次院士大会、中国工程院第十二次院士大会上，习近平总书记进一步指出，“实施创新驱动发展战略，最根本的是要增强自主创新能力，最紧迫的是要破除体制机制障碍，最大限度解放和激发科技作为第一生产力所蕴藏的巨大潜能”[①]。2016年5月在“科技三会”*上，习近平总书记又强调，“就是要在我国发展新的历史起点上，把科技创新摆在更加重要的位置，吹响建设世界科技强国的号角”[②]。

*“科技三会”即全国科技创新大会、两院院士大会、中国科协第九次全国代表大会。

为了加快实施创新驱动发展战略，深化科技体制机制改革，以《中共中央、国务院关于深化体制机制改革加快实施创新驱动发展战略的若干意见》（以下简称《若干意见》）、《国家创新驱动发展战略纲要》、《深化科技体制改革实施方案》的发布为标志，我国开启了全面推动创新驱动发展的科技体制改革新阶段。这些政策文件主要围绕科技计划体系、科研经费管理、扩大高校和科研机构自主权、

① 习近平：《在中国科学院第十七次院士大会、中国工程院第十二次院士大会上的讲话》，北京：人民出版社，2014年版，第8页。
② 习近平：《为建设世界科技强国而奋斗——在全国科技创新大会、两院院士大会、中国科协第九次全国代表大会上的讲话》，《人民日报》，2016年6月1日。

提高对科研人员的激励、强化知识产权保护等进行改革。这表明我国的科技体制改革已经进入了“深水区”，新一轮的科技体制改革将会深入推进，这对优化我国科技资源配置、提升科技创新能力起到了重要的促进作用。

2015 年 3 月，作为指导新时期科技体制改革的纲领性文件，《若干意见》从营造激励创新的公平竞争环境、建立技术创新市场导向机制、强化金融创新的功能、完善成果转化激励政策、构建更加高效的科研体系、推动形成深度融合的开放创新局面、加强创新政策统筹协调七个方面深化改革，并提出到 2020 年基本形成适应创新驱动发展要求的制度环境和政策法律体系，为进入创新型国家行列提供有力保障。①

2016 年 5 月，中共中央、国务院印发的《国家创新驱动发展战略纲要》（以下简称《纲要》）是新时期推进创新驱动发展的纲领性文件，是建设创新型国家的行动指南。《纲要》围绕四个全面的战略布局，明确了实施创新驱动发展战略的要求、部署任务和保障措施等，提出“三步走”的战略目标，即到 2020 年进入创新型国家行列，到 2030 年跻身创新型国家前列，到 2050 年建成世界科技创新强国。《纲要》强调，科技创新是提高社会生产力和综合国力的战略支撑，必须摆在国家发展全局的核心位置，给予科技创新前所未有的高度，同时强调坚持科技体制改革和经济社会领域改革同步发力，并从产业技术体系、区域创新布局、军民融合创新、创

---

①《中共中央、国务院关于深化体制机制改革加快实施创新驱动发展战略的若干意见》，《中华人民共和国国务院公报》，2015 年 10 期。

新主体培育、重大科技项目和工程六方面进行了全面系统部署。①

2015 年 9 月，中共中央办公厅、国务院办公厅印发《深化科技体制改革实施方案》，其旨在形成系统、全面、可持续的改革部署和工作格局，激发科技第一生产力、创新第一动力的巨大潜能，提出建立技术创新市场导向机制，构建更加高效的科研体系，改革人才培养、评价和激励机制，健全促进科技成果转化的机制，建立健全科技和金融结合机制，构建统筹协调的创新治理机制，推动形成深度融合的开放创新局面，营造激励创新的良好生态，推动区域创新改革等，共 10 项 143 条举措。②

2017 年 10 月，党的十九大将创新定位为引领发展的第一动力，也是建设现代化经济体系的战略支撑，并明确提出加快建设创新型国家，深化科技体制改革，建立以企业为主体、市场为导向、产学研深度融合的技术创新体系。2019 年 10 月，党的十九届四中全会通过《中共中央关于坚持和完善中国特色社会主义制度、推进国家治理体系和治理能力现代化若干重大问题的决定》，就完善科技创新体制机制做了专门阐述，提出强化国家战略科技力量，健全国家实验室体系，构建社会主义市场经济条件下关键核心技术攻关新型举国体制。

2020 年 10 月，党的十九届五中全会通过《中共中央关于制定国民经济和社会发展第十四个五年规划和二〇三五年远景目标的建议》(以下简称《建议》)，把“创新驱动发展”放在所有任务的首

---

① 《中共中央国务院印发〈国家创新驱动发展战略纲要〉》，《人民日报》，2016 年 5 月 20 日。

② 《深化科技体制改革实施方案》，中国政府网，2015 年 9 月 24 日。

位，提出创新在我国现代化建设全局中的核心地位，将科技自立自强作为国家发展的战略支撑，面向世界科技前沿、面向经济主战场、面向国家重大需求、面向人民生命健康，深入实施科教兴国战略、人才强国战略、创新驱动发展战略，完善国家创新体系，加快建设科技强国。《建议》就完善科技创新体制也有专门说明，提出“深入推进科技体制改革，完善国家科技治理体系，优化国家科技规划体系和运行机制，推动重点领域项目、基地、人才、资金一体化配置。改进科技项目组织管理方式，实行‘揭榜挂帅’等制度”[①]。2021 年 3 月，十三届全国人大四次会议正式通过《中华人民共和国国民经济和社会发展第十四个五年规划和二〇三五年远景目标纲要》，从科技管理体制、知识产权保护和科技开放合作等方面提出科技体制改革的任务和要求。

二、健全科技治理体系

我国将完善科技宏观治理机制作为科技改革的重要内容，加强对科技创新的职能统筹、要素统筹和监管统筹，推进国家科技治理体系和治理能力现代化。

2018 年 3 月，新一轮党和国家机构改革将原来的科技部、国家外国专家局整合，重新组建科技部，科技部对外保留国家外国专家局牌子，国家自然科学基金委员会由科技部管理。新的科技部把科技创新工作和人才引进工作、基础研究和应用研究统筹起来，推

① 《中共中央关于制定国民经济和社会发展第十四个五年规划和二〇三五年远景目标的建议》，北京：人民出版社，2020 年版，第 9–10 页。

动科技管理职能从分钱、分物、定项目转变为“抓战略、抓改革、抓规划、抓服务”。同时，还加强系统谋划和顶层设计，动态编制发布并持续推动落实以 15 年为周期的国家中长期科技发展规划和以 5 年为周期的科技创新规划；加强各类创新要素统筹，推进项目、人才、基地一体化部署，优化整合中央财政科技计划，强化科技计划资源统筹与战略聚焦；加强监管统筹，形成科技大监督格局。

2018 年 5 月 16 日，新组建的科学技术部党组发布的一号文件《关于坚持以习近平新时代中国特色社会主义思想为指导推进科技创新重大任务落实深化机构改革加快建设创新型国家的意见》，提出将突出抓好“深化科技体制改革”等方面工作，落实国家重大科技决策咨询制度，组建国家科技咨询委员会。

为加强科技宏观管理职能统筹，按照深化党和国家机构改革统一部署，根据议事协调机构调整有关安排和工作需要，2018 年 8 月，国务院决定将国家科技教育领导小组调整为国家科技领导小组。这一小组的主要职责是研究、审议国家科技发展战略、规划及重大政策，讨论、审议国家重大科技任务和重大项目，协调国务院各部门之间及部门与地方之间涉及科技的重大事项。

三、科技创新资源配置

过去的科技体制改革首要解决的是科技资源极度稀缺的问题，采取的主要手段是放开、搞活，但由于过分强调科学技术的生产力功能和市场导向，忽略了科学技术体制的整体协调和均衡功能的发育，在很大程度上降低了科技体制的有效性和效率。此外，在经济体制、政治体制都没有进行全面改革的背景下，单项推进科研院所、高等学校、科研体制的改革，是一种局部化功能化的改革思维，因此很难获得系统化根本性的改革成果。

党的十八大以来，科技体制改革基本目标、主要问题等指向没有发生根本改变，但问题的内涵发生了变化，改革的关键词变成了“统筹”，该“统筹”并不是简单的计划、规划，不是与“放”对立的“收”，而是考虑了路径选择的合理性和实施方案的可行性而采取的优化科技资源配置的手段，是在放开的时候再多设计一些宏观协调机制，在统筹的时候再多设计一些自治的机制，防止从一个极端走向另一个极端。

（一）科技计划管理

科技计划的统筹是此轮改革的切入点。20 世纪 80 年代以来，我国相继设立了国家科技攻关计划、“863 计划”、“973 计划”、国家自然科学基金等一系列国家科技计划，推动了我国科技事业进步，但随着各种新计划的相继设立，科技计划体系的重复、封闭、各自为政等问题就凸显出来，特别是在面对新技术革命的挑战时，科技资金的分散薄弱无法支撑创新需求，而且由于缺乏统筹规划和监督，科技资金的使用率也得不到保证。2014 年 9 月，习近平总书记在中央全面深化改革领导小组第五次会议上提出，“我们的科技计划在体系布局、管理体制、运行机制、总体绩效等方面都存在不少问题，突出表现在科技计划碎片化和科研项目取向聚焦不够两个问题上，要彻底改变政出多门、九龙治水的格局，坚持以目标成果、绩效考核为导向进行资源分配，统筹科技资源，建立公开统一的国家科技管理平台，构建总体布局合理、功能定位清晰、具有中国特色的科技计划体系和管理制度”[1]。

党的十八大以来，我国科技计划管理改革以“建立具有中国特色的目标明确和绩效导向的科技计划（专项、基金等）管理体制”为目标，将国家科技重大转型、基地人才转型、国家自然科学基金、技术创新引导专项（基金）、国家重点研发专项列为“五大类新科技计划”，打破条块分割和利益格局，围绕产业链重新布局创新链，根据创新链布局科技计划经费。科技计划优化整合后，盘活中央财政近千亿元的科技资金，为我国科技创新注入强大动力。

（二）“揭榜挂帅”

2021 年 1 月，习近平总书记在省部级主要领导干部学习贯彻党的十九届五中全会精神专题研讨班开班式上强调，“有力有序推进创新攻关的‘揭榜挂帅’体制机制”[2]。2021 年 3 月，十三届全国人大四次会议通过的《中华人民共和国国民经济和社会发展第十四个五年规划和二〇三五年远景目标纲要》也提出，深化科技管理体制改革，实行“揭榜挂帅”“赛马”等制度。这一制度，在党的历史上写入国民经济和社会发展目标纲要尚属首次，充分体现了国家对推进科技体制改革、完善国家科技治理体系的重视程度，对新发展阶段改进科技项目组织管理方式、优化国家科技规划体系和运行机制具有重要意义。

---

① 《在中央全面深化改革领导小组第五次会议上的讲话》，《人民日报》，2014 年 9 月 30 日。

② 《习近平在省部级主要领导干部学习贯彻党的十九届五中全会精神专题研讨班开班式上发表重要讲话》，新华网，2021 年 1 月 11 日。

“揭榜挂帅”就是以开放式创新的形式，不论出身、不设门槛，只论实力、能力，能者上、平者让、庸者下，最大限度地调动社会各界智力潜能和资源优化，以最快的速度找到切实可行的解决方案。“揭榜挂帅”具有揭榜标的公开募集、需求导向创新、申请入口公平开放、结果导向评审、过程竞争、唯成果兑奖等优势，有助于针对核心技术难题进行科研攻关。事实上，“揭榜挂帅”制度在我国部分科技领域已经有了一些探索，比如在新冠肺炎疫苗研发上，就有多个团队“揭榜”，分别沿着五条技术路线加速攻关。国产新冠肺炎疫苗向应对疫情能力薄弱的国家和地区提供力所能及的帮助，推动构建人类卫生健康共同体，为全球战胜新冠疫情提供有力科技支撑。此外，国家电网公司以及广东、浙江、江苏、云南等地的一些部门和企业，也纷纷探索实践“揭榜挂帅”，聚焦产业核心问题，设置明确激励模式，最终促成创新链和产业链精准对接。

推进“揭榜挂帅”制度顺应了构建新发展格局的主攻方向，助力推动实现高水平的自立自强。“揭榜挂帅”就是通过深化科技体制改革，有效释放巨大创新潜能，持续提升科技自主创新能力，把事关国计民生和国民经济命脉的关键技术掌握在自己手里，锻造优势领域的创新“长板”，带动整个国家创新生态链形成良性循环，推动实现高水平的自立自强。当今科学研究，单靠某个能人或某项“独门绝技”，已经无法解决跨学科、全链条的全部难题。越是创新性强的核心技术，越是挑战性大的重点项目，越需要“揭榜挂帅”制度把最有能力、最有创新精神的人才聚集在一起开展科研攻关。推进“揭榜挂帅”制度彰显了中国科技发展的开放合作心态，具备“聚天下英才而用之”的人才视野。实践证明，一些传统上由大科研院所、大企业“包场”的科研项目，在“悬赏”引入民营企业、新型研发机构竞争后，产生了巨大的“鲇鱼效应”，技术突破加快，成本下降明显，整体创新活力提升。推进“揭榜挂帅”制度展现了问题导向的科技创新思路，增强了“在事关全局的重点领域快速取得突破”的信心决心。

四、加强企业创新能力

早在2006年2月，《国家中长期科学和技术发展规划纲要（2006—2020年）》就提出“建立以企业为主体的技术创新体系”，但是，在相当长的一段时间里，仍然有人认为创新还是应该以科研院所为主。一方面是因为我国企业的技术创新能力还比较弱，担心企业承担不起这个重任；另一方面是对技术创新的基本规律还没有认识透，还没有把握准当前科技创新引领产业变革的趋势。自提出“建立以企业为主体的技术创新体系”以来，我国创新能力整体提升，但企业创新能力提升相对缓慢。根据《国家创新指数报告（2011）》显示，从2005年到2010年，我国本土企业的技术创新能力和核心技术自主率仍然不高，企业创新取得的进步较小。

2013年1月，国务院办公厅印发《关于强化企业技术创新主体地位全面提升企业创新能力的意见》，提出以深入实施国家技术创新工程为重要抓手，全面推进企业技术创新工作。同年6月，科技部会同国家发改委、财政部等15个部门和单位建立联合推进机制，促进企业成为技术创新主体，各项工作取得了积极进展和成效。随后，我国以培育创新型企业为抓手，大力提升企业创新能力，在国民经济重点行业遴选676家创新型企业，带动省级创新型企业8400多家，引导企业加大研发投入，运用创新方法，走创新发展道路。

同时，着力把研发机构建到企业，已在有条件的行业骨干企业组建了99个国家重点实验室和313个国家工程（技术）研究中心，认定了887个国家级企业技术中心，夯实企业技术创新能力基础。[①]

2015年9月，中共中央办公厅、国务院办公厅印发的《深化科技体制改革实施方案》也提出，在建立技术创新市场导向机制方面，建立常态化的企业技术创新对话、咨询制度，发挥企业和企业家在国家创新决策中的重要作用；坚持结构性减税方向，逐步将国家对企业技术创新的投入方式转变为以普惠性财税政策为主；同时，也要加强科技创新服务体系建设，完成制定科技型中小企业的条件和标准，为落实扶持中小企业创新政策开辟便捷通道。此外，还要完成修订高新技术企业认定管理办法；为健全产学研协同创新机制，制定具体管理办法，允许符合条件的高等学校和科研院所科研人员经单位批准，带着科研成果、保留基本待遇到企业开展创新工作或创办企业。[②]

五、实施“率先行动”计划

中国科学院作为我国规模最大的科研机构，在国家创新体系中发挥着重要作用。2013年7月，习近平总书记视察中国科学院并发表重要讲话，要求中国科学院“率先实现科学技术跨越发展，率先

① 中华人民共和国科技部编：《中国科技发展70年（1949—2019）》，北京：科学技术文献出版社，2019年版，第274页。
② 《中共中央办公厅 国务院办公厅印发〈深化科技体制改革实施方案〉》，中国政府网，2015年9月24日。

建成国家创新人才高地，率先建成国家高水平科技智库，率先建设国际一流科研机构”①（以下简称“四个率先”），为中国科学院新时期改革创新发展指明了方向。2014 年 7 月 7 日，国家深化科技体制改革和创新体系建设领导小组第七次会议审议中国科学院研究制定的《中国科学院“率先行动”计划暨全面深化改革纲要》。同年 8 月 19 日，“率先行动”计划正式启动实施。

“率先行动”计划着眼于“两个一百年”奋斗目标，提出实现“四个率先”的两步走战略，即到 2020 年基本实现“四个率先”、到 2030 年全面实现“四个率先”。该计划坚持问题导向，针对制约改革创新发展的关键性、根本性体制机制问题，从推进研究所分类改革、调整优化科研布局、深化人才人事制度改革、建设高水平科技智库、全面扩大开放合作等 5 个方面，提出了 25 项重大改革发展举措。

在“率先行动”计划实施的第一阶段，中国科学院通过全面深化改革，产出了一批重大创新成果，引领带动我国若干领域方向跻身世界前列，突破了一大批核心技术，并在快速响应国家重大创新需求、体系化应对重大科技风险挑战等方面做出积极贡献。例如，中国科学院通过承担一系列国家重大科技任务，在铁基高温超导、量子通信、中微子振荡、先进核能、干细胞与基因编辑等前沿领域，逐步跻身国际先进或领先行列；在深空、深海、网络空间安全和人工智能、超级计算等重大战略领域，突破了一批核心技术；在新药创制、煤炭清洁高效利用、农业科技、资源生态环境、防灾

① 《习近平：深化科技体制改革增强科技创新活力》，中国政府网，2013 年 7 月 17 日。

减灾等方面，一批重大科技成果和转化示范工程落地生根；建成了500米口径球面射电望远镜（FAST）、中国散裂中子源（CSNS）、稳态强磁场实验装置（SHMFF）等一批大科学装置，为进一步提升我国科技创新能力奠定了物质技术基础。

六、“双一流”大学建设

建设世界一流大学和一流学科（以下简称“双一流”），是党中央、国务院在新时期做出的重大战略决策，对于提升我国教育发展水平、增强国家核心竞争力、奠定长远发展基础，具有十分重要的意义。

2015年10月，国务院印发《统筹推进世界一流大学和一流学科建设总体方案》（以下简称《总体方案》），要求坚持以中国特色、世界一流为核心，以立德树人为根本，以支撑创新驱动发展战略、服务经济社会发展为导向，加快建成一批世界一流大学和一流学科，提升我国高等教育综合实力和国际竞争力。《总体方案》提出，到2020年，若干所大学和一批学科进入世界一流行列，若干学科进入世界一流学科前列；到2030年，更多的大学和学科进入世界一流行列，若干所大学进入世界一流大学前列，一批学科进入世界一流学科前列，高等教育整体实力显著提升；到21世纪中叶，一流大学和一流学科的数量和实力进入世界前列，基本建成高等教育强国。《总体方案》提出的建设任务包括建设一流师资队伍、培养拔尖创新人才、提升科学研究水平、传承创新优秀文化、推进科研成果转化。[①]

2017年1月，教育部、财政部、国家发改委联合发布《统筹推进世界一流大学和一流学科建设实施办法（暂行）》，提出建设世界一流大学和一流学科要面向国家重大战略需求，面向经济社会主战场，面向世界科技发展前沿，突出建设的质量效益、社会贡献度和国际影响力，突出学科交叉融合和协同创新，突出与产业发展、社会需求、科技前沿紧密衔接，深化产教融合，全面提升我国高等教育在人才培养、科学研究、社会服务、文化传承创新和国际交流合作中的综合实力。[②]同年9月，教育部、财政部、国家发改委公布“双一流”建设高校及建设学科名单，共有137所高校入围。其中，一流大学建设高校共计42所，一流学科建设高校共计95所。这意味着我国将开启新一轮世界一流大学建设，这是“985工程”持续18年后，国家重大战略的调整，是经济发展新常态下高等教育制度创新的重要转折。“双一流”建设不是“211工程”“985工程”的翻版，也不是升级版，而是一个全新的高等教育计划。首先，“双一流”建设是以学科为资助主体，突出以一流学科建设带动一流学校建设，而“985工程”“211工程”是以学校为资助主体。其次，“双一流”建设名单将不再一成不变，会打破“身份固化”，引入竞争机制。“双一流”建设每5年为一个建设周期，建设高校实行总量控制、开放竞争、动态调整。

---

① 《国务院关于印发统筹推进世界一流大学和一流学科建设总体方案的通知》，《中华人民共和国国务院公报》，2015年32期。

② 《关于印发〈统筹推进世界一流大学和一流学科建设实施办法（暂行）〉的通知》，中国政府网，2017年1月27日。

七、评价激励机制改革

创新驱动实质上是人才驱动，科研评价机制是否合理，直接影响科技创新人才的积极性。长期以来，我国科技管理存在着“重物轻人”“见物不见人”的倾向，在科研活动和经费使用上“管得太死”“管得太细”“像管公务员一样管科研人员”，违背了科研活动的普遍规律，极大地制约了科研人员创新的积极性。党的十八大以来，党中央、国务院颁布实施了一系列促进科研评价改革、科技项目管理的文件，逐步规范科技价值导向、科技评价导向。

2016 年 5 月 30 日，习近平总书记在“科技三会”上指出，“要完善符合科技创新规律的资源配置方式，解决简单套用行政预算和财务管理方法管理科技资源等问题”，“让经费为人的创造性活动服务”，“发挥市场在资源配置中的决定性作用，让机构、人才、装置、资金、项目都充分活跃起来”，“不要以出成果的名义干涉科学家的研究，不要用死板的制度约束科学家的研究活动”，“要让领衔科技专家有职有权，有更大的技术路线决策权、更大的经费支配权、更大的资源调动权，防止瞎指挥、乱指挥”[①]。2018 年 7 月 13 日，习近平总书记在中央财经委员会第二次会议上指出，“要加快转变政府职能，改革重大科技项目立项和组织实施方式，强化成果导向，精简科研项目管理流程，给予科研单位和科研人员更多自主权。改革科研绩效评价机制，建立科学分类、合理多元的评价

---

① 习近平：《为建设世界科技强国而奋斗——在全国科技创新大会、两院院士大会、中国科协第九次全国代表大会上的讲话》，北京：人民出版社，2016 年版，第 27 页。

体系，改革国家科技奖励制度”[1]。

（一）破除“五唯”

评价导向异化是当前我国科技体制中存在的一个突出问题。近年来，各部门、各省市出台的创新人才计划有近百个，名目繁多的“帽子”满天飞，而且和待遇紧密挂钩，把青年创新人才的方向导偏、心思搞乱，评审异化，扰乱了正常的学术生态，加剧了学术界的浮躁学风。2018 年 5 月，习近平总书记在中国科学院第十九次院士大会、中国工程院第十四次院士大会上指出，“当前，我国高水平创新人才仍然不足，特别是科技领军人才匮乏。人才评价制度不合理，唯论文、唯职称、唯学历的现象仍然严重，名目繁多的评审评价让科技工作者应接不暇，人才‘帽子’满天飞，人才管理制度还不适应科技创新要求、不符合科技创新规律”[2]。

为避免人才项目异化使用，2018 年 6 月 11 日，国家自然科学基金委员会发布《关于避免人才项目异化使用的公开信》（以下简称《公开信》），批评人才项目被异化为“头衔”和“荣誉”的现象，声明人才项目旨在支持项目负责人开展基础研究工作，并在一定期限内完成科研任务，而非荣誉称号。《公开信》还指出，人才项目定位于支持基础研究优秀人才快速成长，是对项目负责人的一种阶段性认可和支持，希望他们在项目资助下更上一个台阶，不是为其

① 《习近平主持召开中央财经委员会第二次会议》，中国政府网，2018 年 7 月 13 日。
② 习近平：《在中国科学院第十九次院士大会、中国工程院第十四次院士大会上的讲话》，北京：人民出版社，2018 年版，第 19 页。

贴上“永久”的标签。[①]

由此可以看出，科技界应当更加关注项目负责人获资助后是否在科学研究中取得进步。国家自然科学基金委员会也鼓励有关部门和单位，设置科学的评价标准，在人才培养和人才引进中坚持品德、能力、业绩导向，坚持凭能力、实绩、贡献评价人才，克服唯资历、看“帽子”等倾向。“帽子”问题凸显了人才管理制度不适应科技创新需求，不符合科技创新规律，已经到了不得不改的地步。

为解决这些问题，2018 年 7 月，中共中央办公厅、国务院办公厅印发《关于深化项目评审、人才评价、机构评估改革的意见》（以下简称《意见》）。《意见》针对唯论文、唯职称、唯学历、唯奖项倾向对人才评价的简单数量化问题，提出要推行代表作评价，把科技人员在学科领域的活跃度和影响力、重要的学术组织和期刊中任职、发表成果的原创性、成果转化效益、科技服务的满意度等作为重要评价指标，对不同类型的项目根据分类特点分别选择主要的指标进行评价。针对获得项目和经费的情况，《意见》规定在项目申报和评审中要综合考虑申报人的实际能力及项目要求，不把之前承担项目包括经费等情况作为限制性条件。[②]同年 7 月 18 日，国务院下发《关于优化科研管理提升科研绩效若干措施的通知》，提出切实精简人才“帽子”，对科技领域人才计划进行优化整合。同时要开展“唯论文、唯职称、唯学历”问题集中清理。

---

① 《国家自然科学基金委员会关于避免人才项目异化使用的公开信》，国家自然科学基金委员会网站，2018 年 6 月 11 日。

② 《中共中央办公厅、国务院办公厅印发〈关于深化项目评审、人才评价、机构评估改革的意见〉》，《中华人民共和国国务院公报》，2018 年 20 期。

（二）提升物质激励

科研是一种现实的经济活动，既要尊重科研规律，又要服从经济规律。我国大部分国家财政资助的科研项目采取课题制，目前国家财政支持的课题项目经费预算只包括科研活动开支的非人工成本，无法体现科研活动的智力贡献价值和脑力劳动价值。在深化科技体制改革的系统布局中，为了让科技人员有更多的获得感，习近平总书记在中央政治局第九次集体学习时指出，“当务之急是要加快改革步伐、健全激励机制、完善政策环境，从物质和精神两个方面激发科技创新的积极性和主动性”①。对于科研人员，习近平总书记在中央财经领导小组第七次会议上强调，“既要用事业激发其创新勇气和毅力，也要重视必要的物质激励，使他们‘名利双收’。名就是荣誉，利就是现实的物质利益回报，其中拥有产权是最大激励”②。党的十八大以来，调动科技人员积极性的政策和机制得到突破，实行以增加知识价值为导向的分配政策，放开科技人员兼职的规定，加大科研成果转化分享力度，优化学术环境，科技奖励进一步优化质量结构和程序，项目评审、人才评价、机构评估等方面的改革逐步到位。

第一，分配导向的改变。让“智有所值、劳有所得”，使知识成果的价值在市场上得以体现，是激发科研人员创新动力的关键所在。针对我国科研人员知识贡献与收入分配脱节、知识产权激励缺

① 中共中央文献研究室编：《习近平关于科技创新论述摘编》，北京：中央文献出版社，2016 年版，第 58 页。
② 中共中央文献研究室编：《习近平关于科技创新论述摘编》，北京：中央文献出版社，2016 年版，第 121 页。

位、激励机制不健全等问题，2016年11月，中共中央办公厅、国务院办公厅印发《关于实行以增加知识价值为导向分配政策的若干意见》，提出把人作为政策激励的出发点和落脚点，根据不同创新主体、不同创新领域和不同创新环节的智力劳动特点，实行以增加知识价值这一共性特点为导向的分配政策，探索不同科学门类知识价值实现的有效方式，推动形成体现增加知识价值的收入分配机制，鼓励科研人员通过科技成果转化获得合理收入，让科研人员对科研成果的知识产权拥有署名权、一定的经济回报分享权，允许科研人员享有技术成果部分股份或变现的收益，允许科研人员和教师依法依规适度兼职兼薪，扩大科研机构、高校收入分配自主权，激发科研机构、高校以及科研人员、教师创新动力和积极性。[①] 实行以增加知识价值为导向的分配政策，体现了基于市场机制和价值规律的科技创新利益分配制度的主要内容，这是国家层面第一次明文提出将知识价值作为收入分配的衡量标志，具有里程碑式的意义。

第二，分配方式的调整。科研经费的使用长期被科研人员所诟病。一是忽略科研活动中人的劳动报酬，科研经费只承认物质转移消耗的价值，不体现劳动价值；二是科研项目资金管理“过细、过死”，未顾及科研工作本身具有的不确定性大、周期长等特点，经费控制刻板僵化，严重影响了科研经费的使用效率；三是人员费用管理机制“一刀切”，未考虑不同学科类型的人员经费侧重不同，导致科研经费总量较少的人文社科类项目，以及某些偏重计算科学的理工科项目，人员费用不足以支撑项目研究。党的十八大以来，

---

① 《中共中央办公厅 国务院办公厅印发〈关于实行以增加知识价值为导向分配政策的若干意见〉》，《中华人民共和国政府公报》，2016年33期。

针对科研经费管理，国务院密集出台《关于改进加强中央财政科研项目和资金管理的若干意见》《关于进一步完善中央财政科研项目资金管理等政策的若干意见》《关于深化中央财政科技计划（专项、基金等）管理改革的方案》《关于加强和改进教学科研人员因公临时出国管理工作的指导意见》等一系列文件，下放了科技经费预算调整权限，允许部分直接费用调剂使用，允许设立绩效奖励等间接费用，简化预算编制，给予科研单位更多经费管理自主权，放宽科研人员出国交流等规定，长期困扰科研人员的经费管理得以“松绑”，遵循规律、以人为本、强化激励的改革思想得到了体现。

第三，成果转化的激励。党的十八大以来，以科技成果使用处置收益权管理改革为突破口，科技成果转化的政策机制不断完善。2015年，随着《中华人民共和国促进科技成果转化法》的修订实施，国务院印发《实施〈中华人民共和国促进科技成果转化法〉若干规定》，国务院办公厅印发《促进科技成果转移转化行动方案》，成果转化的政策“三部曲”实现了多方面的突破，完善了科技成果市场化定价机制，加大了对成果完成人和转化人的激励力度，奖励比例从不低于转化净收入的20%大幅提高到不低于50%，健全了科技成果评价体系和相关处置、收益、分配、发布等制度。至此，通过构建成果转化法律法规体系和服务支撑体系，我国打通成果转化通道，进一步推动了技术市场的发展。

（三）优化项目管理

多年来，科研人员在申请立项、评审、预算、报销、结项等环节上，由于种种细节耗费了很大精力。这也是科研人员反映较多的问题之一。2018年5月，习近平总书记在中国科学院第十九次院士大会、中国工程院第十四次院士大会上指出，“不能让繁文缛节把科学家的手脚捆死了，不能让无穷的报表和审批把科学家的精力耽误了”[①]。李克强在国务院常务会议上也指出，要改革科研管理方式，将财务和技术验收合并为项目期末一次性综合评价。允许科研人员通过购买财会等专业服务，从烦琐杂务中解放出来。[②]这些给科研人员“松绑”的建议以《国务院关于优化科研管理提升科研绩效若干措施的通知》的形式下发，提出强化科研项目绩效评价，推动项目管理从重数量、重过程向重质量、重结果转变，强调绩效评价结果应作为项目调整、后续支持的重要依据，以及相关研发、管理人员和项目承担单位、项目管理专业机构业绩考核的参考依据。[③]这些措施旨在进一步减轻科研人员负担，激励广大科研人员多出高水平成果。2018 年 7 月 6 日，国务院政策例行吹风会上，科技部副部长李萌对《国务院关于优化科研管理提升科研绩效若干措施的通知》介绍说：“制定前提就是充分相信科研人员、充分尊重科研规律。在这样的基本出发点上，着眼于科研管理全流程的改革和完善，打出‘组合拳’，为科研人员‘松绑’和减负。[④]”

2018 年 7 月，中共中央办公厅、国务院办公厅印发《关于深化项目评审、人才评价、机构评估改革的意见》，对项目管理问题做出更加系统、全面的部署。主要包括三个要点：一是提高项目指

---

① 习近平:《在中国科学院第十九次院士大会、中国工程院第十四次院士大会上的讲话》，北京：人民出版社，2018 年版，第 19 页。

② 《李克强主持召开国务院常务会议 确定进一步扩大科研人员自主权的措施等》，中国政府网，2018 年 7 月 4 日。

③ 《国务院关于优化科研管理提升科研绩效若干措施的通知》，《中华人民共和国国务院公报》，2018 年 22 期。

④ 《打出“组合拳”，为科研人员松绑和减负》，中国政府网，2018 年 7 月 6 日。

南的科学性。在指南的编制过程中应充分吸收各方参与，广泛吸纳各方意见，增强指南编制的开放度，让社会各方面参与，包括行业部门、产业界，也包括科技领域的智库。二是把好的团队选出来。应该分类确定组织实施方式，对于国家目标明确、技术路线比较清晰、组织化程度高、优势单位比较集中的重大项目，更多采取定向择优和定向委托的方式确定承担单位，这种方式能够更加强化承担单位的责任担当和使命感。三是严格项目成果的验收。强化项目承担单位成果管理的主体责任，对验收成果的质量和水平实施评价管理；专业机构在验收环节加强对指标完成的情况，特别是从用户的角度对其成果可用性和技术的先进性进行考核。①

八、优化创新市场环境

在创新发展中，科技与市场的联系日益紧密，特别是就企业而言，应对市场环境更加敏感。经济活动的最关键环节，就是资源配置方式。但是过去的市场化改革，简单地将科研机构或科研人员推向市场，让科学家变成企业家，带有强烈的功能性和功利化色彩，未能动摇资源配置的基本架构。2012 年开始，科技体制改革重新定位了政府和市场在科技活动中的边界。这一时期的改革更加重视激发微观主体的活力，包括科技立法、改善营商环境、加强知识产权保护等措施密集出台。

2013 年 11 月，党的十八届三中全会通过的《中共中央关于全

① 《中共中央办公厅 国务院办公厅印发〈关于深化项目评审、人才评价、机构评估改革的意见〉》,《中华人民共和国国务院公报》，2018 年 20 期。

面深化改革若干重大问题的决定》提出，使市场在资源配置中起决定性作用和更好发挥政府作用，这一表述表明国家角色的深刻变化。在社会主义市场经济下，国家不再运用直接的行政手段来调配资源和推进科技进步，而是更多地运用市场机制和相应的激励手段，在微观运行机制上更加尊重市场主体的自主性。

在营造市场竞争和科技创新环境时，首先要完善相关法律法规。在这一时期，我国密集修订和制定了一批法律，包括：2015年8月29日，十二届全国人大常委会第十六次会议修订通过《中华人民共和国促进科技成果转化法》；2017年11月4日，十二届全国人大常委会第三十次会议修订通过《中华人民共和国标准化法》；2021年10月19日，十三届全国人大常委会第三十一次会议审议《中华人民共和国反垄断法（修正草案）》；2021年12月24日，十三届全国人大常委会第三十二次会议修订通过《中华人民共和国科学技术进步法》。

为了完善公平竞争的市场环境，保护创新者的合法权益，我国还颁布和修订《中华人民共和国电子商务法》《专利代理条例》《中华人民共和国商标法》《中华人民共和国反不正当竞争法》《中华人民共和国民法典》《中华人民共和国专利法》《中华人民共和国著作权法》等法律法规。这一时期，党中央、国务院站在创新驱动发展和知识产权强国建设的战略高度，先后印发《深入实施国家知识产权战略行动计划（2014—2020年）》《关于新形势下加快知识产权强国建设的若干意见》《“十三五”国家知识产权保护和运用规划》等系列重要政策，加大对知识产权的保护力度。

为进一步发挥市场在要素配置中的作用，2020年以来，中共中央、国务院印发的《关于构建更加完善的要素市场化配置体制机制的意见》和国务院办公厅印发的《要素市场化配置综合改革试点总体方案》等重磅意见的先后出台，为发挥市场在资源要素配置中的决定性作用奠定了政策基础；在建立健全科技和金融结合机制方面，提出重点实施壮大创业投资规模、强化资本市场对技术创新的支持、拓宽技术创新间接融资渠道等多项改革举措，加快构建支持创新的多层次投融资体系。

九、建立新型举国体制

改革开放后的一段时间，我国大部分科研力量走上市场化道路，虽然与经济结合越来越紧密，但是也存在科研力量和创新资源过于分散的问题，造成核心技术攻关能力下降。科技安全、经济安全、政治安全等重要领域的重大风险，亟须防范化解。早在 2014 年 6 月，习近平总书记在中国科学院第十七次院士大会、中国工程院第十二次院士大会上就强调，“只有把核心技术掌握在自己手中，才能真正掌握竞争和发展的主动权，才能从根本上保障国家经济安全、国防安全和其他安全”[①]。探寻适合我国特定时期的科技发展模式、寻求破解我国科技发展路径的难题，已成为建设创新型国家的重要任务。为改变这一局面，2019 年 10 月，党的十九届四中全会通过的《中共中央关于坚持和完善中国特色社会主义制度、推进国家治理体系和治理能力现代化若干重大问题的决定》提出，强化国家战略科技力量，健全国家实验室体系，构建社会主义市场经

① 习近平:《在中国科学院第十七次院士大会、中国工程院第十二次院士大会上的讲话》，北京：人民出版社，2014 年版，第 10 页。

济条件下关键核心技术攻关新型举国体制。新型举国体制是将我国政治制度优势与市场机制作用结合起来的国家治理变革。

举国体制在我国科技和经济发展过程中曾发挥了重要作用，充分体现了社会主义集中力量办大事的制度优势。在不同的历史时期，举国体制承担不同的使命，也呈现不同的形式。在市场经济中，传统举国体制的一些组织方式和运行机制已不能适应当前科技经济快速发展的需要，但是事实证明，举国体制中一些合理要素仍有价值，只不过内涵和形态在新时代发生了变化。2013年11月，习近平总书记在党的十八届三中全会上指出，“市场在资源配置中起决定性作用，并不是起全部作用”，“强调科学的宏观调控，有效的政府治理，是发挥社会主义市场经济体制优势的内在要求”①。2014年6月，习近平总书记在中国科学院第十七次院士大会、中国工程院第十二次院士大会上特别强调，“在推进科技体制改革的过程中，我们要注意一个问题，就是我国社会主义制度能够集中力量办大事是我们成就事业的重要法宝”②。2013年11月，习近平总书记在党的十八届三中全会第一次会议上指出，“加大政府职能转变力度，既积极主动放掉该放的权，又认真负责管好该管的事，从‘越位点’退出，把‘缺位点’补上”③。党中央重提科技创新“举国体制”，就是要探索适合我国转型期科技创新的制度安排，寻求更高

① 习近平：《关于〈中共中央关于全面深化改革若干重大问题的决定〉的说明》，《习近平谈治国理政》（第一卷），北京：外文出版社，2018年版，第11页。
② 习近平：《在中国科学院第十七次院士大会、中国工程院第十二次院士大会上的讲话》，北京：人民出版社，2014年版，第17页。
③ 中共中央文献研究室编：《习近平关于全面深化改革论述摘编》，北京：中央文献出版社，2014年版，第55页。

效的科技创新组织方式。建立社会主义市场经济条件下的新型举国体制，发挥社会主义集中力量办大事的制度优势，就是应对当前和今后严峻环境的有效手段。正如习近平总书记在会见嫦娥四号探月任务参研参试人员代表时所指出的，这次嫦娥四号任务，坚持自主创新、协同创新、开放创新，实现人类航天器首次在月球背面巡视探测，率先在月背刻上了中国足迹，是探索建立新型举国体制的又一生动实践。①

新型举国体制最显著的特点在于能够正确处理政府与市场的关系。政府和市场都是配置资源的方式，但是单纯的政府或市场方式都有其局限性。新型举国体制要避免从传统“政府强力主导、忽视市场作用”的极端，走向“完全依赖市场、不要政府介入”的另一极端。在新型举国体制中，政府与市场不是非此即彼的对立关系，而是相互依存、互为补充的关系。与传统举国体制相比，新型举国体制既要贯彻国家意志，聚焦国家重大战略需求，把创新资源优先配置到合适的领域，高效组织科研活动协同攻关，实现国家战略目标，也要维护和激发各类创新主体的活力，发挥市场在科技资源配置中的决定性作用。新型举国体制要从行政配置资源为主向市场配置资源为主、从产品导向向商品导向、从注重目标导向向目标与效益并重转变，达到传统举国体制无法实现的投入低、效率高、效益好的效果。

新型举国体制从中央层面加大对科技创新活动的统筹布局，围绕关键核心技术领域统一规划，组织实施重大科技专项，并大力整

---

① 《习近平会见探月工程嫦娥四号任务参研参试人员代表》，中国政府网，2019 年 2 月 20 日。

合各类中央财政科技计划，解决创新资源“碎片化”问题。伴随着此轮科技体制改革的推进，以有效市场与有为政府相结合为主要特点的新型举国体制成为新时代改善科技创新治理的有力工具。其中，国家科技重大专项可以看作运用新型举国体制加快科技创新的探索。其特点具体来说体现在以下几点。

第一，在布局方向上，强调经济社会发展的重大需求和重大瓶颈问题，定位重大战略产品、关键共性技术和重大工程，旨在提升产业竞争力和综合国力，充分体现了国家意志。

第二，重大专项的承担主体以企业为主，直接面向市场、面向应用，并以产业化为最终目标。

第三，重大专项组织实施过程中，政府、高校院所和企业均有深度参与，在政府引导推动下实现产学研的直接协同合作。从实践成效来看，新型举国体制的探索，有力支撑了诸多国家级科研计划的顺利实施，并取得了一系列重大成就。

在新型举国体制探索过程中，借助国家科技重大专项等计划，经济社会重大需求和国家意志得以充分体现，政府和市场的作用定位更加明晰，中国特色国家创新体系也不断完善。其中，政府部门在整个体系中发挥着引导和推动作用，综合运用财税、金融、行政等各类政策工具，调动高校院所、企业、科技人才围绕计划目标，分工配合；高校院所凭借知识积淀和科研实力，围绕国家需求开展相关研究；企业借助政府支持，按照市场规则实施技术开发，推进产业化；科技中介、金融机构等，则在政府引导和市场机制双重作用下，提供相应的中介和融资服务。

十、优化区域科技布局

我国科技创新资源在地区间分布不均衡，北京、上海等地集聚了丰富、优质的科技创新资源。在新的发展时期，为了更好发挥这些区域的创新引领作用，我国提出在北京、上海、粤港澳大湾区等地建设科技创新中心，以及若干综合性国家科学中心的区域创新布局。

（一）北京：从“全国科技创新中心”到“国际科技创新中心”

北京作为我国的首都，长期以来担负着政治、文化、人才、科技等多方面资源集散的功能，结合北京在京津冀发展中的区位优势和协同发展的总体要求，为了统筹利用好各方面资源，2014 年 2 月 26 日，习近平总书记在北京考察工作时，明确了北京作为全国政治中心、文化中心、国际交往中心、科技创新中心的城市战略定位，为首都科技发展赋予了新的定位、新的使命。2016 年 9 月，国务院印发《北京加强全国科技创新中心建设总体方案》，提出充分发挥北京高端人才集聚、科技基础雄厚的创新优势，从建设原始创新能力、构建“高精尖”经济结构、推进京津冀协同创新、推动全球合作、优化创新创业环境五个方面部署了 18 项重点任务，对北京全面建设全国科技创新中心提出了“三步走”方针。[①]

以此文件为指导，北京市政府发布《北京市“十三五”时期加

① 《国务院关于印发北京加强全国科技创新中心建设总体方案的通知》，《中华人民共和国国务院公报》，2016 年 27 期。

强全国科技创新中心建设规划》，对“十三五”时期北京科创中心建设做出了更为明确的部署。2017 年 2 月 24 日，习近平总书记再次视察北京，对北京全国科创中心提出了更高的要求和期望，指出要以建设具有全球影响力的科技创新中心为引领，集中力量抓好“三城一区”建设，深化科技体制改革，努力打造北京经济发展新高地。2019 年，北京市政府发布《关于新时代深化科技体制改革加快推进全国科技创新中心建设的若干政策措施》（简称“北京科创 30 条”），为完成新的指示和“三步走”方针制定了新的政策措施。2021 年 11 月，北京市委、市政府正式发布《北京市“十四五”时期国际科技创新中心建设规划》，全面部署“十四五”时期重点任务，提出到 2025 年，北京国际科技创新中心基本形成，建设成为世界科学中心和创新高地。

北京从“全国科技创新中心”到“国际科技创新中心”，虽然只有一字之差，却意味着更高标准和更高要求。在这一时期，北京围绕基础科学研究和关键核心技术全面发力，不断增强源头创新能力、技术引领能力，取得了一批重大原创性科学成果。

高成长创新主体逐步壮大。2021 年，北京独角兽企业达到 102 家，比 2020 年增长 9.7%，占全球的 6.8%。北京培育和认定的“专精特新”企业 2115 家，比 2020 年增长 1.6 倍。科技创新成果丰硕。截至 2021 年底，北京市发明专利拥有量 40.5 万件，是 2012 年的 5.8 倍；万人发明专利拥有量 185 件，是 2012 年的 5.5 倍；规模以上工业企业新产品销售收入 8159 亿元，是 2012 年的 2.5 倍。

科技综合实力在全球城市排名不断上升。在《2021 年全球创新指数报告》公布的全球最佳科技集群排名中，北京位居第三。根据《2021 全球创业生态系统报告》显示，北京位居全球创新城市第四，亚洲之首。14 所高校入围世界一流大学 500 强榜单，占全国的五分之一。服务国家战略科技力量能力增强。基础研究持续取得重要进展，64 项重大成果获国家科学技术奖，其中 15 项成果获得国家自然科学奖，在基础数学理论、人工智能算法、蛋白质科学、半导体材料等前沿领域实现新突破。全社会研发投入稳步增长。北京全社会R&D经费投入强度保持 6%以上，基础研究经费投入占全社会R&D经费投入的比重在 16%以上，研发投入保持较高水平。

（二）上海：形成国际科技创新中心基本框架体系

上海作为我国建设中的国际经济、金融、贸易和航运中心，一直以来极具创新领军能力，2014 年 5 月，习近平总书记做出上海要加快向具有全球影响力的科技创新中心进军的重要指示。2015 年 5 月，上海市委、市政府发布《关于加快建设具有全球影响力的科技创新中心的意见》，对将上海加快建设成具有全球影响力的科技创新中心提出了 22 条意见，以及“五个坚持”的总体要求，即坚持需求导向和产业化方向、坚持深化改革和制度创新、坚持以集聚和用好各类人才为首要任务、坚持以合力营造良好的创新生态环境为基础、坚持聚焦重点有所为有所不为。[①]

2016 年 4 月，国务院印发《上海系统推进全面创新改革试验加快建设具有全球影响力的科技创新中心方案》，提出以全面创新改革试验为契机，推进全面深化改革，加快科技创新中心建设

---

①《上海：关于加快建设具有全球影响力的科技创新中心的意见》，中国政府网，2015 年 5 月 27 日。

脚步。2019 年 3 月，上海市委、市政府发布《关于进一步深化科技体制机制改革增强科技创新中心策源能力的意见》，通过 25 条具体意见全力增强上海作为科技创新中心的策源能力。2020 年 1 月，上海市第十五届人民代表大会第三次会议通过《上海市推进科技创新中心建设条例》，这是国内首部科创中心建设的“基本法”，以地方法规的方式全力保障科创中心建设，构建更具竞争力的法治环境。

2021 年 9 月，上海市人民政府发布《上海市建设具有全球影响力的科技创新中心“十四五”规划》，指明了上海在“十四五”时期提升关键核心技术竞争力、打造产业高质量发展新动能的主要方向，为 2030 年形成具有全球影响力的科技创新中心城市的核心功能奠定坚实基础。

到 2021 年，上海国际科技创新中心的基本框架体系已经初步形成，上海科技创新中心建设取得了一系列成果。

2021 年，上海集成电路、人工智能、生物医药等三大先导产业总规模全面跨越万亿元门槛，达到 1.2 万亿元。其中，集成电路产业规模达 2500 亿元，是 2017 年的 2.2 倍，在产业集聚度、综合技术水平、产业链完整度等方面领先全国。

截至 2021 年底，上海共有国家级科技企业孵化器 61 家、国家备案众创空间 69 家、国家级大学科技园 14 家、全国双创示范基地 10 个。《2021 上海科技进步报告》显示，上海地区综合科技进步水平指数连续 4 年居全国首位，R&D经费支出占上海市GDP比例连续 4 年超过 4%，与纽约、东京、苏黎世等全球重要科创城市的研发投入强度不相上下。在《2021 年全球创新指数报告》中，上海位居全球“最佳科技集群”第八，国际科技创新中心建设正快步向形成核心功能跃升，为进一步提升创新策源能力、突破关键核心技术奠定了坚实基础。

2021 年全球“高被引科学家”名单显示，上海 106 人入选，占全国入选总数的 10%，占全球入选总数的 1.61%。截至 2020 年底，上海已累计核发《外国人工作许可证》32 万余份，其中外国高端人才（A类）约 6 万份，全球人才加速会聚上海。

（三）粤港澳大湾区：打造具有全球影响力的国际科技创新中心

粤港澳大湾区是我国改革开放的前沿地区，在区域发展新格局中具有引领和支撑作用，通过构建开放型区域协同创新共同体、打造高水平科技创新载体和平台、优化区域创新环境等集聚国际创新资源，着力提升区域科技成果转化能力，建设全球科技创新高地和新兴产业重要策源地。

2019 年 7 月，广东省推进粤港澳大湾区建设领导小组印发《广东省推进粤港澳大湾区建设三年行动计划（2018—2020 年）》，明确提出要建设大湾区国际科技创新中心。在这一阶段，大湾区国际科创中心发挥港澳独特的国际化优势和广东改革开放先行区的优势，推出一批具有突破性和可操作性的举措。一是深化粤港澳创新合作，构建开放型融合发展的区域协同创新共同体，集聚国际创新资源，优化创新制度和政策环境，着力提升科技成果转化能力，建设全球科技创新高地和新兴产业重要策源地。二是推进建设“广州—深圳—香港—澳门”科技创新走廊，探索有利于人才、资本、信息、技术等创新要素跨境流动和区域融通的政策举措，共建粤港澳大湾区大数据中心和国际化创新平台。三是促进科技成果转化，创新机制、完善环境，把粤港澳大湾区建设成为具有国际竞争力的科技成果转化基地。

随着深港澳科技创新要素流动畅通，科技创新合作更加紧密，粤港澳大湾区的科技创新能力显著增强。截至2021年底，粤港澳大湾区共有50个国家重点实验室，其中广东30个、香港16个、澳门4个；拥有29个国家工程技术研究中心，其中广东23个、香港6个。根据2022年QS世界大学排名，粤港澳大湾区有5所高校排名进入世界百强名单。根据世界知识产权组织发布的《全球创新指数报告》，粤港澳大湾区的“深圳—香港—广州”科技集群，已成为全球第二大科技集群。

根据广东省政府发展研究中心的数据，截至2021年底，广东共有新型研发机构277家、科技企业孵化器989家、众创空间986家，规模以上工业企业建立研发机构比例达到40%，国家级和省级企业技术中心分别为101家和1407家。国家技术创新示范企业47家，数量居全国前列。

近年来，粤港澳大湾区在体制机制创新、科技合作、科研空间保障、综合服务支撑、科创生态培育等方面出台了一系列政策，让粤港澳科技创新要素流动畅通，科技创新合作更加紧密，助力粤港澳大湾区打造具有全球影响力的国际科技创新中心。

十一、全面创新改革试验

自党的十八大提出创新驱动发展战略后，制约创新驱动发展的体制机制问题逐渐得到解决，但是一些深层次矛盾和问题仍然比较突出，如市场竞争秩序不规范、知识产权保护力度不够、基础研究投入不足、科技成果转化渠道不畅、企业创新动力不强、科研人员的创新积极性和创造力还未充分发挥、创新能力对外开放亟待加强等，这其中既有体制机制、政策制度方面的原因，也有条块分割、地方保护主义造成的创新要素流动障碍等问题。解决这些问题，需要以新发展理念为指导，大力推动以科技创新为核心的全面创新，坚决破除市场公平竞争、知识产权、基础研究、科技成果转化、金融创新、人才培养与激励和开放创新等领域的体制机制障碍，着力通过创新改革培育和打造经济发展新动力、新引擎，为建设现代化经济体系提供强有力的战略支撑。为此，党中央、国务院决定在部分区域系统开展全面创新改革试验，以此作为深化体制机制改革、加快实现创新驱动发展的一个重要抓手和试验平台。2015 年 9 月，中共中央办公厅、国务院办公厅印发《关于在部分区域系统推进全面创新改革试验的总体方案》(以下简称《方案》)，确定在京津冀、上海、广东、安徽、四川、武汉、西安和沈阳 8 个地区开展改革试验，旨在推动东、中、西部地区有代表性的区域开展聚焦核心主题、分层布局的大胆探索和政策先行先试，在一些重点领域和关键环节上取得重要改革突破，率先实现创新驱动发展转型，并通过对试验区域改革经验的复制推广和全局性、体系化的制度安排来引导和带动更多地方走创新驱动发展道路。

系统推进区域全面创新改革试验是一项复杂的系统工程，肩负“科技创新”和“体制机制创新”双重任务，涵盖经济、教育、科技、人才等多个重点领域，涉及面宽、覆盖面广、政策性强，同时需要处理好政府与市场、中央与地方、全面创新与重点突破、分权与集中等几对关系。《方案》明确指出，力争通过 3 年努力，改革试验区域基本构建推进全面创新改革的长效机制，在科技成果转化、知识产权、金融创新、人才培养和激励、科技管理体制、开放创新和市场公平竞争等方面取得一批重大改革突破。同时，《方案》结合区域发展重点明确了各试验区域的改革试验主题，其中，京津冀为“区域协同发展”、上海为“加快长三角核心区域率先创新转型”、广东为“深化粤港澳创新合作”、安徽和武汉为“促进产业承东启西转移调整”、四川和西安为“加速军民融合深度发展”、沈阳为“推进新型工业化进程”①。围绕上述改革试验主题和7个重点试验方面（领域），各试验区域结合当地实际，开展先行先试，经批复8个试验区域先行先试改革举措共计169项，主要涉及科技成果转化新机制、完善人才引进和评价激励机制、知识产权改革、科技金融、高校科研机构改革、开放合作、市场竞争环境等内容。同时，各试验区还推出了一系列改革力度大的自主探索类改革举措。截至2020年，各试验区在科技管理体制、科技成果转化、科技金融、知识产权、人才培养、军民融合等领域累计形成了3批56项可复制推广的改革经验。

第三节　创新驱动发展成效显著

科技体制改革是个系统工程，不仅是科技领域的改革，还涉及经济、社会、教育、行政等方面，过去各部门从各自定位出发出台改革措施，缺乏有效衔接协同，造成政策落地难、落实难。党的

① 《中共中央办公厅 国务院办公厅印发〈关于在部分区域系统推进全面创新改革试验的总体方案〉》，《中华人民共和国国务院公报》，2015年27期。

十八大以来，党中央对科技体制改革和创新驱动发展做出全面部署，出台了一系列重大举措。在习近平中国特色社会主义思想的指导下，科技体制改革攻坚战实现了质的飞跃，已具有中国特色的社会主义科技体制属性。2012 年以来的科技体制改革方案最基本的定位，就是支撑科技体制改革的“四梁八柱”，着力增强科技体制改革的整体性，形成系统、全面的改革部署和工作格局。在国家科技体制改革和创新体系建设领导小组的统一领导下，包括科技、发改、财政、教育、工信、“一行三会”在内的 40 多个部门打破条块分割，共同参与了科技体制改革方案制定，多次征求意见，数易其稿。这一时期的科技体制改革不是就科技改革论科技改革，而是要打破科技与经济“两张皮”，打通科技创新与经济社会发展通道。改革方案突出内容的涵盖性、制度的可持续性、措施的针对性和实施的时序性，为深化科技体制改革绘就了一张措施有力、脉络清晰、操作有序的蓝图。

党的十八大以来，我国科技体制改革持续深化，坚持把市场经济规律和科学技术发展规律有机结合起来，着力推进国家创新治理体系和治理现代化建设，并取得新成效。从横向看，科技实力与发达国家的差距明显缩小，一些重要领域和关键环节关键核心技术取得重大突破，形成一批具有国际领先的自主创新技术；从纵向看，科技创新能力快速提升，重大创新成果不断涌现，国家创新体系逐步健全，开始进入从量的积累向质的飞跃、从单一领域改革向系统集成统筹联动，创新能力不断提升的重要时期。

一、科技创新政策体系日臻完善，资源配置效率明显提升

我国将科技政策实践中探索的做法和经验上升为法律规范，通过制定和完善一系列政策法规，不断规范各主体之间的科技关系，为深化科技政策改革提供法治保障。在不断推进科技体制改革的过程中，我国探索形成了强化要素、加强主体、完善机制、培育产业、集聚区域、优化环境、扩大开放、增强反馈的政策体系建设路径。其中，要素体系包括科技人才、科技投入、科技基础设施等；主体政策包括企业创新政策、高校院所创新政策、新型研发机构政策等；机制政策包括促进科技成果转化、科技与金融结合以及军民科技融合等；创新环境政策包括科技创新立法、创新治理政策、创新生态政策等。各级科技部门结合工作实际情况，出台一系列政策文件，加强科研领域道德诚信建设，积极探索建立长效监督工作机制。坚持以深化改革激发创新活力，强化科技创新的市场导向机制，明确企业、高校、科研院所创新主体在创新链不同环节的功能定位，激发各类主体在创新激情和活力等方面推出一系列科技体制改革重大举措。在这些政策作用下，我国创新环境不断改善，创新能力不断提高。2021 年 9 月，世界知识产权组织发布的《2021 年全球创新指数报告》显示，我国全球创新指数从 2012 年的全球第 34 位跃居 2021 年的全球第 12 位。

在这一时期，我国持续推进科技管理部门设置和职能改革，通过国务院机构调整和重新组建科学技术部等举措，把分散在不同政府部门的政策性权力资源进行了整合，优化了科技体制的顶层设计、科技资源的系统谋划和前瞻性布局配置。大力提倡科技成果转

化，积极建立科技创新成果与市场需求之间的双向沟通机制，营造有利于科技成果转化的生态环境，助推科技成果产业化的进程，实现研发投入与成果转化齐头并进，提升科技资源配置效率。通过打造面向企业全生命周期的普惠性创新政策链，有力推动企业成为技术创新主体。高新技术产业区、知识产权示范园区和知识产权军民融合政策的引导和示范对科技资源配置效率提升的影响非常明显。

二、科技与经济进一步紧密结合，科技成果转化规模持续攀升

促进科技与经济紧密结合始终是科技体制改革最鲜明的战略取向，是贯穿改革全过程的主线。党的十八大以来，我国坚持创新驱动发展战略引领，围绕国家发展战略需求，促进科技与经济紧密结合。科技体制改革坚持遵循规律，把市场经济规律和科学技术发展规律有机结合起来，科技创新活动面向国民经济建设主战场，经济发展依靠科技创新驱动，过去困扰我们多年的科技与经济“两张皮”问题明显改善。随着创新驱动发展战略的深入实施，加速推动科技与经济的关系从“面向、依靠、服务”到“融合、支撑、引领”的历史性转变。我国科技进步贡献率由 2001 年的 39%左右提高到 2020 年的 60%左右，从科技强到产业强、经济强、国家强的联动循环正在形成。

在这一时期，我国科技成果转化规模持续攀升，科技成果高价值转化不断涌现。科研机构和高校科技成果转化数量快速增长，科技成果转化质量不断提升，科技成果转化奖励显著增长，科技创富

效应进一步显现。例如，2019 年，3450 家公立高等院校和科研院所以转让、许可、作价投资方式转化科技成果的合同项数为 15035 项，比 2018 年增长 32.3%。

2016—2019 年，全国出现“井喷式”成果转化热潮，各高校院所的成果转化合同实现了兑现。此外，支撑“大众创业、万众创新”能力不断增强，高校院所输出技术和服务的能力不断强化，技术转让、技术开发、技术咨询、技术服务水平不断提升，科研人员获得的现金和股权奖励金额大幅增长，政策红利显著释放。

三、科技创新能力不断提升，对发展的引领作用不断增强

党的十八大强调要坚持走中国特色自主创新道路、实施创新驱动发展战略。2016 年 5 月，习近平总书记在“科技三会”上明确提出，要“为建设世界科技强国而奋斗”[①]，并做出了到 2020 年时使我国进入创新型国家行列，到 2030 年使我国进入创新型国家前列，到新中国成立 100 周年，使我国实现世界科技强国的“三步走”的战略目标。在以习近平同志为核心的党中央坚强领导下，创新驱动发展战略得到全面实施，经过几年的努力，我国科技创新能力显著提高，创新活力竞相迸发，重大成果不断涌现，为培育经济发展新动能，推动经济保持中高速增长、产业迈向中高端水平提供了有力支撑。2012 年至 2021 年，我国全社会 R&D 费用支出由

① 习近平：《为建设世界科技强国而奋斗——在全国科技创新大会、两院院士大会、中国科协第九次全国代表大会上的讲话》，北京：人民出版社，2016 年版，第 17 页。

1.02 万亿元增长到 2.79 万亿元，占国内GDP的比重由 1.98%上升到 2.44%，接近经济合作与发展组织（OECD）国家平均水平；我国国家创新能力全球排名由第 34 位上升至第 12 位，迈进创新型国家行列。近年来，我国超级计算机、量子通信卫星、载人航天、商用大飞机、5G等科技成果不断涌现，以华为、格力、航天、中铁、大疆、海尔等为代表的国际领先的创新企业和创新品牌逐步凸显，以及基于互联网的平台经济和社交经济上的突出成就引人注目。我国创新驱动发展战略正显现出强大的活力，中国正从全球的创新大国迈向创新强国。

改革是个永无止境的制度变革过程。当前，我国科技体制仍然存在一些矛盾和短板，包括：科技与经济有待进一步融合，企业科技创新主体地位仍不突出、国家创新体系整体效能较低；科技创新激励机制和评价体系不完善、关键领域和环节高精尖专人才匮乏、科技创新主体的能动性未能被很好地激发；科技投入产出效益不高、科技成果市场化能力不足；科技创新资源配置效率略低、创新要素聚合效应不明显、科技管理与服务机制不完善等，再加上新一轮科技革命和产业变革不断演进，不断地对我国科技体制产生挑战，未来仍需不断深化科技体制机制改革，完善科技创新制度体系，进一步释放科技创新改革的制度红利。

综上所述，我国科技体制改革经历了巨大的转变过程。从改革的任务来看，早期改革是试图突破计划经济中形成的科技体制，后期改革任务扩延至建设国家创新体系；从改革的领域来看，早期改革更多侧重于微观运行机制，而后期改革主要是在宏观管理体制和机制上有所变革；从改革的重点来看，从面向科研院所、高等院校的重点突破或单项推进，深化至推动企业成为创新主体，更关注创新体系的整体推进；从政策工具来看，早期改革更多关注单项政策指导，后期则希望建立起基本的制度和政策体系。特别是党的十八大以后，科技体制改革按照创新驱动发展战略要求，主动进行改革部署，加强顶层设计，强调发挥科技创新在全面创新中的核心作用，甚至发挥科技体制改革在全面深化改革中的突破带动作用，改革更加系统，措施更加有力，实现科技创新治理现代化、构建适应创新驱动发展要求的改革方向更加明确，向着既符合市场经济发展要求、科技创新基本规律，又有利于推动创新驱动发展的目标稳步推进。总体而言，我国科技体制改革呈现出以下特征。

一是围绕国家发展战略目标，形成与国家发展需求相适应的科技体制。科技是国家发展战略目标实现的重要支撑，科技体制改革是我国总体改革要求在科技领域的延伸。科技体制改革主线也是围绕国家战略目标深入推进：实施科教兴国战略，服务以经济发展为中心；优化科技资源配置与管理，推动企业成为技术创新主体；构建国家创新体系，建设创新型国家；提高自主创新能力，实现科技自立自强；实施创新驱动发展战略，引领经济社会高质量发展。

二是围绕经济改革和发展方向，形成与社会主义市场经济体制相适应的科技体制。科技与经济“两张皮”是我国科技体制存在的“顽疾”。40 多年来，促进科技与经济紧密结合始终是我国科技体制改革的战略重点，是贯穿改革全过程的一条主线。随着社会主义市场经济体制逐步建立和完善，市场在资源配置中发挥的作用越来越大，需要通过体制改革，形成与经济发展相适应的科技体制，发挥科技创新在推动经济社会发展中的支撑引领作用。

三是围绕科技基础能力与前沿发展需求，建立与科技自身发展规律相适应的科技体制。科技发展具有独特的运行规律，科技活动的累积性、基础性、增值性和外溢性等特征，决定了科技创新要按照特定的规律进行，而不仅仅是服务经济发展规律。特别是党的十八大以来，随着创新驱动发展战略深入实施，加速推动科技与经济的关系从“面向、依靠、服务”到“融合、支撑、引领”的历史性转变，力图形成从科技强到产业强、经济强、国家强的联动循环。

四是坚持问题导向，聚焦关键环节和突出问题，着力突破影响科技创新的瓶颈制约。长期以来，我国科技体制存在一些突出问题，如多头管理、条块分割，科研机构缺乏活力，以企业为主体的技术创新体系薄弱，创新评价激励机制不健全，科研人员缺乏面向市场的动力，等等。正是坚持问题导向，在每个阶段聚焦关键核心问题，通过改革为科技创新打破束缚、释放潜能、激发活力，我国科技才不能断进步。

五是注重理论对科技体制改革的指导作用，改革重点从微观主体转向系统建设。早期的科技体制改革与经济体制改革类似，都是“摸着石头过河”，缺乏理论指导，各个领域分兵突进。20 世纪 90 年代中后期，我国引入了国家创新体系理论后，开始从系统角度看待科技创新活动，并运用该理论指导科技体制改革。因此，以 20 世纪 90 年代后期为分水岭，科技体制改革前后阶段的特征呈现出较大的差异，改革重点从早期的微观主体、运行机制转向宏观的顶层设计和系统建设，更加注重创新体系的整体效能。

主要参考资料

1. 习近平. 习近平谈治国理政（第一卷）[M]. 北京：外文出版社，2018.
2. 邓小平. 邓小平文选（第二卷）[M]. 北京：人民出版社，1994.
3. 邓小平. 邓小平文选（第三卷）[M]. 北京：人民出版社，1993.
4. 江泽民. 江泽民文选（第一卷）[M]. 北京：人民出版社，2006.
5. 中共中央文献研究室. 习近平关于科技创新论述摘编[M]. 北京：中央文献出版社，2016.
6. 国家科学技术委员会. 中国科学技术政策指南（科学技术白皮书第 2 号）[M]. 北京：科学技术文献出版社，1987.
7. 国家科学技术委员会. 中国科学技术政策指南（科学技术白皮书第 3 号）[M]. 北京：科学技术文献出版社，1989.
8. 朱丽兰、管志安、徐昌敏. 中国改革全书（1978—1991）：科技体制改革卷[M]. 大连：大连出版社，1992.
9. 国家统计局、国家科学技术委员会. 中国科技统计年鉴 1991[M]. 北京：中国统计出版社，1992.
10. 中华人民共和国国家科学技术委员会，加拿大国际发展研究中心. 改革十年：中国科技政策[M]. 北京：北京科学技术出版社，1998.
11. 吴波尔、叶丹、穆恭谦、汤世国、蒋丹平、何德方等. 解放第一生产力 [M]. 桂林：广西师范大学出版社，1998.

12. 方新. 中国科技创新与可持续发展[M]. 北京：科学出版社，2007.
13. 万钢. 中国科技改革开放 30 年[M]. 北京：科学出版社，2008.
14. 吕薇. 建设创新型国家——30 年创新体系演进[M]. 北京：中国发展出版社，2008.
15. 吴明瑜. 科技政策研究三十年：吴明瑜口述自传[M]. 长沙：湖南教育出版社，2015.
16. 白春礼. 中国科技的创造与进步[M]. 北京：外文出版社，2018.
17. 中国科学院. 改革开放先锋 创新发展引擎——中国科学院改革开放四十年[M]. 北京：人民出版社，2018.
18. 薛澜等. 中国科技发展与政策（1978—2018）[M]. 北京：社会科学文献出版社，2018.
19. 中华人民共和国科学技术部. 中国科技发展 70 年（1949—2019）[M]. 北京：科学技术文献出版社，2019.
20. 宋健. 科技兴则国兴[J]. 中国科技论坛，1991（03）.
21. 赵华庭、邓天佐. 科技拨款制度的回顾与思考[J]. 科学学与科学技术管理，1991（11）.
22. 田孟刚、吴贵生. 科技体制改革中的制度变异[J]. 科研管理，1998（02）.
23. 朱丽兰. 加快科技体制创新 推进国家创新系统建设[J]. 中国科技产业，2000（11）.
24. 巩曜平. 科技管理体制由计划为主向市场引导演变[J]. 中国创业投资与高科技，2003（07）.

25. 汪前进、沈华. 中国科学院的改革实践——纪念科技体制改革二十周年[J]. 中国科学院院刊，2005（02）.
26. 舒冠华. 新时期我国科技发展战略与对策[J]. 中国软科学，2005（10）.
27. 三十年来科技体制改革的主要阶段与成效[J]. 中国科技产业，2008（12）.
28. 张景安. 科技体制改革40年[J]. 中国软科学，2018（10）.
29. 蔡跃洲. 中国共产党领导的科技创新治理及其数字化转型——数据驱动的新型举国体制构建完善视角[J]. 管理世界，2021（08）.

CHINA'S
REFORM
AND
OPENING
UP

第二部分

史料篇

政策法规

▼

中共中央关于科学技术体制改革的决定[①]

（1985 年 3 月 13 日）

随着城乡经济体制改革的逐步展开，必须相应地改革科学技术体制。这是关系我国现代化建设全局的一个重大问题。为此，中央作出如下决定。

一

中国人民正在进行社会主义现代化建设的伟大事业。我们要在本世纪末实现党的十二大提出的工农业年总产值翻两番的目标，并进而再以三、五十年的时间，使我国的经济接近世界发达国家的水平，使人民的生活达到比较富裕的程度。振兴经济，实现四化，是全党和全国人民一切工作的中心。科学技术工作必须紧紧地围绕这个中心，服务于这个中心。

---

① 《中共中央关于科学技术体制改革的决定》,《中华人民共和国国务院公报》，1985 年 09 期。

现代科学技术是新的社会生产力中最活跃的和决定性的因素。随着世界新的技术革命的蓬勃发展，科学技术日益渗透到社会物质生活和精神生活的各个领域，成为提高劳动生产率的重要的源泉，成为建设现代精神文明的重要的基石。在社会主义现代化建设中，全党必须高度重视并充分发挥科学技术的巨大作用。

三十五年来，我国广大科学技术人员发扬献身精神，自力更生，大力协同，克服困难，为社会主义建设作出了重大贡献。我国的科学技术事业有了很大的发展，积累了不少成功的经验。但是，应当看到，长期以来逐步形成的科学技术体制存在着严重的弊病，不利于科学技术工作面向经济建设，不利于科学技术成果迅速转化为生产能力，束缚了科学技术人员的智慧和创造才能的发挥，使科学技术的发展难以适应客观形势的需要。

我们应当按照经济建设必须依靠科学技术、科学技术工作必须面向经济建设的战略方针，尊重科学技术发展规律，从我国的实际出发，对科学技术体制进行坚决的有步骤的改革。

当前科学技术体制改革的主要内容是：在运行机制方面，要改革拨款制度，开拓技术市场，克服单纯依靠行政手段管理科学技术工作，国家包得过多、统得过死的弊病；在对国家重点项目实行计划管理的同时，运用经济杠杆和市场调节，使科学技术机构具有自我发展的能力和自动为经济建设服务的活力。在组织结构方面，要改变过多的研究机构与企业相分离，研究、设计、教育、生产脱节，军民分割、部门分割、地区分割的状况；大力加强企业的技术吸收与开发能力和技术成果转化为生产能力的中间环节，促进研究机构、设计机构、高等学校、企业之间的协作和联合，并使各方面的科学技术力量形成合理的纵深配置。在人事制度方面，要克服“左”的影响，扭转对科学技术人员限制过多、人才不能合理流动、智力劳动得不到应有尊重的局面，造成人才辈出、人尽其才的良好环境。

二

改革对研究机构的拨款制度，按照不同类型科学技术活动的特点，实行经费的分类管理。

中央和地方财政的科学技术拨款，在今后一定时期内，应以高于财政经常性收入增长的速度逐步增加。同时，广开经费来源，鼓励部门、企业和社会集团向科学技术投资。

对列入中央和地方计划的重大科学技术研究、开发项目和重点实验室、试验基地的建设项目，分别由中央财政和地方财政拨款。计划管理也要利用经济杠杆，尊重价值规律，并逐步试行面向社会公开招标和签订承包合同的管理方法。

对技术开发工作和近期可望取得实用价值的应用研究工作，逐步推行技术合同制。主要从事这类工作的独立研究机构，应当通过承包国家计划项目、接受委托研究、转让技术成果、合资开发、出口联营、咨询服务等多种形式，在为社会创造经济效益的过程中，取得收入，积累资金。原由国家拨给的事业费，要逐步减少，争取在三、五年左右的时间内，这类研究机构中的大多数能够做到事业费基本自给。减下来的事业费，国家仍用于支持科学技术的发展。

对基础研究和部分应用研究工作，逐步试行科学基金制，基金来源，主要靠国家预算拨款。设立国家自然科学基金会和其他科学技术基金会，根据国家科学技术发展规划，面向社会，接受各方面申请，组织同行评议，择优支持。主要从事上述研究工作的机构，应争取几年之后做到科研经费主要靠申请基金，国家只拨给一定额度的事业费，以保证必要的经常费用和公共设施费用。

对从事医药卫生、劳动保护、计划生育、灾害防治、环境科学等社会公益事业的研究机构，以及从事情报、标准、计量、观测等科学技术服务和技术基础工作的机构，仍由国家拨给经费，实行经费包干制。

对于变化迅速、风险较大的高技术开发工作，可以设立创业投资给以支持。

从事多种类型研究工作的机构，其经费来源可以分别具体情况，通过多种渠道解决。各类研究机构的基本建设投资，均按国家基本建设管理制度规定的渠道解决。

银行要积极开展科学技术信贷业务，并对科学技术经费的使用进行监督管理。

三

促进技术成果的商品化，开拓技术市场，以适应社会主义商品经济的发展。

科学技术主要是人类智力劳动的产物，应当充分认识和评价智力劳动所创造的价值。随着科学技术的发展，技术在社会商品价值创造中所起的作用越来越大，越来越多的技术已经成为独立存在的知识形态商品，新的知识产业已经出现。技术市场是我国社会主义商品市场的重要组成部分。

应当通过开拓技术市场，疏通技术成果流向生产的渠道，改变单纯采用行政手段无偿转让成果的做法。科学技术系统运行机制的这一改变，有利于把研究机构和生产单位的经济利益联系起来，有利于促进竞争，使生产对科学技术的要求迅速成为研究的课题，研究的成果及时应用于生产。

要注重解决技术成果的配套、商品化生产和经济效益等方面的问题，以提供适用技术市场需要的技术商品。要积极发展技术成果转让、技术承包、技术咨询、技术服务等多种形式的技术贸易活动。要改变鄙薄经营工作的错误观念，培养善于运用技术成果开发产业的人才和善于经营技术商品的人才，并且适当发展技术商品的经营机构。技术市场的发展，从根本上说，取决于买方的需求，必须从各方面采取措施，激励企业采用新技术的积极性，增强企业购买技术成果的经济实力。

要制订有关的法规和制度，保证买、卖、中介三方的合法权益。国家通过专利法和其他相应的法规，对知识产权实行保护，并且运用关税和行政手段有限度地保护国内的技术市场。技术成果的市场价格，由交易双方议定，国家不加限制。转让技术成果的收入，近期一律免税。新产品可在一定期限内享受减免税收的优惠。持有技术成果的单位可以采取技术入股的方式与企业进行联营。技术开发机构和企业转让技术成果的收入，可提取一部分奖励直接从事开发工作的人员。

科学技术人员在完成本职工作和不侵犯本单位技术权益、经济利益的前提下，可以业余从事技术工作和咨询服务，收入归己；利用本单位的技术成果、内部技术资料和设备，应经本单位同意，并上交部分收入。

具有推广应用价值但不宜成为商品或不宜实行有偿转让的技术成果，由国家和社会有关部门组织交流和推广，并酌情给予奖励。

四

调整科学技术系统的组织结构，鼓励研究、教育、设计机构与生产单位的联合，强化企业的技术吸收和开发能力。

要鼓励中国科学院、高等学校和各部委、地方所属从事技术开发的研究机构，根据自愿互利的原则，同企业、设计机构建立各种形式的联合。有的可以逐步发展成为经济实体；有的可以在联合的基础上进而合并，企业并入研究机构，或者研究机构并入企业。有些研究机构也可以自行发展成为科研生产型的企业，或者成为中小企业联合的技术开发机构。对这类单位，允许按一定比例从新增利润中提取一部分资金，用作技术开发基金。

在强调加强研究机构同企业联合的同时，要注意生产领域中重大的中长期的研究和开发工作。对于从事这些研究工作的机构和人员，有关部门和单位应当在经济上采取某些必要的调节措施给以支持。

企业在充分依靠社会上的科学技术力量的同时，应当积极充实和增强自身的技术开发能力，并且切实发挥熟练技术工人的骨干作用，广泛开发群众性的技术革新活动。大型骨干企业还要逐步健全自己的技术开发部门或研究机构。有条件的中小企业也可配备必要的技术开发力量。企业的技术开发工作要特别重视新产品试制、中间试验、生产性试验以及解决工业化生产中的质量、可靠性、经济性、成品率等一系列工艺和设备问题。企业可以按规定把技术开发费用分期摊入成本，也可以向银行申请技术开发贷款。有特殊需要的，可以按照国家规定在税前利润中提取适当的技术开发资金。应当把依靠技术进步增加经济效益作为考核企业的重要指标。

国防科研机构应当建立军民结合的新体制，在保证完成国防任务的同时，面向经济建设，加速军用技术成果向民用的转移，大力开展民用产品的开发研究。

为加快新兴产业的发展，要在全国选择若干智力资源密集的地区，采取特殊政策，逐步形成具有不同特色的新兴产业开发区。

五

改革农业科学技术体制，使之有利于农村经济结构的调整，推动农村经济向专业化、商品化、现代化转变。

各级政府对于重大的农业技术开发项目或区域开发项目，应打破部门、地区的局限，实行公开招标，择优委托。各地要围绕农林牧副渔的商品生产基地的建设，积极同各方面的科学技术力量，发展多种形式的联合。省以上农业科研机构和农业高等学校要加强合作，用较大的力量进行超前一步的研究和开发工作，并且建立科学技术成果综合运用的示范基地。要鼓励和推动城市各行各业的科学技术人员和科学技术机构向农村提供各种技术成果、信息和技术服务。

农业技术推广机构应同研究机构、高等学校密切合作，加强同乡镇企业、各种合作组织以及专业户、技术示范户、能工巧匠的结合，以点带面，积极做好供、产、储、运和加工等各方面的技术服务以及新技术的推广工作。要推行联系经济效益计算报酬的技术责任制或收取技术服务费的办法，使技术推广机构和科学技术人员的收入随着农民收入的增长而逐步有所增加。技术推广机构和研究机构可以兴办企业型的经营实体。农业技术推广机构和研究机构的事业费，仍可由国家拨给，实行包干制。应当鼓励和支持有条件的单位逐步做到事业费自给。

六

合理部署科学研究的纵深配置，以确保经济和科学技术发展的后劲。

在大力推进技术开发工作的同时，加强应用研究，并使基础研究工作得以稳定地持续发展。对于各种不同类型的研究工作，应当采取不同的政策和评价标准。

应用研究是把基础研究成果转化为实用技术的必要环节，对于开拓新技术、发展新产业和革新现有生产技术具有重要意义。应当选择可望获得重大效益的课题作为重点，集中人力物力，争取尽快取得突破性的成就。

当代科学发展的事实表明，基础研究的重大突破往往为技术发展开辟新的道路，基础研究的成果转化为技术的过程正在日益缩短。要重视有应用前景的基础研究工作，尤其是针对我国自然条件、自然资源特点的研究工作。对于一时看不出应用前景，但对认识自然现象、自然规律确有价值的工作，也要根据财力的情况给以支持。对基础研究成果，应着重考察其学术意义和科学水平。

高等学校和中国科学院在基础研究和应用研究方面担负着重要的任务。产业部门的研究机构，也要根据需要加强应用研究。各方应当密切合作，人员相互兼职，开展合作研究，联合建立实验室或研究机构。基础研究、应用研究应当同人才的培养密切结合。有条件的高等学校也可以建立一些确有特色的精干的研究机构。

七

扩大研究机构的自主权，改善政府机构对科学技术工作的宏观管理。

独立的研究机构要面向社会，成为自主的研究开发实体。除国家委托的研究课题，以及由上级任命或聘任的院、所长外，计划、经费、人事的管理和内部的组织结构等，都由研究机构在国家法令规定范围内自主决定。研究机构在上级拨给的事业费以外的纯收入，应以大部分用于事业的发展，余下的部分视事业费自立程度核定额度，用于集体福利和奖励。已经做到事业费完全自立的机构，可以享受国务院规定的企业自费发放奖金、改革工资的权利。

研究所实行所长负责制。在研究机构内部应当充分尊重和发挥科学技术人员的作用，建立和实行各种责任制，并加强民主管理。特别是要相应扩大课题组长的职权。课题组可以由组长聘请人员或自由组合。

研究所的党组织应该通过思想政治工作，保证、监督各项方针政策的贯彻，支持所长负责制的有效实施，促进科学技术工作的发展。党委书记应当具有一定的科学文化水平，热心科学技术事业，认真执行党的知识分子政策。

国务院有关部委要简政放权，改善科学技术工作的决策程序，运用系统工程和其他现代管理手段，加强宏观管理。要使科学技术发展计划与国民经济计划互相协调，密切结合。要研究、分析科学技术的发展动向与经济、社会的需求，制订发展战略和相关的各种政策。要做好重大科学技术攻关项目的组织协调。要加强统计监督，建立信息网络，沟通信息。

允许集体或个人建立科学研究或技术服务机构。地方政府要对它们进行管理，给予指导和帮助。凡是以赢利为目的的这类机构，要到工商管理部门申请注册。

八

对外开放，走向世界，是我国发展科学技术的一项长期的基本政策。

技术开发工作要有一个转变，把引进技术放在发展生产技术、改造现有企业的重要位置上来。特区和沿海城市要利用有利条件，成为引进技术的先行地区。技术引进要尽可能实行技贸结合、工贸结合，要重视专利、技术诀窍和软件的引进，还要广开渠道发展多种形式的国际间的合作开发、合作设计、合作制造。国内有关的研究与开发工作要同引进技术紧密结合，消化、吸收引进的先进技术，提高开发生产技术的起点，进而发展新的创造，提高自主开发的能力。对具有国际市场竞争潜力的技术开发项目，要采取扶植政策，促其早日取得成果，进入国际市场。

积极开展国际学术交流，支持优秀的科学技术人员参加国际合作研究，增加派遣出国学习、进修、实习和考察人员，聘请外国专家、学者来我国工作。创造条件使那些具有较高水平的研究机构向国外开放，欢迎外国客座研究人员来参加合作研究。积极发展国际间的计算机联机检索系统，扩大科学技术图书的进口规模，加速国际间科学技术信息交流，及时把握世界科学技术发展的动向。

九

改革科学技术人员管理制度，造成人才辈出、人尽其才的良好环境。

科学技术人员是新的生产力的开拓者。必须造就千百万有社会主义觉悟、掌握现代科学技术知识和技能的科学技术队伍，并充分发挥他们的作用。

老一代科学技术专家为我国科学技术事业的发展，作出了不可磨灭的功绩。应当积极创造条件，继续发挥他们在培养人才、指导研究、著书立说、提供咨询以及各种社会活动方面的作用。

要放手把大批专业造诣较深又富有朝气的中青年充实到学术、技术工作的关键岗位上来。要充分发挥五十多岁、四十多岁中年科学技术人员承前启后的骨干作用。要敢于支持青年拔尖人才脱颖而出。

要选拔有组织管理能力和开拓精神的科学技术人员担任各级领导职务，尽快改变研究机构领导班子严重老化的现象，并且采取措施培养大批具有现代科学技术和管理知识的各类新型管理人才。

必须改变积压、浪费人才的状况，促使科学技术人员合理流动。现在许多中小城市欣欣向荣，广大农村商品生产蓬勃发展，不少边疆地区和少数民族聚居地区正在开发。要采取各种政策和优待措施，吸引科学技术人员到那里去工作。研究、设计机构和高等学校，可以逐步试行聘任制。科学技术人员在做好本职工作的情况下可以适当兼职，以促进知识交流和充分发挥潜力。

应当积极改善科学技术人员的工作条件和生活条件。认真贯彻“各尽所能、按劳分配”的原则，反对平均主义，逐步地切实地解决科学技术人员的合理报酬问题。要建立必要的精神奖励与物质奖励制度。报酬、奖励和荣誉要同个人贡献密切联系起来。对有重大贡献的实行重奖。

要真正做到尊重科学技术人才，就必须保障学术上的自由探索、自由讨论，使人们无所畏惧地去追求真理。提倡各种学派在百家争鸣中多作建树，反对滥用行政手段干预学术自由。学术上的是非，只能通过自由讨论和实践的检验，求得正确的认识，决不要再搞过去那种强迫推行一种观点、压制不同观点自由讨论的所谓学术批判。只有这样，才能使科学技术工作者的社会责任感、事业心和国家的要求完满地结合起来，使科学技术工作者的智慧和创造精神得到充分发挥。

科学技术体制的改革同经济体制改革关系十分密切，但又有自己的特点，党和政府的各级领导机关务必精心指导。科学技术体制改革的根本目的，是使科学技术成果迅速地广泛地应用于生产，使科学技术人员的作用得到充分发挥，大大解放科学技术生产力，促进经济和社会的发展。一切改革都应有利于实现这个目的，而不应偏离这个目的。在改革中，要充分依靠科学技术人员的自觉行动，尊重基层单位的创造，认真总结经验，及时研究解决改革过程中出现的新问题。各种改革，都要区别不同情况，通过试验，逐步推广，不要急于求成，不能强制推行。带全局性的重大改革，由国务院统一部署。民族自治区和军队的科学技术体制改革，要结合自己的实际情况具体组织实施。中央深信，通过几年的不懈努力，我国新的科学技术体制必将建立起来并在实践中不断完善，广大科学技术人员必将在发展科学技术、振兴经济、建设繁荣富强的社会主义社会的伟大事业中，大显身手，作出卓越的贡献。

国务院关于促进科技人员合理流动的通知[①]

（1986年7月9日）

一九八三年国务院发布《关于科技人员合理流动的若干规定》（国发〔1983〕111号文）以来，各地做了大量工作，创造了许多推动科技人员合理流动的新经验。逐步开展起来的人才合理流动，对新技术的传播，城乡经济的发展，科学、教育事业的繁荣，起了积极的作用。但是，在某些地区和单位也曾发生过一些问题，需要解决和疏导。总的来说，科技人员流动工作刚刚起步，当前主要的问题，仍然是科技人员难以流动，积压、浪费和使用不当的现象还没有得到根本的解决。

根据经济、科技、教育体制改革的精神，结合几年来的工作实践，需要逐步改革科技人员管理制度，促进科技人员合理流动，以充分发挥科技人员的作用，为四化建设服务。现就有关问题作如下通知：

一、地方各级人民政府和国务院各部门要加强对科技人员合理流动工作的领导，努力创造人尽其才的环境，大力发掘科技人才资源，继续调整被积压、浪费和使用不当的科技人员，鼓励科技人员向急需人才的行业和单位流动，向更能发挥作用的岗位流动。在优先保证国家重点建设工程和重大科研项目人才需要的前提下，鼓励科技人员到工农业生产第一线，支援中小企业和城乡集体企业，加强企业技术改造和技术开发能力。鼓励和支持科技人员从城市到农

① 《国务院关于促进科技人员合理流动的通知》，《中华人民共和国国务院公报》，1986年20期。

村、从大城市到中小城市、从内地到边远地区去工作。

各级人事部门和科技人员管理部门应按照国家的有关政策、法规，切实做好组织协调和管理工作。通过组织调配、招聘、聘任等方式，疏通渠道，调剂人才余缺，改善科技人员的分布和结构。

各地应积极发展科技人员交流服务事业。人才交流服务机构和科技人员交流服务机构要积极向社会提供人才供求信息，在供需双方之间牵线搭桥，促进各行业、各企业事业单位之间人才合理流动。

二、企业事业单位应当按照中央的有关部署，逐步实行专业技术职务聘任制。实行专业技术职务聘任制的单位，应当在确定人员结构、定编定员的基础上，有领导地对内聘用、对外招聘科技人员。在国家规定的条件下，用人单位有聘任和不聘任的权利，本人有应聘和不应聘的权利。单位和本人订立聘约，双方都应遵守。未经对方同意，不得单方面中止聘约的履行。聘约到期，双方可再议是否延期。对未受聘用的科技人员，要区别情况妥善安排，鼓励他们到更需要或更能发挥专长的单位去工作。

三线艰苦地区、边远地区的科技人员以及全国各地的中小学校（含中等职业学校）教师需要保持相对稳定，并要有计划的调整和充实，其他地区和单位不得自行前去招聘。

三、在未实行专业技术职务聘任制的单位，凡使用不当，难以发挥作用，又未做调整的科技人员，可以辞职。但是，必须向单位提出书面辞职申请，单位接到申请三个月内应予答复。科技人员辞职申请被批准后，离开单位前，应当办理工作交接和辞职手续。以后被新单位录用，其工龄应当将辞职前和录用后的工龄累积计算。

科技人员应当遵守国家政策规定和劳动纪律，不得擅自离职。各单位录用科技人员应当严格遵守国家人事管理的规定。对已经擅自离职的科技人员，要按照不同情况妥善处理。对流向合理、原单位离得开的，在原工作岗位使用不合理的，或者确有特殊情况需要照顾的，经接受单位和其原单位协商同意后，按干部管理权限补办调动手续。本人要求辞职，经原单位批准，可以补办辞职手续。其余的要动员他们返回，由原单位妥善安排，不得歧视。经教育无效，拒不返回也不补办手续的，按自动离职处理，以后被其他单位录用，工龄从重新录用之日起计算。

有关辞职的具体规定，由国家科委、劳动人事部会同有关部门制订，报国务院批准。

四、对科技人员流动中发生的争议问题，应当协商解决。经协商未能达成一致意见的，由地方各级人民政府、国务院各部门指定主管部门或组织有关部门进行裁决。对裁决结论双方都必须服从。

五、鼓励科技人员到边远地区工作。边远省、自治区可以在国家规定的政策范围内给予优惠待遇。边远地区的范围和到边远地区工作的科技人员工作期限、工作条件、生活待遇、离退休待遇及安置等问题，按照国务院有关规定执行。

六、鼓励企业事业单位通过实行联合和技术经济协作，以及采用科技人员调动、借调、兼职等多种形式，调剂技术力量余缺。提倡中央部门所属单位向地方支援技术骨干，地方向中央部门所属单位分配和输送大学、中专毕业生。

七、发掘本地人才资源，启用有技术专长的职工充实中小企业、城乡集体企业的技术力量。鼓励全民所有制单位技术人员到城乡集体所有制单位工作。对确有技术专长尚未担任技术工作的电大、函大、夜大、职工业余大学等成人高等学校毕业和高等教育自学考试合格的职工，根据工作需要、本人自愿的原则，支持他们到中小企业和城乡集体企业担任技术工作。全民所有制单位职工到集体所有制单位担任技术职务或管理职务的，其全民所有制职工身份不变。

八、科技人员调离原单位不得私自带走原单位的科技成果、技术资料和设备器材等，不得泄露国家机密或侵犯原单位技术权益。如有违反，必须严肃处理。

地方各级人民政府、国务院各部门接到本通知后，应结合具体情况，切实做出安排，推动科技人员合理流动工作顺利开展。

国务院关于深化科技体制改革若干问题的决定①

（1988年5月3日）

党的第十三次全国代表大会把发展科学技术放到我国经济发展战略的首要位置。经济、政治体制改革的发展也对科技体制改革提出了新的要求。当前，科技体制改革必须从社会主义初级阶段的实际出发，适应有计划商品经济的需要，发挥科技优势，以发展生产力为目标，进一步建立科技与经济紧密结合的机制，促进传统产业技术改造和新技术、高技术产业的形成，提高我国科学技术水平，推动经济和社会发展。要在继续贯彻执行已公布的各项改革措施的同时，以积极推行各种形式的承包经营责任制为重点，进一步加快和深化科技体制改革。为此，特作如下决定：

一、鼓励科研机构切实引入竞争机制，积极推行各种形式的承包经营责任制，实行科研机构所有权和经营管理权分离。

实行承包经营责任制，要明确规定科研机构为经济、科技发展所必须达到的承包指标，要使科研机构和科技人员的利益，与对社会和经济发展的贡献挂起钩来。

技术开发为主的科研机构，确定承包指标要有利于提高社会经济效益、科技水平和确保科研后续发展。

要逐步推行在科研机构内部或面向社会公开招标，通过竞争来选择并确定经营管理者。对经营管理不好、效益很差的科研机构，可以转向、被兼并或撤销。

---

①《国务院关于深化科技体制改革若干问题的决定》，《中华人民共和国国务院公报》，1988年14期。

科研机构的承包指标应逐级进行分解，按责、权、利统一的原则，落实到基层。要充分发扬民主，调动广大职工的积极性。综合性大院大所可以划分成若干独立核算单位实行承包。

在实行承包经营责任制过程中，科研机构要统筹兼顾各类任务的安排，搞好收益的合理分配。要抓住实行承包经营责任制这一转机，对职工按在岗不在岗、编内编外等不同情况给予不同的工资、奖励、福利待遇，以解决目前比较普遍存在的人员结构不合理、人浮于事、劳动效率低等问题。

二、鼓励和支持科研机构以多种形式长入经济，发展成新型的科研生产经营实体。科研机构可以和企业互相承包、租赁、参股、兼并，实行联合经营，或进入企业、企业集团，或发展成科研型企业等；可以充分利用中心城市、沿海开放地区、智力密集区的优势，面向国际市场，创办或联办多种所有制形式的分所、公司、企业、企业集团等，积极开发和组织生产新产品、高技术产品，进行引进技术的消化、吸收、创新，促进外向型经济的发展和新技术产业的形成；也可以直接在国外布点，建立各种独资、合资机构。智力密集的大城市，可以积极创造条件试办新技术产业开发区，并制定相应的扶持政策。

位于内地和三线的科研机构、高等院校及大中型企业，应积极为本地区经济振兴服务，有条件的可以本地区为依托，组织和引导科技力量，在沿海开放地区设立窗口，为发展外向型经济搭桥，与沿海地区建立多种形式的联合，互相支持，互相促进，带动本地区科技与经济的发展。

为加强国际科技合作交流，发挥科研机构在发展外向型经济中的作用，要扩大科研机构的外事自主权，简化外事审批手续。自

1988年起，科研机构出口创汇以1987年为基数，新增部分在三年内全额留成，用作单位的发展基金，自主使用。科研机构与企业联合创汇，按先分后税的原则处理，科研机构所得，享受上述待遇。

各级金融机构应进一步开辟和疏通科技信贷渠道，增加科技信贷额度。鼓励、支持各级科技主管部门和金融机构，联合创办旨在促进科研成果转化为商品的科技信贷和创业投资机构。

三、鼓励科研机构和科技人员通过为社会创造财富和对科技进步做出贡献，来改善自身的工作条件和物质待遇。

科研机构奖金税的起征点，一律放宽为人均四个半月基本工资。科研事业费部分自给的科研机构，实行奖励福利基金比例与事业费减拨比例挂钩。科研事业费完全自给的科研机构，在切实保证事业发展的前提下，其纯收入由单位自主分配和使用。为鼓励科研事业费拨款制度改革，对科研事业费部分自给和完全自给的科研机构，要根据自立程度给予不同的奖励，具体办法另行制定。

目前实行科研事业费包干的科研机构，要按不同情况区别对待。具有创收能力的，在保证完成国家任务的前提下，应积极挖潜创收，向科研事业费自给或部分自给的方向过渡。基础研究和社会公益性科研机构，在定编定员的基础上，实行科研事业费和基本工资总额包干，增人不增钱，减人不减钱，节余归单位自主使用；其创收部分除提留一定比例的发展基金外，归单位自主分配。

各类科研机构都要实行全面经济核算。应减拨的科研事业费要在1990年基本减完。

四、为了确保科技和经济长远发展，必须切实保证基础研究持续稳定地发展，国家对基础研究经费的投入要随着财政收入的增长不断增加。

基础研究要面向世界，重点选择有优势、有重要应用前景的领域和项目。在基础研究领域的改革中，要进一步引入竞争机制，继续实行和完善科学基金制，不断探索新的管理方式，择优支持基础研究方面的高水平课题和设施建设，支持优秀人才的研究工作。要加强基础研究、应用研究、开发工作的相互联系和转化，促进人才交流和知识扩散。鼓励科研机构、高等院校和企业之间人员互相兼职，合建共用设施。国家重点实验室要打破部门所有，向国内外开放；要压缩固定编制，采取鼓励措施，招聘客座研究人员。要通过人才的竞争和流动不断精干基础研究队伍，提高研究水平，增强在世界科学前沿的竞争能力。要充分利用国际环境和条件，积极开展国际合作交流，提高我们的研究起点，为我国科技和经济的长远发展储备知识和人才。

五、在行政管理体制改革中，各级政府部门要积极简政放权，使科研机构自主地向开放、联合、竞争的方向发展。要鼓励科研机构跨部门、跨地区、跨行业与生产、科研、设计单位联合；鼓励建立科研与设计、工艺与设备、制造与使用等紧密结合的综合性、成套性开发生产经营实体。对科研机构的各种横向联合，主管部门和有关方面应积极支持，不得阻挠。

六、在深化全民所有制科研机构改革的同时，积极支持和促进集体、个体等不同所有制形式科技机构的发展。要充分发挥民办科技机构自筹资金，自主经营，自负盈亏，以市场为导向，以技术为依托，技工贸、技农贸一体化运行机制等方面的优势，逐步形成国家、集体、个人一起兴办科技事业的新局面。

七、各级政府部门要充分发挥现有科技人员的作用。鼓励有计划地组织科技人员或支持科技人员以调离、辞职、停薪留职、兼职等方式，创办、领办或承包、租赁中小企业和乡镇企业，或到农村进行有偿服务和技术经济承包。各地政府可以按法律程序，选派既懂经济又具有经营管理能力的科技人员到基层政府挂职或兼职。各有关方面要保证他们的合法收入和待遇，并切实采取措施解决他们的后顾之忧。

八、各地区要因地制宜地制订政策，促进人才合理流动。“老少边穷”地区和艰苦行业，可以制定特殊优惠政策吸引人才。沿海地区要充分利用开放优势，积极吸引国内外智力。各地还可以使用一定限额的专业技术职务流动专项指标，促进科技人员向经济发展急需的方向流动。

有条件的城市，要积极探索科技人员管理制度的综合性改革，在社会保障等方面积极创造条件，逐步实行用人单位有权聘用和辞退科技人员，科技人员有权应聘和辞职的双向选择用人就业制度。

九、要充分重视从工人、农民及其他劳动者中培养选拔科技人才和各类专业技术人才，并充分发挥他们的作用。要有步骤地实行工人技师职务制度。在乡镇企业中也应逐步建立技术职务聘任制度。要切实加强对群众性技术革新、技术发明活动中各项成果的评价和推广应用工作，对成就突出者应大力表彰和奖励。

在鼓励各类人才为振兴经济献技献策的活动中，要发展技术市场和劳务市场，为他们的竞争创造机遇。要注重培养造就大批企事业家，各有关方面要关心他们的成长，对他们的经营活动要加强指导，正确对待他们在改革中所出现的问题，使他们有取得经验和锻炼成长的机会。

十、企业经营机制改革必须有利于企业依靠技术进步。要把技术改造、产品更新、提高产品质量、降低消耗等技术进步指标纳入企业承包经营责任制、厂长（经理）任期目标责任制和企业上等级的考核指标体系。企业经营者、生产者的利益要与企业技术进步程度直接挂钩。

企业特别是大中型企业和企业集团，应在改革中建立健全技术开发和技术管理体系，通过各种联合，加强技术开发和吸收能力。企业技术开发工作可以实行单项承包，或开发、试制、投产、销售一条龙承包。在厂长负责制条件下，可对厂办科研机构实行所长负责制，允许独立核算，鼓励承包。厂办科研机构和企业科技人员要以本企业的技术进步为中心任务，在完成本企业任务的前提下，可以有组织地面向社会承接各种技术开发和技术服务任务。其技术性收入的税收办法应进一步放宽。

企业要采取有力措施调动科技人员的积极性，充分发挥他们在促进技术进步中的骨干作用。部分企业存在的科技人员在奖励、福利等方面待遇较低的状况，应通过放宽搞活管理，实行承包经营责任制，鼓励多作贡献的途径尽快加以改变。

十一、改革现有农业技术推广服务机构的运行机制，大力发展多种所有制形式和多层次的科技推广、经营服务实体，逐步形成适应农村商品经济发展的技术推广服务网络。

基层技术推广服务机构，应根据当地产前、产中、产后生产的需要，发展成独立的技术经济实体，通过有偿技术服务、技术经济承包和经营与技术服务有关的农用生产资料等业务，改变单纯依赖政府拨款的状况，逐步形成自我发展能力，以更有效地从事农业科技的试验、示范、培训、推广等。

大力支持农村各种专业合作组织、技术协会、研究会，以及村办、联户办、户办等多种形式的民间科技推广服务组织。鼓励农民通过集资、入股等方式，兴办各种所有制的农业技术服务组织或技术经济实体。

要充分利用现有办学条件，积极培养农村本地人才，对具有高、初中文化水平的农村青年，要使他们尽快掌握一、二门实用的生产技能和管理知识。

科研机构、高等院校、企事业单位应积极面向农村，创办、联办各种技术经济实体，发展以科技为支柱的农村商品经济。

十二、发展科学技术是关系到我国现代化进程和民族兴衰的大事。各级人民政府要十分重视科技工作，必须以高于财政经常性收入增长的速度增加对科技的投入。要积极组织计划、经济、科技、财政、金融、税收、工商、人事等有关部门，研究和制定支持政策，充分运用税收、信贷等经济杠杆，促进科技与经济的紧密结合，为科技事业的发展创造良好的社会环境。

各级科技主管部门要管好、用好科技经费。对现行科技三项费用、科研基本建设投资、科研事业费等各种科技经费的管理，必须引入竞争机制，采用建立基金、匹配投资、贴息贷款等拨款方式，运用招标、合同、承包等办法，提高科技投资效益，以保证科技和经济发展目标的实现。

十三、国务院各有关部门和各地区可根据本决定精神，从实际情况出发制订实施细则。关于企业科技体制改革的某些特殊问题，科技主管部门可会同有关部门另行研究制定解决办法。

十四、过去有关规定与本决定有不一致的，以本决定为准。本决定由国家科学技术委员会负责解释。

国务院关于下达《国家中长期科学技术发展纲领》的通知①

（1992年3月8日）

各省、自治区、直辖市人民政府，国务院各部委、各直属机构：

《国家中长期科学技术发展纲领》已经国务院第九十四次常务会议审议通过，现发给你们，请贯彻执行。

《中长期科学技术发展纲要》和《中华人民共和国科学技术发展十年规划和“八五”计划纲要》，已经国务院原则同意，由国家科委另发。

国务院

一九九二年三月八日

国家中长期科学技术发展纲领

在人类社会迎接世纪之交的年代，世界正在经历一场巨大的变革。新科技革命迅猛发展，市场竞争日益加剧，国际政治风云变幻，我们的国家和民族面临着紧迫而严峻的挑战。为了在二〇〇〇年实现第二步战略目标，进而在下世纪中叶步入中等发达国家的行

① 《国务院关于下达〈国家中长期科学技术发展纲领〉的通知》，《中华人民共和国国务院公报》，1992年07期。

列，我们必须坚持四项基本原则，继续改革开放，依靠科技进步加速经济、社会发展。这是一项伟大而艰巨的任务，关系到国家的前途和社会主义的命运。

本纲领是根据中国共产党第十三次全国代表大会的决定和十三大以来历届中央全会的精神制定的，目的是阐明我国中长期自然科学技术发展的战略、方针、政策和发展重点，指导我国到二〇〇〇年以至二〇二〇年科学技术与经济、社会的协调发展。

一、形势与抉择

1．科学技术是第一生产力，是推动经济和社会发展的伟大革命力量。在优越的社会主义制度下，科学技术的进步和管理水平的提高，将在我国现代化建设的进程中发挥决定性的作用。把经济建设进一步转移到依靠科技进步和提高劳动者素质的轨道上来，必将保证我国第二步战略目标的胜利实现，同时将为实现第三步战略目标奠定坚实的基础。根据我国经济建设分三步走的战略部署，参照国际科技发展的趋势和潮流，对我国今后十年到三十年科学技术的发展作出总体安排，是一项重大的历史性任务。

2．四十年来，我国的科技事业取得了举世瞩目的成就。目前全国已拥有自然科学技术人员一千零九十万人，其中从事研究与开发的有一百零五万人。独立研究与开发机构有五千多个，企业所属的研究开发机构有七千多个，已经形成了比较完整的科学技术体系，取得了一批世界公认的重大科技成果。我国主要依靠自己的力量，解决了经济建设、国防建设和社会发展中的许多重大科技问题。特别是改革开放十多年来，我国调整了科技发展方针，在改革科技体制，组织科技攻关，推广科技成果，推动农村科技进步，促进高新技术产业发展，加强国际科技合作与交流等方面，都取得了突破性的进展。

3．在四十多年科技工作的发展历程中，我们积累了丰富的经验，也有不少教训。

我们的主要经验是：第一，科技工作必须坚持共产党的领导，坚持走社会主义道路。第二，坚持改革开放。在完善计划管理的同时，加强市场调节的作用，加速科学技术成果向生产的转移，促进科技同经济的结合；在独立自主的基础上积极吸取国外先进经验和科技成果，加速我国科学技术的发展。第三，在国家的统一领导下，集中人力物力，对国民经济建设和社会发展中的重大科技任务，组织攻关。第四，在发挥科技专业队伍的骨干作用的同时，注意专业科研工作和群众性技术革新相结合，领导干部同科技人员及工人、农民相结合，共同促进科技成果的应用和科技知识的普及，提高各族人民的科学文化素质。

我们的主要教训是：第一，经济、社会发展的指导思想和实际工作，未能始终一贯地把促进科技进步放到重要的战略位置上。第二，经济发展缺乏依靠科技进步的机制与内在动力，科技发展缺乏面向经济建设的活力，大量技术成果未能转化为生产力，造成科技与经济、社会发展在一定程度上相互脱节，未能充分发挥科学技术的潜力。第三，在科技工作中，缺乏统筹安排、合理分工，以及低水平重复的问题普遍存在；脱离国情、盲目赶超、急于求成的现象也时有发生。第四，在知识分子政策上曾经发生过重大失误，挫伤了科技人员的积极性和创造性，影响了科技队伍的健康成长。尊重知识、尊重人才的社会风气尚未形成。

4．科技工作必须面向现代化，面向世界，面向未来。当今世界蓬勃发展的新科技革命，使科学技术空前广泛地渗透到人类社会的各个领域，不仅促使社会生产力的巨大飞跃，而且引起世界格局的深刻变化。各国经济和社会发展对科技进步的依赖程度越来越高。基础研究、应用研究与技术开发之间出现了叠合和交叉，技术成果转化为商品生产的周期不断缩短，科技、教育和生产之间的联系更加密切。

展望今后十年到三十年世界科技的发展，一系列新兴科学技术领域将出现重大突破，新的生产技术和对自然现象的新的认识，将对人类社会的发展产生深刻的影响。高新技术的发展将进一步改变现有产业的面貌，成为世界经济竞争的重要因素。世界经济发展和科技进步正趋于国际化，科学技术的竞争日益成为国际经济竞争中的决定性因素。与此同时，人类为了解决共同面临的人口、环境、资源、灾害等全球性问题，又必须加强国际间的合作。任何国家都不能在封闭状态下实现本国的现代化。

5．我国的科技发展必须从国情出发。我国人口多，底子薄，社会生产力不发达，80%的人口生活在农村，今后相当长历史时期内仍将处于社会主义初级阶段。我国经济、社会的发展面临着人口、资源、环境等因素的制约。人口现已突破十一亿，即使严格控制其增长速度，到下世纪二十年代也将增加到十五亿。我国大多数资源的总量虽然比较丰富，但人均资源量相对不足，人均耕地面积仅为世界平均值的三分之一，淡水资源为四分之一，森林面积为五分之一，能源资源也只有二分之一。环境污染和生态破坏已对经济、社会发展构成严重威胁。

长期以来，我们靠消耗大量资源来发展经济，多数产业的技术和管理落后，产品质量差，经济效益低。我国是世界上单位产值能耗最高的国家之一，而社会劳动生产率只相当于世界先进水平的5%左右。这些差距，归根到底是科学技术水平、教育水平和管理水平的差距。如果我们仍然缺乏危机感和紧迫感，不奋起直追，那么差距不仅不会缩小，甚至还会拉大。我国社会主义现代化建设的目标就有落空的危险，世界上就将没有我们应有的地位。

6. 我们要实现国民经济的现代化，极大地提高劳动生产率，关键是实现科学技术的现代化。我们一定要最大限度地发挥科学技术第一生产力的作用，尊重知识，尊重人才，更加自觉地把经济建设转移到依靠科技进步和提高劳动者素质的轨道上来。这一重大决策标志着我国科技、经济、社会发展战略的历史性转变，对于实现本世纪末到下世纪中叶的奋斗目标至关重要。

展望未来，我们既要对严峻的形势有清醒的认识，更要看到有利因素，满怀信心地迎接挑战。我国已经拥有相当的科技实力，取得了许多成功的经验。更重要的是，十年改革开放，给经济和科技发展带来了生机和活力。只要我们认真贯彻党的基本路线，充分发挥科学技术第一生产力的作用，振奋精神，团结奋斗，就一定能够加速社会生产力的发展，摆脱贫穷和落后，实现现代化的宏伟目标，使社会主义的优越性充分显示出来。

二、战略与方针

7. 我国发展科学技术的基本战略是，增强全民族的科学技术意识，提高劳动者的素质，动员和吸引大部分科技力量投身于国民经济建设主战场，注重技术创新，努力吸收和尽快应用世界上先进的适用技术，加速国民经济各领域的技术改造。在今后相当长的时期内，科学技术的发展要以大规模生产的产业技术和装备现代化为主要方向，同时有计划、有重点地发展高新技术及其产业，稳定地加强基础研究，增加科学储备。

8. 我国科学技术发展的战略目标，必须以国家的经济、社会发展的目标和部署为依据，运用现代科学技术增强综合国力和提高人民生活水平，着重解决工农业大规模现代化商品生产中的问题，有效地控制和缓解人口、资源和环境的压力。在若干我国具有优势的科学技术领域，必须勇于创新，保持发展势头，继续在世界先进行列中占有一定的地位；在高新技术和基础研究的若干重点领域有所突破，达到世界先进水平，并形成部分具有国际竞争力的高新技术产业。到二〇〇〇年我国工业主要领域大体达到经济发达国家七十年代或八十年代初的技术水平，到二〇二〇年达到经济发达国家二十一世纪初的技术水平，在总体上缩短与世界先进水平的差距。

农业科学技术的发展，要处理好应用推广与研究开发的关系。要推广适用、配套的先进技术，大力发展以科技为支柱的商品经济服务体系，提高农业技术水平，推动农村产业结构、产品结构和就业结构的合理调整；同时要切实加强农业科研工作，搞好纵深配置，增强农业发展的后劲。要继续实施以发展农村经济为宗旨的“星火”、“丰收”、“燎原”等计划。

工业科学技术的发展，应以提高经济效益为中心，大力推动企业、尤其是大中型企业的科技进步。要注重运用现代科学技术和现代管理技术，特别要用电子信息技术对各产业部门进行技术改造，提高机械装备的技术水平。节约能源，降低消耗，提高质量，发展品种，提高劳动生产率以及产品的国际竞争力，优化产业结构和产品结构，促进我国经济从高消耗、低效益向低消耗、高效益转变。

社会发展方面的科学技术，应在人口、医药卫生、社会服务、公共基础设施、环境和生态保护以及灾害监测和防御等方面加强研究和开发，为我国人民创造一个良好的自然和社会环境。

高新技术的发展，应继续贯彻“有限目标，突出重点”的方针。国家要重点支持可能取得重大突破和具有广泛应用前景的高新技术的研究，大力扶植高新技术产业的发展。要积极创造条件，认真办好高新技术产业开发区。推进高新技术的国际合作和市场开拓，扩大技术进出口贸易，充分利用国际资源，引导高新技术产业走国际化的道路。积极推进以“攻关计划”、“八六三计划”、“火炬计划”等高新技术研究及产业发展计划，争取在某些领域取得突破，加快高新技术商品化、产业化和国际化的进程。

基础研究应遵循科学自身发展规律，要在若干前沿领域加强探索和跟踪，争取进入国际先进行列。应用基础研究要以解决经济、社会发展中的重大科技问题为目标。基础和应用基础研究要保持一支精干的高水平的队伍，国家应稳定地给予支持。要充分发挥中国科学院和高等院校的作用，加强两者的协调与合作，以利于培养人才，保持活力。

国防科学技术的发展，要贯彻缩短战线，突出重点，加强科研，梯次更新的方针。注意研究发展对提高重点常规武器性能和提高未来新的军事能力具有关键作用的高技术，以及为国防科学技术发展奠定基础的技术；继续发展国防尖端技术，保持发展势头。继续推进武器装备技术的现代化进程，使高技术常规武器有较大发展，自卫核威慑能力的有效性得到保持，缩短同世界先进水平的差距，某些方面达到世界先进水平；使国防科技在世界先进科技领域里继续占有一席之地。

9．继续坚持“经济建设必须依靠科学技术，科学技术工作必须面向经济建设”的基本方针，促进科技与经济、社会的协调发展。在贯彻执行基本方针的同时，还应注意贯彻执行以下具有长远意义的指导方针：

——切实贯彻科学技术是第一生产力的思想，提高全党、全国人民对科学技术重要性的认识，造成尊重知识、尊重人才的社会风尚。各级政府要切实加强对科技工作的领导，充分发挥科技人员的作用，提高决策科学化、民主化和制度化的水平，创造有利于科技发展的环境和条件。

——坚持改革开放。科学技术要在改革开放中发展。科技体制改革要与经济体制改革和政治体制改革相协调。在进一步发挥竞争机制和市场作用的同时，必须加强政府的宏观调控职能和必要的集中管理手段，运用政策、法规、行政、经济等手段进行干预与调节。

——坚持自力更生、自主开发与引进技术相结合的方针，把引进国外先进技术及其消化、吸收与创新，作为加速发展我国科学技术的重要途径。

——坚持“百花齐放、百家争鸣”的方针，充分发扬社会主义民主，保障学术自由，鼓励探索创新。

——坚持提高与普及相结合的方针，在作出科学技术发展纵深部署的同时，大力开展群众性技术革新活动，努力普及科学知识，不断提高劳动者的科学素质，同愚昧、迷信作长期的斗争。

三、发展重点

10．农业科学技术。农业是国民经济的基础，农业的持续增长是整个国民经济长期稳定、协调发展的决定性因素，关系到建设、改革和社会安定的全局。由于我国人口逐年增加，耕地面积不断减少，农业资源日趋紧缺，生态环境继续恶化，发展我国的农业采用粗放的方式已无出路。

因此，必须贯彻“科技兴农”的方针。应以科学技术和现代工业为强大支柱，建立现代化的农业生产技术体系，大幅度提高土地利用率、劳动生产率和产品商品率，把传统农业转变到以现代科学技术为基础的现代集约农业上来。

农业科学技术的重点是：

——有效保护和充分利用现有耕地，面向整个国土资源，有计划地改造大片中低产田。大力发展干旱、半干旱农业技术和节水灌溉技术。开发利用尚有很大潜力的丘陵山区、草原、水面和大片滩涂，注重兴修水利，防止水土流失，保护生态环境，建立合理的农林牧副渔复合生态体系。

——广辟食物来源，开发新的蛋白质资源和配合饲料。发展多样化食品生产和加工技术。综合利用各种动植物资源，改善城乡居民的膳食结构。

——利用杂交优势和遗传工程技术选育高产、优质、多抗的动植物新品种。深入研究、开发区域性综合配套配方施肥、节水灌溉等农业生产技术和养殖技术，使农产品的质量和产量大幅度提高。

——用现代工业技术装备农业和乡镇企业，发展农产品的贮运、保鲜、加工、包装和综合利用技术，提高农村工业化水平和管理水平，引导农业剩余劳动力转向发展农村商品经济。

11．工业科学技术。工业是国民经济的主导，我国工业的技术水平、生产能力、经济效益决定着整个经济的发展。我国已初步建成门类比较齐全的工业体系。但从总体上说，工业的技术落后状况尚未得到根本的改变，主要表现在装备、工艺和管理技术落后，设计陈旧，机械化、自动化水平低等方面，导致产品的性能和质量差，能源和材料消耗高，经济效益低，缺乏国际竞争能力。

因此，工业科学技术发展的主要任务，是用现代科学技术，特别是微电子技术，对我国各主要工业领域进行技术改造。要调整和优化产业结构，广泛采用新的技术原理和新的设计方法，更新装备、工艺和产品，开发新的制造技术和资源开采技术，提高大规模生产的自动化、智能化水平，提高主要行业先进技术设备的成套国产化水平、管理技术水平和安全生产技术的水平，以便提高经济效益，增加品种，提高质量，增强国际竞争力。

——能源是推动国民经济发展的关键因素。能源科学技术的发展要采取开发与节约并重的方针，大幅度提高能源利用率，改善结构，减少污染。

能源科学技术发展的重点，是着重解决沙漠地带和海上油气藏勘探和开发技术，提高老油田采收率的技术；研究开发煤炭开采、利用、安全生产和洁净煤技术；开发先进的大容量火电机组的制造技术，复杂条件下建设大型水电站的技术，以及超高压输配电技术；研究开发大型先进的核能技术和核安全技术；开发经济适用的新能源和农村能源技术；大力推广、应用先进的节能技术。

——交通运输与通信是重要的基础设施，是国民经济、社会发展的先行部门。

运用科学技术推动交通运输和通信发展的主要方向是：在各种运输技术协调发展的基础上，大幅度提高综合运输效率和装备的利用率；发展先进通信网络和通信技术。

交通运输科学技术发展重点，是研究开发集装箱运输和快速客运等客货多式联运的关键技术；加速研究开发铁路重载运输关键技术和时速在二百公里以上的高速铁路客运专线技术；研究推广高效能源运输技术；发展远洋运输和内河运输系统及船舶制造的关键技术；开发高速公路和一二级汽车专用公路干线新技术和高效汽车运输及各种动力车辆制造的关键技术；发展国产干线飞机的设计制造与批量生产技术，加强飞行安全技术研究；大力推广、应用电子计算机和自动化技术，尽快提高交通运输运营管理现代化的水平。

通信科学技术发展的重点，是优先发展卫星通讯、光纤通信技术；重视发展数字微波通信和移动通信技术；研究开发数字程控交换与通信网络技术，逐步发展综合业务数字网技术。

——材料工业是国民经济的基础工业。材料科学技术的主要发展方向是提高质量，增加品种，降低成本，缓解供需矛盾。

材料科学技术的重点，是加强资源开发和综合利用技术，做好矿藏的勘探、分析和综合评价；发展先进采、选技术和成套装备，研究共生矿的开发和综合利用技术；加强黑色和有色金属、有机高分子、无机非金属材料的研究，研究开发传统材料改性技术和新型材料；发展高档、专用、性能优异的精细化工产品；研究开发煤化工新技术及各种再生资源的回收利用新技术。

——机械电子是国民经济的装备工业。机械电子装备的性能、质量、效率和革新速度，决定着国民经济各个领域生产技术的水平和经济效益的高低。

机械电子科学技术的重点，是研究开发机械基础件和新一代电子元器件的设计、制造、测试的关键技术，全面提高基础产品的质量和可靠性；开发重大成套装备设计、制造技术，系统的过程控制技术；开发现代机械和电子技术结合的机电一体化产品，发展计算机辅助设计、制造及测试技术、数控技术和检测传感技术；开发和推广电力电子节能技术。

——消费品工业与广大人民的生活休戚相关，十分重要，但科学技术水平仍相对落后，有很大的发展潜力。

轻工、纺织、服装、家电等消费品工业要广泛采用先进的机械电子技术，逐步采用国际标准，增加花色品种，改进产品质量，积极扩大出口。

12．社会发展方面的科学技术。能否控制人口增长和提高人口素质，合理开发利用自然资源和保护生态环境，是关系中华民族前途的大事。解决这些问题，要从政治、经济、社会和文化各个方面进行综合治理，同时要加强社会发展科学技术的研究和应用。

社会发展科学技术的重点是：

——加强人口科学研究，坚决有效地控制人口数量，大力改进与完善现有节育技术及方法，做到安全、方便、经济和有效。

——加强气象研究以及地震、旱涝等自然灾害研究，开发救灾技术，并尽快建立自然灾害监测、评价与辅助决策工程系统。利用遥感技术、系统监测技术，及时监测、预报和评价灾情的发展过程，以便及早采取措施，减少损失。

——研制各种控制污染的高效成套技术和装备，要特别重视解决减少燃煤污染的技术问题；发展生态建设工程；开展对温室效应、酸雨及臭氧层机理，及其对环境和人体影响的研究，并提出相应的对策。

——医药卫生科学技术的发展关系到国计民生和民族的兴旺发达，在社会发展中占有重要地位。要充分利用和发展我国宝贵的传统医药和丰富的药物资源，加强对民族医药学的研究；对危害人民健康的常见病、多发病以及老年医学要加强研究，自主开发各种优质、高效和副作用小的创新药物；加强医疗器械及设备的研制。

——为了改善人民的生活环境与居住条件，要提高城市与村镇建设规划、建筑设计、施工、管理的技术水平；研究开发经济、实用、先进的建筑材料和施工设备，提高城乡住宅的质量和使用功能，提高社会公共设施和服务业的技术水平。

13．高新技术和高新技术产业。高新技术及其产业的发展是社会生产力持续发展的源泉和基础。高新技术研究从一开始就要注意与传统产业的技术改造密切结合，大力发展高新技术产业开发区，促进高新技术的商品化、产业化和国际化。力争在微电子、信息、生物、新材料、航空航天、自动化、新能源、激光和海洋等领域有所突破，使我国在世界高新技术领域占有一定的地位。

高新技术发展的重点是：

——微电子技术和计算机技术是现代科学技术和国民经济发展的支撑技术。要集中力量加速建设微米和亚微米硅集成电路设计、制造和测试中心，研究超大规模集成电路生产技术；相应发展砷化镓集成电路制造技术和光电集成技术。要大力发展通用超高性能并行计算机和软件工程，并实现商品化生产。要研究新一代计算机技术，发展中文信息处理技术、人机界面技术和人工智能技术。研究、开发柔性制造系统技术、机器人技术和计算机集成制造系统技术。

——生物技术的发展开创了人类工农业生产发展的新途径，将成为当今世界解决食物、健康、资源、环境等重大问题的有力手段。要着重研究培养动植物新品种，研制新的生物制品、药品和菌种，开发再生资源的微生物转化及其综合利用。

——新材料技术有可能使某些技术领域产生突破性进展，发生根本的变化。要研究开发复合材料，结构和功能陶瓷材料、非晶体材料、超导材料和光电子材料等新材料，并及时推广应用。

——航空航天技术对增强我国的综合国力和提高科技水平具有深远的重要意义。要继续加强航天动力和推进技术，以及测控技术的发展和研究，研究开发载人航天技术，保持我国在这个领域里的国际地位。

14．基础研究和应用基础研究。基础研究和应用基础研究是新技术、新发明的先导，是科技和经济发展的坚强后盾，是培养科技人才的摇篮，对此必须给予充分的重视。在对前沿学科作出总体部署的同时，紧紧围绕农业、能源、交通运输、信息、材料等国民经济发展的战略重点领域，及人口、医药卫生、资源、生态、环境、自然灾害、国家安全等重大问题，开展多学科综合性研究。

基础和应用基础研究的重点是：

——加强凝聚态物理、分子生物学、化学、海洋学、生态学和信息科学等前沿基础学科的研究。特别要对高临界温度超导的物理机理有所突破。对物理学与生命科学、材料科学、能源科学等学科的交叉领域要加强研究。加强非线性数学、计算数学和大规模科学与工程计算的理论与方法的研究。

——分子和细胞生物学研究，要在分子和细胞水平上探讨遗传、分化和发育的基本规律，为现代生物技术的发展提供理论依据。加强与生命过程有关的化学研究。围绕新材料的探索，发展高分子、催化、表面和稀土化学；注意分子设计和微观反应动力学等的研究和跟踪。

——地球科学要把固体地球、气圈、水圈、生物圈组成的复杂耦合系统作为整体开展研究，为解决国家资源、能源、环境、自然灾害等重大问题提供基础资料和理论依据。生态学的研究着重于系统的协同进化、退化生态系统的机理和优化人工系统的组建等，为改善环境、促进社会发展做贡献。

——信息科学要重视智能化的发展方向，解决通信、计算机、自动控制等关键信息技术问题，争取有重大突破。

——空间科学的发展，应加强基础空间科学的研究，并与高技术密切结合，着重对微重力下的物理、化学和生命现象以及日地系统整体行为进行研究。

15．国防科学技术。国防科学技术的发展，是保证国家安全，增强综合国力的重要因素。我国国防科学技术的发展，必须从社会主义初级阶段的实际出发，与经济建设战略部署和新时期军事战略相适应，以整体效益为中心，需求牵引和技术推动相结合，选择跟踪，重点突破。

——用先进的国防科学技术推动武器装备的发展，促进新时期军事战略目标的实现，是国防科学技术发展的重点任务。根据国家财力可能，重点发展对提高我军作战能力有重大作用，对国防科学技术乃至整个国家科学技术水平提高有较大带动作用的武器装备系统。为此，要加强对这些武器装备系统研制有重大作用的关键技术的研究。

——按照军民结合的原则，充分重视理论探索，加强超前的应用理论研究，为国防科技的持续、稳定发展奠定基础。

四、深化改革，建立有利于经济发展和科技进步的新体制

16．我国的科技体制必须有利于促进经济的发展，我国的经济体制必须有利于促进科技进步。为了进一步解决科技与经济结合的问题，必须在已有成绩和经验的基础上，按照协同配套的原则，继续深化改革。

我国科技体制改革的总目标是：建立和完善符合科学技术发展客观规律的、与社会主义有计划商品经济相适应的科技同经济有机结合、相互促进的新体制；促使科技工作积极为社会主义有计划的商品经济服务，推动经济建设转移到依靠科技进步和提高劳动者素质的轨道上来，充分发挥科学技术第一生产力的作用。

科技体制改革的具体目标是：

——转变政府职能，形成以直接计划管理与间接管理有机结合的宏观科技进步管理体系，并使之规范化、法制化。

——改革科技人员管理制度，造成人才辈出、人尽其才的良好环境。建立对科技人员和科技活动的社会化服务体系。

——建立研究开发机构与企业、农村有机结合、配置合理的工业和农村研究、开发、推广服务体系。

——培育和建立物资、技术、劳务、信息等社会主义市场体系，创造有利于科技发展的合理竞争的环境。

——形成由政府、民间、企业和金融等各方面组成的多元化科技投资体系。

——形成适应社会主义有计划商品经济发展的科技组织结构。

科技体制的改革要按照经济发展和科技进步的客观要求，分阶段配套进行。二〇〇〇年以前，形成新体制的基本格局，以后使之逐步完善。

17．科技体制改革的核心是建立新的运行机制，把完善计划管理和加强市场调节有机地结合起来，充分发挥两者的协同优势。引入公平竞争，人员、技术、信息合理流动，需要引导等市场机制，使科技进步成为社会经济活动的内在需求。根据不同层次、不同类型科技发展的特点，建立相应的运行机制。

基础研究和应用基础研究、公益性科学技术工作应以科学探索、获取宏观经济社会效益为目标，由国家给予持续稳定的财政支持。在今后相当长的时期内，大型综合科学研究、重大技术攻关项目，必须坚持以国家支持为主，实行计划管理。同时也要引入必要的竞争机制，以获得较好的投资效果。具有直接经济效益的技术开发和应用推广工作，应在国家政策引导下，更多地发挥市场调节的作用。

18. 完善国家宏观科技管理与调控系统，切实转变政府职能，把制定和执行有关科技发展的方针、政策、规划、计划及法规放在工作的首位，综合运用法律的、政策的、行政的和经济的手段推动科技进步。

要强化调控手段，提高宏观调控能力，加强和改进国家指令性计划管理。同时逐步扩大指导性计划的范围。开辟科技信贷、风险投资等多种资金渠道，支持科技发展。鼓励技术创新，加强和改进科技奖励制度。保护知识产权，发挥专利作用，促进技术成果的商品化、产业化，形成促进科技进步的环境。加强标准、计量和质量监督工作，制定技术标准，完善国家质量监督保证体系。

19. 随着经济体制改革的深入，逐步使行业和企业成为技术开发的主体。要增强企业的技术吸收与自主开发能力，建立并完善企业的技术开发与技术管理体系。通过多种方式推进企业之间、企业与研究开发机构、高等院校之间的横向联合。提倡以大中型企业为骨干，以优质名牌商品为龙头，通过科研和生产的联合，形成具备技术开发、生产、销售、服务功能的企业集团，特别要支持科技先导型或具有国际竞争力的企业集团的发展。

加强行业的科技工作对经济发展具有十分重要的意义。为了节约资源，集中力量，更好地为企业提供技术支持，要有选择地建立和完善行业技术研究开发中心，承担全行业的基础性通用技术、前沿技术、综合性成套技术等研究与开发任务。行业技术研究开发中心由国家、行业和企业共同支持，实行自主管理，完成国家、行业和企业的委托任务。

20．深化农村科技体制改革。发展我国农业，必须依靠科学技术，国家要继续加强对农业科学研究和农业技术推广工作的支持。在科技体制改革中，要保证农业科技经费的稳定增长与农业科研队伍的持续发展。要引导与鼓励各级科研机构、大专院校和科技人员，配合地方政府共同进行区域经济技术的研究和开发。国家和地方要支持和引导县及县以下农业科技机构逐步发展成为独立核算的、综合性的技术开发、推广、服务经营实体，实行有偿服务，以增强农业科技推广工作的活力。

为适应农村商品经济发展的需要，要有领导地发展多种所有制的技农工贸一体化经营实体，用先进适用的工业技术，装备新型的农村企业，并同多种形式的农民专业技术协会结合，对农户进行商品生产全程服务。在稳定家庭联产承包责任制的基础上，通过技术服务，形成一定生产规模的统分结合的双层经营体制，推动其产品进入国内外市场。

采用各种灵活、有效的方式，对农民进行经常性的技术教育和培训，培养一大批掌握现代技术知识的新型农民。

引导和鼓励科研机构、大专院校和广大科技人员到农村承包、创办乡镇企业与其他产业，促进农村产业结构和技术水平的升级。

21．建立适应社会主义有计划商品经济发展的科技组织结构。

我国的研究开发机构应是多层次、多功能、多种所有制的，既有面向全国的，也有面向行业或地方的；既有从事基础研究和应用研究的，也有从事技术开发的；既有国家办的，也有集体、个体等民办的。中国科学院和各部门、高等院校和大型骨干企业的研究开发机构，是我国科学技术事业的主力军，各级政府要给予重点支持。在坚持公有制为主体的条件下，国家继续鼓励和引导民办科技机构的健康发展，作为社会主义科技事业的重要补充。

根据我国经济社会发展的需要和不同层次科学技术发展的运行机制，调整我国的科学技术组织结构。国家重点支持一部分研究开发机构，承担基础研究、应用基础研究、公益型科学技术工作和重大的综合性、长远性科学研究任务，或承担全行业的通用技术的研究与开发任务。其余大部分全民所有制科研单位，尤其是大批技术开发型的中小型科研机构，将根据各自的具体情况，在国家政策的引导下，按照市场调节的机制，逐步分流重组。它们中有的发展成为科技先导型企业，为国内外市场提供高新技术产品和服务；有的可与企业联合组成企业集团；有的可以进入企业，成为企业的技术开发部或中试基地；有的则可面向中小企业和农村，成为区域性或行业性技术开发、服务中心等。

22. 逐步建立科技人员的社会化管理体系。有计划商品经济的发展，要求科技人员在一定范围内合理流动。要放活对科技人员的管理，既要按照国家的需要，进行必要的人才计划管理，又要按照市场需求，允许必要的人才流动，与其他生产要素合理组合。商品生产的社会化和人才的成长规律，要求科技人员管理社会化。为此，必须逐步建立和完善相应的科技人员社会化管理系统。这是改革科技人员管理制度的方向。为实现这一目标，必须积极而稳妥地进行配套改革。

要逐步改变国家对科技人员统包统揽的管理模式，有计划地开放科技劳务市场。制订法律，保证科技人员有选择职业的余地，逐步实行科技人员和用人单位双向自由选择的聘任合同制，促进人才特别是高级科技人才的合理流动，完善科技人员专业技术职务聘用制。根据按劳分配的原则，形成新的分配机制，激励科技人员专心致志地做好本职工作。建立社会保障体系，把目前国家承担的保险事业转向社会，由社会对科技人员的待业、养老、医疗、伤残实行保险。改革相关的户籍、住房等制度，使之逐步适应人员流动的需要。这是一项艰巨、复杂的工作，需要进行长期的努力。

五、坚持对外开放，积极推进国际科技合作与交流

23．科学技术已日益成为全人类共识的知识与财富，在国际关系中，科技交流往往是国际交往的先导，又是最稳定的合作领域之一。因此，积极推进国际科技合作与交流，应当成为我国发展科学技术事业的一项长期的重要方针。

开展国际科技合作与交流，必须坚持独立自主、平等互利的原则，贯彻对外开放的政策。尊重国际科技合作的法律与惯例，保护知识产权。在促进世界科技进步的同时，加速提高我国的科学技术水平，增强我国科技工作的自力更生能力，逐步形成具有国际竞争能力的科学研究和技术开发、创新体系。

24．要根据我国的需要与可能，全方位地开展国际科技合作与交流。在搞好政府间科技合作的同时，扩展民间科技合作的领域与规模，逐步扩大企业、科研机构、高等院校以及民间科技组织的对外交往。在国际科技合作中，既要搞好双边合作，也要充分利用国际组织开展多边合作与交流。在发展与发达国家科技交往的同时，要注意加强同发展中国家的科技合作与交流。要以科技交流、技术贸易为前导，促进我国与世界各国的经济、贸易合作。

25. 切实做好技术引进及其消化、吸收与创新的工作，是加快我国现代化建设步伐的一项长远战略措施。

引进技术的选择，应以适合我国需要和增强自主开发能力为原则，认真做好前期论证工作。国家要制定技术引进的法规、序列和标准，加强宏观控制与管理，防止盲目引进和重复引进，注重保护知识产权。

技术引进要与国内科技攻关和技术贸易结合起来，注重软件和关键生产技术的引进，重视技术、资金、设备、管理、人才和市场的协调配合。

国家要通过立法，确保引进技术消化、吸收和创新的资金渠道，确保科研机构参与技术引进及其消化、吸收和创新工作的全过程。切实加强引进技术和装备的国产化工作。

26. 对外科技合作与交流，要与我国经济、社会、科技发展计划紧密结合。积极开展合作研究、联合开发和合作经营等方式的国际科技合作，选择我国急需或具有一定优势的科学技术领域，参与国际大型科技计划和项目。创造条件，与外国机构、国际组织在国内或国外合办研究、开发、设计、生产、信息服务等机构，促进技术经济合作。

27. 对外科技合作与交流，要促进外向型经济的发展，为推动高附加值产品和高新技术产品的出口，提供技术支持与服务，增加它们在出口总额中的比重。要在获取最佳经济效益的前提下，积极组织技术出口。对有出口前景的高新技术开发机构和企业，在政策、资金、外事权限等方面给予更大支持，提高其经营灵活性。要有计划地培养、造就一大批精通专业技术、熟悉国际环境、熟练掌握外语的科技型经营管理人才。努力吸收留学人员参与外向型高新技术产业的工作。

28. 进一步制定和完善有关政策，推动科技人员对外交往、学术交流和智力输出。要为科技人员参加国际会议，进行学术访问和客座研究，在国外兼职或在国际组织任职提供方便条件。对科技人员出国参加学术活动，要下放审批权限，简化手续。要积极创造条件，吸引在国外工作的优秀科技人员回国服务，聘请外国专家来华从事科研、教学工作，对生产、经营活动进行指导、咨询或担任管理职务。

根据需要与可能，有计划地组织智力输出，扩大技术创汇。要派遣更多的技术专家、管理专家到国外工作，承包、经营技术项目，提供技术服务，在国外建立科研和工程技术服务机构。

29. 创造有利于国际科技合作与交流的条件与环境。加强国内外科技信息的收集与交流，开展有关各国科技状况与科技政策的国别研究与比较研究。针对不同国家在不同领域的特点与优势，制定对其开展科技合作与交流的战略、策略和政策。开辟对外科技合作与交流的经费渠道，多方筹集国内外资金，为国际科技合作与交流提供资金支持。

六、政策与措施

30. 为了确保把科技进步放到国家发展战略的首要地位，国家最高领导机构要切实加强对科技工作的领导，对全国科技与经济、社会协调发展的重大问题进行统一筹划与指导。强化国家科技主管部门的职能，努力提高宏观决策水平，克服各种条块分割和分散主义倾向，把有限的资源用到最需要的地方，保证国家重大科技任务的实现。

31．提高科技投资强度，改善科技经费管理。要在保证国家财政拨款稳步增长的同时，逐步增加社会对科技经费的投入，改变完全由国家财政投入的状况，形成财政拨款、企业自筹和金融机构贷款组成的科技投资三大支柱，同时积极吸引民间和海外资金，建立多渠道、多层次的科技投资体系，大幅度提高全社会对科技发展的资金投入强度。

政府要适当增加对科技的投入，对高新技术开发实行优惠政策。企业要重视新产品的开发，增加对研究开发的投入，逐步增加农业研究开发经费，并鼓励乡镇企业向农业科技投资。

银行金融系统，均应设立科技信贷科目，增加科技贷款。到二〇〇〇年，应使科技贷款额度有显著的增长。

逐步调整科技投资结构，本世纪末，基础研究和应用基础研究的经费达到研究开发经费总额的10%左右。要增加对中间试验、生产工艺的开发以及技术成果商品化、产业化的资金支持。对高新技术和高新技术产业，应选择重点，大幅度提高投资强度，并逐步实施风险投资。

继续改革科技经费管理体制。国家科技投资要实行统一管理，引入竞争机制。根据不同类型的科研项目，实行专项拨款、基金制、包干制、招标制或合同制。列入国家计划的有经济效益的项目，实行由政府和受益单位匹配投资的办法。建立研究开发项目评审制度和独立的技术评审机构，对科技经费的分配和使用进行监督与审查。健全科技财务管理办法，加强审计工作。

32．运用税收、价格、信贷、折旧等经济杠杆，引导行业和企业的科技进步，促进科技事业的发展。

免征技术咨询、技术转让、技术服务、技术开发等技术性收入的营业税。对不符合国家产业政策和技术政策、阻碍科技进步的产品技术，征收附加税。

对研究开发机构和企业的研究开发、测试分析和软件等技术性投资，以及国家确定的新产品的商品化生产，给予贴息或低息贷款。

对研究开发机构的基础设施和高新技术产品生产装置实行加速折旧办法。

33．加强科技法制建设，把推进科技进步的方针政策用法律形式固定下来，使科技工作纳入法制轨道，受到法律的保护和监督。尽快制定《科学技术进步法》等有关科技工作的法律，完善有关科学技术组织、劳动、奖励以及保护知识产权等方面的法规，争取到二〇〇〇年形成比较完整的科技法律体系。

普及科技法规知识，加强科技法规的实施与监督，建立技术合同仲裁机构和各级科技法制机构，以及科技法规的研究、咨询和服务系统。

34．推进决策科学化、民主化和制度化。科学技术作为综合的知识体系和思维工具，能帮助我们从宏观上观察分析复杂多变的经济和社会现象，作出鉴别、判断和科学的决策。

要重视和加强决策研究、决策咨询的工作，建立和健全民主的、科学的决策程序和执行程序，对国计民生有重大影响的问题，在决策之前必须进行软科学研究，并逐步成为制度。各级领导要重视软科学研究工作，要积极应用软科学研究成果，实现正确决策。

35．开发人才资源，充分发挥科技人员的作用。各级领导要善于发现人才，团结人才，不拘一格使用人才。只要在工作中做出成绩的科技人员都应得到应有的尊重。要通过各种途径，加速培养新一代科技人员，大胆起用德才兼备的年轻科技人员。重视对科技人员的继续教育，积极而有计划地派遣科技人员到国外深造。充分发挥中青年科技人员的骨干作用，积极为离退休科技人员提供继续服务的机会。

加强劳动者的职业教育，鼓励自学成才。对于工人、农民中涌现出来的科技人才，要与相应的专业技术人员同等对待。

加强科技人员的思想政治工作，教育他们热爱祖国，拥护四项基本原则，遵守科技工作的道德规范。鼓励他们努力攀登，为国家的现代化建设多做贡献。

努力改善科技人员的工作条件和生活待遇。结合人事制度、分配制度的改革，及时采取必要的措施，使科技人员的实际收入有较大幅度的增长。对在农村和边远地区以及地下、野外、危险环境工作的科技人员，应给予优惠待遇。

36. 为科技发展创造稳定的、充分民主和学术自由的环境。学术上的不同见解，应由学术界通过科学实践和讨论来解决，不应以行政手段确定是非。

充分发挥中国科学技术协会等学术团体的作用，鼓励各学术团体和科技人员参加学术交流、决策论证、咨询服务等活动。

建立并完善社会化的科研设备、科技情报、图书资料、书刊出版等科技支撑体系。

37. 加强全社会对科技工作的支持。各部门、各地方的各级党政领导应提高对科技工作的认识，并给予极大的重视和支持。领导机关要努力提高自己的科技素养，真正把依靠科学技术作为振兴中华、振兴地区、振兴部门的头等大事，成为倡导科技发展的带头人。

计划、人事、教育、财政、金融、税收、外贸、宣传等部门和新闻、出版、文艺各界，都要加强对科技工作的支持，共同为科技发展作出贡献。

38. 发展科学技术是中华民族的千秋功业，需全民族的奋起，多代人坚持不懈的努力。在历史上，中华民族依靠自己的勤劳智慧，创造了灿烂的古代文明，至今仍闪烁着不朽的光辉。今天，在中国共产党的领导下，在党的基本路线指引下，依靠科学技术进步，我们就一定能够实现社会生产力的新飞跃，实现社会主义现代化建设第二步、第三步的伟大战略目标。

关于发布《适应社会主义市场经济发展，深化科技体制改革实施要点》的通知[①]

（1994 年 2 月 27 日国家科委、国家体改委）

各省、自治区、直辖市、计划单列市人民政府，国务院各部门，中国科学院：

改革和发展是当代中国两大主题。以邓小平同志 1992 年初重要谈话和党的十四大为标志，我国改革开放事业进入新的历史时期。党的十四届三中全会发布的《中共中央关于建立社会主义市场经济体制若干问题的决定》，对深化经济体制改革做出了全面部署。科技体制改革作为经济体制改革的配套工程，将走向全面推进、配套实施的新阶段。为此，根据中央《决定》确定的科技体制改革目标，结合十多年科技体制改革的实践经验，国家科委、国家体改委联合制定了《适应社会主义市场经济发展，深化科技体制改革实施要点》，现印发给你们，请结合本地区、本部门实际情况，认真组织实施。

各地方、各部门在实施过程中，要在总结我国成功经验和借鉴国外有益做法基础上，大胆探索、勇于实践，按照“稳住一头，放开一片”的方针，加速科技经济一体化。要坚持改革与发展相统一，通过改革的深化促进发展，根据发展的要求深化改革。要把统筹规划、宏观指导和分步实施、重点推进结合起来，抓好试点城市

① 地质矿产部科技法规司：《科技法律法规》，北京：地质出版社，1998 年版，第 77–84 页。

和试点单位，发挥示范和辐射作用。要把改革决策与立法决策结合起来，运用法律手段推动、引导、保障和规范改革实践，促进科技战线改革与发展步入社会主义法制轨道。

国家科委　国家体改委

一九九四年二月十七日

适应社会主义市场经济发展
深化科技体制改革实施要点

改革和发展是当代中国两大主题。适应发展社会主义市场经济和科学技术事业的需要，深化科技体制改革，合理配置科技资源，优化科技运行机制，进一步解放和发展科技第一生产力，是实现我国本世纪末改革开放和现代化建设宏观目标的重要组成部分。为此，提出如下实施要点。

一、总体目标与方针

（1）我国的科技体制改革已经走过了十多年的历程。十几年来，在邓小平同志建设有中国特色社会主义理论和科学技术是第一生产力的伟大战略思想指导下，科技体制改革遵循“经济建设必须依靠科学技术，科学技术工作必须面向经济建设”的基本方针，进行了卓有成效的创造性实践，初步打破了原有高度集中的计划管理体制，不断增强市场机制在资源配置和科技运行中的作用，多层次、大力度、全方位地推进了科技与经济结合，逐步形成了面向经济建设主战场、发展高新技术及其产业、加强基础性研究三个层次的战略布局和纵深部署。在日益成熟的理论指导和丰富的实践经验基础上，我国科技体制改革作为经济体制改革的配套工程，正走向全面推进、配套实施的新阶段。

以邓小平同志 1992 年初重要谈话和党的十四大为标志，我国的改革开放事业进入了历史新时期。党的十四届三中全会发布的《中共中央关于建立社会主义市场经济体制若干问题的决定》，对经济体制改革进行了全面部署。在新形势下，我们要全面贯彻落实十四届三中全会重要决定，进一步加大科技体制改革力度，为加快建立社会主义市场经济体制和实现现代化建设第二步、第三步战略目标作出贡献。

（2）科技体制改革的总体目标是建立适应社会主义市场经济发展，符合科技自身发展规律和市场经济运行规律，科技与经济密切结合的新型体制，促进科技进步，实现科技、经济和社会的综合协调发展。建立这一体制，要求科技资源配置在国家宏观调控下以市场调节为基础进行；科学技术进步由政府、科研机构、企业和全社会共同推动；科技经济行为用法律、法规予以规范。2000 年前，要构筑起新体制的基本框架，即：

——组织结构：形成结构优化、布局合理、精干高效、纵深配置的现代化研究开发体系；

——运行机制：形成开放、流动、竞争、协作的科学研究机制，市场经济与技术创新有机结合、富有生机和活力的科技成果转化机制；

——微观基础：建立现代科研院所制度、现代科技企业制度和具有数量和质量相对优势的跨世纪人才梯队；

——宏观管理：建立符合精简、统一、效能原则的，统筹协调的科技行政管理体制，健全完善的科技政策体系和法律体系。

（3）实现科技体制改革的总体目标，必须坚持“稳住一头、放开一片”的方针，推进科技经济一体化；坚持解放思想与实事求是相统一，在总结我国成功经验和借鉴国外有益做法基础上，大胆探索，勇于实践；坚持改革与发展相统一，通过改革的实践促进发展，根据发展的要求深化改革；坚持改革科技体制与建立社会主义市场经济体制相统一，促进科技体制改革与经济、金融、外贸、教育体制改革相配套；坚持统筹规划、宏观指导与分步实施、重点推进相结合，抓好试点城市和试点单位，发挥深化改革先行区域的示范和辐射作用；坚持改革决策与立法决策相结合，运用法律手段推动、引导、保障和规范改革实践，促进科技战线改革与发展步入社会主义法制轨道。

二、推动科技系统调整结构，分流人才

（4）实行“稳住一头，放开一片”的方针，调整科技系统组织结构，分流科技人员，从根本上改变科研机构重叠、科技力量分散、科技工作低水平重复的状况，实现科技资源的优化配置和合理布局，是今后一个时期内深化科技体制改革的中心任务。

“稳住一头”，是指稳定支持基础性研究、高技术研究、事关经济建设、社会发展和国防事业长远发展的重大研究开发，形成优势力量，力争重大突破，提高我国整体科技实力、科技水平和发展后劲。“放开一片”，是指放开放活各类直接为经济建设和社会发展服务的研究、开发、创新机构，放开放活科技成果商品化、产业化活动，使之以市场为导向运行，对经济建设和社会发展作出新贡

献。按照这一方针推进我国科技系统的分流和调整，要解放思想，更新观念，拓宽视野，提高起点，大胆借鉴发达国家近百年来经过实践证明是行之有效的科技结构体系和社会公共机制，使我国科技战线的改革开放迈出大步伐，再上新台阶。

（5）贯彻“稳住一头，放开一片”的方针，要以发展战略为主导推进改革，以深化改革为动力促进发展，围绕下列战略目标加速科技经济一体化：

——瞄准我国新兴支柱产业和二十一世纪主导产业，推进研究开发，组织协同攻关，培育新生产力；

——调动大部分科技力量进入经济建设主战场，解决关键技术，推广适用技术，逐步实现大部分工农业生产技术和装备现代化；

——聚集科技力量，加速高新技术产业、尖端幼稚产业和资源优势产业群体的发展；

——启动重大区域开发，推动地缘战略产业的发展，并通过科学技术的注入改变中西部地区经济技术落后局面；

——培养和造就高水平科技队伍，开展大科学研究，实施大科技工程；

——实施21世纪议程的社会发展研究，解决环境与发展问题，全面改善社会发展状况。

（6）适应世界经济竞争格局向科技竞争逐步转移，提高科技经费投入的总体水平，改革科技计划体制，使“稳住一头”的政策到位。各级人民政府要严格执行《科技进步法》关于财政用于科学技术的经费增长幅度高于财政经常性收入增长幅度的规定，制定保障在本世纪末全国研究开发经费占国民生产总值的比例达到1.5%以上的实施步骤和监督机制。各项科技计划要突出重点领域，资金投放要向重点项目、重点承担单位倾斜，使我国的重大研究、开发和创新取得标志性的重大进展。

保持一支能在国际前沿拼搏的精干队伍，重点武装一批达到世界先进水平和国内领先水平的研究机构，不断提高其素质和水平，在科研经费、实验手段和其他物质条件方面给予充分保障，形成适应新科技革命挑战和实施跨世纪发展战略的中坚力量。这些研究机构、重点实验室，加快分流人才步伐，优化内部结构，打破部门之间、地区之间、中央机构与地方机构之间以及不同学科之间的壁垒，建立开放、流动、竞争、协作的科研机制，克服研究开发小型化、短期化和封闭化趋势，率先建立现代科研院所制度。国家择优支持少部分机构通过就地改造或易地重建等方式，积极探索国立、省立科研院所的新模式，努力攀登世界科学技术高峰。

充分发挥经济杠杆对推进科技进步的激励作用和调节功能，对于科研机构和企业在国家重大科学研究、科技工程、支柱产业和区域开发所做的科技投入，应参照国际惯例给予退税优惠；对设立科学基金资助和奖励科学研究的国内外组织和个人，应给予荣誉和鼓励。

（7）设立国家研究机构，是世界主要国家实施发展战略、组织科学研究、推动科技进步的重要措施，也是我国科技战线实现“稳住一头”，建立现代化研究开发体系的一大举措。国家科委将会同有关部门，借鉴国外经验，根据科技发展战略，选择 5—10 个学科前沿、人才拔尖、结构合理和机制先进的科研机构进行建立新型国家研究院试点。具备条件的省（市）可以选择 1—3 个科研机构进行省（市）立研究所试点。

在试点单位推行现代科研院所制度，实行院所长负责制、理事会决策制、监事会监管制，试行固定编制与人员流动相结合、职务工资与课题工资相结合的双层人事制度和分配制度。对任期内的院所长和固定研究岗位，按照逐步达到国际相对可比原则核定工资标准；对聘任的其他研究开发人员试行课题工资制。院所按技术合同或定货合同承担国家计划和科学基金支持的研究开发项目，承接社会委托的研究开发项目。有关科技成果的知识产权，其终极产权属于国家所有，院所在国家科技政策指导下行使持有权和支配权。

建立新型研究院所试点要积极探索，稳步推进，认真研究通过机构内改革向现代科研院所转轨的过渡措施。要在试点的基础上，建立评估机构，形成评价标准，确定示范章程，使这一改革探索逐步步入法制化、规范化的轨道。

（8）按照“放开一片”的方针，大力推动大批研究开发机构以多种形式进入经济、长入经济，实行企业化管理，推行民营化经营方式，走社会化发展道路，是今后几年深化改革的重点。要根据建立社会主义市场经济体制的要求，对能够纳入市场轨道运行，直接为经济建设和社会发展服务的研究开发机构，包括从事技术开发、科技咨询、信息服务、专业培训的机构，对科技企业、高新技术企业和与科技进步有关的第三产业，大幅度放开，进一步放活，依照《科技进步法》充分保障其研究开发、生产经营、经费使用，机构设置、人员聘用等自主权，保障其对自身发展模式和经营方式的选择权、探索权。在其进入经济、长入经济的过渡期内，可保留原机构名称，继续享受国家对科研机构的有关优惠政策。

继续鼓励研究开发机构以开发科技产业为目标，探索和实践技工贸、技农贸一体化经营。国家对这类机构在新产品、中试产品和技术性收入方面，实行扶植政策；支持科研机构与企业联合进行技术开发；支持有条件的科研机构直接进入大中型企业或企业集团，成为企业技术开发部或技术开发中心。

具备条件的研究开发机构，可以投资兴办多种产权形式和经营方式的科技企业；可以兼并、承包中小型企业发展科技产业；可以通过联营、参股、控股等形式，组建成以科技为先导、产权联接为纽带的跨地区、跨行业的科技产业开发集团。实力雄厚的大院大所，可以充分发挥综合科技优势，进行由科研机构领办科技企业集团、科研生产联合体的试点。

支持研究开发机构改制转型为现代科研型企业。有条件的机构可以按照《公司法》和国家关于高新技术股份制公司的特殊规定，作为发起人吸收法人和个人投资入股，改造成有限责任公司、股份有限公司；从事某些特定领域高新技术产品的研究开发和生产经营的大院大所，可以改组成国家独资公司。进行上述改造时，高新技术成果作价入股可以占公司注册资本的30%。鼓励改制转型的机构通过吸收国外投资，以科技为依托组建中外合资、中外合作经营企业。积极推进国有中小科技机构采取民营方式，包括通过吸收内部职工入股，改造成股份合作制企业；通过租赁、长期承包、委托经营和重组产权，向国有民营企业过渡；经有关部门批准也可以通过拍卖、分期出售、租售结合等方式转化成民有民营企业。

继续鼓励研究开发机构改组或创办生产力促进中心、工程技术中心、集成配套开发中心、高新技术创业服务中心、科技咨询与服务中心等技术创新组织。全国选择10至20个各类组织进行试点，探索有利于发挥和拓宽其功能的结构和机制。支持科研院所、高等学校依照《科技进步法》的规定，与外国组织或者个人合办科研院所、开放实验室。

（9）借鉴国外经验，结合具体国情，探索具有中国特色的非营利的公共科研机构发展模式。率先在社会公益、社会发展、农业科研、科技咨询、信息服务领域选择 5—10 个机构进行试点。社会公共科研机构以国家的政策性资助、社会无偿投入和国外捐赠作为发展基金；通过承接国家计划任务、社会委托项目、转让科技成果、提供咨询服务等多种途径，形成自我积累和发展能力。机构财产实行社会公有制和信托经营制，由营运者依据信托规约和机构章程经营管理，但财产和收益不归捐款者、营运者所有，财产增殖和创收用于发展科学技术事业。

鼓励和支持国内外组织和个人设立各类科学基金，纳入社会公共组织的新型机制运行，与政府部门、企事业单位无行政隶属关系和产权归属关系，国家对其实行法制管理并视情实行某些优惠政策。

（10）改革社会公益型科研机构和农业科研机构。要根据国民经济和社会发展当前和长远需要，统筹规划我国社会公益机构的总体结构和布局，支持重点机构进行组建现代国立研究院所的探索，推动部分机构向社会公共科技机构过渡，引导大部分社会公益型科研机构由事业型向经营型转变，为社会提供有偿服务，逐步实行企业化管理和经营，建立起具有生机和活力的自我发展机制。要立足经济、社会、科技发展需要，逐步构筑成结构网络化、功能专业化、服务社会化的公益型研究开发与服务体系，发展新兴第三产业。

按照自然区划调整农业科研机构的布局。国家就农业科研、教育、生产的结构体系发布指南，以省为主推动农业科研机构的分流和调整，指导部分机构转化成区域性科研中心，从事应用研究，兼顾基础研究和技术开发。大力加强地、县农业科技机构和示范推广服务机构，实现农业科技机构的结构性调整。地方各级人民政府要全面贯彻实施《科技进步法》，鼓励和支持以农民为主体的专业技术协会、研究会和科技经济合作组织的发展，建立科技机构、示范推广服务机构与各类群众性科学技术组织相结合的，面向农村各业的产前、产中、产后全程科技服务体系。

三、培育、发展技术市场和信息市场

（11）技术市场和信息市场是重要的生产要素市场。改革开放十多年来，我国技术市场蓬勃发展并已初具规模，《技术合同法》的贯彻施行，推动技术市场步入法制轨道。信息市场也开始萌生。要坚定不移地按照“放开、搞活、扶植、引导”的方针，在国家宏观调控下，以技术市场为基础加速科技成果由知识形态向商品形态由潜在生产力向现实生产力转化。要深化科技经济配套改革，优化市场机制，强化市场基础，完善市场体系，规范市场秩序，综合动用经济的、法律的和必要的行政手段，促进技术市场在规模、结构、水平和管理上再上新台阶。要发挥技术市场的纽带作用和信息市场的媒介作用，加速科技与经济一体化进程。

（12）加强技术市场的中间环节，加速技术市场和信息市场现代化步伐。要在全国统筹规划，合理布局，积极推进现代技术交易所、综合技术商社的试点，按新型机制运作，加强基础条件建设，形成常设技术市场的基本构架。要发展信息高速通道，使信息采集、贮存、处理和传递手段现代化，发展和完善区域性信息网络，促进全国性信息网络的形成。

按照中央和地方政府投资、民间投资、社会集资相结合的方式，试建面向技术交易主体的中间试验、工业性试验基地和风险投资基金，支持沿海地区、经济发达地区先行一步，并发挥其示范辐射功能。有重点地疏通技术、信息流通环节，支持农村和中西部地区技术市场的发育和发展。

（13）建立公平、公开、公正的竞争秩序。制定技术市场管理条例和公正技术交易规则，加强流通领域知识产权保护，加强对不为公众所知悉、能为权利人带来经济利益、具有实用性并经权利人采取保密措施的技术信息、经济信息等商业秘密的保护，严厉制裁欺诈、胁迫和严重侵害知识产权的行为，制止地方保护主义、部门分割主义和违反诚信原则的不正之风。加强各地技术市场管理机构和技术合同认定机构建设，进一步做好技术合同认定、登记、管理和争议的处理工作，提高技术合同规范性和履约率。加强技术市场的执法力度，办好各省、自治区、直辖市和省会城市建立的技术合同仲裁机构，按照客观、公正和有利于科技进步的原则处理技术合同争议。有条件的省市可以试办市场信息调查组织，为当事人提供法律咨询、科技信息和侵权取证等服务。

（14）促进科技计划管理与技术市场接轨。要把市场需求作为科技计划项目的重要来源，项目实施实行公开招标，平等竞争。立项、签约、履行、验收以及科技成果的产权归属和分享，应当全面贯彻执行《技术合同法》的规定。执行科技计划产生的知识产权，属于承担单位的，单位有使用、转让，或经评估后作为法人财产入股参股的权利，但主管部门有决定该项成果实施的权利。

（15）加速技术和信息市场的统一性、开放性和国际性步伐。加快培育农村技术和信息市场，发展城乡结合和技术、人才、生产、市场贯通的综合服务体系。推动技术市场向商品市场扩散，大力提高产品的技术附加值；促进技术和信息市场向服务市场辐射，发展具有较高技术含量的科技第三产业；加强技术市场、信息市场与劳动力市场的衔接，形成人才、技术、信息相互融通、合理流动的良性循环；建立无形资产评估制度和风险投资机制，使技术市场与金融市场、产权市场相互对接，在全国形成大流通、大循环格局。建立符合国际惯例的技术贸易制度，发展对外技术交易窗口和高技术产品出口基地，建立利用国内国际两个资源、面向国内国际两个市场的中介、咨询、经纪、代理、信托、资产评估、市场调查、知识产权、科技经济信息等服务网络，以促进技术和信息市场与国际市场接轨。

四、大力发展民营科技型企业

（16）发展以公有制为主体、多种经济成份并存的民营科技型企业，促进科技与经济结合，加速科技成果的商品化、产业化、国际化，是科技、经济体制改革的重要成果。民营科技型企业已成为发展我国科学技术事业和新兴科技产业的有生力量，成为社会主义市场经济的有机组成部分。要全面贯彻落实国家科委、国家体改委《关于大力发展民营科技型企业若干问题的决定》，进一步解放思想，更新观念，动员社会力量创办和发展多种组织形式和经营方式的科技型企业；鼓励国有科技企业转换经营机制，探索国有民营的发展模式；引导乡镇企业增强研究开发与成果转化能力，向科技先导型企业转轨。从而形成以国有国营科技机构和多种形式的民营科技型企业长期并存、优势互补、平等竞争、共同发展的兴旺局面。

（17）根据国家的产业政策和市场需求指导民营科技型企业的发展。积极鼓励创办开发和经营技术密集产品的企业，特别是高新技术企业，形成新兴产业群，促进我国产业结构调整和升级。支持在与科技进步有关的咨询业、信息业、培训业以及技术服务业，兴办民营科技第三产业。根据发展高产、优质、高效农业的需要，积极发展面向农业生产全过程提供社会化科技服务的技术经济实体。重点扶植一批科技含量高、产业规模大、具有较强研究开发与市场开拓能力的大型民营科技型企业，引导其进入国际市场，参与国际竞争。

（18）进一步完善民营科技型企业规范化发展的政策环境。加快民营科技型企业股份制改造，每年选择几家科技含量大、经营效益好、管理科学化的民营股份有限公司进行境外融资试点，为民营科技型企业完善机制、发展产业拓宽道路。进一步改革国家科技计划管理体制，引入竞争机制，采取有效措施，鼓励并保障民营科技型企业通过平等竞争，承担更多的国家计划项目。深化外贸体制改革，赋予具有较强出口创汇能力的民营高科技企业自营进出口权和境外投资权，支持其向跨国集团公司方向发展。

要加快社会保障制度改革，因地制宜地建立面向民营科技型企业职工的医疗、待业、养老保障制度和保险基金，逐步实现社会统筹。

进一步推进民营科技型企业制度建设。要通过深化改革，逐步解决部分企业中存在的产权关系不清晰、管理制度不健全、技术经济行为不规范等问题，按照现代企业制度规范成集体企业、合作企业、合伙企业、有限责任公司、股份有限公司等。指导个体经济组织实行股份合作制改造，鼓励有条件的私营企业改造为公司法人。

（19）积极探索国有民营科技型企业的组织形成和经营方式。鼓励国有企业在不改变国有资产所有权和保障国有资产保值增殖前提下，以科技人员为经营主体，以“四自”原则为经营机制，以科技经济一体化为经营方向，加速机制转换和创新。国有科技企业可以采取委托经营、租赁经营、长期承包等多种经营方式，也可以通过股权转让和资产重组成立新的公司法人，订立规范协议和章程，建立相应的经营监管制度，创办富有生机和活力的现代国有民营企业。

五、推进区域性综合改革和发展

（20）按照国家科委、国家体改委《关于深化高新技术产业开发区改革，推进高新技术产业发展的决定》精神，进一步深化高新技术产业开发区综合改革。当前，一要进一步推进高新技术产业开发区总公司股份制试点，形成人才、技术、资金的组合优势，支持主导高技术产业发展，并发挥其扩散效应。二要加速高技术企业建立现代企业制度，贯彻执行《公司法》的规定，重点推进多个法人持股的有限责任公司，选择部分技术含量高、盈利状况好、管理科学化的企业，改组为股份有限公司，其中有条件的企业，股票可以公开发行和上市，包括境外上市；高新技术企业的股份制改造，技术入股可以占注册资本30%，并允许从中提取30%奖励对创业作出突出贡献的科技人员；开发区管理机关要建立股份制改造指导小组和资产评估制度，解决高新技术无形资产评估的特殊问题。三要进一步深化人事制度、分配制度、社会保障制度等方面的改革，创造有利于高新技术产业蓬勃发展的外部环境和内在机制。四要抓住机遇，吸引国际资本，采取中外合资、中外合作等形式，创办风险投资公司和产业发展基金，支持高新技术成果商品化、产业化、国际化。

选准新兴支柱产业和世界范围内正在形成的21世纪主导产业，进行培育大产业，塑造大企业的实践，要加强宏观指导，通过发布技术政策，发布高技术产品在研信息，引导企业正确选择研究开发方向，避免各开发区产业趋同，形成合理的高技术产业结构；通过“火炬”等科技计划向重点项目、重大科技工程及产业化攻关倾斜，实施高科技产业发展战略。

（21）启动星火技术密集区综合改革。大力发展各类农村技术经济合作组织，完善以科技为先导的农村社会化服务体系，在星火技术密集区重点发展集科技、金融、供销、市场于一体的区域性支柱产业，创办以科技为先导的农业开发公司，探索农村、农业实现专业化、市场化、社会化大生产的途径和形式。

（22）启动社会发展综合实验区改革，指导科技、经济与社会、环境的协调发展，提高人民的生活质量和水平。围绕实施中国21世纪议程，促进全社会参与推进社会进步的实践，依靠科技进步，建立持续发展机制。率先在社会发展综合实验区进行建立社会公有制社会发展基金试点，办好社会公共科研机构，取得经验，逐步推广。

（23）推动高新技术产业开发区、星火技术密集区、社会发展综合实验区改革与发展的联动，并与经济技术开发区相互促进。通过各区之间优势互补和良性互动，促进区域经济的发展和传统产业的改造。要着眼跨世纪发展战略，根据沿海、沿边、沿江和沿路的科技、资源、环境优势，探索协作和联合机制，建立高技术产业发展带、资源优势产业发展带、地缘技术经济贸易区，促进高新技术成果和现代管理体制大面积、大幅度地辐射和扩散。各区之间要认真研究在融资方式、产业分布、技术与信息共享、研究开发与生产经营结合等方面的统筹配套政策和综合协调机制，以利于运用多区综合优势，培育支柱产业，推进区域开发和实施重大工程。

六、努力创造人才辈出、人尽其才的良好环境

（24）发展科技，振兴经济，人才是关键。努力造就一支宏大的人才队伍，并充分发挥其作用，是迎接世界新科技革命挑战的战略要求。要进一步解放思想，摒弃一切僵化的管理制度和陈旧的思

想观念，推进科技、经济、教育体制配套改革，建立充满活力的人才培养、使用、激励和保护机制，创造人才辈出、人尽其才的良好环境，最大限度地发挥广大科技人员的积极性和创造才能，努力开创我国科技人员工作的新局面。

（25）加速培养跨世纪科技人才，加速学科带头人的代际转移。要在充分发挥老一辈科学家指导作用和中年科技工作者骨干作用的同时，大胆地把优秀青年人才推上重要的学术岗位和管理岗位。要切实贯彻落实《科技进步法》第二十九条关于“国家支持优秀青年的科学研究活动，在自然科学基金中设立青年科学基金”的规定，逐步扩大青年科学基金比例，并从各项科技计划经费中划出一定比例专项用于支持青年科技人员的研究开发活动。要广开渠道，建立多种面向跨世纪人才的科学研究基金和风险投资基金选准对象，择优支持，培养能够在世界科技前沿拼搏的青年学科带头人，造就懂经营、善管理的科技企业家，吸引海外学者参与重大科学研究、创办科技企业。要在科技经济发达地区试行青年科技工作者住房公积金制度，大力推进“安居”工程，建设一批青年科学家公寓，解决日趋突出的住房困难问题。要在总结各部门和各地方实施青年人才培养计划的经验的基础上，由国家科委、人事部、国家教委统筹协调，抓紧制定和实施二十一世纪人才工程，充分发挥中央和地方两个积极性，有计划、有步骤地把培养和造就青年科技人才工作推向前进。

（26）创造有利于人才合理流动的环境和条件，是充分发挥科技人员作用的重要环节。要抓好人才流动的中介环节，有条件的省、市科委和人事局要联合建立科技人才服务组织，为科技人员择业和流动提供服务。要进一步改革人事制度，户籍制度，待业、医疗和养老保健制度，率先在高新技术产业开发区、科技经济体制配套改革试点城市和科技人员相对集中的地区建立新型制度。要综合运用国家政策和经济杠杆的调控作用，充实和加强重点行业、重点领域的科技力量，引导科技人员为加速中小企业、乡镇企业、农村贫困地区的科技进步贡献力量。

（27）改革科技人员分配制度，按照按劳分配原则，从优核定科技人员的最低工资标准。对于承担国家研究开发任务的科技人员，要逐步提高工资水平，试行岗位工资制和课题工资制相结合的工资制度，其中达到国际水平的，工资标准要逐步提高，力争至本世纪末达到国际可比。从事技术开发、科技服务的科技人员，实行联系其所创造的经济、社会效益计算报酬的办法，上不封顶，拉开工资距离。从实施和转让技术成果、发明创造所获收益中提成一定比例作为报酬发给科技成果完成者，是《科技进步法》、《技术合同法》和国家政策的明确规定，要切实予以贯彻，其比例一般可按技术转让使用费的15%左右，和技术实施后新增留利的0.5—2%执行。

（28）完善科技奖励制度，进一步激发和调动科技人员的积极性。要在自然科学奖、技术发明奖、科技进步奖、国际科技合作奖的基础上，设置农村科技奖，完善国家科技奖励体系。鼓励国内外组织和个人设置科技奖励基金，奖励和资助作出重要成就的科技人员。从今年起，要依据《科技进步法》的规定，授予科学技术的开拓者、培育者和奠基者国家荣誉称号。对于创造重大经济效益、作出突出贡献的科技人员要实行重奖，实行股份制的科技企业，可参照高新技术产业开发区政策，试行将无形资产股份的一定比例用于该项奖励。

（29）倡导“尊重知识、尊重人才”的社会风尚，保障科技工作者合法权益。要认真执行最高人民法院和国家科委有关正确处理科技纠纷若干问题的意见，贯彻执行最高人民检察院、国家科委关于办理科技活动中经济犯罪案件的意见，正确掌握科技活动中的是与非、合法与违法、罪与非罪的界限，正确对待和处理科技人员在改革实践中产生的失误，依法保护科技人员的物质权利和精神权利。对于违法犯罪案件，要本着“一要坚决、二要慎重、务求搞准”的原则依法惩处，以维护科技工作的正常秩序。要教育广大科技工作者自觉遵守社会公德和职业道德，牢固树立爱祖国、爱人民的思想，团结协作，无私奉献，做促进社会主义精神文明和物质文明建设的模范。

七、进一步扩大科技工作的对外开放

（30）全方位对外开放，是我国发展国际科技合作与交流的长期方针，必须坚定不移地贯彻执行，并在实践中不断丰富和发展其内涵。要进一步巩固和发展与世界各国的科技合作关系，加强与各国际组织的多边合作。要下放外事、外贸权限，发挥部门、地方对外合作的积极性和主动性。要在加强政府间合作关系的同时，简化手续，推进民间对外科技合作的发展。

（31）加强科技合作与对外贸易的结合，为高新技术企业进入国际市场拓宽渠道。要进一步深化科技体制和外贸体制的配套改革，推动出口产品结构逐步转向以高新技术产品和成套设备为主导。授予更多的具备条件的科研机构、高等学校、高新技术企业外贸经营权，把高新技术产业开发区建成我国高技术产品出口的基地。

积极支持外贸企业、科技组织组建国际综合商社和外贸企业集团；或者以科技开发和技术辐射能力强，并拥有外贸经营权的科技组织为龙头，联合中小企业、乡镇企业组建科技型外贸企业集团。对赋予外贸经营自主权的大院大所、高等学校和科技企业，要在银行担保和结算等方面为其产品出口提供便利条件，对其生产出口商品所需的原材料、零部件和技术设备等，免交进口关税和免领进口许可证。要按照《科技进步法》第三十六条规定，允许其在国外投资，设立分支机构，进行研究开发、生产经营、市场开拓和售后服务。

（32）推动科研院所、科技企业进入国际市场，利用外资发展科技产业。积极吸引国外企业、组织和个人以多种形式到国内创办科技企业，共建科技、工业园区，并依法保护其正当权益。要按照《科技进步法》规定，鼓励国外、境外的科研机构、高等学校、企业和个人在我国境内单独设立或者与我国科技机构合作设立科研院所、实验室、试验基地和其他研究开发机构，鼓励外国投资者采取独资、合资、联办等多种方式到国内设立研究开发基金和风险投资公司，开创全方位、多层次、大跨度对外开放的新局面。

八、健全宏观调控体系，完善科技法制建设

（33）我国《科技进步法》规定："国务院科学技术行政部门，负责全国科学技术工作的宏观管理和统筹协调"。"地方各级人民政府应当采取有效措施，推进科学技术进步"。要按照精简、统一、效能的原则，建立健全宏观管理体系，大力组织重大科学研究和技术开发，加速科技成果在生产实践中的推广和应用。要适应社会主义市场经济的发展要求，把加强软科学研究和培育科技咨询产

业结合起来，进一步推进决策的科学化和民主化，为科技战线的改革和发展创造良好环境，提供支撑条件。要大力开展科技兴市、科技兴县活动，推进经济建设和社会发展切实转到依靠科技进步和提高劳动者素质的轨道上来。

（34）社会主义市场经济是法制经济，加强科技法制建设是巩固和发展改革成果，推动科技进步的根本保障。是否懂得和善于运用法律手段指导和推进现代化进程，是对各级领导能否指导改革开放事业的严峻考验。

科技法制建设要发挥中央和地方两个积极性，强化法律制定和实施监督两个环节，把加快科技立法与法律的贯彻落实和实施监督紧密结合起来，加速我国科技改革与发展步入法制轨道，取得更大发展。经全国人大常委会审议通过的《科技进步法》确定了新时期推进科学技术事业发展的基本准则，是制定配套法律、法规的基本依据。要以贯彻落实《科技进步法》这一科技基本大法为主导，把立法决策与改革决策结合起来，发挥立法的超前性、预见性和权威性，引导、促进、保障和规范科技体制改革的深化和发展，力争在三至五年内抓紧制定科技成果转化法、科技投入法等配套法律，制定科技奖励条例、技术市场条例、高新技术产业开发区条例和有关外国组织和个人在华设立科研机构、科技基金的管理办法等配套法规，推动各省、自治区、直辖市和有关地区制定地方性科技进步条例，尽快形成以《科技进步法》为核心、健全完善的科技法律体系，在新型科技体制的法律调节方面，实现纲领性与操作性、指导性与实践性、高度与力度的统一。

中共中央、国务院关于加速科学技术进步的决定[①]

（1995年5月6日）

科学技术是第一生产力，是经济和社会发展的首要推动力量，是国家强盛的决定性因素。为大幅度提高社会生产力，增强综合国力，提高人民生活水平，确保我国现代化建设三步走战略目标的顺利实现，必须大力发展科学技术，加速全社会的科技进步。为此，中共中央、国务院特作如下决定。

一、全面落实科学技术是第一生产力的思想

（1）邓小平同志关于科技工作的一系列论述，是建设有中国特色社会主义理论的重要组成部分，是我国新时期科技工作的指导思想。十一届三中全会以来，党中央、国务院制定了一系列科技工作的方针政策。我国积极、全面地推进科技体制改革，全方位、多渠道开展国际科技合作与交流，在改革开放中形成了新时期科技发展的战略部署，科技工作发生了历史性的变化。科技体制正在向适应社会主义市场经济体制和科技自身发展规律的新体制转变，科技与经济结合的新机制正在形成。科技工作的战略重点已转向国民经济建设，为促进经济和社会发展、增强综合国力、提高人民生活水平做出了突出贡献。取得了大批高水平的科技成果，科技队伍不断壮大，科技实力显著增强。全党、全国人民对经济建设必须依靠科学技术的认识不断提高。很多地方和部门实施了依靠科技振兴经济的

① 《中共中央、国务院关于加速科学技术进步的决定》，《中华人民共和国国务院公报》，1995年13期。

发展战略。国民经济建设正逐步转向依靠科技进步的轨道。实践证明，党中央、国务院关于科技工作的方针、政策和战略部署是正确的，科技体制改革的实践是成功的，科技工作的成效是显著的。从总体上看，我国已初步具备了支撑经济和社会发展、参与国际经济竞争的科技实力，为加速全社会科技进步奠定了坚实的基础。

同时应该看到，科学技术是第一生产力的思想尚未得到全面落实；在体制、机制以及思想观念等方面还存在许多阻碍科技与经济结合的不利因素；多数企业还缺乏依靠科技进步的内在动力；科技成果转化率和科技进步贡献率较低；旧体制下形成的科技系统结构不合理、机构重复设置、力量分散的状况依然存在；全社会多元化的科技投入体系还未形成，投入过低的状况尚未改观。这些前进中的困难和问题，严重地制约着科技与经济的发展，必须予以高度重视，认真加以解决。

（2）从现在起到 21 世纪中叶，是实现我国现代化建设三步走战略目标的关键历史时期。这一时期，科学技术的迅猛发展，必将对经济、社会产生巨大推动作用，也将给人类的生产、生活方式带来革命性的变化。科学技术实力已经成为决定国家综合国力强弱和国际地位高低的重要因素。

社会主义市场经济体制的确立，将为科技进步创造更为有利的环境和条件，也将对科技进步提出新的、更高的要求。实现国民经济持续、快速、健康发展，必须依靠科技进步解决好产业结构不合理、技术水平落后、劳动生产率低、经济增长质量不高等问题。面对国际经济、科技竞争的严峻挑战和人口多、底子薄、人均资源相对短缺的国情，加速国民经济增长从外延型向效益型的战略转变已迫在眉睫。实现这一战略转变必须依靠科技进步，大力解放和发展第一生产力，加速科技成果向现实生产力的转化，切实把经济建设转移到依靠科技进步和提高劳动者素质的轨道上来。为此，中共中央、国务院决定，坚定不移地实施科教兴国的战略。

（3）科教兴国，是指全面落实科学技术是第一生产力的思想，坚持教育为本，把科技和教育摆在经济、社会发展的重要位置，增强国家的科技实力及向现实生产力转化的能力，提高全民族的科技文化素质，把经济建设转移到依靠科技进步和提高劳动者素质的轨道上来，加速实现国家的繁荣强盛。

实施科教兴国战略，是全面落实科学技术是第一生产力思想的战略决策，是保证国民经济持续、快速、健康发展的根本措施，是实现社会主义现代化宏伟目标的必然抉择，也是中华民族振兴的必由之路。十一届三中全会以后，党的工作重点转移到以经济建设为中心，实施科教兴国战略，是这一转移的进一步深化和向更高阶段的发展，必将使生产力产生新的飞跃。

（4）实现科技生产力的新解放和大发展，必须深化科技体制改革，充分发挥广大科技人员的积极性、创造性，动员全社会的力量，全面推进科技进步。到 2000 年的目标是：初步建立适应社会主义市场经济体制和科技自身发展规律的科技体制。在工农业科学研究与技术开发、基础性研究、高技术研究等方面取得重大进展。科技进步对经济发展的贡献率有显著提高。经济建设、社会发展基本转向依靠科技进步和提高劳动者素质的轨道。到 2010 年达到以下战略目标：使基本建立的新型科技体制更加巩固和完善，实现科技与经济的有机结合。繁荣科技事业，培养、造就一支高水平的科学技术队伍。全民族科技文化素质有显著提高。重大学科和高技术的一些领域的科技实力接近或达到国际先进水平。大幅度提高自主创新能力，掌握重要产业的关键技术和系统设计技术。主要领域的生产技术接近或达到发达国家下世纪初的水平，一些新兴产业的生产技术达到国际先进水平。为建成社会主义现代化强国奠定坚实的基础。

（5）我国科技工作的基本方针是：坚持科学技术是第一生产力的思想，经济建设必须依靠科学技术，科学技术工作必须面向经济建设，努力攀登科学技术高峰。

在实际工作中，要把握好以下原则：

——经济和社会发展要以科技进步为主要推动力，科技工作要把解决经济和社会发展中的重大问题作为首要任务。从战略目标、政策、体制、规划、计划等方面体现科技与经济的有机结合。

——以改革作为科技发展的动力，在发展中深化科技体制改革。在政府宏观调控下，充分发挥市场机制对科技进步的推动作用。

——坚持自主研究开发与引进国外先进技术相结合，大力推动科技成果向现实生产力的转化。

——坚持长远目标和近期目标相结合，合理部署技术开发及推广、应用研究和基础研究工作。

——根据世界科技发展趋势和我国国情，科技发展要坚持有限目标，突出重点，集中力量，攻克关键，勇于创新。

——尊重知识、尊重人才，创造人尽其才、人才辈出的社会环境。在科研工作中，切实发扬学术民主，实现重大决策的民主化、科学化。

——坚持研究开发与群众性科技活动相结合，研究开发与科技普及、推广相结合，科技与教育相结合。

二、大力推进农业和农村科技进步

（6）在人口不断增加的情况下，保障全国人民丰衣足食，使农业和农村经济不断跃上新台阶，根本出路在于依靠科技进步。必须始终把科技进步摆在农业和农村经济发展的优先地位，把农业科技摆在科技工作的突出位置，推动传统农业向高产、优质、高效的现代农业转变，使我国农业科技率先跃居世界先进水平。

要着重抓好我国现有农业先进技术的组装配套，并有选择地引进一批国外、境外的优良品种、先进技术和管理经验，加速推广应用。大力提高农业技术成果的转化率和规模效益。到本世纪末，科技进步对农业的贡献率提高到50%，为实现粮食、棉花、油料等主要农产品的生产目标，并满足肉、蛋、奶、菜等副食供应提供技术保障。

要继续推进农科教结合，全面普及农业科技知识，采用多种方式培养农业技术人才，进一步加强农业技术推广工作，稳定农业技术推广队伍，发展技工贸一体化的农村社会化服务体系。各级政府要切实改善农业技术推广人员的工作和生活条件。

（7）切实加强农业科学研究与技术开发。集中优势力量，在动、植物新品种选育、病虫害与自然灾害的综合防治、区域综合发展、农产品加工及综合利用、农业生态环境保护等对农业发展有重大影响的关键技术领域，力求取得重大突破。加速畜牧、水产养殖综合技术，特别是开辟新饲料资源技术的开发。开发并推广节水灌溉和科学施肥等技术。重视林业、水利、气象等领域的科学研究和技术开发。要十分重视生物技术等现代高技术的研究开发及在农业上的应用，加强农业基础性研究，为建设现代农业奠定坚实的理论基础和技术基础。

（8）依靠科技进步，促进农村经济全面发展。努力提高乡镇企业技术水平和科学管理水平，引导其向技术密集、集约经营的方向发展。运用各类先进技术开创新的产业领域，为转移农村剩余劳动力广开渠道，推动农村工业化和小城镇建设。

要进一步加强科技扶贫工作。大力支持贫困地区发展科技和教育。帮助贫困地区培养技术人才，推广先进适用技术。引导贫困地区人民依靠科技开发当地资源，加快脱贫致富的步伐。发达地区也要在技术、信息、人才、资金等方面加大对贫困地区的支援。

三、依靠科技进步提高工业增长的质量和效益

（9）我国工业发展正在进入提高增长质量和效益的关键时期。提高工业增长质量和效益，实现工业现代化，根本途径在于推进科技进步。搞好国有大中型企业，调整产业结构，提高劳动生产率和经济效益，加快产品的更新换代，提高产品质量和市场竞争力，必须把科技进步作为关键措施。

技术创新是企业科技进步的源泉，是现代产业发展的动力。要推动科研院所、高等学校和企业合作开发先进技术。技术引进要与国内研究开发统筹安排、有机结合，在注意引进关键技术的基础上，加强技术创新，增强自主研究开发能力。产业关键技术及工艺开发、装备研制，要逐步实现以国内为主，真正使民族工业的发展建立在以自主创新为主的基础上。

（10）大力推进企业科技进步，促进企业逐步成为技术开发的主体。要把增强企业应用先进技术的活力，提高技术创新能力作为现代企业制度建设的重要内容。激励企业广泛吸纳国内外先进技术及新思想、新知识，面向市场需求，不断开发新产品、新技术和新

工艺，采用先进的管理方法、组织形式，科学地组织生产、销售和服务。要加强企业职工在职技术培训，广泛开展群众性技术革新活动。

继续推动产、学、研三结合，鼓励科研院所、高等学校的科技力量以多种形式进入企业或企业集团，参与企业的技术改造和技术开发，以及合作建立中试基地、工程技术开发中心等，加快先进技术在企业中的推广应用。

（11）提高工业增长的质量和效益，必须重点围绕基础产业、支柱产业和重大工程建设组织开展科技攻关，解决共性、关键性、基础性技术难题。重点开发推广电子信息技术、先进制造技术、节能降耗技术、清洁生产和环保技术等共性技术。

要使科研机构、高等学校的科技力量有效地参与引进技术的论证、评估，消化吸收和创新，参与重大工程的论证、前期研究和关键技术的研究开发。

（12）逐步建立现代化的信息网络，加快国民经济信息化的进程。扩大先进的电子信息技术在生产、管理、服务等领域的应用，努力解决交通、通信、商贸、财税、金融、保险、社会服务等领域的信息化、现代化的关键技术问题。大力推动与科技进步密切相关的信息、咨询等第三产业的发展。

四、发展高技术及其产业

（13）高技术产业是国际经济和科技竞争的重要阵地。发展高科技、实现产业化，是带动产业结构升级、大幅度提高劳动生产率和经济效益的根本途径。国家产业政策和发展规划要把发展高技术产业摆到优先位置，在财税、信贷和采购等政策上给予重点扶持。

要努力提高国产高技术产品的性能、质量和市场竞争力，提高高技术产业的规模效益和在国民经济中的比重，使一些高技术产业逐步成为国民经济的支柱产业。

大中型企业要与科研院所、高等学校密切结合，共同开发市场前景广阔的高技术产品。鼓励科研院所、高等学校创办各种形式的高技术企业。民营科技企业是发展我国高技术产业的一支有生力量，要继续鼓励和引导其健康发展。

国家高新技术产业开发区是培育和发展高技术产业的重要基地，国家视其项目适当给予优惠政策。要建立良好的管理和运行机制，区内企业要率先建立现代企业制度。要重点塑造一批自主开发能力和市场竞争力较强、具有较大经济规模、掌握知识产权、跨地区、跨行业的大型高技术企业或企业集团。

（14）高技术研究与开发是现代经济发展的先导，是高技术产业发展的源泉。发展高技术要紧密结合国民经济和国防建设的需要，把握世界高技术发展的趋势，坚持有限目标，突出重点，把提高自主创新能力和经济竞争力、掌握知识产权、实现产业化作为主要目标。国家继续组织实施高技术研究发展计划，遴选一批重点课题，组织以中青年人才为骨干的精锐队伍，加强集成，协同攻关，力求取得重大突破和创新。要在电子信息、生物、新材料、新能源、航天、海洋等重要领域接近或达到世界先进水平，在世界高技术的若干重要领域占一席之地。

（15）要充分发挥高技术对发展国防事业，特别是对发展武器装备的先导作用。加强国防科技的预先研究，集中力量，协同攻关，保证重点武器装备研制。继续全面贯彻军民结合的方针，注重发展军民两用技术，促进军工技术向民用领域转移。

五、推动社会发展领域的科技进步

（16）全面实施《中国21世纪议程》。依靠科学技术，控制人口增长，提高人口素质，合理开发利用资源，保护生态环境，实现经济和社会的持续、协调发展。要切实加强社会发展领域的科学研究与技术开发。抓好一批环境、生态、资源的保护、治理与综合利用等示范性工程，建立一批以科技引导社会发展的综合实验区。

（17）在人口、资源、环境、医药卫生等社会发展的重点领域，抓好一批综合性、关键性的重大科技项目和研究开发基地。加强计划生育、重大疾病诊断和防治的新技术、新方法的研究。加速建立新医药、中医药和医疗器械自主研究开发体系。到下世纪初，使严重危害人民健康的主要疾病的发病率明显降低。

加强国土资源、海洋资源开发和综合利用等科技问题的研究。坚持经济、环境、社会效益相统一，实现环境保护和资源的永续利用。加强防灾减灾、社会安全、城市建设、劳动保护、文化和体育等领域的科技工作。建立食物和营养安全与质量检查、监督体系。不断提高全国人民的身体素质。

大力开发、推广清洁能源技术、清洁生产技术、污染治理技术及其装备。依靠科技进步，推动医药、环保、资源综合利用、住宅、流通与社会服务等产业的发展。

六、切实加强基础性研究

（18）基础性研究是人类文明进步的动力，是科技与经济发展的源泉和后盾，是新技术、新发明的先导，也是培养和造就科技人才的摇篮。基础性研究的使命是探索自然界的规律、追求新的发现和发明、积累科学知识、创立新的学说，为认识世界、改造世界提供理论和方法。基础性研究的重大突破，将带动新兴产业群的崛起，引起经济和社会的重大变革。

在当前一个时期，基础性研究要把国家目标放在重要位置，把为国民经济和社会发展提供动力作为中心任务，重点解决未来经济和社会发展的基础理论和技术问题，创立新的技术和方法。要注重发展新兴带头学科、边缘交叉学科和应用基础学科。支持自然科学与社会科学的合理结合，重视软科学研究及应用。

（19）基础性研究要按照“有所赶、有所不赶”的原则，瞄准国家目标和世界科学前沿，大胆探索、勇于创新，努力攀登科学高峰。根据国力、财力的可能，突出重点，选择具有一定优势、对国民经济和社会发展有重大带动作用的课题，集中力量，重点攻克。国家继续通过自然科学基金、国家重点基础性研究计划以及各种专项基金，加强对基础性研究的支持。不断增加投入，逐步提高基础性研究经费占研究和开发经费的比例。基础性研究要同人才培养有机结合。注重发挥高等学校在基础性研究中的作用。鼓励科研院所与高等学校的研究工作相互结合，研究人员和教学人员可相互兼职。有应用前景的基础性研究要与高技术研究、技术开发工作相衔接。重视支持科学家特别是优秀青年学科带头人自选课题的研究。创造学术民主的良好氛围，鼓励科学家探索新的科学规律，创立新颖的学术观点。

（20）加强科研基础设施的建设。在现有国家重点科研机构、重点实验室的基础上，建设一批开放的科研基地。努力提高科研仪器、装备的现代化水平和自主研制开发能力。重视科技信息的有效利用和传播，加强科技图书、资料和数据库的建设。要有计划地建立全国科技信息资源传输的设施，建设连接全国科研机构、高等学校的科教信息网络，实现科技信息共享和交流的现代化。

七、深化科技体制改革，建立适应社会主义市场经济体制和科技自身发展规律的新型科技体制

（21）科技体制改革是一场解放科技生产力的广泛而深刻的革命。今后，深化科技体制改革的重点是，调整科技系统的结构，分流人才。要真正从体制上解决科研机构重复设置、力量分散、科技与经济脱节的状况，加强企业技术开发力量，促进科技与经济的有机结合。

到本世纪末，要初步建立适应社会主义市场经济体制和科技自身发展规律的新型科技体制。形成布局合理的科技系统结构、富有活力的运行机制、全社会多元化的科技投入体系和科学的研究院所管理制度。建立起包括企业技术开发机构、精干的独立科研机构、重点高等学校、农村技术服务体系、民营科技企业在内的全社会科技进步体系。各类科技力量合理配置，科学分工，优势互补，有机结合。

（22）按照“稳住一头，放开一片”的方针，优化科技系统结构，分流人才。

要在深化经济体制改革中，增强企业依靠科技进步的活力和动力。大中型企业要普遍建立、健全技术开发机构，与科研院所、高等学校开展多种形式的合作，大力增强技术开发能力，逐步成为技术开发的主体。同时，要建立、健全为中小型企业提供技术、信息服务的生产力促进中心等技术服务机构。

放开、搞活与经济建设密切相关的技术开发和技术服务机构，使其以多种形式、多种渠道与经济结合。这些机构运行要以市场机

制为主，除按照竞争机制承担政府研究开发任务外，主要按照市场需求进行研究开发、技术服务、技术承包和科技成果商品化、产业化活动。要使绝大多数技术开发和技术服务机构逐步由事业法人转变成企业法人。

要鼓励和引导这些机构直接进入大中型企业或企业集团，成为企业的技术开发机构。有的可以整建制转型为科技企业，或通过联营、参股、控股等形式组建科技企业集团，或通过兼并、承包企业以及股份制、与企业合建等方式转变为企业集团。根据区域经济发展的需要，鼓励部门、行业和地方科技力量的结合，为地方经济发展服务。有的可吸收国外投资，组建中外合作、合资企业。有的也可以其他形式走自负盈亏、自主发展的道路。

以政府投入为主，稳住少数重点科研院所和高等学校的科研机构，从事基础性研究、有关国家整体利益和长远利益的应用研究、高技术研究、社会公益性研究和重大科技攻关活动。“稳住一头”的工作，要在深化改革中有重点、分层次地进行。在开放和竞争的动态过程中，保持一支精干的、高水平的科研队伍。要从科研任务、经费、设备、基地、科研人员的工作和生活条件等多方面，切实加强对“稳住一头”工作的支持。

按照上述原则，由政府财政支持的科研院所要进一步精减，合理分流人员，保持一支精干的高水平的科研队伍。要推动科研院所与高等学校多种形式的结合。通过优化组合，逐步在基础性研究、应用研究、高技术研究、社会公益性研究的重点领域中，形成若干个对国内外开放的科研基地，聚集优秀人才，成为高水平的国家研究中心。行业和地方也要根据各自的需要，通过科技机构的优化组合、人才分流，保持精干的科技力量从事具有共性、长远性的研究开发工作。

调整结构、分流人才是深化科技体制改革的关键步骤。各部门、各地方要在国家宏观政策指导下，根据各自的实际情况，确定结构调整、人才分流的方案和实施步骤。要充分调动广大科技人员的积极性、创造性，审时度势、因势利导，试点先行，积极稳妥地推进。要与经济体制改革相配套，加快建立健全社会保障制度，完善国家和集体的知识形态的无形资产管理制度，为人才分流创造有利的社会环境。在改革的过渡时期内，国家将继续对“放开”的科研机构给予政策性扶持，以利于发挥科技整体力量的作用。

（23）进一步改革科技拨款机制，促进科学技术工作新型运行机制的建立。与经济建设直接相关的科技活动要按市场机制运行。进一步加快技术市场和信息市场建设，并逐步与国际市场接轨。发展各种技术中介机构和交易场所，培养职业技术经纪人队伍，建立技术供需的双向信息渠道和网络。

要在科技工作的运行和管理中引入竞争机制。国家以及行业、地方的科研任务实行公平竞争，通过公开招标，择优选择承担单位。科研人员的招聘、职务晋升也要通过公开竞争来进行，形成公平竞争、协同合作、合理流动、人尽其才的科技人才管理制度。要建立、完善重点科研机构、国家重点实验室的定期评估制度，适时调整专业、学科和机构的设置，形成优胜劣汰的竞争机制。

（24）建立科学的科研院所管理制度，使科研院所成为享有充分自主权、实行科学管理的法人。建立政事分离、责权明确的组织管理制度；优化组织结构和专业结构；建立“开放、流动、竞争、协作”的新型科研机制；建立固定与流动岗位相结合，专职与兼职相结合的人事制度；建立科技人员的收入与经济效益或工作业绩挂钩的分配制度；有条件的科研院所，可试行理事会领导，由科技人员代表组成的监事会监督、院所长负责的新型管理制度。

（25）建立适应社会主义市场经济体制的宏观科技管理体系。在深化改革中要理顺关系，改变科技工作多头管理、力量分散的状况。各级科技管理部门要转变职能，加强宏观调控，强化间接管理和协调、服务职能，与经济综合部门加强协调、密切合作，对科技工作进行统一规划、统一部署。

（26）加强科技立法和执法工作。制定和完善与《中华人民共和国科学技术进步法》相配套的各种法律、法规。强化科技法律、法规的实施。依法保护知识产权，保护科研机构、科技人员、发明创造者的合法权益不受侵犯。依法惩处各种形式的侵犯知识产权的违法行为，打击各种假冒科技之名、危害人民利益的违法活动，反对各种伪科学活动，使科技工作沿着法制的轨道有序地进行。

八、建设高水平的科技队伍，提高全民族科技文化素质

（27）科技人才是第一生产力的开拓者，是社会主义现代化建设的骨干力量。为适应社会主义现代化建设的需要，提高经济、科技在国际上的竞争力，必须充分发挥现有科技人员的作用，培养、造就千百万年轻一代科学技术人才，建设一支跨世纪的宏大科技队伍。

加速培养优秀科技人才是一项十分紧迫的战略任务。要选拔、培养一批跨世纪的青年学术带头人和工程技术带头人，放手让他们担负重任。要培养具有现代科技知识和经营管理才干、能率领企业参与国内外市场竞争的新一代企业家。培养科技人才，教育是基础。要认真贯彻《中国教育改革和发展纲要》，充分发挥高等教育

及其他各类教育在培养科技人才方面的主渠道作用，造就大批德才兼备的科技后备力量。要注重从工人、农民中选拔、培养科技人才及各类专业技术能手。重视妇女和少数民族科技人才的培养、使用。

大力弘扬优秀科技人员的拼搏奉献精神和成就，树立科学家、技术专家崇高的社会形象，使科技工作成为受人尊敬、令人羡慕的职业。随着经济的发展，要不断改善科技人员的工作和生活条件，使其收入和住房水平逐步提高。改进和完善科技奖励制度，加大对作出突出贡献的科技人员奖励的力度。

要鼓励留居海外的科技人才回国工作。国家对他们实行来去自由、往返方便的政策。欢迎他们以多种形式为祖国现代化建设贡献力量。

（28）科技界在社会主义精神文明建设中要率先垂范，为全国的精神文明建设做出贡献。要坚持党的基本路线，大力弘扬爱国主义精神，求实创新精神，拼搏奉献精神，团结协作精神。要树立良好的科学道德风范。坚决反对科研工作中的弄虚作假行为，纠正研究课题评审、成果鉴定、科技奖励中的不正之风。鼓励科技工作者崇尚科学、追求真理，用知识报效祖国、服务人民。

（29）加强科学技术的宣传和普及工作。提高全民族的科技文化素质是推进科技进步、实现社会主义现代化的必要前提，是民族强盛的基础。宣传和普及科技知识是社会主义精神文明建设的重要任务。科技、宣传、教育等部门都要认真贯彻落实《中共中央、国务院关于加强科学技术普及工作的若干意见》（中发〔1994〕11号），通过各种宣传媒介和舆论工具、设施场所，以群众喜闻乐见的形式，在广大人民群众中大力普及科技知识、科学思想和科学方法，进行辩证唯物主义和历史唯物主义的教育。用科学战胜迷信、愚昧和贫穷，把人民的生产、生活导入文明、科学的轨道。

九、多渠道、多层次地增加科技投入

（30）科技投入是科技进步的必要条件，是实施科教兴国战略的基本保证。必须采取有力措施，调整投资结构，鼓励、引导全社会多渠道、多层次地增加科技投入，尽快扭转我国科技投入过低的局面，提高各项科技经费的使用效益。到2000年全社会研究开发经费占国内生产总值的比例达到1.5%。

（31）增大财政科技投入。中央和地方每年财政科技投入的增长速度要高于财政收入的年增长速度，一些经济较发达地区，科技投入的增长幅度要更大一些。同时，中央和地方每年都要在基建拨款中安排一定数量的专项资金用于重点科研基地和重大科技工程的建设。要加大对农业科学研究、基础性研究、高技术研究的投入力度，并有计划、有重点地改善科研单位的工作条件。

（32）运用经济杠杆和政策手段，引导、鼓励各类企业增加科技投入，使其逐步成为科技投入的主体。在各项投入中增加用于科技的投入比重。各级政府、各部门在用于农业综合开发、重点建设项目经费中，要划出一定数量的资金，用于解决相应的科技问题。与技术引进、技术改造经费相配套，要拿出一定数量的资金用于技术创新工作。

（33）继续拓宽科技金融资金渠道，大幅度增加科技贷款规模。在国家信贷计划中增加科技贷款比例，进一步扩大商业科技贷款规模。国家政策性银行要增加科技信贷规模，对综合性的高技术重大工程项目给予重点支持。金融机构要支持科技事业的发展。发展科技风险投资事业，建立科技风险投资机制。积极吸收海内外资金支持科技事业。

（34）对科技活动、科技成果转化和高技术产业发展继续给予必要的政策扶持。经过批准，在一定范围内，对技术转让、技术开发等活动，由国家给予扶持。不断完善并认真执行国务院有关推动科技进步的各项优惠政策。

十、进一步扩大对外开放，广泛开展国际科技合作与交流

（35）国际科技合作与交流是我国对外开放政策的重要组成部分。在国家外交政策的指导下，根据我国科技和经济发展的需要，按照平等互利、成果共享、保护知识产权、尊重国际惯例的原则，以双边、多边、官方、民间等多种形式，积极开展多渠道、多层次、全方位的国际合作与交流。

国际科技合作与交流要把推动经济、社会各领域的科技进步，为经济建设服务作为首要目标。针对国民经济和社会发展的需要，重点加强在先进生产技术、高技术领域中的科技合作，积极吸收国外先进技术成果。继续推动技贸结合，扩大科研机构和科技企业外贸自主权。鼓励科研机构、高新技术产业开发区、高技术企业与外贸企业合作，大力推动我国高技术及其产品出口。国家对高技术及产品的出口给予信贷、出口退税等政策性支持。

积极引进国外先进技术和智力，欢迎国外专家来华工作或开展科技交流。鼓励高技术企业和有实力的科研单位在国外、境外创办分支机构，开展技术贸易。

（36）在基础性研究领域广泛开展国际学术交流，拓宽与世界各国及国际学术组织交流的渠道，扩大交流的范围。在一些重要领

域可与国外科研机构或企业共建科研基地。要为科技人员，特别是中青年科技人员开展国际合作研究及出国进修、短期访问和参加国际学术交流等科技活动创造条件，鼓励他们在世界科学的前沿博采众长，提高学术水平。

十一、切实加强党和政府对科技工作的领导

（37）领导广大人民群众实施科教兴国战略，是新时期各级党委和政府的神圣职责。各级领导干部，特别是党、政主要领导干部，要带头学习现代科学技术知识，增强科技意识，善于用科学的态度、科学的思想和方法处理问题，提高驾驭现代经济建设和科技发展的能力。各级党委和政府要切实加强对科技工作的领导，把科技工作摆在重要的议事日程。国务院和省级政府每年要至少召开两次会议专门研究科技工作，切实解决科技工作中的实际问题。各级党、政主要领导干部要在战略上把握好科技与经济的有机结合，真正把推动科技进步作为经济和社会发展的关键。党委和政府对经济建设和社会发展的重要决策，要广泛听取科学家和有关专家们的意见，实现决策的科学化、民主化，这要成为坚持民主集中制的一项重要制度。各级党政领导要对落实各项科技政策、措施的情况经常进行督促检查。

（38）加强科技机构的基础党组织建设。科研机构、高技术企业都要建立健全党的基层组织，发挥共产党员的先锋模范作用。努力做好广大科技人员的思想政治工作，从政治上关心中青年科技人员的成长，注意从他们中培养和发展党员。要把德才兼备、具有管理和领导才能的中青年科技人员，选拔到各级领导岗位。

（39）为了加强全国科技工作的宏观决策与管理，设立国家科

技领导小组。国家科学技术委员会作为主管全国科技工作的综合职能部门，要进一步加强对全国科技工作的宏观管理和综合协调。

（40）推进科学技术进步是全党全国人民的一项历史性任务，各地区、各部门及社会各界要团结协作，共同努力，为实施科教兴国的战略做出贡献。要充分发挥各民主党派和各级科协、学术组织、工会、共青团、妇联等群众团体以及新闻媒介在推动科技进步中的重要作用，在全社会形成尊重知识、尊重人才的社会风尚，在全国上下形成推动科技进步的热潮。广大科技工作者要走在科教兴国的前列，担当起解放和发展科技第一生产力的重任，为祖国的繁荣昌盛贡献智慧和力量。

各地区、各部门要根据本决定的精神，结合各自的具体情况，制订和完善推进科技进步的具体措施和考核办法，努力推进全社会的科技进步。

中共中央、国务院关于加强技术创新，发展高科技，实现产业化的决定（节选）[①]

（1999年8月20日）

（上略）

一、加强技术创新，发展高科技，实现产业化，推动社会生产力跨越式发展

1. 创新是一个民族进步的灵魂，是国家兴旺发达的不竭动力。加强技术创新，发展高科技，实现产业化，核心是全面落实邓小平同志关于“科学技术是第一生产力”，“高科技领域的一个突破，带动一批产业的发展”，“发展高科技，实现产业化”等重要思想，从体制、机制、政策等各方面，促进科技与经济的紧密结合，把我国的科技实力变成现实的第一生产力，使我国的综合国力迎头赶上国际先进水平。

技术创新，是指企业应用创新的知识和新技术、新工艺，采用新的生产方式和经营管理模式，提高产品质量，开发生产新的产品，提供新的服务，占据市场并实现市场价值。企业是技术创新的主体。技术创新是发展高科技、实现产业化的重要前提。

发展高科技，实现产业化，即高新技术成果商品化、产业化，要从体制改革入手，激活现有科技资源，加强面向市场的研究开发，大力推广、应用高新技术和适用技术，使科技成果迅速而有效

① 《中共中央、国务院关于加强技术创新，发展高科技，实现产业化的决定》，《中华人民共和国国务院公报》，1999年31期。

地转化为富有市场竞争力的商品；改造传统产业，发展现有高新技术产业，形成一批由技术创新突破带动的新兴产业。

在推进技术创新和高新技术成果商品化、产业化的工作中，要把市场需求、社会需求和国家安全需求作为研究开发的基本出发点，强化企业的技术创新主体地位，充分发挥市场机制在配置科技资源、引导科技活动方面的基础性作用，推动大多数科技力量进入市场创新创业；要以改革为动力，深化经济体制、科技体制、教育体制的配套改革，推进国家创新体系建设，为高新技术成果商品化、产业化提供有效的体制保障。

加强技术创新，发展高科技，实现产业化，必须扩大对外开放，广泛开展国际合作与交流，在竞争中获得发展。要把自主研究开发与引进、消化吸收国外先进技术相结合，防止低水平重复，注意技术的集成，促进多学科的交叉、融合、渗透，联合攻关，实现在较高水平上的技术跨越，形成更多的自主知识产权；必须坚持近期目标与长远目标相结合，注重加强基础研究、战略高技术研究和重大社会公益科研工作。重大突破性创新要着眼于从基础研究抓起，不断形成新思想、新理论、新工艺，为应用研究和技术开发提供源泉，增强持续创新的能力。

2. 加强对技术创新和高新科技成果商品化、产业化的方向和重点的宏观引导。在充分运用市场机制的基础上，正确发挥政府的宏观调控作用，统筹规划，突出重点，在我国有优势、产业关联度大、市场前景好以及有利于解决国民经济重点、热点、难点问题的技术和产业领域，优选一批重大项目，集中力量，协同攻关，取得突破。

加快农业和农村经济发展中关键技术的创新和推广应用。加强信息技术、生物技术与传统农业技术的结合，研究开发一大批关键技术，特别要在优良品种培育和节水农业两大领域集中力量尽快实现新的突破，为我国农业现代化提供强有力的科技支撑。

突出高新技术产业领域的自主创新，培育新的经济增长点。在电子信息特别是集成电路设计与制造、网络及通信、计算机及软件、数字化电子产品等方面，在生物技术及新医药、新材料、新能源、航空航天、海洋等有一定基础的高新技术产业领域，加强技术创新，形成一大批拥有自主知识产权、具有竞争优势的高新技术企业。

加速传统产业的技术升级。注重电子信息等技术与传统产业的嫁接，大力开发有利于开拓国内外市场和有竞争力的新产品，提高产品的质量档次和技术附加值，开发和应用先进制造技术、工艺和装备，大幅度提高国产技术装备水平。

提高服务业的知识含量。大力推动电子商务、远程教育等新兴服务业的发展，加快高新技术在金融、咨询、贸易、文化等服务领域的应用与推广，强化服务业的竞争能力。

加强环境保护和资源综合开发利用领域的技术创新。大力发展环保技术及其产业，加快清洁能源、清洁生产相关技术及其产业的发展，加强灾害监测、预报与防治相关技术的开发和推广应用，依靠科技进步实现可持续发展战略。

大力发展军民两用技术。加快军用技术向民用领域的转移及其相关产业的发展，注重发挥高新技术在科技强军中的重要作用，军民团结协作，为国家安全提供高科技支持。

二、深化体制改革，促进技术创新和高新科技成果商品化、产业化

3. 促进企业成为技术创新的主体，全面提高企业技术创新能力。国有企业要把建立健全技术创新机制作为建立现代企业制度的重要内容，要把提高技术创新能力和经营管理水平作为企业走出困境、发展壮大的关键措施，使企业真正成为技术创新的主体。企业的生存和发展，必须以市场为导向，加强技术研究开发和科技成果的转化与应用，切实把提高经济效益转到依靠技术进步和产业升级的轨道上来。

大中型企业要建立健全企业技术中心，加速形成有利于技术创新和科技成果迅速转化的有效运行机制。要加强岗位技术培训，全面提高劳动者素质，鼓励职工广泛开展技术发明、技术革新活动。积极创造条件，以多种方式吸引更多的优秀科技人员到企业工作，充分挖掘企业技术开发潜力。要面向市场需求不断开发新产品、新技术和新工艺，采用先进的经营管理方法和组织形式科学地组织生产、销售和服务。

要加强企业与高等学校、科研机构的联合协作。根据优势互补、利益共享的原则，建立双边、多边技术协作机制，通过相互兼职、培训等形式，加强不同单位科技人员的交流。企业研究开发经费要有一定比例用于产学研合作。要强化技术引进与消化吸收的有效衔接，提高技术配套和自主开发能力。

要促使企业主动增加科技投入。高新技术企业每年用于研究开发的经费要达到年销售额的5%以上。国家支持和鼓励大型企业集团提取一定数量的资金，集中用于共性、关键性和前沿性重大科技问题的研究开发和产业化的投入。

企业的技术改造要以市场为导向，注重发挥已有的基础和潜

力，注重与高新技术产业发展相结合。技术改造起点要高，防止边改造边落后。国家每年要有重点地支持一批对国民经济有战略意义和有市场、有效益的国有大中型企业的技术改造项目，经过科学论证并获批准的可给予贴息支持。

乡镇企业也要努力提高技术创新能力，在开发应用先进技术和改善经营管理方面迈出更大的步伐。

4. 推动应用型科研机构和设计单位实行企业化转制，大力促进科技型企业的发展。进一步深化科技体制改革，全面优化科技力量布局和科技资源配置。应用型科研机构和设计单位原则上要转为科技型企业、整体或部分进入企业、转为中介服务机构等。政府将通过科技项目招标方式，继续对这些科技型企业从事的共性、关键性、前沿性产业技术研究活动予以支持。现有社会公益型科研机构要实行分类改革：对于有面向市场能力的科研机构，要转为科技型企业、整体或部分进入企业，或转为企业性的中介服务机构；对于向社会提供公共服务、无法得到相应经济回报的科研机构，在调整结构、分流人员的基础上，按非营利性机构的机制运行和管理，政府主要通过扶持政策、竞争择优方式提供科研项目和基地建设经费。国务院部门所属科研机构（包括实行企业化转制的科研机构），除少数由中央管理外，一般要按属地化原则管理。

国家经贸委管理的10个国家局所属科研机构已经实施企业化转制，为整体推进科研机构体制改革提供了有益经验。科研机构转制为企业后，要建立现代企业制度，充分发挥面向市场研究开发和开展技术创新的优势，尽快形成一批拥有自主知识产权、具备国际竞争能力的高科技企业或企业集团，成长为富有活力的新的经济增长点。

5. 加强国家高新技术产业开发区建设，形成高新技术产业化基地。建设高新技术产业开发区，是我国经济和科技体制改革的重要成果，是符合我国国情的发展高新技术产业的有效途径。现阶段要进一步加大国家高新技术产业开发区综合配套改革的力度，增强为各类企业转化高新技术成果提供服务的功能，营造吸引、凝聚优秀科技人员和经营管理者创新创业的良好环境，成为技术创新、科技成果产业化和高新技术产品出口的重要基地，在区域经济发展中发挥辐射和带动作用。

要加强对国家高新技术产业开发区以及高新技术企业的监督、评估，对于少数不再具备条件、管理不善、在发展高新技术产业方面成效不大的开发区和企业，经评估审定后取消其国家高新技术产业开发区和高新技术企业的资格。

高等学校要充分发挥自身人才、技术、信息等方面的优势，鼓励教师和科研人员进入高新技术产业开发区从事科技成果商品化、产业化工作。支持发展高等学校科技园区，培育一批知识和智力密集、具有市场竞争优势的高新技术企业和企业集团，使产学研更加紧密地结合。

国家选择少数有基础、有条件、有优势的国家高新技术产业开发区，实行扶持政策，鼓励大胆探索，率先建立新的投融资机制和激励机制，尽快形成在国际上有影响的高新技术产业化基地，对全国高新技术产业开发区建设和高新技术产业发展提供有益的经验。

6. 支持发展多种形式的民营科技企业。民营科技企业是发展我国高新技术产业的一支新生力量，在我国经济和科技发展中起到越来越重要的作用。国家科技型中小企业技术创新基金要对民营科技企业给予支持。要从管理制度上保证民营科技企业能够平等地参与政府科技计划项目的竞标。

各级财政部门要帮助和支持民营科技企业解决产权关系不清的问题。对因历史原因造成的民营科技企业与国有企事业单位的产权纠纷，要本着保护国有资产权益、有利于鼓励成果转化、支持科技人员创业的原则妥善解决。在企业决策、管理、分配等方面要充分保障个人的合法权益。允许民营科技企业采用股份期权等形式，调动有创新能力的科技人才或经营管理人才的积极性。

国有科研机构经有关部门批准，可以改组为股份制、股份合作制企业。

7. 大力发展科技中介服务机构。科技中介服务机构属非政府机构，它是科技与应用、生产与消费不可缺少的服务纽带。国家鼓励某些性质相似的科研机构转制为企业性的科技中介服务机构，也鼓励科技人员创办这类机构。要尽快制定和完善关于科技中介服务组织的法规，规范其行业行为，加强管理。要引导各种技术创新服务机构、技术评估机构以及技术经纪机构等中介机构，为加速科技成果的转让提供良好的服务。积极发展信息咨询服务机构，为企业特别是广大中小企业提供经营管理、技术、市场营销、信息、人才、财务、金融、法律等方面的服务。对以向社会提供公共服务为主的中介服务机构，经认定后可按非营利机构运作和管理。

要进一步培育和健全技术市场。加强重大技术供需信息库以及科技信息网络等基础设施建设。各地要根据资源和产业特点，健全区域中介服务体系，逐步实现中介服务的组织网络化、功能社会化、服务产业化，形成全国乃至国际的电子网络商务交易市场。

要通过改革，完善农业科技推广服务体系，建立农业科研机构、高等学校、各类技术服务机构和涉农企业紧密结合的农业科技推广服务网络。农业科研机构要面向农业生产，农业科研成果要尽快转化为生产力。国家赋予农业科研机构包括种子等研究开发产品的自营销售权，鼓励它们与各类农业经营企业进行多种形式的协作或联合。现有县（市）、乡（镇）属农业技术推广服务机构要进一步转变服务方式，不断提高服务功能和水平。要打破行政地域界限，积极发展龙头企业、中介服务机构与农户紧密结合的新型农业技术推广模式，提高农业产业化经营水平，引导广大农户及时调整结构、根据市场需求组织生产。

三、采取有效措施，营造有利于技术创新和发展高科技、实现产业化的政策环境

8. 实行财税扶持政策。各级财政部门要加大对科技投入的力度。财政对科技的投入方式，由对科研机构、科技人员的一般支持，改变为以项目为主的重点支持；国家科研计划实行课题制，大力推行项目招投标和中介评估制度；建立科技型中小企业技术创新基金，为高新技术成果转化活动提供资金支持。对高新技术产品实行税收扶持政策。实行政府采购政策，通过预算控制、招投标等形式，引导和鼓励政府部门、企事业单位择优购买国内高新技术及其设备和产品。国家对社会力量资助科研机构和高等学校的研究开发经费，可按一定的比例在计税所得额中扣除。

对技术转让、技术开发和与之相关的技术咨询、技术服务的收入，免征营业税。对开发生产软件产品的企业，其软件产品可按6%的征收率计算缴纳增值税，制定对软件销售企业的扶持政策，软件开发生产企业的工资支出可按实际发生额在企业所得税税前扣除。对高新技术产品的出口，实行增值税零税率政策。对国内没有的先进技术和设备的进口实行税收扶持政策。

允许和鼓励技术、管理等生产要素参与收益分配。在部分高新技术企业中进行试点，从近年国有净资产增值部分中拿出一定比例作为股份，奖励有贡献的职工特别是科技人员和经营管理人员。

9. 实施金融扶持政策。金融机构要充分发挥信贷的支持作用，积极探索多种行之有效的途径，改进对科技型企业的信贷服务。依据企业的不同特点建立相应的授权授信制度，完善资金管理办法，增加信贷品种，拓展担保方式，扩大科技信贷投入。要尽快研究提出解决中小型科技企业贷款担保的办法。对符合条件、能提供合法担保的科技项目，要优先发放科技贷款与技改贷款；对于有市场发展前景、技术含量高、经济效益好、能替代进口的高新技术成果转化和技术改造项目，要提高贷款支持力度。国家对这类项目给予相应的贴息支持。国家对高新技术产品出口在信贷和贴息方面给予扶持。

要培育有利于高新技术产业发展的资本市场，逐步建立风险投资机制，发展风险投资公司和风险投资基金，建立风险投资撤出机制，加大对成长中的高新技术企业的支持力度。引进和培养风险投资管理人才，加速制定相关政策法规，规范风险投资的市场行为。优先支持有条件的高新技术企业进入国内和国际资本市场。在做好准备的基础上，适当时候在现有的上海、深圳证券交易所专门设立高新技术企业板块。

10. 完善科技人员管理制度，鼓励转化科技成果。科研机构转制为企业后，实行企业的劳动用人制度和工资分配制度。继续由政府支持的科研机构要实行以全员聘任制为主的多种用人制度。改革现行职称制度，推行岗位职务聘任制。对科研机构内部的职务结构比例，政府人事主管部门不再实行指标控制，由科研机构根据自身需要，自主设置专业技术岗位和职务等级，确定岗位责任和任职条件。科技人员竞争上岗，所取得的岗位职务和相应待遇仅在聘期内适用。科研机构实行按岗定酬、按任务定酬、按业绩定酬的分配制度，自主决定内部分配。

科研机构、高等学校要重视对技术创新带头人的培养和使用。要在科技人员中大力弘扬爱国主义、集体主义和求实创新、拼搏奉献的精神。造就一批适应市场竞争、善于经营管理、勇于开拓创新的技术和经营管理人才，努力为他们的成长创造良好的环境和条件，使他们有用武之地，促使优秀人才特别是青年人才脱颖而出，尽快走上关键岗位。

要进一步采取切实措施，以多种形式吸引优秀海外人才。除兑现国家已有优惠政策外，要在户籍、住房、子女入学等方面为他们提供便利。各有关部门要为从事高新技术国际合作与交流的中外人员提供往来方便。

在职务科技成果转化取得的收益中，企业、科研机构或高等学校应提取一定比例，用于奖励项目完成人员和对产业化有贡献的人员。

11. 对科研机构转制为企业的给予专项政策扶持。国家对下一步科研机构转制为企业的，继续实行国家经贸委管理的 10 个国家局所属科研机构转制所享受的扶持政策。科研机构转制时可以自主选择转为企业或进入企业的具体方式。转制时其全部资产（包括土地使用权）转作企业资产，全部资产减去负债转作国有资本金或股本金；原拨付的正常事业费，主要用于供养转制前离退休人员。转为企业的可将其原名称作为企业名称；进入企业的可继续以原名称从事科技开发等业务活动。

科研机构转制时，在职人员实行企业职工养老保险制度，纳入当地养老保障体系，建立基本养老保险个人帐户，单位和职工从转制后开始按比例缴纳养老保险金，转制前视同已缴纳。其中，转制前参加工作的在职人员，按法定年龄退休后，领取的养老保险金低于原事业单位标准的，可由单位按原事业单位的标准给予补贴。

12. 正确评价科技成果和进行科技奖励。国家根据各种科技活动的不同特点，实行相应的评价标准和方法，精简奖项数目，提高奖励力度。在国家级科技奖项中，自然科学奖的评审标准要与国际标准一致，侧重科学水平、科学价值；技术发明奖要奖励重大技术发明，特别是战略高技术的发明者；科学技术进步奖要强化高技术成果产业化导向，侧重自主知识产权和经济社会效益；国际科学技术合作奖要设置双边、多边科技合作奖。特别设立国家最高科学技术奖，对在当代科学技术前沿取得重大突破或在科学技术发展中有卓越建树的，在技术创新、科技成果商品化和产业化中创造巨大经济效益或社会效益的杰出人才实行重奖。

鼓励和规范社会力量举办的各种科学技术奖励。同时加强对各地区、各部门和社会奖励的管理。要较大幅度地精简部门和地方的奖项及获奖数目，改变将科研人员待遇与科技奖励普遍挂钩的状况。对科学技术奖励要建立客观、公正的评审办法，完善评审机制，强化政策导向。

科技成果的价值，最终要看是否符合国家的需要，是否占领市场并获得良好效益。要改革和完善对研究开发成果或产品的鉴定办法。政府计划项目成果应委托有资格的社会中介服务机构进行客观评价，根据合同组织验收。

13. 加强对知识产权的管理和保护。对于政府财政资金支持的科技项目，要充分运用知识产权信息资源，选准高起点，避免低水平重复研究；对于取得的科研成果，要重视运用知识产权制度保护其合法权益；对于知识产权的职务发明人、设计人、作者以及主要实施者，要给予与其实际贡献相当的报酬和股权收益。要大力加强知识产权法律宣传和人才培训工作，引导企业、科研机构和高等学校建立和完善知识产权管理制度。要进一步提高全社会知识产权保护意识和法制观念，加大知识产权保护和执法力度，坚决查处和制裁各种侵权行为，及时有效地处理知识产权侵权和纠纷案件。

四、加强党和政府的领导，全面推进技术创新，发展高科技，实现产业化

14. 各级党委和政府以及有关部门要充分认识加强技术创新，发展高科技，实现产业化的必要性和紧迫性，切实加强对这项工作的领导。要认真调查研究，根据本地区、本部门的实际情况，解放思想，大胆创新，形成具有地方特色和优势的科技与经济发展战略。要具体部署科研机构企业化转制的工作，明确技术创新的工作目标与重点，制定切实可行的措施。要认真总结、宣传各地的成功经验，加强督促检查，积极务实地推进技术创新和科技成果商品化、产业化的工作。

15. 完善科技立法，加强国家创新体系建设，加强协作。各地区、各部门要进一步强化全局观念和法制观念，从经济、科技、教育和管理等各方面全方位加快技术创新和发展高科技，实现产业化进程。要充分发挥各民主党派、群众团体、民间组织的优势，鼓励他们积极贡献力量。国务院有关部门要紧密配合，采取积极措施，主动为技术创新和科技成果商品化、产业化服务。

（下略）

印发《关于加速实施技术创新工程形成以企业为中心的技术创新体系的意见》的通知[①]

（2000年1月9日国家经贸委）

各省、自治区、直辖市、计划单列市及新疆生产建设兵团经贸委（经委、计经委），委管国家局，国务院有关部门：

根据《中共中央关于国有企业改革和发展若干重大问题的决定》和《中共中央、国务院关于加强技术创新，发展高科技，实现产业化的决定》，以及全国经贸工作会议精神，现将《关于加速实施技术创新工程，形成以企业为中心的技术创新体系的意见》印发你们，请结合本地区、本部门的实际，进一步加大技术创新力度，加强技术创新体系、机制和能力建设，加快技术进步和产业升级，促进企业的改革和发展。

国家经贸委

二〇〇〇年一月九日

关于加速实施技术创新工程形成以企业为中心的技术创新体系的意见

《中共中央关于国有企业改革和发展若干重大问题的决定》和

① 《印发〈关于加速实施技术创新工程形成以企业为中心的技术创新体系的意见〉的通知》,《中华人民共和国国务院公报》，2000年08期。

《中共中央、国务院关于加强技术创新，发展高科技，实现产业化的决定》（以下简称两个《决定》）明确指出，要实现国民经济持续快速健康发展，必须适应全球产业结构调整的大趋势和国内外市场的变化，加快技术进步和产业升级，形成以企业为中心的技术创新体系。为贯彻落实两个《决定》精神，进一步加大技术创新力度，加强技术创新体系、机制和能力建设，加速形成以企业为中心的技术创新体系，提出以下意见。

一、认清技术创新工作面临的新形势、明确总体目标和工作原则

（一）认清技术创新工作面临的新形势

在社会主义市场经济条件下，国有经济在国民经济中的主导作用主要体现在控制力上。增强国有经济的控制力，关键在于提高国有企业的竞争力，而大力提高国有企业和国有控股企业的技术创新能力，越来越成为企业提高市场竞争能力和抗御风险能力的关键。目前，我国大多数行业出现阶段性、结构性相对过剩，加入世界贸易组织（WTO）在即，为我国企业带来了极大的挑战和机遇。开展技术创新的根本目的，就是要大幅度提高国有企业的市场竞争力，增强国有经济的控制力。

随着经济全球化趋势的发展，科学技术日新月异，信息、网络化等高技术迅速发展，我国企业面临着日益激烈的国际国内市场竞争。竞争的焦点集中在以企业技术创新能力为标志的国家综合实力的对比。面对这一新的形势，我国工业的发展既有难得的机遇，又面临着严峻的挑战。要增强我国企业的竞争力和发展后劲，推动国有企业改革和发展，就必须进一步深入系统地推进技术创新工作。

（二）总体目标

围绕建立以企业为中心的技术创新体系，从用先进技术改造传统产业，在新兴产业和高技术产业占领技术制高点两个重点方向，按照对少数大型企业和企业集团、一批企业和企业集团、多数企业等不同类型企业实行分类指导的原则，集中力量对重点行业、重点企业、重点产品和重大先进技术装备进行扶持，加快企业的技术进步和产业升级。

用 5 年左右的时间，建立起以企业为中心、适应社会主义市场经济体制和现代科学技术发展要求的技术创新体系和运行机制，形成有利于科技成果迅速转化为现实生产力的应用机制，重点行业、重点企业的技术和产品达到国际 90 年代中后期的水平。

加快用高新技术改造传统产业的步伐，促进传统产业的技术升级。大力开发有利于开拓国内外市场和有竞争力的新产品，提高产品的质量档次和技术附加值，开发和应用先进制造技术、工艺和装备，大幅度提高我国的技术装备水平。

突出高新技术产业领域的自主创新，培育新的经济增长点。在电子信息特别是集成电路设计与制造、网络及通信、计算机及软件、数字化电子产品等方面，在生物工程、新能源、新材料、医药、航空航天、环境保护等有一定基础的高新技术产业领域，加强技术创新，形成一大批拥有自主知识产权、具有竞争优势的高新技术企业。

（三）工作原则

坚持以市场为导向，把市场需求作为技术创新的基本出发点和落脚点，充分发挥市场机制在配置科技资源、引导技术创新活动的基础性作用；坚持以企业为主体，鼓励和推动高等院校和科研院所的科研力量进入企业和企业集团或采取多种形式的产学研联合；坚持突出重点，集中力量对重点行业、重点企业、重点产品和重大先进技术装备进行扶持；坚持“三个结合”，一是技术创新与制度创新的结合，要在转换企业经营机制中逐步形成有利于持续创新的机制。二是技术创新与技术改造、引进技术及消化、创新的结合，系统地推进企业技术进步。三是技术创新与结构调整的结合，以技术创新为动力，促进结构调整和产业升级。

二、紧紧抓住加速科技成果转化这个关键开展工作

加强科技与经济的结合，加速科技成果的转化，多年来已取得了很大成就。但由于观念、体制、机制等多种因素的影响和制约，当前技术创新工作面临的一个突出问题仍然是科技成果转化不畅。要把科技成果是否有效地得到转化，转化后是否产生良好的经济效益，作为检验企业技术创新的主要依据。因此，必须紧紧抓住科技成果转化这个关键开展工作，多做实事，不做虚功。要认真贯彻落实《促进科技成果转化法》，从体制、机制、政策等多方面，促进科技与经济的紧密结合，促进科研成果迅速转化为现实生产力。要进一步从体制改革入手，突出企业在转化中的主体地位，增强其实际转化能力，加快应用性科研机构的企业化转制。注重对社会科技资源的优化配置，激活现有科技资源，通过多种形式的产学研联合、政策引导和资金支持，积极探索适合我国国情的产学研合作模式和有效的运行机制。加强面向市场的研究开发，大力推广、应用高新技术和适用技术，使科技成果迅速而有效地转化为富有市场竞争力的商品，用先进技术改造传统产业，发展高新技术产业。

加强企业与高等院校、科研院所的联合。根据优势互补、利益共享的原则，建立双边、多边技术协作机制，通过相互兼职、培训

等形式，加强不同单位科技人员的交流与合作。要研究、推行技术参与分配的有效形式。大力发展科技中介服务机构，鼓励某些性质相似的科研机构转制为科技中介服务机构，也鼓励科技人员创办这类机构。引导各种技术创新服务、技术评估机构以及技术经纪等中介机构，为科技成果的转让提供良好的服务。

加强对科技成果商品化、产业化的方向和重点的宏观引导。在充分运用市场机制的基础上，正确发挥政府的宏观调控作用，统筹规划，突出重点，明确我国有优势、产业关联度大、市场前景好以及有利于解决国民经济重点、热点、难点问题的技术和产业领域，鼓励协同攻关，力求突破。

各地经贸委和各有关部门，要进一步加强调查研究，采取有效措施，从体制改革、建立机制和改善政策环境等多方面大力推进科技成果产业化。企业是科技成果转化的主要决策者、投入者和受益者，要把企业科技成果的转化率、新产品产值率和利税率作为考核国有企业的重要指标。企业要主动加强科技成果的应用和转化，注重技术可能与市场机会的结合，有效促进有市场前景的新产品、新工艺、新设备和新材料的开发应用。

三、集中力量抓好技术创新的重点工作

当前要突出重点，集中抓好以下 6 项工作：

（一）加快企业技术开发中心建设

重点支持 20 户左右技术创新试点企业及国家认定技术开发中心的企业，建立和完善以技术开发中心为主要方式的技术创新体系及运行机制，其研究开发的经费投入占销售收入的比例逐步达到 5%以上，使它们具有 5 年左右自主知识产权技术和产品的开发能力，具备相关国际先进技术的消化吸收和创新能力。到2000年底前，520户国家重点企业中的国有和国有控股企业都要建立技术开发中心，研究开发的经费投入占销售收入的比例逐步达到3%以上。对关系国民经济命脉的重要行业和关键领域以及纺织、石化、冶金、有色、信息、军工、机械等重点行业的重点企业，要率先建立技术开发中心。对已经认定的企业技术开发中心，要突出研究开发成果及其转化这个关键，同时不断完善自身建设，做到规范化、制度化，真正形成有效的运行机制。已建立技术开发机构的企业，都要建立与研究开发成果和效益挂钩的人才激励机制，鼓励有条件的企业建立博士后流动工作站。

（二）建立以城市为依托，主要面向中小企业的技术创新支撑体系，更有效地为中小企业的发展服务

在适当扩大技术创新试点城市范围的基础上，着力抓好城市的技术创新支撑体系建设。用3年左右的时间，推动40个城市建立面向市场、主要为中小企业服务的技术创新中心，重点是北京、上海、天津、重庆市和沈阳、南京、武汉、广州、深圳、成都、西安、兰州等大城市、沿海开放城市及青岛、合肥、柳州等技术创新试点城市和联系城市，要率先示范，加快形成技术创新支撑体系的进度。各省（区、市）经贸委要加大对本地区中小城市技术创新支撑体系建设的指导和支持力度，推动这些城市抓紧做好技术创新的各项工作。推进技术创新中介服务机构的改革和发展，优化社会科技资源配置，进一步发挥和完善中介机构的桥梁、中介职能，为企业提供技术、咨询、培训等多种服务。进一步抓好技术创新信息网络建设，逐步把已开通的中国技术创新信息网与中心城市技术创新信息网、高等院校和科研院所的科技成果等信息网联网，及时发布

技术政策、科技成果、难题招标、新产品介绍和技术人才供求等信息。促进技术市场的发展与完善，办好各种形式的技术成果交易、洽谈等活动，并逐步规范化，形成制度。积极配合有关部门，培育和发展一批为中小企业服务的风险投资机构。

（三）促进面向行业的技术开发基地建设

结合科研院所转制工作，对原煤炭科学研究总院、机械科学研究院、中国农业机械化科学研究院、钢铁研究总院、长沙矿冶研究院、冶金工业部自动化研究院、沈阳化工研究院、中国食品发酵工业研究所、中国纺织科学研究院、中国建筑材料科学研究院、北京有色金属研究总院、北京矿冶研究总院、北京化工研究院等综合性大型科研院所，要在尽快转制的基础上，按照现代企业制度的要求，用 3 年左右的时间，逐步建立企业化经营机制和运作方式，吸引和带动社会科技资源，建成面向行业、开放式的技术开发基地。基地要拥有开发和推广本行业共性、关键性、前沿性技术的能力，基本掌握本行业国际先进水平的关键技术和国家重点建设所需的工艺技术，要依托对产业升级有重要影响、前瞻性的项目，着眼于产业化进行研究开发，提高行业技术攻关的能力和水平，同时进一步面向社会搞好技术服务。

（四）加强“产学研”联合机制建设

在全社会范围推进科技资源的优化配置，促进和鼓励大多数国有大型企业与高等院校、科研院所建立开放的、稳定的合作关系，通过成果转让、委托开发、联合开发、共建技术开发机构和科技型企业实体等，开展多种形式的产学研联合，逐步形成以企业为主体、高等院校和科研院所广泛参与，利益共享，风险共担的产学研联合机制。确定 100 个多种形式的产学研联合示范点，抓好 50 个左右以企业为主体、高等院校和科研院所积极参与的产学研联合体。重点行业中的宝钢、鞍钢、武钢、一汽、二汽、上汽、上海石化、燕山石化、扬子石化、东电、上电、哈电及信息产业等重点企业的产学研结合要取得明显成效。以对产业技术升级有重大影响的项目为目标，重点抓好一批产学研联合示范项目，促进高新技术产业化和用高新技术改造传统产业。

推动社会科技力量以多种形式为企业技术创新服务。会同有关单位继续组织“企业技术创新院士行”、“千厂千会协作活动”以及“青年职工创新创效活动”等项工作，为企业尤其为重点行业的重点企业提供技术服务。积极引进国外智力为企业提供技术创新服务。做好第四届中美工程技术研讨会成果的落实和跟踪工作；根据企业发展需要，积极组织国内企业同国外高等院校、科研院所、企业开展多种形式的交流与合作。

（五）围绕结构调整和产业升级，支持一批重点技术创新项目

在充分论证的基础上，以促进产业升级的标志性项目为目标，重点支持少数具有自主知识产权和市场前景良好的高新技术项目的开发和推广应用。对重点行业、重点企业中的重点产品、重大技术装备，如高效连铸技术、氧化铝沸腾焙烧、提高减压渣油掺渣比、树脂专用料开发、洁净煤技术、数控技术、生物技术、新型环保产品及技术等，要以企业为主体，采取产学研联合的形式，组织协同攻关，占领技术制高点，增强企业的核心竞争力，并力求在一些重点领域取得新的突破和技术跨越。

加强和改进技术创新项目的管理，要以行业和地方相结合的方式提出项目，经科学论证确定项目，逐步实行招标选定承担单位，落实责任制，并加强项目全过程的管理和监督检查工作。对有突出

贡献、效益显著的项目单位和个人予以奖励和表彰。

各地经贸委要以国家经贸委印发的《国家重点技术创新项目》、《近期行业技术发展重点》和《“九五”全国技术开发指南》为指导，重点支持国家重点技术创新项目，凡列入国家重点技术创新项目的，地方也要给予一定的资金匹配。同时，要积极组织本地区重点技术创新项目。

（六）大力推进技术改造和重大技术装备国产化工作

采取积极有效的政策措施，支持企业技术进步和产业升级。特别要利用当前国家实行积极财政政策、扩大内需的有利时机，集中必要力量，对重点行业、重点企业、重点产品和重大先进技术装备制造加大技术改造投入，并向老工业基地倾斜，提高企业生产工艺、技术装备水平和发展后劲。要选好标志性项目，严禁重复建设，并做好项目监管工作。

进一步落实重大技术装备的研制和国产化工作的任务目标，认真组织国务院批转的“九五”重大技术装备项目的实施和监督检查，同时要深入调查研究，拟订“十五”国家重大技术装备研制和国产化工作计划。

以国家财政债券支持的技术改造项目所需设备的国产化为契机，搞好重大技术装备的国产化工作。组织逐项提出财政债券技术改造项目设备国产化的意见，适时发布并组织供需见面。凡国内企业已能制造的设备，鼓励采用国内产品；国内可以部分制造的设备，可制造部分也要鼓励采用国内产品；对确有必要进口、今后又有市场需求的设备，应采取以市场换技术、技贸结合的方式，在引进设备的同时引进技术，并按行业组织好消化吸收和创新、国产化工作。在这项工作中，国内设备制造企业应积极转变观念，主动参与设备研制和国产化竞标，使产品性能、质量、可靠性及售后服务上台阶。

四、加强政策研究，积极为企业技术创新提供政策支持

加快企业技术创新立法工作。研究制定促进企业技术创新的研究开发、投入、机构建设、对外技术合作等政策法规。会同有关部门研究起草《技术创新条例》。

进一步研究提出鼓励企业技术创新、用先进技术改造传统产业和高新技术产业化的政策，鼓励企业在境外或合资兴办技术开发机构的政策；鼓励国有企业技术改造投资项目采用国产设备以及国家重点企业技术开发机构建设的优惠政策；企业技术改造项目采用的国产设备中所需进口的关键零部件、元器件的政策等。组织好《产业技术政策》的研究制定工作。

结合企业内部三项制度改革，从人事、分配、奖励等多方面探索建立企业有效吸引和使用人才、增加技术开发投入、开发新产品、采用新技术的激励机制。要加强对富有创新精神和创新能力的人才的培养和使用，大力提高企业经营管理者的素质，创造条件吸引国外留学生、专家和其他从事高新技术开发的人才回国创业，或到企业中去直接参与企业的技术创新工作。建立健全对企业技术创新考核办法，促进激励和约束机制的形成。规范和完善对经营管理者的管理、考核、监督的办法，营造经营管理者和企业家队伍健康成长的法律环境。

五、加强对技术创新工作的领导

要把技术创新放在企业改革和发展的突出位置，切实加强领导，并明确责任，落实到人。各级领导要带头搞好调查研究，加强对技术创新工作的实际指导。要努力把技术创新工作与本地区经济发展和产业升级有机结合起来，并将其纳入经济发展和产业升级的整体规划中去。对在技术创新工作中做出突出贡献的单位和个人，要给予表彰和奖励。

各地经贸委要进一步明确本地区技术创新工作的目标与重点，制定切实可行的措施，认真抓好组织实施工作。要切实转变政府职能，转变工作方法，注重政策、法律法规等手段的运用，为企业技术创新提供良好的外部环境。

各有关部门要组织分析研究国际国内行业技术发展的趋势特点及其新情况新成果，正确引导企业认识差距，选准本行业技术创新工作的目标与重点，研究制定行业技术创新规划。要积极推进本行业技术创新体系建设，加快面向行业的技术开发基地建设，支持有条件的科研院所在企业化经营的基础上，发展成为面向行业、开放式的技术创新基地，增强他们为企业技术创新服务的功能。要以产业升级为目标，明确本行业的重点企业、重点技术和重点产品，重点组织本行业的关键技术、共性技术的协同攻关和重大引进技术的消化吸收和国产化工作。要切实转变行业管理职能和工作方式，注重运用市场经济的方法，推动本行业的技术创新取得新的进展。

企业特别是大型企业和企业集团，要把建立健全企业技术创新体系作为建立现代企业制度的重要内容和增强市场竞争能力的关键环节。企业经营管理者特别是主要负责人要从企业的经营发展战略出发，高度重视技术创新工作，积极研究制定企业的技术创新战略。要通过加强企业技术开发中心建设，突出做好以新产品、新工艺、新技术为重点的研究开发和转化工作，讲究实际效果，切实发挥其在企业技术创新中的核心作用。要加强技术开发力量和加大资金投入，要研究开发有自主知识产权的主导产品，增加技术储备，搞好技术人才培训，形成自主创新的技术进步机制和科技成果转化机制，使企业技术进步工作不断得到加强。

国家经济贸易委员会、财政部、科学技术部、国家税务总局关于印发《国家产业技术政策》的通知[①]

（2002 年 6 月 21 日）

各省、自治区、直辖市、计划单列市及新疆生产建设兵团经贸委（经委）、财政厅（局）、科技厅（局）、国家税务局，国务院有关部门：

为贯彻落实《国民经济和社会发展第十个五年计划纲要》，根据九届人大二次会议通过的《政府工作报告》有关精神，国家经贸委会同国务院有关部门共同研究制定了《国家产业技术政策》。《国家产业技术政策》是一个包括工业、农业和国防科技工业的技术政策纲要，是引导市场主体行为方向的指导性文件。现将《国家产业技术政策》印发你们，请遵照执行。

国家经贸委

财政部

科技部

税务总局

二〇〇二年六月二十一日

① 《国家经济贸易委员会、财政部、科学技术部、国家税务总局关于印发〈国家产业技术政策〉的通知》，《山东省人民政府公报》，2002 年 15 期。

国家产业技术政策

未来5到10年，是我国经济和社会发展的重要时期，也是我国实现现代化第三步战略目标的关键阶段。面对科技革命与知识经济浪潮的兴起，经济全球化步伐加快，国际竞争日趋激烈的新形势，加快经济结构调整，实现两个根本性转变，提高国际竞争力，已成必然选择。制定和实施适应新形势的产业技术政策，明确在这一时期国家产业技术发展的战略目标和重点，积极推动技术创新能力与产业技术水平的提高，是推进我国产业结构优化升级、培育新的经济增长点的重要举措，对于提高我国经济整体素质，为21世纪前50年奠定持续发展的基础，具有重要的战略意义。

这次制定的国家产业技术政策以“十五”时期为重点，同时兼顾“十五”后5年的发展。

一、制定国家产业技术政策面临的新形势

（一）经济全球化步伐明显加快，技术创新已成为国际竞争的关键因素。

20世纪90年代以来，国际经济格局发生了深刻变化，经济全球化的趋势明显增强，由技术进步引发的产业革命正深刻地改变着人类社会经济和生活面貌，技术创新对经济增长的贡献日益突出，科学技术成为国际竞争的关键因素。发达国家在国际经济新秩序形成过程中，仍处于有利地位，出于市场扩张的要求，在控制核心技术保持领先优势的同时，也以多种方式向发展中国家转移成熟技术和过剩生产能力。发展中国家既面临前所未有的巨大压力，也存在通过参与国际分工加快产业技术升级、发挥后发优势、实现跨越式

发展的机遇。世界各国为取得更有利的国际分工地位，竞相调整产业结构与技术结构，对高新技术领域加大投入力度、扩大应用领域，加快科技成果转化为现实生产力的步伐，提升产业技术水平，以增强国际竞争力，占据 21 世纪经济竞争的制高点。

（二）加入世界贸易组织将使我国产业置身于激烈的国际竞争当中。

以加入世界贸易组织为标志，我国的对外开放将进入一个新的历史阶段，国内经济与国际经济将进一步融合。一方面为我们充分利用两个市场、两种资源，引进先进技术，参与较高层次的国际合作与分工创造了条件，另一方面也使国内企业不得不直接承受来自国际的竞争压力。提高技术创新能力、加快高新技术产业化进程、加大对传统产业的技术改造力度、着力发展有竞争优势的产业技术，增强技术创新能力，是我国提高国际分工地位、全方位参与国际竞争的迫切要求。

（三）技术进步是调整经济结构，实现可持续发展的重要途径。

我国正处在经济结构战略性调整的重要时期，面对结构性、阶段性过剩和人口、资源、环境等因素的制约，“十五”及其以后一段时期，经济结构的调整任务十分艰巨。结构调整将主要依托技术进步，发展高新技术和新兴产业，改造传统产业；淘汰落后生产能力，推进经济增长方式向集约化方向转变，实现产业结构的优化和升级，全面提高国民经济整体素质；开拓新的发展领域、扩大就业；节约资源，保护环境，实现可持续发展。

（四）市场化进程的加快将对技术进步方式产生深远影响。

21 世纪前 10 年，是我国社会主义市场经济体制确立并逐步完善的重要时期。市场化进程加快，市场在资源配置中的基础性作用将日益增强。技术创新主体、技术进步方式，都将发生根本性的改变。技术进步方式与经济运行方式的变革，将成为新时代的重要特征。制定和实施国家产业技术政策，必须适应这种深刻变化，在经济全球化条件下实现国际与国内两个市场、两种资源的合理配置，处理好市场导向与政府引导的关系，使之相互补充、相互促进，营造出良好的市场环境。“创新是一个民族的灵魂．是国家兴旺发达的不竭动力。”只有在增强技术创新能力上走出符合我国国情特点的发展道路，才可能在未来的国际竞争中立于不败之地。

二、我国产业技术发展存在的主要问题和差距

建国 50 年，特别是改革开放 20 多年，经过长期不懈地建设和技术开发、技术改造以及大规模技术引进，我国已形成了门类比较齐全，规模相当庞大的生产技术体系，一批重大技术装备已基本立足国内生产，重点行业技术水平与国际间的差距明显缩小。但总体上看，我国要赶上国际先进水平，仍需做出更多的努力。

（一）传统产业技术水平偏低。

1．我国农业科技的总体水平与国家发展的巨大需求相比差距仍然较大，科技对农业生产增长的贡献率约为 42%，远低于先进国家 60—70%的水平。我国主要农业科技领域与世界先进水平相比还有 10—15 年的差距。从事农业劳动力比例高，农业劳动生产率低，每个劳动力年生产粮食、肉类分别是先进国家的 1.5—7.5%、2—2.5%；耕作栽培技术体系仍以常规耕作技术和经验为主，作物良种化覆盖率约为 80%，世界先进国家为 100%。农业资源利用率低，灌溉水利用率和化肥当年利用率为 30—40%，而发达国家为 60%以上；农业机械化程度低，设施农业亟待发展。科

技开发能力十分薄弱、科技储备明显不足，推广机制不适应市场经济的发展。

2．我国钢铁、有色金属、电力、机械、石油化工、煤炭、建材等传统工业的技术水平与国际先进水平差距较大，多数大中型企业关键技术的开发与应用能力相对不足，国际先进技术装备仅占十分之一，机械产品达到当代国际水平的不到5%；产品结构不合理，国际达标优质产品仅占十分之一，不少高技术产品及部分高附加值产品仍需进口，2000年高新技术产品进出口逆差达155亿美元，高技术品种钢材每年尚需进口700—800余万吨，高档合成树脂自给率不足50%；我国单位能源每千克油当量的使用所产生的国内生产总值仅为0.7美元，而美国为3.4美元，德国为7美元，日本为10.5美元，主要工业产品能耗远高于发达国家，冶金重点企业吨钢可比能耗比发达国家高20—40%；我国传统产业劳动生产率只有世界平均水平的三分之一、发达国家的十分之一。

（二）高新技术产业处于起步阶段，产业规模小，技术基础薄弱。

我国高新技术产业增加值占国内生产总值的比重仅为4%，远低于发达国家和新兴工业化国家水平。产品设计、关键零部件、工艺装备主要依赖进口。自主知识产权和自行开发的高新技术成果，商品转化率和产业化率低，分别只有20%和5—7%左右。高新技术的扩散性弱，同其他产业的关联度低，改造传统产业的作用还不显著。

（三）技术创新能力和引进技术的消化吸收能力不足。

目前我国以企业为主体的技术创新体系建设尚处于起步阶段，创新成果产业化迟缓，技术开发与创新经费投入低，大大制约了技术创新能力的提高。1999年，我国大中型工业企业研究与开发经费支出占销售收入比例为0.6%，而世界500强企业一般为5—10%以上，电信、医药等行业甚至达到20%。我国目前还没有形成自主知识产权的技术体系，多数行业的关键核心技术与装备基本依赖国外。消化吸收能力不强，缺乏对引进技术的系统集成、综合创新。化工、医药产品大部分没有自主知识产权，机械工业主要产品技术中有57%使用国外技术。我国多数大中型企业技术开发与技术创新能力不足，缺乏参与国际竞争的能力。

三、产业技术发展战略

（一）指导方针。

以结构优化和产业升级为目标，以体制和机制创新为保证，以企业为主体，以信息化带动工业化为主要途径，以提高技术创新能力为核心，以我国加入世界贸易组织为契机，政府引导与市场导向相结合；充分利用两个市场、两种资源，按照有所为、有所不为的原则，有选择地发展一批高新技术产业，力争在关系国家经济命脉和安全的重点领域提高自主创新能力，拥有自主知识产权；加快利用高新技术改造传统产业步伐，实现产业技术水平和创新能力的跨越式发展，为培育新的经济增长点和产业结构优化升级提供技术保证。

（二）战略目标。

2005年，力争在重点行业、重点企业、重点产品和重点工艺、重大技术装备上，有重大技术突破，部分接近或达到同期国际先进水平。技术进步对工业经济增长的贡献率由目前水平提高8—10个百分点。优先发展具备比较优势和对传统产业改造关系密切的高新技术，高新技术产业产值年均增长率由目前的28%提高到

30%以上，传统产业技术水平有较大提高，基本淘汰高耗能、高污染、落后的生产工艺；大力推进以企业为主体的技术创新体系的建设，全国研究开发的投入有明显增加，全社会研究与开发经费支出占国内生产总值比重提高到1.5%以上；企业技术创新能力显著增强，培育一批具有自主创新能力和国际竞争力的大型企业和企业集团，带动一大批中小型企业向“专、精、特、新”方向发展。

2010年，部分高新技术与国际先进水平保持同步，重点生产领域的关键技术基本达到国际先进水平，以企业为主体的技术创新体系得到完善，在主要行业和领域具有自主开发和自主创新能力。

（三）基本原则。

1. 以推动产业结构优化升级为宗旨。

发展高新技术及利用高新技术改造传统产业，淘汰落后生产技术与能力，其核心目的都在于推动产业结构的优化与升级。“十五”期间，全面发展技术创新能力，不断提高高新技术产业在国民经济中的比重、加快传统产业更新改造步伐、从整体上提高国民经济素质，是保持国民经济持续健康发展、增强综合国力、融入经济全球化浪潮的基本途径。

2. 市场机制与政府组织协调作用相结合。

充分发挥市场对资源优化配置的基础作用，是社会主义市场经济体系建设的重要内容，也是贯彻实施国家产业技术政策的基本原则。要充分发挥市场机制的作用，促使企业成为科技创新的主体，使社会资金成为科技进步的投资主体，用信息化带动工业化。在深入认识市场经济规律基础上，要更充分发挥政府的组织协调作用，运用财政、税收、金融等政策支持高新技术开发与传统产业发展；拟定国家产业技术发展方向，把握住后发优势，加快产业技术水平跨越式发展。

3．自主创新与引进技术相结合。

“十五”及以后相当长一段时间，要加大对战略性高技术产业领域的投入，及时跟踪国际高技术产业发展趋势，保持重要领域中的持续创新能力，确保国家政治、经济、军事的发展需要。军民结合，是推动高新技术发展、提高创新能力的重要途径。同时，要继续采取各种形式技术引进。在技术引进的过程中，要加强技术集成和创新，博采众长，形成有中国特色的自主知识产权体系，不断提高产业技术水平和竞争力。

四、重点产业技术发展方向

“十五”及以后5年，要重点推进高新技术与产业化发展；用先进适用技术改造提升传统产业。要重点发展主导经济发展和把握国际竞争走向、关系国家实力以及国家经济和社会安全的战略性技术；关联性强、制约我国产业总体技术水平提高的关键技术；通用性强、应用领域广泛，在经济发展中发挥基础作用的共性技术。

（一）高新技术及产业化。

抓住世界科技革命迅猛发展的机遇，有重点地发展高新技术及产业化，实现局部领域的突破和跨越式发展，逐步形成我国高技术产业群体优势。要重点发展信息技术、生物工程技术、先进制造技术、新材料技术、航空航天技术、新能源技术、海洋技术等。

信息通信：要优先发展高速宽带信息网、深亚微米集成电路、新型元器件、计算机及软件技术、第三代移动通信技术、信息家电技术，大力发展系统集成和信息服务、信息管理、信息安全技术，积极开拓以数字技术、网络技术为基础的新一代信息产品，发展新兴产业，培育新的经济增长点。要大力推进制造业信息化，积极开展计算机辅助设计（CAD）、计算机辅助工程（CAE）、计算机辅助工艺（CAPP）、计算机辅助制造（CAM）、产品数据管理（PDM）、制造资源计划（MRPII）及企业资源管理（ERP）等。有条件的企业可开展“网络制造”，便于合作设计、合作制造，参与国内和国际竞争。开展“数控化”工程和“数字化”工程，对企业现有设备，对机械加工企业生产的设备、零部件实施“数字化”工程，提高大规模机械产品的互换与配套能力。

生物工程：从国际生物工程技术发展的趋势和我国实际出发，我国要大力研究开发基因工程技术、细胞工程技术、酶工程技术、生化工程技术，生物医药技术，密切关注人类基因组计划、基因治疗及转基因动植物等热点领域。广泛开展生物工程在农业、医学、能源及环保等领域的应用。

新材料：根据国际高新技术新材料的发展趋势，要集中力量重点攻关，开发超细粉体材料技术与纳米新材料技术，力争在纳米材料制备与纳米器件制造技术上与国际保持同步。要进一步拓展纳米新材料在农业、微电子、能源、环保、医疗、化工、建材、交通运输等领域的应用。大力发展新型金属结构材料、新型非金属材料、新型高分子材料和新型复合材料技术。重点开发多功能、机敏、智能、仿生等复合材料，形成生产群体。

航空航天：航天技术重点发展新一代大型航天运输系统技术、新一代卫星技术、天空地一体化综合信息应用技术、深空探测技术、空间科学与应用；航空技术重点发展新一代飞机总体与动力基础技术，重点发展支线飞机，大力发展中小型通用飞机和多用途直升机，加快发动机自主设计和技术开发。

新能源：要积极开发利用可再生能源，发展太阳能利用、地热发电、大功率风力发电、潮汐发电、生物质能发电技术。发展核能技术，对先进压水堆、空间核电源、高性能燃料组件等予以重点攻关。

海洋工程：要重点发展海洋油气田开发技术，并使其成为海洋产业的主导产业；积极发展海底矿产资源、能源探测开发技术，海洋可再生能源利用技术，海水资源开发利用技术，海洋生物工程技术，提高海洋经济在国民经济中的地位。

（二）提升传统产业技术水平，用高新技术改造传统产业。

1．农业

确保粮食安全，优化农业结构，全面提高农业质量和效益，改善农村生态环境，促进农民收入增加，提高国际竞争力是今后农业科技发展的主要方向。

种植业：优先发展农作物专用、优质品种选育及种子产业化工程技术；农作物低成本、高产、超高产、高效配套栽培耕作技术与区域化示范；种植业结构调整与优质农产品基地建设关键技术；节水灌溉与旱作农业技术；重大病虫草害预测预报及综合防治技术；农作物，尤其蔬菜花卉等设施栽培技术等。

畜牧与饲料业：优先发展优质畜禽产业化、规模化高效养殖技术及牧草品种选育和人工草地建植技术；新型饲料和饲料添加剂技术及其加工设备研究开发；畜禽重要疾病诊断、监测、控制技术及畜禽废弃物资源化利用技术；畜禽产品优质加工技术开发等。

水产业：优先发展水产养殖品种改良与良种繁育技术；水产业生物工程、信息工程、设施养殖等高新技术开发；集约高产高效浅海养殖、滩涂利用以及内陆水域综合开发技术；远洋捕捞技术；水产渔业重大病虫害防治与预测技术；水产品精深加工与综合利用技术等。

农业机械与农产品加工设备：优先发展小麦、玉米、水稻、棉花等主要农作物机械化关键机具开发以及配套技术体系；机械化旱作农业技术与成套机具设备；机械化节水灌溉技术与成套设备；机械化秸秆还田与青贮技术与设备；工厂化育苗与机械化移栽技术与配套机具；高效低污染植保机具设备；设施种养业技术设备；粮食烘干技术与成套设备；种子加工、农产品加工与检测技术及配套先进设备；与精准农业技术相适应的信息化配套机具研制等。

农业资源环境：要优先发展节水、节地与高效施肥、施药等农业资源节约与高效利用技术；农业废弃物资源化高效技术；生态农业技术；农村可再生能源综合利用技术；无公害农产品开发关键技术；多功能复合型生态工程与配套技术。

2．能源与环保

能源和环保是全球关注的两大领域。要以发展新型、高效、清洁能源技术和石油替代技术为主要发展方向，改造传统能源利用技术，提高能源效率，降低排放污染。利用高新技术开发环保产业，变废弃资源为再生资源，保护资源、保护生态。

煤炭：要大力发展综合机械化开采技术、大型露天煤矿开采技术以及煤矿安全技术；积极推进洁净煤技术，实现煤炭开发、生产、利用的清洁化。近十年的目标是大力提高煤炭生产机械化和综合机械化水平，大力降低原煤直接燃烧比例，提高发电用煤在煤炭消费中的比例，重点发展低污染、高效率的清洁燃烧技术；积极推进煤炭的高技术利用，发展煤炭气化、液化技术，煤层气开发利用技术，水煤浆替代燃料油技术。

电力：要重点发展洁净煤燃烧发电技术、电站锅炉排放控制技术；火电600兆瓦及以上的超临界机组关键技术；大容量、远距离、交直流输电技术、大电网互联安全、稳定运行控制技术。重点发展500兆瓦以上大型混流式水轮发电机组，加速发展300兆瓦级抽水蓄能机组。核电600—1000兆瓦级压水堆核电机组技术和燃气轮机技术。

石油天然气：油气田开发技术，重点开展针对高含水油田的多元化学复合驱、气驱、微生物驱提高石油采收率等技术的攻关；完善、提高稠油和低渗透油田开发新技术；加强大中型气田开发方案优化设计研究。工程技术，加强特殊地质、地表条件下的地震技术攻关，探索四维和全三维地震技术；研制开发适用于复杂地质条件下的复杂结构井、多分支水平井和大位移井钻井技术；开发成像测井的核磁共振测井等重大装备，进一步提高测井技术的国产化水平。

环保产业：大力发展清洁生产技术，节能与资源综合利用技术，节水技术，生态环境保护技术，环境监测技术。重点发展200MW及以上燃煤机组烟气脱硫技术，汽车尾气污染防治技术；城市污水、城市垃圾处理和资源化技术存和处置技术；废家电（电脑）回收处理及报废汽车拆解技术等。

3．交通运输业

铁路：重点发展以高速铁路、快速铁路为主的快速客运网系统，以缩短货物送达时间和过程信息监控为主的快捷货运系统，以铁路综合运营管理为核心的现代运输信息体系，以监控为主的铁路行车安全保障体系。并在此基础上逐步朝现代物流产业发展。在百万人以上城市，优先发展以轨道交通为主的公共交通系统。

公路：从材料规格化、设计合理化、工艺现代化和管理科学化着手，结合使用新材料、新结构和新工艺，解决高等级公路路面早期破损现象，提高其行驶质量和保证使用寿命；研究开发高速公路路面养护技术；重点发展超薄沥青面层、改进沥青、合成格栅的应用技术；山区高等级公路设计、修筑和维护技术；大跨径桥梁施工养护技术；以智能公路运输系统为代表的公路网运营管理技术。

水运：发展沿海适应大型船舶发展的建港技术，重点开发深水枢纽港技术，集装箱运输系统关键技术，大型高效港口装卸成套技术装备，港口及船舶运输控制技术，内河主航道建设技术，水上交通安全与控制技术。

民航：重大技术装备国产化，应用高新技术和新材料提高航空运输服务的自动化、数字化、信息化水平。重点发展干线飞机自动飞行系统技术和设备；支线飞机航行适应性和机场适应性技术。

4．原材料

钢铁：应重点发展对钢铁工业长期发展具有影响的熔融还原、近终形连铸、新一代钢铁材料开发等前沿技术；优化钢铁制造流程，发展节能降成本的烧结炼焦新技术、高炉综合节能及环保技术、电炉高效炼钢技术等；提高冶金产品质量，开发纯净钢生产工艺技术、控制轧制与控制冷却技术、智能化技术等；发展降低烧结机废气排放量与废气循环技术、新型炼焦技术、干熄焦技术、高炉节能降低二氧化碳技术、高炉渣和炼钢炉渣的资源化技术、粉尘回收技术等。

有色金属：有色工业的发展方向是高效、低耗、低污染的生产工艺，提高产品质量，增加产品品种，降低环境污染，加强资源综合利用。重点发展地质物探、化探、遥感、地理信息系统新技术；深部及难采矿床强化开采综合技术和高效无轨采矿设备；清洁选矿工艺和高效环保药剂及节能设备；难选冶资源湿法冶金新技术和综合利用技术；选矿—拜尔法生产氧化铝和大容量预熔阳极铝电解槽成套技术和装备；低成本稀土精矿冶炼分离新技术和单一稀土元素分离、高纯化技术；高性能有色金属材料生产的新技术和装备的研制和开发，高精尖铜铝板带箔加工技术。

石化：开发有自主知识产权的成套技术，加大控制技术和信息技术在石化产业的应用。重点发展先进适用的乙烯生产技术、无害原材料生产化工产品的绿色技术、优化生产工序和工艺流程技术；新一代聚烯烃技术，催化剂技术；生产技术路线优化技术；原油深加工技术，含硫原油加工成套技术，天然气化工技术。要大力发展油气高效利用、节能和环保技术，新一代石油替代技术。

化工：重点开发新催化技术、新分离技术、聚合物改性技术、精细化工技术、生物化工技术、先进气化技术、新型复合肥料生产技术；新型合成材料、化工新材料生产技术；新一代无内胎、低断面高等级子午线轮胎工艺及装备技术；新领域精细化工技术；超微细粉体材料技术；高附加值化学品技术。

建材：大力发展可降低环境负荷和有益健康的生态建材技术和产品，以无机非金属新材料和非金属矿深加工为高新技术产业化的重点；发展新型干法水泥生产工艺技术与装备，优质浮法玻璃生产工艺技术与装备，高档卫生陶瓷生产技术，以煤矸石、粉煤灰为主要原料的新型墙体材料生产技术与装备；发展化学建材生产和应用技术，高性能保温隔热材料，建材工业窑炉节能与余热利用技术，玻璃纤维及其增强制品生产与应用技术，纳米级超细粉碎技术与超细粉表面处理技术，处理工业废弃物和生活垃圾的“生态水泥”等建材产品生产技术，高性能内外墙涂料和环保型装饰装修材料技术。

5．加工制造业

机械制造："十五"期间，将把数字化技术、智能化技术、清洁生产技术、虚拟制造技术、网络制造技术、并行制造技术、模块化技术、快速资源重组技术作为主要目标予以发展和广泛应用。通过实施若干具有较大带动作用的重大技术应用工程，攻克一批制约行业发展的关键技术，开发研制一批重大技术装备所需要的专有技术，推广一批先进适用的制造技术。重点发展以关键产品为龙头，以数字化、智能化技术为代表的数控系统，现场总线控制系统，数控加工技术与装备，激光加工技术与装备，超精密加工及超高速加工技术与装备，以及关键配套基础部件；以高效农业生产为目标的精确农业生产技术系统配套设备及工艺，粮食储藏、保鲜、加工技术与装备；加速开发低能耗、低排放、高性能的内燃发动机。

重大技术装备：重大技术装备是体现综合国力和国有经济控制力的重要方面，也是体现国家产业技术水平的重要标志。重大技术装备继续围绕国民经济发展，以国家重点建设工程和重点技改工程为依托，集中力量，重点研制：三峡水利枢纽工程、大型乙烯、大型化肥、"西气东输"工程、电网互联关键设备及"西电东送"工程、薄板坯连铸连轧和大型冷连轧、石油天然气勘探钻采和三次采油、秦沈准高速客运专线、大型煤化工、大型环保、大型工程施工、大型专用、大型海运船舶和江河疏浚、600兆瓦超临界火电机组、大型抽水蓄能和高水头机组、500兆瓦以上混流式水轮发电机组、燃气轮机、先进发电技术等成套设备。加快掌握关键核心技术，增强重大技术装备研制和成套能力，参与国际市场竞争。

汽车：汽车工业是我国新的经济增长点。要研究开发智能、洁净、安全、节能型汽车。重点发展高效发动机技术、轿车车身开发技术、汽车排放控制技术、轿车关键零部件技术，以及多轴重载汽车。

仪器仪表业：自动化仪表的技术发展趋势是测试技术、控制技术与计算机技术、通信技术进一步融合，形成测量、控制、通信与计算机（M3C）结构。要进一步发展分散型控制系统、现场总线控制系统、以工业计算机为基础的开发式控制系统，以及智能化网络化现场仪表、工业在线分析仪器等产品，拓广其应用范围，与大型自动化工业设备配套，提高我国工业的自动化程度。

科学仪器以材料科学仪器、医疗仪器和农业、环境仪器为主，推进自动测试系统的发展，优先发展我国已有一定比较优势的项目。如色谱仪器、光谱仪器、物理观察仪器、大地测量仪器、力学试验机和成象仪器等。

传感器、仪表材料及特殊元器件方面应着重开发用于现场总线及智能化仪表的各种传感器、航天航空领域需求的微传感器以及相关的各种新材料。

要解决仪器仪表产业方面的一些共性问题，为行业提供计算机辅助设计（CAD）、电子设计自动化（EDA）、计算机辅助制造（CAM）服务、表面贴装元件（SMT）贴装、可靠性试验及电磁兼容（EMC）检测，提高我国仪器仪表行业的设计和制造水平，以增强加入世界贸易组织后的竞争能力。

轻工：采用电子信息、生物工程、新能源、新材料、环境保护、先进制造等高新技术，优化、提升轻工业生产技术和产品结构是轻工业产业技术的发展方向。要重点发展现代食品工业生产的膜分离、超临界萃取、细胞破壁、微胶囊包埋、微波、无菌加工和包装等关键技术；先进造纸技术；高技术含量、高附加值的新型日用化工、家用电器、照明电器、电池、陶瓷、塑料、日用机械等新产品生产技术；造纸、皮革、发酵和食品行业的清洁生产技术、污染治理技术。

纺织：技术重点是，加快发展新型纤维材料的生产技术；发展差别化、功能化、环保型新纤维的开发生产技术及产业化；中高档服装面料的新型纺纱织造技术；可持续发展的环保型印染加工技术；积极采用计算机自动控制、辅助设计及信息技术；大力发展产业用纺织品、设备及工艺技术。集中力量开发研制一批具有 90 年代末世界先进水平的新一代纺机系列产品。

医药：要重点发展生物医药技术和基因工程药物、疫苗技术及其产业化工程技术和中医药关键技术，发展化学原料药开发技术，新型高效制剂技术，新型高中档医疗、制药装备技术。

烟草：重点研究开发优质烟叶的生产技术，提高烟叶综合品质和工业可用性；加快卷烟新产品开发和老产品改造的步伐，研究、应用卷烟加工新技术，全面提高卷烟产品质量和市场竞争力；加大对烟草和卷烟烟气中有害成分的研究力度，进一步提高国产卷烟的安全性；开展生物技术、信息技术等高新技术研究，积极应用高新技术改造传统产业；继续深化研究；探讨烟草资源综合利用的新途径。

6. 建筑业

要大力提高工业化、现代化水平，加强技术攻关，着力发展城市规划、勘测、设计和城市地下空间开发利用技术；隔震、减震和振动控制等抗震防灾技术；住宅结构体系技术、建筑节能技术、建筑智能化技术；高效建筑施工机械与装备技术；先进的施工工法、技术及混凝土新技术、钢结构技术；城市供水、燃气关键技术和装备技术；开发适应环保要求和城市大运量需求的新型城市交通工具及其系统运行的高效能管理技术；开发密封性能好、防腐蚀、防水的化学建材产品。

7. 国防科技工业

由国防科学技术工业委员会另行颁布。

8. 其他产业

内贸流通业：重点发展流通产业信息化、商贸电子化、流通作业机械化、自动化、智能化技术；商业零售与批发电子网络交易系统；连锁、代理、配送等新型营销方式相关标准规范及技术支撑体系；仓储自动检测、计量、防护技术；流通加工技术。

计量、防伪、安全业：计量业的技术发展趋势是：计量器具的数字化、智能化。应重点发展电子计算机与微电子技术相结合的智能衡器制造技术；新型加油机制造技术；新型三表（电能表、水表、燃气表）制造技术；小批量、非标准计量器具的先进制造系统。

防伪业技术发展的趋势是：电子信息加密技术、计算机密码网络技术、激光全息技术、自动识别技术等的应用。要重点发展集成防伪技术、自动识别防伪技术、计算机网络防伪技术及特种印制和纸张防伪技术，增加传统防伪手段的技术含量和技术门类，加强防伪新材料的开发和应用，加强技术标准的制订和检测手段的建立。

锅炉、压力容器、压力管道等特种设备安全检测技术的发展趋势是：开发检测新技术和电子监控等先进的安全控制技术和产品，实现检测监控设备的数字化、智能化、小型化，积极推进检测监控仪器的国产化。重点发展新材料的研究推广使用，加强设计、制造、安装等环节的监察，提高特种设备本身的安全性能和安全防范能力。

五、政策措施

（一）充分发挥和运用市场对科技资源配置的基础作用。

1．进一步完善市场机制，积极利用国内国际两种科技资源。

建立良好的市场机制，形成有利于技术创新的外部环境。充分利用世界贸易组织保护特定产业的规则，建立保护国内企业进行技术创新产业发展所必须的市场环境。完善知识产权保护制度，加大执法力度，保护专利权人的合法权益。

以市场为导向，加强技术创新，发展高科技，实现产业化。做好技术引进工作，支持鼓励国内企业在境内外建立合资合作技术研发机构，鼓励外商投资企业在国内建立研究开发中心，促进技术扩散。

2．引导社会投资，多渠道增加对技术创新的投入。

转变对传统产业技术改造和技术创新的资金支持方式，改变行政审批项目制度，建立市场准入条件的评价体系，由企业自主决策融资条件与方式。拓宽融资渠道，吸收社会资本，建立和发展以高新技术改造传统产业为宗旨的社会产业投资基金。

建设风险投资机制，发展社会风险投资机构，重视培养风险投资管理营运人才，逐步建成以社会资本为主体的风险投资体系与风险投资基金，形成风险投资的多元投入结构。对国内外风险投资机构向高新技术产业进行风险投资实施鼓励政策。支持高新技术企业在证券市场融资，促进中小型科技企业的发展。

（二）建设以企业为主体的国家技术创新体系。

1．加强企业技术创新体系建设。

建立和完善企业技术开发中心，增强转制进入企业的科研院所的创新能力，制定创新战略、增加研究和开发投入、建立有效的人才激励机制，增强技术创新能力，加快技术创新产业化发展步伐，建设以企业为主体的国家技术创新体系。“十五”期间，国家重点企业技术开发能力和水平要基本适应经济发展和参与国际竞争的基本要求，发挥企业技术创新体系的主体作用。

2. 建立以城市为依托，开放式的技术创新服务体系。

深化科技体制改革，引导、鼓励和支持具备条件的公益性科研院所向企业化转制，大幅度提高直接服务于经济建设的科技力量的比例，切实提高社会化服务能力。对其在改制、转化过程中遇到的困难，国家给予必要的财政、金融等政策的支持。优化社会科技资源配置，发挥整合优势，规范和发挥技术中介机构的作用，在完善现有技术推广机构和继续发展生产力促进中心的基础上，在区域性中心城市和技术创新试点城市建立面向社会的技术创新服务中心，逐步形成全国性、网络式、开放式的技术服务体系，为企业，尤其是中小企业的技术创新提供全方位服务。

3. 建立以大型企业联合体和骨干转制科研机构为依托的行业技术开发基地。

推动大型企业的经营机制转变，建立规范的法人治理结构，在转制的基础上，以市场为导向，以提高开发和推广本行业共性、关键性、前沿性技术能力为目标，建立以大型企业联合体和骨干转制科研机构为依托，具有国内领先水平和国际先进水平的行业技术开发基地；建设和完善拥有先进设备与设施的大型国家实验室、国家工程中心等科研基础设施，对企业和研究机构开放。同时加强重大成果产业化。适时把握加入世贸组织的契机，在全球范围寻求合作发展机遇，将吸引跨国公司投资作为加快技术创新步伐的重要途径，提高融入国际分工水平。

4．建立新型农业科技创新体系。

建立高效、协调的农业科技管理体系；对现有农业研究开发机构进行分类改革，建立机构布局科学、学科结构合理，高效、精干的研发体系；建立队伍多元化、机制市场化、形式多样化的农业技术服务体系；建立开放、流动、竞争、协作的农业科技创新运行机制。

5．建立以企业为中心，风险共担的产学研结合机制。

建立企业与大学、科研院所的产学研联合体，形成以市场为导向的研究开发体系和开放式的产学研合作机制，根据我国技术比较优势、战略需要，选择独立开发、自主发展领域，通过系统集成，相互融合，探索新的技术路线，开发具有自主知识产权的技术。加快重大技术项目的攻坚开发和成果转化步伐，促进科技与经济的结合。

（三）加强宏观指导，加快技术创新的政策环境建设。

1．组织制定和实施“十五”国家技术创新纲要，明确今后技术创新工作方向和任务。

根据世界技术发展趋势，结合我国实际，由国家选择若干对于提高我国整体创新能力具有关键作用的重大工程，组织攻关，实施重点突破战略。重点选择一批具有战略制高点意义的高新技术项目，国家进行先期投资，并适时组织实施具有全局意义的创新型战略工程，为产业结构升级奠定基础。做好市场预测，加强信息引导，定期发布产业技术开发和引进的鼓励、限制和淘汰目录。组织制定特定区域技术发展规划，加速推进西部地区技术发展。

2．加大财税、金融政策扶持技术创新的力度。

在认真落实现有支持技术创新的各项政策基础上，制定进一步加大财政、税收。金融等支持力度的政策。对提高国民经济整体素质和产业优化升级的关键技术、共性和配套性技术及其产业化项目，国家给予重点支持。对关系到我国经济和社会安全的“战略性、基础性、关键性”的技术领域，特别是外国对我国技术禁运的领域，国家要加大力度支持自主开发。要通过财政政策等手段，支持企业利用先进适用技术改造传统产业和实施高新技术产业化项目；继续扩大国家政策性银行的优惠贷款，加大对国家重点技术创新工程的资金支持力度；通过政府采购，加强对企业开发高新技术产品的引导和鼓励，培育创新产品市场；进一步鼓励企业增加研究开发投入，促使企业提高研究开发投入占销售收入的比重。

3．进一步加强质量、标准、计量和安全监察体系建设。

建立健全与产业技术发展和加入世贸组织相适应的质量、标准、计量和安全监察体系。完善质量管理，强化质量监督，推进质量认证；积极采用国际标准，加速产业技术标准制订与实施；积极推进计量基础设施的建设和计量、安全评估检测技术的研究与开发；制定技术标准，限制落后技术、高污染技术及产品进入中国市场，促进国内企业增强抵御国际产品冲击的能力，支持幼稚产业发展。

4．建立产业技术政策和重大技术项目咨询审议会制度。

咨询审议会制度，是在市场经济形势下推动决策科学化、民主化的重要举措。产业技术政策和重大技术项目咨询审议会，负责对国家产业技术政策和重大技术项目进行论证评估，提出调整建议。咨询审议会成员由政府有关部门、企业界、学术界、中介机构及其他社会团体等代表组成。

5．建立人才激励机制，推进全社会人才资源的优化配置。

制定和实施有利于技术创新的人力资源政策，设立国家级的企业技术创新奖。鼓励归国留学人员创新开发，推进产学研之间科技人员的合理流动，支持科技人员从事成果转化。对技术创新和成果转化实施人给予合理股份体现。灵活运用户籍制度、用人制度、工资分配奖励制度，调动科技人员积极性，努力吸引和培育世界前沿科技人才。

贯彻落实“科教兴国”战略，重视素质教育，加强职业技术教育、继续教育，培养学习型组织，把增强创新意识、提高创新能力的教育提到重要地位。

国务院办公厅关于转发发展改革委等部门国家自主创新基础能力建设“十一五”规划的通知①

（2007 年 1 月 23 日）

各省、自治区、直辖市人民政府，国务院各部委、各直属机构：

发展改革委、科技部、教育部编制的《国家自主创新基础能力建设“十一五”规划》已经国务院同意，现转发给你们，请认真贯彻执行。

国务院办公厅

二〇〇七年一月二十三日

国家自主创新基础能力建设“十一五”规划

发展改革委　科技部　教育部

自主创新基础能力建设是国家创新体系建设的重要组成部分，是保障和促进全社会创新活动、培养和凝聚高层次人才、建设创新型国家的必要物质技术基础，是国家基础设施建设的重要内容，是由国家重大科技基础设施、实验室体系、工程中心、企业技术中心等构成的国家自主创新支撑体系。为贯彻落实《国家中长期科学和技术发展规划纲要（2006—2020 年）》（国发〔2005〕44 号，以下

① 《国务院办公厅关于转发发展改革委等部门国家自主创新基础能力建设“十一五”规划的通知》，《中华人民共和国国务院公报》，2007 年 09 期。

简称《科技规划纲要》）和《国民经济和社会发展第十一个五年规划纲要》，围绕建设创新型国家的总体目标，系统构建国家自主创新支撑体系，明确政府工作的重点和引导社会投入的方向，提出营造创新环境、完善体制机制的政策措施，制定本规划。

一、面临形势

“十五”期间，我国自主创新基础能力建设步伐进一步加快，为不断提高国家竞争力、突破经济建设中的重大技术瓶颈、保障国家安全和社会进步做出了重要贡献。构建了相对完整的基础研究体系，相继建设了一批重大科学工程、国家科学中心、国家实验室，显著改善了基础研究设施与实验条件，提升了我国基础科学和前沿高技术领域的原始创新能力，部分科技前沿领域在国际上占据了一席之地。强化了产业技术创新能力，企业技术创新和科技投入的主体地位逐步确立，转制科研院所经济实力、技术创新能力和市场适应能力明显增强，产学研合作日益扩展和深化；国家工程中心等创新能力建设计划的实施，有力地支撑了产业技术进步和产业结构优化升级。加快了创新支撑条件和服务基础设施建设，科技资源的整合和开放共享取得新进展，技术转移中心、科技企业孵化基地、生产力促进中心等技术创新服务机构的重要作用日益凸显，有效提升了创新效率和水平，促进了科研成果的推广应用。同时，我国经济实力的不断增强和科技体制改革的进一步深化，也为自主创新能力的提升奠定了坚实的物质基础、创造了良好的体制机制环境。

当前，我国自主创新基础能力建设还存在一些亟待解决的问题。主要表现在：国家自主创新支撑体系的统筹规划和科学布局有待加强；科学、健全、高效的建设、运行、管理机制急需完善，公共科技设施的开放共享和产业研发设施建设中如何充分发挥市场机制的作用问题有待进一步解决；产业共性技术供给能力相对薄弱，企业的自主创新能力仍显不足，企业创新主体的作用有待进一步发挥。面对国际竞争更加激烈、科技发展日新月异的形势和经济、社会发展与国防建设的迫切需求，总体上看，我国自主创新基础能力建设还不适应建设创新型国家的要求，不适应把握新一轮科技革命及其引发的产业革命机遇的要求，不适应日趋激烈的国际竞争的要求。

新世纪新阶段，我国自主创新基础能力建设面临着发展机遇和竞争挑战并存的形势。

一是各国政府普遍重视创新能力建设和有效利用。当今发达国家和新兴工业化国家都将创新能力建设放在极其重要的地位，突出创新能力建设的国家目标，加大投入强度，在国家战略和相关规划、政策中予以高度关注、重点倾斜。同时，通过改革完善投入机制，加强顶层设计和统筹规划，不断提高公共科技设施的利用效率和科技成果产业化运用的成功率。

二是科学技术迅猛发展对创新能力建设提出新的要求。当今世界，学科分化与交叉融合加快，科学发现、技术发明以及重大集成创新呈现群体突破态势，科学发现到技术发明创新和产业化运用的时间周期越来越短，并且日益依赖重大科技设施。这些都对自主创新基础能力建设的布局、周期、水平提出了新的更高要求。

三是全球化对我国自主创新基础能力建设带来新的机遇和挑战。经济全球化加速了创新要素跨国流动和国际产业结构调整以及我国经济融入世界经济的进程，使我们可以更好地利用全球科技资源促进我国自主创新能力的提升。同时，创新能力日益成为国际竞争的焦点，原本就具有科技优势的发达国家更加强化知识产权保护，极力维护其技术垄断地位，如何有效保护本国利益、保护本国产业安全和提升科技自主创新能力，也成为各国特别是发展中国家必须面对的挑战。

四是我国所处的发展阶段决定了必须大力加强自主创新基础能力建设。由于多年来粗放式的经济高速增长和产业结构水平低下，我国经济社会发展长期面临的人口、资源、环境等约束因素已经凸显出来，只有加强自主创新基础能力建设，才能为经济增长提供新动力，才能为产业结构优化升级提供持久有力的技术支撑，才能真正实现增长方式的根本性转变，将科学发展观落到实处，才能在日趋激烈的国际竞争中赢得主动，有效地保障国家经济和国防安全，顺利实现和平崛起。

总之，在全面建设小康社会、加快现代化建设的新的发展阶段，要抓住我国经济社会发展的重要战略机遇期，必须深入贯彻科教兴国战略和人才强国战略，大力加强自主创新基础能力建设，为加快经济增长方式转变、产业结构优化升级和突破人口资源环境等瓶颈制约提供有力支撑。

二、指导思想与建设目标

（一）指导思想。

坚持以科学发展观为指导，贯彻“自主创新、重点跨越、支撑发展、引领未来”的科技发展方针，按照“着眼长远发展、优化整体布局、完善体制机制、提升创新能力”的总体原则，体现高水平、不重复、促进资源共享、军民结合的要求，统筹规划国家自主创新基础能力建设，为将我国建设成为创新型国家提供必要的物质技术基础。

“着眼长远发展”就是要突出自主创新基础能力建设的前瞻性，在体系设计上要按照《科技规划纲要》的部署，充分考虑长远发展需要，在具体建设重点选择上要满足“十一五”发展的迫切要求。

“优化整体布局”就是要突出自主创新基础能力建设的系统性，从完善国家创新体系的高度提出对自主创新基础能力建设的战略需求，从完善创新链条、支撑中长期重大战略任务出发，优化自主创新基础设施的整体布局，充分发挥中央、地方和各方面的积极性。

“完善体制机制”就是要突出自主创新基础能力建设的开放性，充分发挥市场配置资源的基础性作用和公共财政投入的引导作用，鼓励社会资本投入自主创新基础设施建设，坚持共建、共享、共用原则，有效支撑自主创新。

“提升创新能力”就是要突出自主创新基础能力建设的战略性，面向国家战略需求和世界科学技术前沿，提升我国原始创新能力、集成创新能力和引进消化吸收再创新能力。

（二）建设目标。

“十一五”期间，通过自主创新支撑体系的建设和发展，将实现以下主要目标：

——原始创新能力有较大提升，基础科学研究、战略高技术研究的支撑条件得到强化，科技引领经济和社会发展的能力进一步增强。

——集成创新能力显著增强，产业关键共性技术研发、系统集成和工程化条件比较完善，对产业结构调整的支撑和带动能力有效提升。

——引进消化吸收再创新能力取得重大突破，在重大技术装备研制和重点工程设计等方面引进技术消化吸收和再创新的研究试验设施显著增强，对重点工程和重大任务的保障能力大幅提高。

——企业技术创新主体地位全面强化，企业研发条件和创新环境明显改善，形成一批拥有自主知识产权和知名品牌、国际竞争力较强的优势企业。

——高层次创新人才大量涌现，为人才的培养和使用创造良好的环境与条件，培养、吸引、凝聚一大批优秀科技人才，尤其是学科和产业技术带头人。

未来五年，要基本建成“布局合理、装备先进、开放共享、运行高效”的自主创新支撑体系，为《科技规划纲要》战略目标的全面实现奠定重要物质基础。规划建设12项重大科技基础设施，组建30个左右国家科学中心和国家实验室，建设和完善300个左右国家重点实验室；实施知识创新工程和科技基础条件平台建设工程；建设和完善100个国家工程实验室、100个左右国家工程中心，支持300家国家认定企业技术中心的建设；完善科研保障体系和技术创新服务体系，营造鼓励创新的政策环境。

三、总体部署与重大工程

（一）总体部署。

全面贯彻落实《科技规划纲要》，围绕提升原始创新能力、集成创新能力和引进消化吸收再创新能力，保障重大科技专项等战略性任务的顺利实施，加强系统设计和前瞻布局，以改革为动力，充分发挥市场主体和政府引导作用，从研究实验体系、科技公共服务体系、产业技术开发体系、企业技术创新体系和创新服务体系五个层面推进自主创新基础能力建设，构筑自主创新能力的物质支撑体系。研究实验体系是产生重大原始创新成果的重要条件；科技公共服务体系是为科技创新活动提供物质和信息保障的公共系统；产业技术开发体系是解决产业发展中关键技术和共性技术有效供给的重要手段；企业技术创新体系是提升产业创新能力和国家创新能力的重要基础；创新服务体系是为全社会的创新活动提供公共服务的网络平台。这五个层面共同构成了创新过程的完整链条。

1．研究实验体系建设。

集中必要资源、瞄准有限目标、突出重点，在我国具有相对竞争优势的前沿科学领域，以及国家现代化建设需要的战略性高技术领域，启动若干具有世界一流水平、支撑多学科研究的重大科技基础设施建设；有选择地对部分原定科学目标已经实现、具有较大发展潜力的重大科技基础设施进行改造；着手安排若干项重大科技基础设施的预研。进一步优化资源配置，在信息、生命科学、空间、海洋、纳米及新材料等战略领域，组建30个左右设施先进、规模效益明显、创新能力强、开放程度高的国家科学中心和国家实验室。在学科交叉广泛和创新日趋活跃的研究领域，建设和完善300个左右国家重点实验室；鼓励有关部门、地方结合自身特点和发展需求，加强一批部门、地方重点实验室。同时，根据深化科技体制改革的总体要求，加快社会公益类科研机构改革，促进实验室管理体制和运行机制的创新，形成一批具有较高国际知名度和影响力的研究实验机构。

2．科技公共服务体系建设。

加快推进中科院知识创新工程、高等院校“211工程”、“985工程”等计划中的科技基础配套设施建设，提高保障支撑能力和管理水平，为科研院所和高等院校提高科技创新能力创造良好环境和科研条件。按照“需求导向，资源共享”的原则，在整合部门、地方科技资源、理顺管理体制的基础上，突出公益性、基础性、公共性的特点，重点围绕自然资源保护和高效利用、知识产权保护和科技信息共享、科学普及等重大问题，构建跨地区、跨学科、多层次、布局合理、体系完备的科技公共服务体系，促进科技创新活动的广泛开展和全民科学素质的提高。

3．产业技术开发体系建设。

鼓励和引导社会资本加大投入，支持有关企业、高校和科研机构，采用产学研结合等多种形式，加快产业技术开发体系建设。深化技术开发类院所企业化转制改革，促进其进一步增强技术创新能力。加强产业基础技术研发设施的建设，新建100个国家工程实验室，在产业前瞻性技术、核心技术、重大装备设计试验、重要技术标准等方面，扭转产业发展对国外技术严重依赖的局面，增强我国产业自主发展能力。以产业发展和结构升级的重大需求为导向，以促进高技术产业发展，缓解资源匮乏、能源紧缺、环境污染制约，提高产业核心竞争力为重点新建50个左右国家工程中心。充分发挥已建国家工程中心的作用，选择50个左右具有突出的科研成果和人才基础、较强的行业影响力、良好的运行机制、发展前景广阔的工程中心，围绕新的发展方向和目标，进一步加强建设；引导和促进有条件的地区，围绕区域产业结构升级，加强专业性、区域性工程中心的建设。

4．企业技术创新体系建设。

以提高企业自主创新能力，强化其技术创新和科技投入主体地位为目标，充分发挥市场机制作用，根据国民经济发展的战略需求和产业技术政策，在重点产业领域以大企业集团技术中心为依托，以产学研相结合为主要形式，以企业投资为主，建设与产业发展相适应、代表行业领先水平、有利于广泛吸引国内外优秀人才的自主创新基础设施，培育和提升企业和产业核心竞争力。重点支持300个国家认定企业技术中心的建设，鼓励和支持企业技术中心围绕国家重点工程、重大新产品研发和产业技术升级，加强自主创新基础设施建设，建立相关配套的研发设计支撑体系，提高关键技术与装备的引进技术消化吸收再创新能力；围绕重要资源开发、节能降耗、清洁生产、发展循环经济等方面的需要，建设相关自主创新基础设施，促进可持续发展。大力推进省市和行业认定企业技术中心建设，培育一批具有较强自主创新能力和自主品牌的优势企业，发挥其示范和导向作用，促进经济增长方式的转变。

5．创新服务体系建设。

根据新时期产业发展和社会进步的需要，以加快科技成果向现实生产力转化，为各类创新主体特别是中小企业的自主创新活动提供社会化公共服务为重点，建设面向全社会的创新服务体系。以促进自主创新为目标，以公共财政投入为引导，鼓励社会资金投入创新服务体系建设；鼓励和引导技术转移中心、技术创新服务中心、科技企业孵化基地、国家大学科技园、生产力促进中心等各类创新服务机构的发展，完善服务体系和加强能力建设；建立中小企业公共技术支持平台。整合创新资源，强化政策激励，显著提升创新资源配置效率和效益。

（二）重大工程。

落实《科技规划纲要》，突出宏观指导，集中优势资源，服务重大专项，从国家层面强化在若干关键领域和薄弱环节的战略部署，着力实施4项自主创新基础能力建设重大工程，力求突破科技发展和产业技术的瓶颈制约，带动国家自主创新能力的整体提升。

1．重大科技基础设施建设工程。

着眼于经济社会全面、协调、可持续发展和国家安全对科技进步的重大需求，面向国际科学技术前沿，在我国具有相对竞争优势和国家现代化建设需要的战略性高技术领域，超前谋划、突出重点、整合资源，高起点、高水平地建设12项战略性、标志性的国家重大科技基础设施，为取得一批具有重大科学意义的创新性成果、缓解资源环境约束、突破战略性高技术产业的科技“瓶颈”提供强有力的支撑。同时，要探索和创新国家重大科技基础设施的建设机制、管理机制和使用机制，保证资源共享、充分利用，切实发挥科技基础设施的公共效益。

“十一五”期间重点建设散裂中子源、强磁场装置、大型天文望远镜、海洋科学综合考察船、航空遥感系统、结冰风洞、大陆构造环境监测网络、重大工程材料服役安全研究评价设施、蛋白质科学研究设施、子午工程、地下资源与地震预测极低频电磁探测网、农业生物安全研究设施等12项国家重大科技基础设施。

2. 科技基础条件平台建设工程。

构建布局合理、开放高效的科技资源共享体系。以改革为动力，以资源共享为核心，积极探索新的管理体制和运行机制，打破资源分散、封闭和垄断的状况，不断提高我国科技资源的利用效率。加强统筹规划，在国家层面上做好科技资源共享的顶层设计。结合我国各类科技资源的特点，借鉴国际相关标准和规范，制订法规规章、技术标准和管理制度，确保在不同部门、地方和单位间实现共享科技条件资源。充分运用信息、网络等现代技术，对科技资源进行战略重组和系统优化，促进全社会科技资源高效配置和综合集成，提高科技创新能力。

推进大型科学仪器设备、设施的共建共享，逐步形成全国性的共享网络；改善现有的野外观测台站观测环境和科研条件，形成一批联网运行和资源共享的综合性、专业性野外观测实验基地。整合和完善国家种质资源库、国家实验材料和标准物质资源库、国家岩矿化石标本和生物标本资源库（馆）。构建集中与分散相结合的国家科学数据中心群，推动面向各类创新主体的共享服务网建设，形成国家科学数据分级分类共享服务体系。建设数字化的科技文献资源库，促进相关部门、地方科技文献网络系统的对接和共享，构建种类齐全、结构合理的国家科技文献资源保障和服务体系。选择若干重大科学领域构建网络实验环境，充分利用现代信息技术和公共网络基础设施，营造服务于全社会科技创新活动的跨地域、实时的网络协同环境。

3．知识创新工程。

建设若干高水平的科研机构和研究型大学。发挥科研机构和大学的创新源头作用，加强科研机构和大学的基础研究和高新技术研究设施建设，促进科研机构和大学的联合，形成一批具有国际影响的科学研究基地。发挥大学和科研机构在培养优秀创新人才方面的作用，将自主创新基础设施建设与高层次创新人才培养相结合，构筑高水平人才培养基地。

全面推进中科院知识创新三期工程。以提高解决我国经济社会发展的重大科技问题的能力，提高为落实科学发展观提供知识基础和技术支撑的能力，提高保障国家安全、应对世界新军事变革的能力为目标，发挥多学科综合优势并进行系统集成创新，进一步推进新兴、交叉学科等的形成，建立有利于人才脱颖而出、合理流动、人尽其才的机制与环境。面向基础研究，建设依托大科学装置的综合研究基地。面向战略高技术开发，建设信息、空间、先进能源、先进制造与新材料等科技创新基地。面向经济社会可持续发展相关研究，建设人口健康与医药、先进工业生物技术、现代农业科技、生态与环境科技、资源与海洋科技等科技创新基地。

实施高校科技创新工程，加强高校自主创新基础能力建设。强化科技创新与高等教育的紧密互动与结合。发挥高校在学科齐全、人才密集、学术思想活跃以及科学研究与人才培养紧密结合等方面的优势，实施学科交叉、综合集成战略，建设若干跨高校的科学研究中心，促进高校间的优势集成，强化高校创新基地的综合性、交叉性，提高国际化水平。组建一批科研设施精良，创新人才汇聚、学术氛围宽松的综合性、开放式、国际化的大型原始性科技创新基地。注意发挥行业、地方等高校的特色和优势，进一步促进产学研结合。实施拔尖创新人才引进和培养计划，完善人才培养设施，构建定位明确、层次清晰、衔接紧密、促进优秀创新人才可持续发展的培养和支持体系。

4．技术创新工程。

建立产业自主创新的基础支撑平台。以建设企业为主体、市场为导向、产学研相结合的技术创新体系为目标，以提高自主创新能力为主线，围绕《科技规划纲要》确定的重点任务和重大科技专项，在加快高技术产业发展、节约资源能源及提高开发利用效率、促进农业产业结构调整升级和提升装备制造业核心竞争力四个重点领域，从产业技术原始创新、集成创新和引进消化吸收再创新三个层面，加强技术创新设施建设，实施技术创新引导工程。新建一批国家工程实验室，提升我国产业技术原始创新能力；新建和完善一批国家工程研究中心，提升我国战略产业和主导产业技术集成创新能力；支持建设和加强一批企业技术中心，提升企业自主研发和引进技术的消化吸收再创新能力。

以加快信息、生物等高技术产业发展，推进国民经济信息化进程，培育产业核心竞争力为目标，在核心电子器件、高端通用芯片、集成电路和软件、下一代网络、新一代无线移动通信、先进计算、信息安全、重大新药创制、重大传染病防治、现代中药等领域，建设若干支撑产业核心技术研发的设施。

以缓解资源、能源瓶颈制约及减少环境污染，保障可持续发展为目标，在油气及矿产资源勘探与采收、煤炭高效安全开采与洁净转化、特高压输变电与电力系统安全、可再生能源、先进冶金工程、水体污染控制与治理、水资源综合利用等领域，建设若干共性、关键性技术开发、试验的设施。

以促进农业产业结构调整升级，推进现代农业和农村经济持续、稳定、健康发展为目标，在农业优良品种选育、农业资源高效利用、农产品深加工与食品安全等领域，建设若干先进、适用技术的研究试验设施。

以振兴装备制造业，推进东北等老工业基地改造，实现由制造业大国向制造业强国转变为目标，在轨道交通、船舶与海洋工程、节能与新能源汽车、高档数控机床与基础制造、大型清洁火电与核电、大型飞机、新材料等领域，建设若干重要装备设计、系统集成和先进制造工艺开发、试验设施。

四、保障措施

（一）完善政策法规。

加快相关政策法规的制定，实施有利于加强自主创新基础能力建设的财税、金融政策，规范和促进自主创新基础设施的投资、建设、运行和管理。一是优化财政科技支出结构，加大政策性金融支持，形成自主创新支撑平台建设的投入保障机制；二是加大对企业研究开发设施投入的税前抵扣，实施企业研究开发仪器设备加速折旧政策，对进口国内不能生产的研发设施减免关税和进口环节增值税；三是完善国家公共科技基础设施的管理体制和运行机制，提高向企业和社会的开放程度。

（二）加大资金投入。

建立多元化、多渠道、多层次的自主创新基础能力建设投融资体制，发挥财政投资的导向作用，积极探索政府资金引导社会资本投入的有效机制。一是加大公共财政对基础性、公益性和战略性研究开发设施的投入；二是加强自主创新基础设施建设、更新、改造、运行经费的统筹协调，形成公共财政稳定投入的保障机制；三是加强国家投资对社会资金的引导，促进社会团体、企业、个人以及国外投资者投资共建，加大对企业自主创新的财政资金支持力度，引导和支持企业建立高水平的研究开发设施；四是强化自主创新基础能力建设的投资管理，建立公开透明、科学合理的政府投资项目审理制度，促进建设项目的合理布局、高效运行，切实提高建设资金的使用效益。

（三）创新体制机制。

深化自主创新基础设施管理体制改革，探索建立有利于促进资源优化配置和高效运行的管理模式和运行机制。一是加强规划实施中政府各部门之间的协调，建立部门会商协调制度，统筹规划、整体布局、分头实施、协调推进；二是制定和完善重大科技基础设施、科技基础条件平台等管理办法，打破部门和单位所有的封闭格局，形成共建、共管、共用机制，促进资源共享和高效利用；三是充分发挥各自优势，建立产学研结合、促进自主创新基础能力建设的协调机制；四是强化国家自主创新基础设施发展状况评估和宏观监测分析，定期发布总体发展报告，及时调整和完善规划布局，形成自主创新基础设施建设持续发展的长效机制。

（四）加强人才培养。

造就高水平的自主创新基础能力建设人才队伍。一是坚持自主创新基础设施建设与吸引和凝聚高层次创新人才相结合，积极营造开放、合作的创新氛围，为创新人才充分发挥聪明才智提供用武之地；二是实施国家高层次自主创新基础能力建设人才培养工程，依托国家科学中心、国家实验室、国家重点实验室、国家工程实验室、国家工程中心等基础设施，吸引和凝聚高水平人才；三是加强科技设施建设与国家重大科技计划的衔接，以设施建设为条件，以重大科技项目为支撑，加速培养一批代表国家水平的科技创新顶尖人才，造就我国在各学科、各产业技术领域自主创新的领军人物、精锐团队和专业技术人员。

（五）深化国际合作。

大力推进自主创新能力建设的国际交流与合作。一是广泛利用国际资源，提高自主创新基础设施的建设运行水平，完善自主创新基础设施建设的国际合作机制，建立规范的国际科技合作项目管理制度；二是创造良好环境，吸引海外高层次人才参与自主创新基础设施建设和运行；三是积极承接国际跨国公司研发中心向中国转移，探索合作开展自主创新基础能力建设的新形式。

中共中央、国务院关于深化科技体制改革加快国家创新体系建设的意见[①]

（2012 年 9 月 23 日）

为加快推进创新型国家建设，全面落实《国家中长期科学和技术发展规划纲要（2006—2020 年）》（以下简称科技规划纲要），充分发挥科技对经济社会发展的支撑引领作用，现就深化科技体制改革、加快国家创新体系建设提出如下意见。

一、充分认识深化科技体制改革、加快国家创新体系建设的重要性和紧迫性

科学技术是第一生产力，是经济社会发展的重要动力源泉。党和国家历来高度重视科技工作。改革开放 30 多年来，我国科技事业快速发展，取得历史性成就。特别是党的十六大以来，中央作出增强自主创新能力、建设创新型国家的重大战略决策，制定实施科技规划纲要，科技投入持续快速增长，激励创新的政策法律不断完善，国家创新体系建设积极推进，取得一批重大科技创新成果，形成一支高素质科技人才队伍，我国整体科技实力和科技竞争力明显提升，在促进经济社会发展和保障国家安全中发挥了重要支撑引领作用。

当前，我国正处在全面建设小康社会的关键时期和深化改革开放、加快转变经济发展方式的攻坚时期。国际金融危机深层次影响

---

① 《中共中央、国务院关于深化科技体制改革加快国家创新体系建设的意见》，《中华人民共和国国务院公报》，2012 年 28 期。

仍在持续，科技在经济社会发展中的作用日益凸显，国际科技竞争与合作不断加强，新科技革命和全球产业变革步伐加快，我国科技发展既面临重要战略机遇，也面临严峻挑战。面对新形势新要求，我国自主创新能力还不够强，科技体制机制与经济社会发展和国际竞争的要求不相适应，突出表现为：企业技术创新主体地位没有真正确立，产学研结合不够紧密，科技与经济结合问题没有从根本上解决，原创性科技成果较少，关键技术自给率较低；一些科技资源配置过度行政化，分散重复封闭低效等问题突出，科技项目及经费管理不尽合理，研发和成果转移转化效率不高；科技评价导向不够合理，科研诚信和创新文化建设薄弱，科技人员的积极性创造性还没有得到充分发挥。这些问题已成为制约科技创新的重要因素，影响我国综合实力和国际竞争力的提升。因此，抓住机遇大幅提升自主创新能力，激发全社会创造活力，真正实现创新驱动发展，迫切需要进一步深化科技体制改革，加快国家创新体系建设。

二、深化科技体制改革、加快国家创新体系建设的指导思想、主要原则和主要目标

（一）指导思想。高举中国特色社会主义伟大旗帜，以邓小平理论和“三个代表”重要思想为指导，深入贯彻落实科学发展观，大力实施科教兴国战略和人才强国战略，坚持自主创新、重点跨越、支撑发展、引领未来的指导方针，全面落实科技规划纲要，以提高自主创新能力为核心，以促进科技与经济社会发展紧密结合为重点，进一步深化科技体制改革，着力解决制约科技创新的突出问题，充分发挥科技在转变经济发展方式和调整经济结构中的支撑引领作用，加快建设中国特色国家创新体系，为2020年进入创新型

国家行列、全面建成小康社会和新中国成立100周年时成为世界科技强国奠定坚实基础。

（二）主要原则。一是坚持创新驱动、服务发展。把科技服务于经济社会发展放在首位，大力提高自主创新能力，发挥科技支撑引领作用，加快实现创新驱动发展。二是坚持企业主体、协同创新。突出企业技术创新主体作用，强化产学研用紧密结合，促进科技资源开放共享，各类创新主体协同合作，提升国家创新体系整体效能。三是坚持政府支持、市场导向。统筹发挥政府在战略规划、政策法规、标准规范和监督指导等方面的作用与市场在资源配置中的基础性作用，营造良好环境，激发创新活力。注重发挥新型举国体制在实施国家科技重大专项中的作用。四是坚持统筹协调、遵循规律。统筹落实国家中长期科技、教育、人才规划纲要，发挥中央和地方两方面积极性，强化地方在区域创新中的主导地位，按照经济社会和科技发展的内在要求，整体谋划、有序推进科技体制改革。五是坚持改革开放、合作共赢。改革完善科技体制机制，充分利用国际国内科技资源，提高科技发展的科学化水平和国际化程度。

（三）主要目标。到2020年，基本建成适应社会主义市场经济体制、符合科技发展规律的中国特色国家创新体系；原始创新能力明显提高，集成创新、引进消化吸收再创新能力大幅增强，关键领域科学研究实现原创性重大突破，战略性高技术领域技术研发实现跨越式发展，若干领域创新成果进入世界前列；创新环境更加优化，创新效益大幅提高，创新人才竞相涌现，全民科学素质普遍提高，科技支撑引领经济社会发展的能力大幅提升，进入创新型国家行列。

“十二五”时期的主要目标：一是确立企业在技术创新中的主体地位，企业研发投入明显提高，创新能力普遍增强，全社会研发经费占国内生产总值2.2%，大中型工业企业平均研发投入占主营业务收入比例提高到1.5%，行业领军企业逐步实现研发投入占主营业务收入的比例与国际同类先进企业相当，形成更多具有自主知识产权的核心技术，充分发挥大型企业的技术创新骨干作用，培育若干综合竞争力居世界前列的创新型企业和科技型中小企业创新集群。二是推进科研院所和高等学校科研体制机制改革，建立适应不同类型科研活动特点的管理制度和运行机制，提升创新能力和服务水平，在满足经济社会发展需求以及基础研究和前沿技术研发上取得重要突破。加快建设若干一流科研机构，创新能力和研究成果进入世界同类科研机构前列；加快建设一批高水平研究型大学，一批优势学科达到世界一流水平。三是完善国家创新体系，促进技术创新、知识创新、国防科技创新、区域创新、科技中介服务体系协调发展，强化相互支撑和联动，提高整体效能，科技进步贡献率达到55%左右。四是改革科技管理体制，推进科技项目和经费管理改革、科技评价和奖励制度改革，形成激励创新的正确导向，打破行业壁垒和部门分割，实现创新资源合理配置和高效利用。五是完善人才发展机制，激发科技人员积极性创造性，加快高素质创新人才队伍建设，每万名就业人员的研发人力投入达到43人年；提高全民科学素质，我国公民具备基本科学素质的比例超过5%。六是进一步优化创新环境，加强科学道德和创新文化建设，完善保障和推进科技创新的政策措施，扩大科技开放合作。

三、强化企业技术创新主体地位，促进科技与经济紧密结合

（四）建立企业主导产业技术研发创新的体制机制。加快建立企业为主体、市场为导向、产学研用紧密结合的技术创新体系。充

分发挥企业在技术创新决策、研发投入、科研组织和成果转化中的主体作用，吸纳企业参与国家科技项目的决策，产业目标明确的国家重大科技项目由有条件的企业牵头组织实施。引导和支持企业加强技术研发能力建设，“十二五”时期国家重点建设的工程技术类研究中心和实验室，优先在具备条件的行业骨干企业布局。科研院所和高等学校要更多地为企业技术创新提供支持和服务，促进技术、人才等创新要素向企业研发机构流动。支持行业骨干企业与科研院所、高等学校联合组建技术研发平台和产业技术创新战略联盟，合作开展核心关键技术研发和相关基础研究，联合培养人才，共享科研成果。鼓励科研院所和高等学校的科技人员创办科技型企业，促进研发成果转化。

进一步强化和完善政策措施，引导鼓励企业成为技术创新主体。落实企业研发费用税前加计扣除政策，适用范围包括战略性新兴产业、传统产业技术改造和现代服务业等领域的研发活动；改进企业研发费用计核方法，合理扩大研发费用加计扣除范围，加大企业研发设备加速折旧等政策的落实力度，激励企业加大研发投入。完善高新技术企业认定办法，落实相关优惠政策。建立健全国有企业技术创新的经营业绩考核制度，落实和完善国有企业研发投入的考核措施，加强对不同行业研发投入和产出的分类考核。加大国有资本经营预算对自主创新的支持力度，支持中央企业围绕国家重点研发任务开展技术创新和成果产业化。营造公平竞争的市场环境，大力支持民营企业创新活动。加大对中小企业、微型企业技术创新的财政和金融支持，落实好相关税收优惠政策。扩大科技型中小企业创新基金规模，通过贷款贴息、研发资助等方式支持中小企业技术创新活动。建立政府引导资金和社会资本共同支持初创科技型企业发展的风险投资机制，实施科技型中小企业创业投资引导基金及新兴产业创业投资计划，引导创业投资机构投资科技型中小企业。完善支持中小企业技术创新和向中小企业技术转移的公共服务平台，健全服务功能和服务标准。支持企业职工的技术创新活动。

（五）提高科研院所和高等学校服务经济社会发展的能力。加快科研院所和高等学校科研体制改革和机制创新。按照科研机构分类改革的要求，明确定位，优化布局，稳定规模，提升能力，走内涵式发展道路。公益类科研机构要坚持社会公益服务的方向，探索管办分离，建立适应农业、卫生、气象、海洋、环保、水利、国土资源和公共安全等领域特点的科技创新支撑机制。基础研究类科研机构要瞄准科学前沿问题和国家长远战略需求，完善有利于激发创新活力、提升原始创新能力的运行机制。对从事基础研究、前沿技术研究和社会公益研究的科研机构和学科专业，完善财政投入为主、引导社会参与的持续稳定支持机制。技术开发类科研机构要坚持企业化转制方向，完善现代企业制度，建立市场导向的技术创新机制。

充分发挥国家科研机构的骨干和引领作用。建立健全现代科研院所制度，制定科研院所章程，完善治理结构，进一步落实法人自主权，探索实行由主要利益相关方代表构成的理事会制度。实行固定岗位与流动岗位相结合的用人制度，建立开放、竞争、流动的用人机制。推进实施绩效工资。对科研机构实行周期性评估，根据评估结果调整和确定支持方向和投入力度。引导和鼓励民办科研机构发展，在承担国家科技任务、人才引进等方面加大支持力度，符合条件的民办科研机构享受税收优惠等相关政策。

充分发挥高等学校的基础和生力军作用。落实和扩大高等学校办学自主权。根据经济社会发展需要和学科专业优势，明确各类高等学校定位，突出办学特色，建立以服务需求和提升创新能力为导向的科技评价和科技服务体系。高等学校对学科专业实行动态调整，大力推动与产业需求相结合的人才培养，促进交叉学科发展，全面提高人才培养质量。发挥高等学校学科人才优势，在基础研究和前沿技术领域取得原创性突破。建立与产业、区域经济紧密结合的成果转化机制，鼓励支持高等学校教师转化和推广科研成果。以学科建设和协同创新为重点，提升高等学校创新能力。大力推进科技与教育相结合的改革，促进科研与教学互动、科研与人才培养紧密结合，培育跨学科、跨领域的科研教学团队，增强学生创新精神和创业能力，提升高等学校毕业生就业率。

（六）完善科技支撑战略性新兴产业发展和传统产业升级的机制。建立科技有效支撑产业发展的机制，围绕战略性新兴产业需求部署创新链，突破技术瓶颈，掌握核心关键技术，推动节能环保、新一代信息技术、生物、高端装备制造、新能源、新材料、新能源汽车等产业快速发展，增强市场竞争力，到2015年战略性新兴产业增加值占国内生产总值的比重力争达到8%左右，到2020年力争达到15%左右。以数字化、网络化、智能化为重点，推进工业化和信息化深度融合。充分发挥市场机制对产业发展方向和技术路线选择的基础性作用，通过制定规划、技术标准、市场规范和产业技术政策等进行引导。加大对企业主导的新兴产业链扶持力度，支持创新型骨干企业整合创新资源。加强技术集成、工艺创新和商业模式创新，大力拓展国内外市场。优化布局，防止盲目重复建设，引导战略性新兴产业健康发展。在事关国家安全和重大战略需求领域，进一步凝炼重点，明确制约产业发展的关键技术，充分发挥国家重点工程、科技重大专项、科技计划、产业化项目和应用示范工程的引领和带动作用，实现电子信息、能源环保、生物医药、先进制造等领域的核心技术重大突破，促进产业加快发展。加大对中试环节的支持力度，促进从研究开发到产业化的有机衔接。

加强技术创新，推动技术改造，促进传统产业优化升级。围绕品种质量、节能降耗、生态环境、安全生产等重点，完善新技术新工艺新产品的应用推广机制，提升传统产业创新发展能力。针对行业和技术领域特点，整合资源构建共性技术研发基地，在重点产业领域建设技术创新平台。建立健全知识转移和技术扩散机制，加快科技成果转化应用。

（七）完善科技促进农业发展、民生改善和社会管理创新的机制。高度重视农业科技发展，发挥政府在农业科技投入中的主导作用，加大对农业科技的支持力度。打破部门、区域、学科界限，推进农科教、产学研紧密结合，有效整合农业相关科技资源。面向产业需求，围绕粮食安全、种业发展、主要农产品供给、生物安全、农林生态保护等重点方向，构建适应高产、优质、高效、生态、安全农业发展要求的技术体系。大力推进农村科技创业，鼓励创办农业科技企业和技术合作组织。强化基层公益性农技推广服务，引导科研教育机构积极开展农技服务，培育和支持新型农业社会化服务组织，进一步完善公益性服务、社会化服务有机结合的农业技术服务体系。

注重发展关系民生的科学技术，加快推进涉及人口健康、食品药品安全、防灾减灾、生态环境和应对气候变化等领域的科技创新，满足保障和改善民生的重大科技需求。加大投入，健全机制，促进公益性民生科技研发和应用推广；加快培育市场主体，完善支持政策，促进民生科技产业发展，使科技创新成果惠及广大人民群众。加强文化科技创新，推进科技与文化融合，提高科技对文化事业和文化产业发展的支撑能力。

加快建设社会管理领域的科技支撑体系。充分运用信息技术等先进手段，建设网络化、广覆盖的公共服务平台。着力推进政府相关部门信息共享、互联互通。建立健全以自主知识产权为核心的互联网信息安全关键技术保障机制，促进信息网络健康发展。

四、加强统筹部署和协同创新，提高创新体系整体效能

（八）推动创新体系协调发展。统筹技术创新、知识创新、国防科技创新、区域创新和科技中介服务体系建设，建立基础研究、应用研究、成果转化和产业化紧密结合、协调发展机制。支持和鼓励各创新主体根据自身特色和优势，探索多种形式的协同创新模式。完善学科布局，推动学科交叉融合和均衡发展，统筹目标导向和自由探索的科学研究，超前部署对国家长远发展具有带动作用的战略先导研究、重要基础研究和交叉前沿研究。加强技术创新基地建设，发挥骨干企业和转制院所作用，提高产业关键技术研发攻关水平，促进技术成果工程化、产业化。完善军民科技融合机制，建设军民两用技术创新基地和转移平台，扩大民口科研机构和科技型企业对国防科技研发的承接范围。培育、支持和引导科技中介服务机构向服务专业化、功能社会化、组织网络化、运行规范化方向发展，壮大专业研发设计服务企业，培育知识产权服务市场，推进检验检测机构市场化服务，完善技术交易市场体系，加快发展科技服务业。充分发挥科技社团在推动全社会创新活动中的作用。建立全国创新调查制度，加强国家创新体系建设监测评估。

（九）完善区域创新发展机制。充分发挥地方在区域创新中的主导作用，加快建设各具特色的区域创新体系。结合区域经济社会发展的特色和优势，科学规划、合理布局，完善激励引导政策，加大投入支持力度，优化区域内创新资源配置。加强区域科技创新公共服务能力建设，进一步完善科技企业孵化器、大学科技园等创新创业载体的运行服务机制，强化创业辅导功能。加强区域间科技合作，推动创新要素向区域特色产业聚集，培育一批具有国际竞争力的产业集群。加强统筹协调，分类指导，完善相关政策，鼓励创新资源密集的区域率先实现创新驱动发展，支持具有特色创新资源的区域加快提高创新能力。以中央财政资金为引导，带动地方财政和社会投入，支持区域公共科技服务平台建设。总结完善并逐步推广中关村等国家自主创新示范区试点经验和相关政策。分类指导国家自主创新示范区、国家高新技术产业开发区、国家高技术产业基地等创新中心完善机制，加强创新能力建设，发挥好集聚辐射带动作用。

（十）强化科技资源开放共享。建立科研院所、高等学校和企业开放科研设施的合理运行机制。整合各类科技资源，推进大型科学仪器设备、科技文献、科学数据等科技基础条件平台建设，加快建立健全开放共享的运行服务管理模式和支持方式，制定相应的评价标准和监督奖惩办法。完善国家财政资金购置科研仪器设备的查重机制和联合评议机制，防止重复购置和闲置浪费。对财政资金资助的科技项目和科研基础设施，加快建立统一的管理数据库和统一的科技报告制度，并依法向社会开放。

五、改革科技管理体制，促进管理科学化和资源高效利用

（十一）加强科技宏观统筹。完善统筹协调的科技宏观决策体

系，建立健全国家科技重大决策机制，完善中央与地方之间、科技相关部门之间、科技部门与其他部门之间的沟通协调机制，进一步明确国家各类科技计划、专项、基金的定位和支持重点，防止重复部署。加快转变政府管理职能，加强战略规划、政策法规、标准规范和监督指导等方面职责，提高公共科技服务能力，充分发挥各类创新主体的作用。完善国家科技决策咨询制度，重大科技决策要广泛听取意见，将科技咨询纳入国家重大问题的决策程序。探索社会主义市场经济条件下的举国体制，完善重大战略性科技任务的组织方式，充分发挥我国社会主义制度集中力量办大事的优势，充分发挥市场在资源配置中的基础性作用，保障国家科技重大专项等顺利实施。

（十二）推进科技项目管理改革。建立健全科技项目决策、执行、评价相对分开、互相监督的运行机制。完善科技项目管理组织流程，按照经济社会发展需求确定应用型重大科技任务，拓宽科技项目需求征集渠道，建立科学合理的项目形成机制和储备制度。建立健全科技项目公平竞争和信息公开公示制度，探索完善网络申报和视频评审办法，保证科技项目管理的公开公平公正。完善国家科技项目管理的法人责任制，加强实施督导、过程管理和项目验收，建立健全对科技项目和科研基础设施建设的第三方评估机制。完善科技项目评审评价机制，避免频繁考核，保证科研人员的科研时间。完善相关管理制度，避免科技项目和经费过度集中于少数科研人员。

（十三）完善科技经费管理制度。健全竞争性经费和稳定支持经费相协调的投入机制，优化基础研究、应用研究、试验发展和成果转化的经费投入结构。完善科研课题间接成本补偿机制。建立健全符合科研规律的科技项目经费管理机制和审计方式，增加项目承担单位预算调整权限，提高经费使用自主权。建立健全科研经费监督管理机制，完善科技相关部门预算和科研经费信息公开公示制度，通过实施国库集中支付、公务卡等办法，严格科技财务制度，强化对科技经费使用过程的监管，依法查处违法违规行为。加强对各类科技计划、专项、基金、工程等经费管理使用的综合绩效评价，健全科技项目管理问责机制，依法公开问责情况，提高资金使用效益。

（十四）深化科技评价和奖励制度改革。根据不同类型科技活动特点，注重科技创新质量和实际贡献，制定导向明确、激励约束并重的评价标准和方法。基础研究以同行评价为主，特别要加强国际同行评价，着重评价成果的科学价值；应用研究由用户和专家等相关第三方评价，着重评价目标完成情况、成果转化情况以及技术成果的突破性和带动性；产业化开发由市场和用户评价，着重评价对产业发展的实质贡献。建立评价专家责任制度和信息公开制度。开展科技项目标准化评价和重大成果产出导向的科技评价试点，完善国家科技重大专项监督评估制度。加强对科技项目决策、实施、成果转化的后评估。发挥科技社团在科技评价中的作用。

改革完善国家科技奖励制度，建立公开提名、科学评议、实践检验、公信度高的科技奖励机制。提高奖励质量，减少数量，适当延长报奖成果的应用年限。重点奖励重大科技贡献和杰出科技人才，强化对青年科技人才的奖励导向。根据不同奖项的特点完善评审标准和办法，增加评审过程透明度。探索科技奖励的同行提名制。支持和规范社会力量设奖。

六、完善人才发展机制，激发科技人员积极性创造性

（十五）统筹各类创新人才发展和完善人才激励制度。深入实施重大人才工程和政策，培养造就世界水平的科学家、科技领军人才、卓越工程师和高水平创新团队。改进和完善院士制度。大力引进海外优秀人才特别是顶尖人才，支持归国留学人员创新创业。加强科研生产一线高层次专业技术人才和高技能人才培养。支持创新人才到西部地区特别是边疆民族地区工作。支持35岁以下的优秀青年科技人才主持科研项目。鼓励大学生自主创新创业。鼓励在创新实践中脱颖而出的人才成长和创业。重视工程实用人才、紧缺技能人才和农村实用人才培养。

建立以科研能力和创新成果等为导向的科技人才评价标准，改变片面将论文数量、项目和经费数量、专利数量等与科研人员评价和晋升直接挂钩的做法。加快建设人才公共服务体系，健全科技人才流动机制，鼓励科研院所、高等学校和企业创新人才双向交流。探索实施科研关键岗位和重大科研项目负责人公开招聘制度。规范和完善专业技术职务聘任和岗位聘用制度，扩大用人单位自主权。探索有利于创新人才发挥作用的多种分配方式，完善科技人员收入分配政策，健全与岗位职责、工作业绩、实际贡献紧密联系和鼓励创新创造的分配激励机制。

（十六）加强科学道德和创新文化建设。建立健全科研活动行为准则和规范，加强科研诚信和科学伦理教育，将其纳入国民教育体系和科技人员职业培训体系，与理想信念、职业道德和法制教育相结合，强化科技人员的诚信意识和社会责任。发挥科研机构和学术团体的自律功能，引导科技人员加强自我约束、自我管理。加强科研诚信和科学伦理的社会监督，扩大公众对科研活动的知情权和监督权。加强国家科研诚信制度建设，加快相关立法进程，建立科技项目诚信档案，完善监督机制，加大对学术不端行为的惩处力度，切实净化学术风气。

引导科技工作者自觉践行社会主义核心价值体系，大力弘扬求真务实、勇于创新、团结协作、无私奉献、报效祖国的精神，保障学术自由，营造宽松包容、奋发向上的学术氛围。大力宣传优秀科技工作者和团队的先进事迹。加强科学普及，发展创新文化，进一步形成尊重劳动、尊重知识、尊重人才、尊重创造的良好风尚。

七、营造良好环境，为科技创新提供有力保障

（十七）完善相关法律法规和政策措施。落实科技规划纲要配套政策，发挥政府在科技投入中的引导作用，进一步落实和完善促进全社会研发经费逐步增长的相关政策措施，加快形成多元化、多层次、多渠道的科技投入体系，实现2020年全社会研发经费占国内生产总值2.5%以上的目标。

完善和落实促进科技成果转化应用的政策措施，实施技术转让所得税优惠政策，用好国家科技成果转化引导基金，加大对新技术新工艺新产品应用推广的支持力度，研究采取以奖代补、贷款贴息、创业投资引导等多种形式，完善和落实促进新技术新产品应用的需求引导政策，支持企业承接和采用新技术、开展新技术新工艺新产品的工程化研究应用。完善落实科技人员成果转化的股权、期权激励和奖励等收益分配政策。

促进科技和金融结合，创新金融服务科技的方式和途径。综合运用买方信贷、卖方信贷、融资租赁等金融工具，引导银行等金融机构加大对科技型中小企业的信贷支持。推广知识产权和股权质押

贷款。加大多层次资本市场对科技型企业的支持力度，扩大非上市股份公司代办股份转让系统试点。培育和发展创业投资，完善创业投资退出渠道，支持地方规范设立创业投资引导基金，引导民间资本参与自主创新。积极开发适合科技创新的保险产品，加快培育和完善科技保险市场。

加强知识产权的创造、运用、保护和管理，“十二五”期末实现每万人发明专利拥有量达到3.3件的目标。建立国家重大关键技术领域专利态势分析和预警机制。完善知识产权保护措施，健全知识产权维权援助机制。完善科技成果转化为技术标准的政策措施，加强技术标准的研究制定。

认真落实科学技术进步法及相关法律法规，推动促进科技成果转化法修订工作，加大对科技创新活动和科技创新成果的法律保护力度，依法惩治侵犯知识产权和科技成果的违法犯罪行为，为科技创新营造良好的法治环境。

（十八）加强科技开放合作。积极开展全方位、多层次、高水平的科技国际合作，加强内地与港澳台地区的科技交流合作。加大引进国际科技资源的力度，围绕国家战略需求参与国际大科学计划和大科学工程。鼓励我国科学家发起和组织国际科技合作计划，主动提出或参与国际标准制定。加强技术引进和合作，鼓励企业开展参股并购、联合研发、专利交叉许可等方面的国际合作，支持企业和科研机构到海外建立研发机构。加大国家科技计划开放合作力度，支持国际学术机构、跨国公司等来华设立研发机构，搭建国内外大学、科研机构联合研究平台，吸引全球优秀科技人才来华创新创业。加强民间科技交流合作。

八、加强组织领导，稳步推进实施

（十九）加强领导，精心组织。各级党委和政府要把深化科技体制改革、加快国家创新体系建设工作摆上重要议事日程，把科技体制改革作为经济体制改革的重要内容，同部署、同落实、同考核。发挥专家咨询作用，充分调动广大科技工作者和全社会积极参与，共同做好深化科技体制改革工作。

（二十）明确责任，落实任务。在国家科技教育领导小组的领导下，建立健全工作协调机制，分解任务，明确责任，狠抓落实。各有关方面要增强大局意识、责任意识，加强协调配合，抓好各项任务实施。加强分类指导和评价考核，定期督促检查。各有关部门和单位要按照任务分工和要求，结合实际制定具体改革方案和措施，按程序报批。有关职能部门要尽快制定完善相关配套政策，加强政策落实情况评估。

（二十一）统筹安排，稳步推进。注重科技体制改革与其他方面改革的衔接配合，处理好改革发展稳定关系，把握好改革节奏和进度，认真研究和妥善解决改革中遇到的新情况新问题，对一些重大改革措施要做好试点工作，积极稳妥地推进改革。加强宣传和舆论引导，大力宣传科技发展的重大成就，宣传深化科技体制改革的重要意义、工作进展和先进经验，及时回应社会关切，引导社会舆论，形成支持改革的良好氛围。

国务院印发关于深化中央财政科技计划（专项、基金等）管理改革方案的通知[①]

（2014年12月3日）

各省、自治区、直辖市人民政府，国务院各部委、各直属机构：

《关于深化中央财政科技计划（专项、基金等）管理改革的方案》已经党中央、国务院同意，现印发给你们，请认真贯彻执行。

国务院

2014年12月3日

关于深化中央财政科技计划（专项、基金等）管理改革的方案

科技计划（专项、基金等）是政府支持科技创新活动的重要方式。改革开放以来，我国先后设立了一批科技计划（专项、基金等），为增强国家科技实力、提高综合竞争力、支撑引领经济社会发展发挥了重要作用。但是，由于顶层设计、统筹协调、分类资助方式不够完善，现有各类科技计划（专项、基金等）存在着重复、分散、封闭、低效等现象，多头申报项目、资源配置"碎片化"等问题突出，不能完全适应实施创新驱动发展战略的要求。当前，全

① 《国务院印发关于深化中央财政科技计划（专项、基金等）管理改革方案的通知》，《中华人民共和国国务院公报》，2014年02期。

球科技革命和产业变革日益兴起，世界各主要国家都在调整完善科技创新战略和政策，我们必须立足国情，借鉴发达国家经验，通过深化改革着力解决存在的突出问题，推动以科技创新为核心的全面创新，尽快缩小我国与发达国家之间的差距。

为深入贯彻党的十八大和十八届二中、三中、四中全会精神，落实党中央、国务院决策部署，加快实施创新驱动发展战略，按照深化科技体制改革、财税体制改革的总体要求和《中共中央 国务院关于深化科技体制改革加快国家创新体系建设的意见》、《国务院关于改进加强中央财政科研项目和资金管理的若干意见》（国发〔2014〕11号）精神，制定本方案。

一、总体目标和基本原则

（一）总体目标。

强化顶层设计，打破条块分割，改革管理体制，统筹科技资源，加强部门功能性分工，建立公开统一的国家科技管理平台，构建总体布局合理、功能定位清晰、具有中国特色的科技计划（专项、基金等）体系，建立目标明确和绩效导向的管理制度，形成职责规范、科学高效、公开透明的组织管理机制，更加聚焦国家目标，更加符合科技创新规律，更加高效配置科技资源，更加强化科技与经济紧密结合，最大限度激发科研人员创新热情，充分发挥科技计划（专项、基金等）在提高社会生产力、增强综合国力、提升国际竞争力和保障国家安全中的战略支撑作用。

（二）基本原则。

转变政府科技管理职能。政府各部门要简政放权，主要负责科技发展战略、规划、政策、布局、评估、监管，对中央财政各类科技计划（专项、基金等）实行统一管理，建立统一的评估监管体系，加强事中、事后的监督检查和责任倒查。政府各部门不再直接管理具体项目，充分发挥专家和专业机构在科技计划（专项、基金等）具体项目管理中的作用。

聚焦国家重大战略任务。面向世界科技前沿、面向国家重大需求、面向国民经济主战场，科学布局中央财政科技计划（专项、基金等），完善项目形成机制，优化资源配置，需求导向，分类指导，超前部署，瞄准突破口和主攻方向，加大财政投入，建立围绕重大任务推动科技创新的新机制。

促进科技与经济深度融合。加强科技与经济在规划、政策等方面的相互衔接。科技计划（专项、基金等）要围绕产业链部署创新链，围绕创新链完善资金链，统筹衔接基础研究、应用开发、成果转化、产业发展等各环节工作，更加主动有效地服务于经济结构调整和提质增效升级，建设具有核心竞争力的创新型经济。

明晰政府与市场的关系。政府重点支持市场不能有效配置资源的基础前沿、社会公益、重大共性关键技术研究等公共科技活动，积极营造激励创新的环境，解决好“越位”和“缺位”问题。发挥好市场配置技术创新资源的决定性作用和企业技术创新主体作用，突出成果导向，以税收优惠、政府采购等普惠性政策和引导性为主的方式支持企业技术创新和科技成果转化活动。

坚持公开透明和社会监督。科技计划（专项、基金等）项目全部纳入统一的国家科技管理信息系统和国家科技报告系统，加强项目实施全过程的信息公开和痕迹管理。除涉密项目外，所有信息向社会公开，接受社会监督。营造遵循科学规律、鼓励探索、宽容失败的氛围。

二、建立公开统一的国家科技管理平台

（一）建立部际联席会议制度。

建立由科技部牵头，财政部、发展改革委等相关部门参加的科技计划（专项、基金等）管理部际联席会议（以下简称联席会议）制度，制定议事规则，负责审议科技发展战略规划、科技计划（专项、基金等）的布局与设置、重点任务和指南、战略咨询与综合评审委员会的组成、专业机构的遴选择优等事项。在此基础上，财政部按照预算管理的有关规定统筹配置科技计划（专项、基金等）预算。各相关部门做好产业和行业政策、规划、标准与科研工作的衔接，充分发挥在提出基础前沿、社会公益、重大共性关键技术需求，以及任务组织实施和科技成果转化推广应用中的积极作用。科技发展战略规划、科技计划（专项、基金等）布局和重点专项设置等重大事项，经国家科技体制改革和创新体系建设领导小组审议后，按程序报国务院，特别重大事项报党中央。

（二）依托专业机构管理项目。

将现有具备条件的科研管理类事业单位等改造成规范化的项目管理专业机构，由专业机构通过统一的国家科技管理信息系统受理各方面提出的项目申请，组织项目评审、立项、过程管理和结题验收等，对实现任务目标负责。加快制定专业机构管理制度和标准，明确规定专业机构应当具备相关科技领域的项目管理能力，建立完善的法人治理结构，设立理事会、监事会，制定章程，按照联席会议确定的任务，接受委托，开展工作。加强对专业机构的监督、评价和动态调整，确保其按照委托协议的要求和相关制度的规定进行项目管理工作。项目评审专家应当从国家科技项目评审专家库中选取。鼓励具备条件的社会化科技服务机构参与竞争，推进专业机构

的市场化和社会化。

（三）发挥战略咨询与综合评审委员会的作用。

战略咨询与综合评审委员会由科技界、产业界和经济界的高层次专家组成，对科技发展战略规划、科技计划（专项、基金等）布局、重点专项设置和任务分解等提出咨询意见，为联席会议提供决策参考；对制定统一的项目评审规则、建设国家科技项目评审专家库、规范专业机构的项目评审等工作，提出意见和建议；接受联席会议委托，对特别重大的科技项目组织开展评审。战略咨询与综合评审委员会要与学术咨询机构、协会、学会等开展有效合作，不断提高咨询意见的质量。

（四）建立统一的评估和监管机制。

科技部、财政部要对科技计划（专项、基金等）的实施绩效、战略咨询与综合评审委员会和专业机构的履职尽责情况等统一组织评估评价和监督检查，进一步完善科研信用体系建设，实行“黑名单”制度和责任倒查机制。对科技计划（专项、基金等）的绩效评估通过公开竞争等方式择优委托第三方机构开展，评估结果作为中央财政予以支持的重要依据。各有关部门要加强对所属单位承担科技计划（专项、基金等）任务和资金使用情况的日常管理和监督。建立科研成果评价监督制度，强化责任；加强对财政科技资金管理使用的审计监督，对发现的违法违规行为要坚决予以查处，查处结果向社会公开，发挥警示教育作用。

（五）建立动态调整机制。

科技部、财政部要根据绩效评估和监督检查结果以及相关部门的建议，提出科技计划（专项、基金等）动态调整意见。完成预期目标或达到设定时限的，应当自动终止；确有必要延续实施的，或新设立科技计划（专项、基金等）以及重点专项的，由科技部、财政部会同有关部门组织论证，提出建议。上述意见和建议经联席会议审议后，按程序报批。

（六）完善国家科技管理信息系统。

要通过统一的信息系统，对科技计划（专项、基金等）的需求征集、指南发布、项目申报、立项和预算安排、监督检查、结题验收等全过程进行信息管理，并主动向社会公开非涉密信息，接受公众监督。分散在各相关部门、尚未纳入国家科技管理信息系统的项目信息要尽快纳入，已结题的项目要及时纳入统一的国家科技报告系统。未按规定提交并纳入的，不得申请中央财政资助的科技计划（专项、基金等）项目。

三、优化科技计划（专项、基金等）布局

根据国家战略需求、政府科技管理职能和科技创新规律，将中央各部门管理的科技计划（专项、基金等）整合形成五类科技计划（专项、基金等）。

（一）国家自然科学基金。

资助基础研究和科学前沿探索，支持人才和团队建设，增强源头创新能力。

（二）国家科技重大专项。

聚焦国家重大战略产品和重大产业化目标，发挥举国体制的优势，在设定时限内进行集成式协同攻关。

（三）国家重点研发计划。

针对事关国计民生的农业、能源资源、生态环境、健康等领域中需要长期演进的重大社会公益性研究，以及事关产业核心竞争力、整体自主创新能力和国家安全的战略性、基础性、前瞻性重大科学问题、重大共性关键技术和产品、重大国际科技合作，按照重点专项组织实施，加强跨部门、跨行业、跨区域研发布局和协同创新，为国民经济和社会发展主要领域提供持续性的支撑和引领。

（四）技术创新引导专项（基金）。

通过风险补偿、后补助、创投引导等方式发挥财政资金的杠杆作用，运用市场机制引导和支持技术创新活动，促进科技成果转移转化和资本化、产业化。

（五）基地和人才专项。

优化布局，支持科技创新基地建设和能力提升，促进科技资源开放共享，支持创新人才和优秀团队的科研工作，提高我国科技创新的条件保障能力。

上述五类科技计划（专项、基金等）要全部纳入统一的国家科技管理平台管理，加强项目查重，避免重复申报和重复资助。中央财政要加大对科技计划（专项、基金等）的支持力度，加强对中央级科研机构和高校自主开展科研活动的稳定支持。

四、整合现有科技计划（专项、基金等）

本次优化整合工作针对所有实行公开竞争方式的科技计划（专项、基金等），不包括对中央级科研机构和高校实行稳定支持的专项资金。通过撤、并、转等方式按照新的五个类别对现有科技计划（专项、基金等）进行整合，大幅减少科技计划（专项、基金等）数量。

（一）整合形成国家重点研发计划。

聚焦国家重大战略任务，遵循研发和创新活动的规律和特点，将科技部管理的国家重点基础研究发展计划、国家高技术研究发展计划、国家科技支撑计划、国际科技合作与交流专项，发展改革委、工业和信息化部管理的产业技术研究与开发资金，有关部门管理的公益性行业科研专项等，进行整合归并，形成一个国家重点研发计划。该计划根据国民经济和社会发展重大需求及科技发展优先领域，凝练形成若干目标明确、边界清晰的重点专项，从基础前沿、重大共性关键技术到应用示范进行全链条创新设计，一体化组织实施。

（二）分类整合技术创新引导专项（基金）。

按照企业技术创新活动不同阶段的需求，对发展改革委、财政部管理的新兴产业创投基金，科技部管理的政策引导类计划、科技成果转化引导基金，财政部、科技部、工业和信息化部、商务部共同管理的中小企业发展专项资金中支持科技创新的部分，以及其他引导支持企业技术创新的专项资金（基金），进一步明确功能定位并进行分类整合，避免交叉重复，并切实发挥杠杆作用，通过市场机制引导社会资金和金融资本进入技术创新领域，形成天使投资、创业投资、风险补偿等政府引导的支持方式。政府要通过间接措施加大支持力度，落实和完善税收优惠、政府采购等支持科技创新的普惠性政策，激励企业加大自身的科技投入，真正发展成为技术创新的主体。

（三）调整优化基地和人才专项。

对科技部管理的国家（重点）实验室、国家工程技术研究中心、科技基础条件平台，发展改革委管理的国家工程实验室、国家工程研究中心等合理归并，进一步优化布局，按功能定位分类整合，完善评价机制，加强与国家重大科技基础设施的相互衔接。提高高校、科研院所科研设施开放共享程度，盘活存量资源，鼓励国家科技基础条件平台对外开放共享和提供技术服务，促进国家重大科研基础设施和大型科研仪器向社会开放，实现跨机构、跨地区的开放运行和共享。相关人才计划要加强顶层设计和相互之间的衔接。在此基础上调整相关财政专项资金。

（四）国家科技重大专项。

要坚持有所为有所不为，加大聚焦调整力度，准确把握技术路线和方向，更加聚焦产品目标和产业化目标，进一步改进和强化组织推进机制，控制专项数量，集中力量办大事。更加注重与其他科技计划（专项、基金等）的分工与衔接，避免重复部署、重复投入。

（五）国家自然科学基金。

要聚焦基础研究和科学前沿，注重交叉学科，培育优秀科研人才和团队，加大资助力度，向国家重点研究领域输送创新知识和人才团队。

（六）支持某一产业或领域发展的专项资金。

要进一步聚焦产业和领域发展，其中有关支持技术研发的内容，要纳入优化整合后的国家科技计划（专项、基金等）体系，根据产业和领域发展需求，由中央财政科技预算统筹支持。

通过国有资本经营预算、政府性基金预算安排的支持科技创新的资金，要逐步纳入中央公共财政预算统筹安排，支持科技创新。

五、方案实施进度和工作要求

（一）明确时间节点，积极稳妥推进实施。

优化整合工作按照整体设计、试点先行、逐步推进的原则开展。

2014 年，启动国家科技管理平台建设，初步建成中央财政科研项目数据库，基本建成国家科技报告系统，在完善跨部门查重机制的基础上，选择若干具备条件的科技计划（专项、基金等）按照新的五个类别进行优化整合，并在关系国计民生和未来发展的重点领域先行组织5—10个重点专项进行试点，在2015年财政预算中体现。

2015—2016年，按照创新驱动发展战略顶层设计的要求和"十三五"科技发展的重点任务，推进各类科技计划（专项、基金等）的优化整合，对原由国务院批准设立的科技计划（专项、资金等），报经国务院批准后实施，基本完成科技计划（专项、基金等）按照新的五个类别进行优化整合的工作，改革形成新的管理机制和组织实施方式；基本建成公开统一的国家科技管理平台，实现科技计划（专项、基金等）安排和预算配置的统筹协调，建成统一的国家科技管理信息系统，向社会开放。

2017年，经过三年的改革过渡期，全面按照优化整合后的五类科技计划（专项、基金等）运行，不再保留优化整合之前的科技计划（专项、基金等）经费渠道，并在实践中不断深化改革，修订或制定科技计划（专项、基金等）和资金管理制度，营造良好的创新环境。各项目承担单位和专业机构建立健全内控制度，依法合规开展科研活动和管理业务。

（二）统一思想，狠抓落实，确保改革取得实效。

科技计划（专项、基金等）管理改革工作是实施创新驱动发展战略、深化科技体制改革的突破口，任务重，难度大。科技部、财政部要发挥好统筹协调作用，率先改革，作出表率，加强与有关部门的沟通协商。各有关部门要统一思想，强化大局意识、责任意识，积极配合，主动改革，以"钉钉子"的精神共同做好本方案的落实工作。

（三）协同推进相关工作。

加快事业单位科技成果使用、处置和收益管理改革，推进促进科技成果转化法修订，完善科技成果转化激励机制；加强科技政策与财税、金融、经济、政府采购、考核等政策的相互衔接，落实好研发费用加计扣除等激励创新的普惠性税收政策；加快推进科研事业单位分类改革和收入分配制度改革，完善科研人员评价制度，创造鼓励潜心科研的环境条件；促进科技和金融结合，推动符合科技创新特点的金融产品创新；将技术标准纳入产业和经济政策中，对产业结构调整和经济转型升级形成创新的倒逼机制；将科技创新活动政府采购纳入科技计划，积极利用首购、订购等政府采购政策扶持科技创新产品的推广应用；积极推动军工和民口科技资源的互动共享，促进军民融合式发展。

各省（区、市）要按照本方案精神，统筹考虑国家科技发展战略和本地实际，深化地方科技计划（专项、基金等）管理改革，优化整合资源，提高资金使用效益，为地方经济和社会发展提供强大的科技支撑。

中共中央、国务院关于深化体制机制改革加快实施创新驱动发展战略的若干意见[①]

（2015年3月13日）

创新是推动一个国家和民族向前发展的重要力量，也是推动整个人类社会向前发展的重要力量。面对全球新一轮科技革命与产业变革的重大机遇和挑战，面对经济发展新常态下的趋势变化和特点，面对实现“两个一百年”奋斗目标的历史任务和要求，必须深化体制机制改革，加快实施创新驱动发展战略，现提出如下意见。

一、总体思路和主要目标

加快实施创新驱动发展战略，就是要使市场在资源配置中起决定性作用和更好发挥政府作用，破除一切制约创新的思想障碍和制度藩篱，激发全社会创新活力和创造潜能，提升劳动、信息、知识、技术、管理、资本的效率和效益，强化科技同经济对接、创新成果同产业对接、创新项目同现实生产力对接、研发人员创新劳动同其利益收入对接，增强科技进步对经济发展的贡献度，营造大众创业、万众创新的政策环境和制度环境。

——坚持需求导向。紧扣经济社会发展重大需求，着力打通科技成果向现实生产力转化的通道，着力破除科学家、科技人员、企业家、创业者创新的障碍，着力解决要素驱动、投资驱动向创新驱动转变的制约，让创新真正落实到创造新的增长点上，把创新成果

① 《中共中央、国务院关于深化体制机制改革加快实施创新驱动发展战略的若干意见》，《中华人民共和国国务院公报》，2015年10期。

变成实实在在的产业活动。

——坚持人才为先。要把人才作为创新的第一资源，更加注重培养、用好、吸引各类人才，促进人才合理流动、优化配置，创新人才培养模式；更加注重强化激励机制，给予科技人员更多的利益回报和精神鼓励；更加注重发挥企业家和技术技能人才队伍创新作用，充分激发全社会的创新活力。

——坚持遵循规律。根据科学技术活动特点，把握好科学研究的探索发现规律，为科学家潜心研究、发明创造、技术突破创造良好条件和宽松环境；把握好技术创新的市场规律，让市场成为优化配置创新资源的主要手段，让企业成为技术创新的主体力量，让知识产权制度成为激励创新的基本保障；大力营造勇于探索、鼓励创新、宽容失败的文化和社会氛围。

——坚持全面创新。把科技创新摆在国家发展全局的核心位置，统筹推进科技体制改革和经济社会领域改革，统筹推进科技、管理、品牌、组织、商业模式创新，统筹推进军民融合创新，统筹推进引进来与走出去合作创新，实现科技创新、制度创新、开放创新的有机统一和协同发展。

到2020年，基本形成适应创新驱动发展要求的制度环境和政策法律体系，为进入创新型国家行列提供有力保障。人才、资本、技术、知识自由流动，企业、科研院所、高等学校协同创新，创新活力竞相迸发，创新成果得到充分保护，创新价值得到更大体现，创新资源配置效率大幅提高，创新人才合理分享创新收益，使创新驱动发展战略真正落地，进而打造促进经济增长和就业创业的新引擎，构筑参与国际竞争合作的新优势，推动形成可持续发展的新格局，促进经济发展方式的转变。

二、营造激励创新的公平竞争环境

发挥市场竞争激励创新的根本性作用，营造公平、开放、透明的市场环境，强化竞争政策和产业政策对创新的引导，促进优胜劣汰，增强市场主体创新动力。

（一）实行严格的知识产权保护制度

完善知识产权保护相关法律，研究降低侵权行为追究刑事责任门槛，调整损害赔偿标准，探索实施惩罚性赔偿制度。完善权利人维权机制，合理划分权利人举证责任。

完善商业秘密保护法律制度，明确商业秘密和侵权行为界定，研究制定相应保护措施，探索建立诉前保护制度。研究商业模式等新形态创新成果的知识产权保护办法。

完善知识产权审判工作机制，推进知识产权民事、刑事、行政案件的“三审合一”，积极发挥知识产权法院的作用，探索跨地区知识产权案件异地审理机制，打破对侵权行为的地方保护。

健全知识产权侵权查处机制，强化行政执法与司法衔接，加强知识产权综合行政执法，健全知识产权维权援助体系，将侵权行为信息纳入社会信用记录。

（二）打破制约创新的行业垄断和市场分割

加快推进垄断性行业改革，放开自然垄断行业竞争性业务，建立鼓励创新的统一透明、有序规范的市场环境。

切实加强反垄断执法，及时发现和制止垄断协议和滥用市场支配地位等垄断行为，为中小企业创新发展拓宽空间。

打破地方保护，清理和废除妨碍全国统一市场的规定和做法，纠正地方政府不当补贴或利用行政权力限制、排除竞争的行为，探索实施公平竞争审查制度。

（三）改进新技术新产品新商业模式的准入管理

改革产业准入制度，制定和实施产业准入负面清单，对未纳入负面清单管理的行业、领域、业务等，各类市场主体皆可依法平等进入。

破除限制新技术新产品新商业模式发展的不合理准入障碍。对药品、医疗器械等创新产品建立便捷高效的监管模式，深化审评审批制度改革，多种渠道增加审评资源，优化流程，缩短周期，支持委托生产等新的组织模式发展。对新能源汽车、风电、光伏等领域实行有针对性的准入政策。

改进互联网、金融、环保、医疗卫生、文化、教育等领域的监管，支持和鼓励新业态、新商业模式发展。

（四）健全产业技术政策和管理制度

改革产业监管制度，将前置审批为主转变为依法加强事中事后监管为主，形成有利于转型升级、鼓励创新的产业政策导向。

强化产业技术政策的引导和监督作用，明确并逐步提高生产环节和市场准入的环境、节能、节地、节水、节材、质量和安全指标及相关标准，形成统一权威、公开透明的市场准入标准体系。健全技术标准体系，强化强制性标准的制定和实施。

加强产业技术政策、标准执行的过程监管。强化环保、质检、工商、安全监管等部门的行政执法联动机制。

（五）形成要素价格倒逼创新机制

运用主要由市场决定要素价格的机制，促使企业从依靠过度消耗资源能源、低性能低成本竞争，向依靠创新、实施差别化竞争转变。

加快推进资源税改革，逐步将资源税扩展到占用各种自然生态空间，推进环境保护费改税。完善市场化的工业用地价格形成机制。健全企业职工工资正常增长机制，实现劳动力成本变化与经济提质增效相适应。

三、建立技术创新市场导向机制

发挥市场对技术研发方向、路线选择和各类创新资源配置的导向作用，调整创新决策和组织模式，强化普惠性政策支持，促进企业真正成为技术创新决策、研发投入、科研组织和成果转化的主体。

（六）扩大企业在国家创新决策中话语权

建立高层次、常态化的企业技术创新对话、咨询制度，发挥企业和企业家在国家创新决策中的重要作用。吸收更多企业参与研究制定国家技术创新规划、计划、政策和标准，相关专家咨询组中产业专家和企业家应占较大比例。

国家科技规划要聚焦战略需求，重点部署市场不能有效配置资源的关键领域研究，竞争类产业技术创新的研发方向、技术路线和要素配置模式由企业依据市场需求自主决策。

（七）完善企业为主体的产业技术创新机制

市场导向明确的科技项目由企业牵头、政府引导、联合高等学校和科研院所实施。鼓励构建以企业为主导、产学研合作的产业技术创新战略联盟。

更多运用财政后补助、间接投入等方式，支持企业自主决策、先行投入，开展重大产业关键共性技术、装备和标准的研发攻关。

开展龙头企业创新转型试点，探索政府支持企业技术创新、管理创新、商业模式创新的新机制。

完善中小企业创新服务体系，加快推进创业孵化、知识产权服务、第三方检验检测认证等机构的专业化、市场化改革，壮大技术交易市场。

优化国家实验室、重点实验室、工程实验室、工程（技术）研究中心布局，按功能定位分类整合，构建开放共享互动的创新网络，建立向企业特别是中小企业有效开放的机制。探索在战略性领域采取企业主导、院校协作、多元投资、军民融合、成果分享的新模式，整合形成若干产业创新中心。加大国家重大科研基础设施、大型科研仪器和专利基础信息资源等向社会开放力度。

（八）提高普惠性财税政策支持力度

坚持结构性减税方向，逐步将国家对企业技术创新的投入方式转变为以普惠性财税政策为主。

统筹研究企业所得税加计扣除政策，完善企业研发费用计核方法，调整目录管理方式，扩大研发费用加计扣除优惠政策适用范围。完善高新技术企业认定办法，重点鼓励中小企业加大研发力度。

（九）健全优先使用创新产品的采购政策

建立健全符合国际规则的支持采购创新产品和服务的政策体系，落实和完善政府采购促进中小企业创新发展的相关措施，加大创新产品和服务的采购力度。鼓励采用首购、订购等非招标采购方式，以及政府购买服务等方式予以支持，促进创新产品的研发和规模化应用。

研究完善使用首台（套）重大技术装备鼓励政策，健全研制、使用单位在产品创新、增值服务和示范应用等环节的激励和约束机制。

放宽民口企业和科研单位进入军品科研生产和维修采购范围。

四、强化金融创新的功能

发挥金融创新对技术创新的助推作用，培育壮大创业投资和资本市场，提高信贷支持创新的灵活性和便利性，形成各类金融工具协同支持创新发展的良好局面。

（十）壮大创业投资规模

研究制定天使投资相关法规。按照税制改革的方向与要求，对包括天使投资在内的投向种子期、初创期等创新活动的投资，统筹研究相关税收支持政策。

研究扩大促进创业投资企业发展的税收优惠政策，适当放宽创业投资企业投资高新技术企业的条件限制，并在试点基础上将享受投资抵扣政策的创业投资企业范围扩大到有限合伙制创业投资企业法人合伙人。

结合国有企业改革设立国有资本创业投资基金，完善国有创投机构激励约束机制。按照市场化原则研究设立国家新兴产业创业投资引导基金，带动社会资本支持战略性新兴产业和高技术产业早中期、初创期创新型企业发展。

完善外商投资创业投资企业规定，有效利用境外资本投向创新领域。研究保险资金投资创业投资基金的相关政策。

（十一）强化资本市场对技术创新的支持

加快创业板市场改革，健全适合创新型、成长型企业发展的制度安排，扩大服务实体经济覆盖面，强化全国中小企业股份转让系统融资、并购、交易等功能，规范发展服务小微企业的区域性股权市场。加强不同层次资本市场的有机联系。

发挥沪深交易所股权质押融资机制作用，支持符合条件的创新创业企业发行公司债券。支持符合条件的企业发行项目收益债，募集资金用于加大创新投入。

推动修订相关法律法规，探索开展知识产权证券化业务。开展股权众筹融资试点，积极探索和规范发展服务创新的互联网金融。

（十二）拓宽技术创新的间接融资渠道

完善商业银行相关法律。选择符合条件的银行业金融机构，探索试点为企业创新活动提供股权和债权相结合的融资服务方式，与创业投资、股权投资机构实现投贷联动。

政策性银行在有关部门及监管机构的指导下，加快业务范围内金融产品和服务方式创新，对符合条件的企业创新活动加大信贷支持力度。

稳步发展民营银行，建立与之相适应的监管制度，支持面向中小企业创新需求的金融产品创新。

建立知识产权质押融资市场化风险补偿机制，简化知识产权质押融资流程。加快发展科技保险，推进专利保险试点。

五、完善成果转化激励政策

强化尊重知识、尊重创新，充分体现智力劳动价值的分配导向，让科技人员在创新活动中得到合理回报，通过成果应用体现创新价值，通过成果转化创造财富。

（十三）加快下放科技成果使用、处置和收益权

不断总结试点经验，结合事业单位分类改革要求，尽快将财政资金支持形成的，不涉及国防、国家安全、国家利益、重大社会公共利益的科技成果的使用权、处置权和收益权，全部下放给符合条件的项目承担单位。单位主管部门和财政部门对科技成果在境内的使用、处置不再审批或备案，科技成果转移转化所得收入全部留归单位，纳入单位预算，实行统一管理，处置收入不上缴国库。

（十四）提高科研人员成果转化收益比例

完善职务发明制度，推动修订专利法、公司法等相关内容，完善科技成果、知识产权归属和利益分享机制，提高骨干团队、主要发明人受益比例。完善奖励报酬制度，健全职务发明的争议仲裁和法律救济制度。

修订相关法律和政策规定，在利用财政资金设立的高等学校和科研院所中，将职务发明成果转让收益在重要贡献人员、所属单位之间合理分配，对用于奖励科研负责人、骨干技术人员等重要贡献人员和团队的收益比例，可以从现行不低于20%提高到不低于50%。

国有企业事业单位对职务发明完成人、科技成果转化重要贡献人员和团队的奖励，计入当年单位工资总额，不作为工资总额基数。

（十五）加大科研人员股权激励力度

鼓励各类企业通过股权、期权、分红等激励方式，调动科研人员创新积极性。

对高等学校和科研院所等事业单位以科技成果作价入股的企业，放宽股权奖励、股权出售对企业设立年限和盈利水平的限制。

建立促进国有企业创新的激励制度，对在创新中作出重要贡献的技术人员实施股权和分红权激励。

积极总结试点经验，抓紧确定科技型中小企业的条件和标准。高新技术企业和科技型中小企业科研人员通过科技成果转化取得股权奖励收入时，原则上在5年内分期缴纳个人所得税。结合个人所得税制改革，研究进一步激励科研人员创新的政策。

六、构建更加高效的科研体系

发挥科学技术研究对创新驱动的引领和支撑作用，遵循规律、强化激励、合理分工、分类改革，增强高等学校、科研院所原始创新能力和转制科研院所的共性技术研发能力。

（十六）优化对基础研究的支持方式

切实加大对基础研究的财政投入，完善稳定支持和竞争性支持相协调的机制，加大稳定支持力度，支持研究机构自主布局科研项目，扩大高等学校、科研院所学术自主权和个人科研选题选择权。

改革基础研究领域科研计划管理方式，尊重科学规律，建立包容和支持“非共识”创新项目的制度。

改革高等学校和科研院所聘用制度，优化工资结构，保证科研人员合理工资待遇水平。完善内部分配机制，重点向关键岗位、业务骨干和作出突出成绩的人员倾斜。

（十七）加大对科研工作的绩效激励力度

完善事业单位绩效工资制度，健全鼓励创新创造的分配激励机制。完善科研项目间接费用管理制度，强化绩效激励，合理补偿项目承担单位间接成本和绩效支出。项目承担单位应结合一线科研人员实际贡献，公开公正安排绩效支出，充分体现科研人员的创新价值。

（十八）改革高等学校和科研院所科研评价制度

强化对高等学校和科研院所研究活动的分类考核。对基础和前沿技术研究实行同行评价，突出中长期目标导向，评价重点从研究成果数量转向研究质量、原创价值和实际贡献。

对公益性研究强化国家目标和社会责任评价，定期对公益性研究机构组织第三方评价，将评价结果作为财政支持的重要依据，引导建立公益性研究机构依托国家资源服务行业创新机制。

（十九）深化转制科研院所改革

坚持技术开发类科研机构企业化转制方向，对于承担较多行业共性科研任务的转制科研院所，可组建成产业技术研发集团，对行业共性技术研究和市场经营活动进行分类管理、分类考核。

推动以生产经营活动为主的转制科研院所深化市场化改革，通过引入社会资本或整体上市，积极发展混合所有制，推进产业技术联盟建设。

对于部分转制科研院所中基础研究能力较强的团队，在明确定位和标准的基础上，引导其回归公益，参与国家重点实验室建设，支持其继续承担国家任务。

（二十）建立高等学校和科研院所技术转移机制

逐步实现高等学校和科研院所与下属公司剥离，原则上高等学校、科研院所不再新办企业，强化科技成果以许可方式对外扩散。

加强高等学校和科研院所的知识产权管理，明确所属技术转移机构的功能定位，强化其知识产权申请、运营权责。

建立完善高等学校、科研院所的科技成果转移转化的统计和报告制度，财政资金支持形成的科技成果，除涉及国防、国家安全、国家利益、重大社会公共利益外，在合理期限内未能转化的，可由国家依法强制许可实施。

七、创新培养、用好和吸引人才机制

围绕建设一支规模宏大、富有创新精神、敢于承担风险的创新型人才队伍，按照创新规律培养和吸引人才，按照市场规律让人才自由流动，实现人尽其才、才尽其用、用有所成。

（二十一）构建创新型人才培养模式

开展启发式、探究式、研究式教学方法改革试点，弘扬科学精神，营造鼓励创新、宽容失败的创新文化。改革基础教育培养模式，尊重个性发展，强化兴趣爱好和创造性思维培养。

以人才培养为中心，着力提高本科教育质量，加快部分普通本科高等学校向应用技术型高等学校转型，开展校企联合招生、联合培养试点，拓展校企合作育人的途径与方式。

分类改革研究生培养模式，探索科教结合的学术学位研究生培养新模式，扩大专业学位研究生招生比例，增进教学与实践的融合。

鼓励高等学校以国际同类一流学科为参照，开展学科国际评估，扩大交流合作，稳步推进高等学校国际化进程。

（二十二）建立健全科研人才双向流动机制

改进科研人员薪酬和岗位管理制度，破除人才流动的体制机制障碍，促进科研人员在事业单位和企业间合理流动。

符合条件的科研院所的科研人员经所在单位批准，可带着科研项目和成果、保留基本待遇到企业开展创新工作或创办企业。

允许高等学校和科研院所设立一定比例流动岗位，吸引有创新实践经验的企业家和企业科技人才兼职。试点将企业任职经历作为高等学校新聘工程类教师的必要条件。

加快社会保障制度改革，完善科研人员在企业与事业单位之间流动时社保关系转移接续政策，促进人才双向自由流动。

（二十三）实行更具竞争力的人才吸引制度

制定外国人永久居留管理的意见，加快外国人永久居留管理立法，规范和放宽技术型人才取得外国人永久居留证的条件，探索建立技术移民制度。对持有外国人永久居留证的外籍高层次人才在创办科技型企业等创新活动方面，给予中国籍公民同等待遇。

加快制定外国人在中国工作管理条例，对符合条件的外国人才给予工作许可便利，对符合条件的外国人才及其随行家属给予签证和居留等便利。对满足一定条件的国外高层次科技创新人才取消来华工作许可的年龄限制。

围绕国家重大需求，面向全球引进首席科学家等高层次科技创新人才。建立访问学者制度。广泛吸引海外高层次人才回国（来华）从事创新研究。

稳步推进人力资源市场对外开放，逐步放宽外商投资人才中介服务机构的外资持股比例和最低注册资本金要求。鼓励有条件的国内人力资源服务机构走出去与国外人力资源服务机构开展合作，在境外设立分支机构，积极参与国际人才竞争与合作。

八、推动形成深度融合的开放创新局面

坚持引进来与走出去相结合，以更加主动的姿态融入全球创新网络，以更加开阔的胸怀吸纳全球创新资源，以更加积极的策略推动技术和标准输出，在更高层次上构建开放创新机制。

（二十四）鼓励创新要素跨境流动

对开展国际研发合作项目所需付汇，实行研发单位事先承诺，商务、科技、税务部门事后并联监管。

对科研人员因公出国进行分类管理，放宽因公临时出国批次限量管理政策。

改革检验管理，对研发所需设备、样本及样品进行分类管理，在保证安全前提下，采用重点审核、抽检、免检等方式，提高审核效率。

（二十五）优化境外创新投资管理制度

健全综合协调机制，协调解决重大问题，合力支持国内技术、产品、标准、品牌走出去，开拓国际市场。强化技术贸易措施评价和风险预警机制。

研究通过国有重点金融机构发起设立海外创新投资基金，外汇储备通过债权、股权等方式参与设立基金工作，更多更好利用全球创新资源。

鼓励上市公司海外投资创新类项目，改革投资信息披露制度，在相关部门确认不影响国家安全和经济安全前提下，按照中外企业商务谈判进展，适时披露有关信息。

（二十六）扩大科技计划对外开放

制定国家科技计划对外开放的管理办法，按照对等开放、保障安全的原则，积极鼓励和引导外资研发机构参与承担国家科技计划项目。

在基础研究和重大全球性问题研究等领域，统筹考虑国家科研发展需求和战略目标，研究发起国际大科学计划和工程，吸引海外顶尖科学家和团队参与。积极参与大型国际科技合作计划。引导外资研发中心开展高附加值原创性研发活动，吸引国际知名科研机构来华联合组建国际科技中心。

九、加强创新政策统筹协调

更好发挥政府推进创新的作用。改革科技管理体制，加强创新政策评估督查与绩效评价，形成职责明晰、积极作为、协调有力、长效管用的创新治理体系。

（二十七）加强创新政策的统筹

加强科技、经济、社会等方面的政策、规划和改革举措的统筹协调和有效衔接，强化军民融合创新。发挥好科技界和智库对创新决策的支撑作用。

建立创新政策协调审查机制，组织开展创新政策清理，及时废止有违创新规律、阻碍新兴产业和新兴业态发展的政策条款，对新制定政策是否制约创新进行审查。

建立创新政策调查和评价制度，广泛听取企业和社会公众意见，定期对政策落实情况进行跟踪分析，并及时调整完善。

（二十八）完善创新驱动导向评价体系

改进和完善国内生产总值核算方法，体现创新的经济价值。研究建立科技创新、知识产权与产业发展相结合的创新驱动发展评价指标，并纳入国民经济和社会发展规划。

健全国有企业技术创新经营业绩考核制度，加大技术创新在国有企业经营业绩考核中的比重。对国有企业研发投入和产出进行分类考核，形成鼓励创新、宽容失败的考核机制。把创新驱动发展成效纳入对地方领导干部的考核范围。

（二十九）改革科技管理体制

转变政府科技管理职能，建立依托专业机构管理科研项目的机制，政府部门不再直接管理具体项目，主要负责科技发展战略、规划、政策、布局、评估和监管。

建立公开统一的国家科技管理平台，健全统筹协调的科技宏观决策机制，加强部门功能性分工，统筹衔接基础研究、应用开发、成果转化、产业发展等各环节工作。

进一步明晰中央和地方科技管理事权和职能定位，建立责权统一的协同联动机制，提高行政效能。

（三十）推进全面创新改革试验

遵循创新区域高度集聚的规律，在有条件的省（自治区、直辖市）系统推进全面创新改革试验，授权开展知识产权、科研院所、高等教育、人才流动、国际合作、金融创新、激励机制、市场准入等改革试验，努力在重要领域和关键环节取得新突破，及时总结推广经验，发挥示范和带动作用，促进创新驱动发展战略的深入实施。

各级党委和政府要高度重视，加强领导，把深化体制机制改革、加快实施创新驱动发展战略，作为落实党的十八大和十八届二中、三中、四中全会精神的重大任务，认真抓好落实。有关方面要密切配合，分解改革任务，明确时间表和路线图，确定责任部门和责任人。要加强对创新文化的宣传和舆论引导，宣传改革经验、回应社会关切、引导社会舆论，为创新营造良好的社会环境。

中共中央办公厅、国务院办公厅印发《关于在部分区域系统推进全面创新改革试验的总体方案》的通知[①]

（2015 年 8 月 28 日）

各省、自治区、直辖市党委和人民政府，中央和国家机关各部委，解放军各总部、各大单位，各人民团体：

《关于在部分区域系统推进全面创新改革试验的总体方案》已经中央领导同志同意，现印发给你们，请结合实际认真贯彻执行。

中共中央办公厅

国务院办公厅

2015 年 8 月 28 日

关于在部分区域系统推进全面创新改革试验的总体方案

系统推进全面创新改革是破解创新驱动发展瓶颈制约的关键。面对新形势新任务，必须进一步解放思想，大胆探索实践，实现重点突破。为充分发挥一些区域在改革创新方面的示范带动作用，制定本方案。

① 《关于在部分区域系统推进全面创新改革试验的总体方案》，北京：人民出版社，2015 年版。

一、总体要求

（一）指导思想

全面贯彻党的十八大和十八届二中、三中、四中全会精神，深入学习贯彻习近平总书记系列重要讲话精神，按照党中央和国务院的决策部署，以实现创新驱动发展转型为目标，以推动科技创新为核心，以破除体制机制障碍为主攻方向，选择一些区域，开展系统性、整体性、协同性改革的先行先试，统筹推进经济社会和科技领域改革，统筹推进科技、管理、品牌、组织、商业模式创新，统筹推进军民融合创新，统筹推进引进来和走出去合作创新，探索营造大众创业、万众创新的政策和制度环境，提升劳动、信息、知识、技术、管理、资本的效率和效益，进一步促进生产力发展，加快形成我国经济社会发展的新引擎，为建设创新型国家提供强有力支撑。

（二）基本原则

——问题导向，紧扣发展。把破解制约创新驱动发展的突出矛盾和问题作为出发点和落脚点，找准改革突破口，集中资源和力量，打通科技向现实生产力转化的通道，创造新的增长点，加快实现经济发展方式转变。

——系统设计，统筹布局。把率先实现创新驱动发展作为根本目标，围绕国家区域发展战略，强化顶层设计，选准试验区域，统筹中央改革部署与地方改革需求，总体规划，年度分解，滚动推进，加快重大举措的复制和推广。

——全面创新，重点突破。把科技创新和体制机制创新作为双重任务，以科技创新为核心，全面推进经济、科技、教育等相关领域改革，注重工作衔接，聚焦最紧迫、有影响、可实现的重大举措，大胆先行先试，营造创新驱动发展的良好生态和政策环境。

——强化激励，人才为先。坚持把激励创新者的积极性放在各项改革政策的优先位置，解放思想，完善机制，给予科技人员合理的利益回报和精神鼓励，创新人才培养、使用和引进模式，充分激发全社会的创新活力。

（三）主要目标

力争通过 3 年努力，改革试验区域基本构建推进全面创新改革的长效机制，在市场公平竞争、知识产权、科技成果转化、金融创新、人才培养和激励、开放创新、科技管理体制等方面取得一批重大改革突破，每年向全国范围复制推广一批改革举措和重大政策，形成若干具有示范、带动作用的区域性改革创新平台，创新环境更加优化。一些区域在率先实现创新驱动发展转型方面迈出实质性步伐，科技投入水平进一步提高，知识产权质量和效益显著提升，科技成果转化明显加快，创新能力大幅增强，产业发展总体迈向中高端，知识产权密集型产业在国民经济中的比重大幅提升，形成一批具有国际影响力、拥有知识产权的创新型企业和产业集群，培育新的增长点，发展新的增长极，形成新的增长带，经济增长更多依靠人力资本质量和科技进步，劳动生产率和资源配置效率大幅提高，发展方式逐步从规模速度型粗放增长向质量效率型集约增长转变，引领、示范和带动全国加快实现创新驱动发展，形成经济社会可持续发展新动力。

二、主要任务

改革试验重点围绕推进落实《中共中央、国务院关于深化体制机制改革加快实施创新驱动发展战略的若干意见》、《中共中央、国务院关于深化科技体制改革加快国家创新体系建设的意见》有关部署，统筹产业链、创新链、资金链和政策链，充分授权部门和地方，从3个层面提出改革试验任务：一是已明确了具体方向、需要落地的改革举措；二是已明确了基本方向、全面推开有较大风险、需要由中央授权地方开展先行先试的改革举措；三是正在探索并取得一定经验、需要局部试验和推广的相关改革举措，以及地方在事权范围内自主提出、对其他区域有借鉴意义的相关改革举措。当前，改革试验要聚焦实施创新驱动发展面临的突出问题，着力从处理好政府与市场关系、促进科技与经济融合、激发创新者动力和活力、深化开放创新等4个方面，开展改革探索。

（一）探索发挥市场和政府作用的有效机制

进一步厘清市场与政府边界，明晰市场和政府在推动创新中的功能定位。最大限度发挥市场配置创新资源的决定性作用，加快推进知识产权、市场准入、金融创新等改革，构建技术创新市场导向机制，推进要素价格倒逼创新，实行严格的知识产权保护制度，营造公平竞争的良好市场环境。更好发挥政府作用，加快推进政府职能转变，进一步减少对市场的行政干预，建立和完善政府创新管理机制和政策支持体系，研究建立科技创新、知识产权与产业发展相结合的创新驱动发展评价指标，强化创新政策与相关政策的统筹协调，促进军民融合发展，加快形成职责明晰、积极作为、协调有力、长效管用的创新治理体系。

（二）探索促进科技与经济深度融合的有效途径

进一步打通科技创新与经济发展之间的通道。强化体制机制创新与科技创新的协同。着力改变科研与市场分离状况，加快推进科研院所、高等教育等改革。按照遵循规律、强化激励、合理分工、分类改革的原则，加快科研院所改革，探索去行政化，发展社会化新型研发和服务机构。深化高等教育体制改革，探索培育创新型人才的有效模式。加速促进科技成果的资本化、产业化，增强科技对经济社会发展的支撑、引领作用。推进构建以企业为主体、政产学研用结合的技术创新体系，加强知识产权运用和服务，促进创新资源向企业集聚，充分激发企业创新的内生动力。

（三）探索激发创新者动力和活力的有效举措

进一步用好利益分配杠杆，让创新人才获利，让创新企业家获利。建立规模宏大、富有创新精神、敢于承担风险的创新型人才队伍，加快推进人才流动、激励机制等改革，强化对创新人才的激励，实施更加积极开放的创新人才引进政策，打破创新人才自由流动的体制机制障碍，促进科研院所、高等学校人才与企业科技人才的双向流动，完善知识产权归属和利益分享机制，探索充分体现智力劳动价值的分配机制，实现人尽其才、才尽其用、用有所成。

（四）探索深化开放创新的有效模式

充分利用全球科技成果和高端人才，开展更高层次的国际创新合作。加快推动建立深度融合的开放创新机制，深化外商投资和对外投资管理体制改革，推进科技计划对外开放，探索更加开放的创新政策、更加灵活的合作模式，鼓励外资企业引进更多的创新成果在我国实现产业化，促进国内技术和国内品牌走出去，扩大国际科技交流合作渠道和范围，主动融入全球创新体系，充分利用全球创新资源。

三、试验布局

（一）统筹部署

紧紧围绕国家区域发展战略的总体部署，选择若干创新成果多、体制基础好、转型走在前、短期能突破的区域，开展系统性、整体性、协同性的全面创新改革试验。改革试验主要以试验任务为依托，采取自上而下部署任务和自下而上提出需求相结合的方式，体现差异化。承担改革试验的区域需具备相应的基本条件：（1）创新资源和创新活动高度集聚、科技实力强、承担项目多，研发人员、发明专利、科技论文数量居前列；（2）经济发展步入创新驱动转型窗口期，劳动生产率、知识产权密集型产业比重、研发投入强度居前列；（3）已设有或纳入国家统筹的国家自主创新示范区、国家综合配套改革试验区、自由贸易试验区等各类国家级改革创新试验区；（4）体制机制改革走在前列，经验丰富，示范带动能力强；（5）对稳增长、调结构能发挥重要支柱作用；（6）重视保护知识产权工作，打击侵权假冒工作机制完善，机构健全等。

试验区域的选择要与现有国家自主创新示范区、国家综合配套改革试验区、自由贸易试验区、创新型试点省份、国家级新区、跨省区城市群、创新型试点城市、高新技术产业开发区、经济技术开发区、承接产业转移示范区、专利导航产业发展试验区、境外经贸合作区、高技术产业基地等相关工作做好衔接。充分发挥各相关部门的职能作用和优势，在全面创新改革试验总体部署下，由相关部门按照改革要求，继续牵头推进现有相关工作，并结合地方需求开展专项改革试验。

（二）有序推进

结合东部、中部、西部和东北等区域发展重点，围绕推动京津冀协同发展、加快长三角核心区域率先创新转型、深化粤港澳创新合作、促进产业承东启西转移和调整、加速军民深度融合发展、推进新型工业化进程，选择1个跨省级行政区域（京津冀）、4个省级行政区域（上海、广东、安徽、四川）和3个省级行政区域的核心区（武汉、西安、沈阳）进行系统部署，重点促进经济社会和科技等领域改革的相互衔接和协调，探索系统改革的有效机制、模式和经验。其中河北依托石家庄、保定、廊坊，广东依托珠江三角洲地区，安徽依托合（肥）芜（湖）蚌（埠）地区，四川依托成（都）德（阳）绵（阳）地区，开展先行先试。在相关地方提出改革试验方案的基础上，按照方案成熟程度，逐个报国务院审批后启动实施。

四、组织实施

（一）加强组织领导

国家科技体制改革和创新体系建设领导小组加强对全面创新改革试验工作的统筹协调，审议有关改革试验重大任务、布局、政策和措施建议。在国家科技体制改革和创新体系建设领导小组下，建立部际协调机制，由国家发展改革委担任召集人单位、科技部担任副召集人单位，会同相关部门、承担试验任务所在区域省级政府等组成，指导全面创新改革试验工作，讨论改革试验方案，统筹协调改革试验中的重大政策问题，考核、评估改革试验工作。承担试验任务所在区域要建立健全省级层面协调机制，负责研究提出改革试验方案，推进落实改革试验任务，配合做好改革试验成效评估和成果推广应用工作。

（二）建立政策措施保障机制

针对改革试验任务部署和需求，各相关部门要积极研究支持改革试验的政策措施，预先做好有关工作安排和部署，确保后续改革试验工作顺利推进，一些探索开展先行先试的重大改革举措要率先在试验区域落地，改革举措需要暂时调整实施有关法律、行政法规、国务院文件和经国务院批准的部门规章的部分规定的，按规定程序办理；积极创新支持方式，加强政策协同，支持和允许改革试验过程中试错、容错和纠错；积极支持试验区域内的中央级科研机构、高等学校经主管部门授权参加相关改革试验。相关地方政府要设计好改革试验任务，狠抓重大改革举措落实，在其职责范围内研究制定相应的配套政策措施，做好与相关部门的衔接和协调，切实形成合力。

（三）做好监督评估和推广应用工作

发挥部际、省级协调机制作用，由国家发展改革委和科技部会同有关部门，组织对试验地区进行年度监督检查和第三方评估工作，及时发现和解决问题，宣传和推广典型经验。根据改革试验年度监督检查和评估情况，按成熟程度及时分类提出重大改革举措推广建议。对较为成熟的改革举措，报国务院批准后在更大范围推广。

（四）实施进度安排

2015 年，京津冀、上海、广东、安徽、四川、武汉、西安、沈阳研究制定改革试验方案，协调落实有关改革举措，明确阶段任务和目标，条件成熟后逐项报国务院批准实施。

2016 年，全面推进落实试验区域的改革部署，开展阶段总结评估，对成熟的改革举措及时向全国推广。

2017 年后，滚动部署年度改革试验任务，组织开展对试验区域的中期评估，适时推广重大改革举措。

试验区域的改革试验方案原则上规划 3 年，每项改革试验任务在 1 年内形成可推广、可复制经验。

相关区域的省级政府组织研究编制具体改革试验方案，提出改革试验的主要任务、目标、时间表、路线图和政策需求等，向国家发展改革委和科技部报送申请并抄送相关部门。国家发展改革委和科技部会同相关部门，在部际协调机制下，共同研究改革试验方案，提出试验建议，经国家科技体制改革和创新体系建设领导小组审议后，报国务院审批。

各有关部门和地方要按照本方案精神，统一思想，密切配合，强化全局和责任意识，勇于创新，主动改革，积极作为，抓好落实，确保改革试验工作取得实效。各有关方面要及时总结、宣传改革试验进展和成效，加强社会舆论导向，营造有利于改革的良好社会环境。

国务院关于印发中国落实2030年可持续发展议程创新示范区建设方案的通知[①]

（2016年12月3日）

各省、自治区、直辖市人民政府，国务院各部委、各直属机构：

现将《中国落实2030年可持续发展议程创新示范区建设方案》印发给你们，请认真贯彻执行。

国务院

2016年12月3日

中国落实2030年可持续发展议程创新示范区建设方案

为贯彻落实全国科技创新大会精神和《国家创新驱动发展战略纲要》，推动落实联合国2030年可持续发展议程，充分发挥科技创新对可持续发展的支撑引领作用，现就建设中国落实2030年可持续发展议程创新示范区（以下称国家可持续发展议程创新示范区）制定如下方案。

一、总体要求

（一）指导思想。全面贯彻党的十八大和十八届三中、四中、

① 《国务院关于印发中国落实2030年可持续发展议程创新示范区建设方案的通知》，《中华人民共和国国务院公报》，2017年01期。

五中、六中全会精神，深入贯彻习近平总书记系列重要讲话精神，认真落实党中央、国务院决策部署，按照“五位一体”总体布局和“四个全面”战略布局，牢固树立创新、协调、绿色、开放、共享的发展理念，紧密结合落实2030年可持续发展议程，以实施创新驱动发展战略为主线，以推动科技创新与社会发展深度融合为目标，以破解制约我国可持续发展的关键瓶颈问题为着力点，集成各类创新资源，加强科技成果转化，探索完善体制机制，提供系统解决方案，促进经济建设与社会事业协调发展，打造一批可复制、可推广的可持续发展现实样板。

（二）基本原则。

——创新理念。围绕落实2030年可持续发展议程，瞄准未来15年全球在减贫、健康、教育、环保等方面的发展目标，以可持续发展理念为引领，以创新为第一动力，促进经济社会协调发展。

——问题导向。以地方为实施主体，面向可持续发展现实需求，发挥科技创新在全面创新中的核心作用，有针对性地提出先进适用技术路线，形成系统解决方案，切实破解制约可持续发展的难题。

——多元参与。健全完善政府、科研机构和大学、企业、社会等各方共同参与的体制机制，加大对社会事业领域科技创新的多元投入力度，为可持续发展创新示范营造良好环境。

——开放共享。拓展国际视野，吸引汇聚全球创新资源，构建可持续发展合作共赢机制，主动向世界分享中国经验，为全球可持续发展作出贡献。

（三）主要目标。在“十三五”期间，创建10个左右国家可持续发展议程创新示范区，科技创新对社会事业发展的支撑引领作用不断增强，经济与社会协调发展程度明显提升，形成若干可持续发展创新示范的现实样板和典型模式，对国内其他地区可持续发展发挥示范带动效应，对外为其他国家落实 2030 年可持续发展议程提供中国经验。

二、主要任务

（一）制定可持续发展规划。参照 2030 年可持续发展议程确定的重点领域，推动地方结合当地特色禀赋和现实需求，本着“一个区域一套方案”的原则，制定本地区可持续发展规划，加强同地方国民经济与社会发展规划的有效衔接，形成同一蓝图、同一目标，协同推进。

（二）破解制约可持续发展瓶颈问题。围绕重大疾病与传染病防治、健康养老、精准扶贫、废弃物综合利用、土地整治和土壤污染治理、清洁能源、水源地保护与水污染治理、特色生态资源保护等领域，加强问题诊断和技术筛选，明确技术路线，加大集成力度，促进科技成果转移转化和推广应用，支持各类创新主体开发新技术新产品，在产业链高端打造新业态新模式，形成成熟有效的系统解决方案。

（三）探索科技创新与社会事业融合发展新机制。围绕加快社会事业发展，积极深化科技体制改革，加大科技对供给侧结构性改革的支撑力度，建设惠民科技孵化中心与技术转移中心，搭建技术集成应用载体，形成更多新兴产业创新集群，增强地方整合汇聚创新资源、促进经济社会协调发展能力，健全需求牵引、政府引导、市场配置资源、各利益攸关方共同参与的良性机制。

（四）分享科技创新服务可持续发展经验。在国家可持续发展议程创新示范区建设取得实际成效基础上，通过组织开展考察、学习、培训等活动，积极向国内同类地区推广实践经验和系统解决方案，对其他区域形成辐射带动作用。结合落实“一带一路”建设等国家战略，搭建以科技创新驱动可持续发展为主题的交流合作平台，向世界提供可持续发展的中国方案。

三、组织实施

（一）创建条件。

拟申请建设国家可持续发展议程创新示范区的地区（以下称创建主体）须具备以下条件：

1. 有良好工作基础。申报地区应具有国家可持续发展实验区的工作基础并取得显著成效，可持续发展意识较强。

2. 瓶颈问题具有典型性。制约当地可持续发展的问题清晰，在全国具有普遍性，形成的解决方案具有推广价值。

3. 地方高度重视。所在省（区、市）党委、政府坚持以可持续发展理念指导经济社会发展，将国家可持续发展议程创新示范区创建工作摆在重要工作议程。

（二）创建程序。

1. 科技部会同有关部门提出国家可持续发展议程创新示范区的备选建议。

2. 创建主体在省（区、市）政府的指导下，制定推进可持续发展专门规划和示范区建设方案。

3. 国家可持续发展实验区部际联席会议对创建主体编写的规划和方案进行评审。

4. 通过评审的创建主体所在省（区、市）政府会同科技部向国务院提出创建申请。

5．国务院批准开展国家可持续发展议程创新示范区建设。

6．由国家可持续发展实验区部际联席会议对国家可持续发展议程创新示范区的建设进行指导和管理。

四、保障措施

（一）加强组织领导。加强国家可持续发展实验区部际联席会议与落实 2030 年可持续发展议程部际协调机制的沟通和协调，推动各项任务完成和政策落实。国家可持续发展议程创新示范区所在省（区、市）政府要建立健全相关工作协调机制，形成推进合力。

（二）加大政策支持。

1．统筹利用企业投入、社会资本、财政资金等，支持国家可持续发展议程创新示范区的科研基础条件、技术创新平台和创新创业服务机构等建设。

2．支持符合条件的市场主体，围绕制约可持续发展的关键问题，按照“全链条设计、一体化实施”的原则，参与承担国家重点研发计划等国家科技计划项目。通过国家科技成果转化引导基金等，支持国家可持续发展议程创新示范区开展先进适用技术转移转化。

3．研究制定促进自然人、法人和其他组织为国家可持续发展议程创新示范区建设提供支持的政策措施，鼓励国家可持续发展议程创新示范区所在地政府建立共同发展基金。

4．支持科研人员和团队深入国家可持续发展议程创新示范区开展技术指导，加强基层科技队伍建设，形成科技支撑社会发展的新型科技特派员制度和机制。

5. 国家可持续发展议程创新示范区所在省（区、市）要根据实际情况研究制定专门的支持政策。

（三）组织宣传推广。及时总结国家可持续发展议程创新示范区建设过程中的成功经验和模式，通过各类媒体以及国际合作与交流等渠道，广泛宣传，扩大影响。

国务院办公厅印发关于深化科技奖励制度改革方案的通知[①]

（2017 年 5 月 31 日）

各省、自治区、直辖市人民政府，国务院有关部门：

《关于深化科技奖励制度改革的方案》已经党中央、国务院同意，现印发给你们，请认真贯彻落实。

国务院办公厅

2017 年 5 月 31 日

关于深化科技奖励制度改革的方案

科技奖励制度是我国长期坚持的一项重要制度，是党和国家激励自主创新、激发人才活力、营造良好创新环境的一项重要举措，对于促进科技支撑引领经济社会发展、加快建设创新型国家和世界科技强国具有重要意义。为全面贯彻落实全国科技创新大会精神和《国家创新驱动发展战略纲要》，进一步完善科技奖励制度，调动广大科技工作者的积极性、创造性，深入推进实施创新驱动发展战略，制定本方案。

① 《国务院办公厅印发关于深化科技奖励制度改革方案的通知》，《中华人民共和国国务院公报》，2017 年 18 期。

一、指导思想和基本原则

（一）指导思想。

高举中国特色社会主义伟大旗帜，全面贯彻党的十八大和十八届三中、四中、五中、六中全会精神，以邓小平理论、“三个代表”重要思想、科学发展观为指导，深入学习贯彻习近平总书记系列重要讲话精神和治国理政新理念新思想新战略，认真落实党中央、国务院决策部署，按照建立健全党和国家功勋荣誉表彰制度的总体要求，围绕实施创新驱动发展战略，改革完善科技奖励制度，建立公开公平公正的评奖机制，构建既符合科技发展规律又适应我国国情的中国特色科技奖励体系，大力弘扬求真务实、勇于创新的科学精神，营造促进大众创业、万众创新的良好氛围，充分调动全社会支持科技创新的积极性，为推动科技进步和经济社会发展、建成创新型国家和世界科技强国注入更大动力。

（二）基本原则。

——服务国家发展。围绕国家战略全局，改进完善科技奖励工作，调动科技人员积极性、创造性，形成推动科技发展的强劲动力，为提升科技水平、促进创新体系建设、实现创新驱动发展、建设创新型国家服务。

——激励自主创新。以激励自主创新为出发点和落脚点，奖励具有重大国际影响力的科学发现、具有重大原创性的技术发明、具有重大经济社会价值的科技创新成果，奖励高水平科技创新人才，增强科技人员的荣誉感、责任感和使命感，激发创新内生动力。

——突出价值导向。积极培育和践行社会主义核心价值观，鼓励科技人员追求真理、潜心研究、学有所长、研有所专、敢于超越、勇攀高峰。加强科研道德和学风建设，健全科技奖励信用制度，鼓励科技人员争做践行社会诚信、严守学术道德的模范和表率。

——公开公平公正。坚持把公开公平公正作为科技奖励工作的核心，增强提名、评审的学术性，明晰政府部门和评审专家的职责分工，评奖过程公开透明，鼓励学术共同体发挥监督作用，进一步提高科技奖励的公信力和权威性。

二、重点任务

（一）改革完善国家科技奖励制度。

坚持公开提名、科学评议、公正透明、诚实守信、质量优先、突出功绩、宁缺勿滥，改革完善国家科技奖励制度，进一步增强学术性、突出导向性、提升权威性、提高公信力、彰显荣誉性。

1．实行提名制。

改革现行由行政部门下达推荐指标、科技人员申请报奖、推荐单位筛选推荐的方式，实行由专家学者、组织机构、相关部门提名的制度，进一步简化提名程序。

提名者承担推荐、答辩、异议答复等责任，并对相关材料的真实性和准确性负责。

提名者应具备相应的资格条件，遵守提名规则和程序。建立对提名专家、提名机构的信用管理和动态调整机制。

2．建立定标定额的评审制度。

定标。自然科学奖围绕原创性、公认度和科学价值，技术发明奖围绕首创性、先进性和技术价值，科技进步奖围绕创新性、应用效益和经济社会价值，分类制定以科技创新质量、贡献为导向的评价指标体系。自然科学奖、技术发明奖、科技进步奖（以下统称三大奖）一、二等奖项目实行按等级标准提名、独立评审表决的机制。提名者严格依据标准条件提名，说明被提名者的贡献程度及奖项、等级建议。评审专家严格遵照评价标准评审，分别对一等奖、二等奖独立投票表决，一等奖评审落选项目不再降格参评二等奖。

定额。大幅减少奖励数量，三大奖总数由不超过400项减少到不超过300项，鼓励科技人员潜心研究。改变现行各奖种及其各领域奖励指标与受理数量按既定比例挂钩的做法，根据我国科研投入产出、科技发展水平等实际状况分别限定三大奖一、二等奖的授奖数量，进一步优化奖励结构。

3．调整奖励对象要求。

三大奖奖励对象由“公民”改为“个人”，同时调整每项获奖成果的授奖人数和单位数要求。

分类确定被提名科技成果的实践检验年限要求，杜绝中间成果评奖，同一成果不得重复报奖。

4．明晰专家评审委员会和政府部门的职责。

各级专家评审委员会履行对候选成果（人）的科技评审职责，对评审结果负责，充分发挥同行专家独立评审的作用。

政府部门负责制定规则、标准和程序，履行对评审活动的组织、服务和监督职能。

5．增强奖励活动的公开透明度。

以公开为常态、不公开为例外，向全社会公开奖励政策、评审制度、评审流程和指标数量，对三大奖候选项目及其提名者实行全程公示，接受社会各界特别是科技界监督。

建立科技奖励工作后评估制度，每年国家科学技术奖励大会后，委托第三方机构对年度奖励工作进行评估，促进科技奖励工作不断完善。

6. 健全科技奖励诚信制度。

充分发挥科学技术奖励监督委员会作用，全程监督科技奖励活动。完善异议处理制度，公开异议举报渠道，规范异议处理流程。健全评审行为准则与督查办法，明确提名者、被提名者、评审专家、组织者等各奖励活动主体应遵守的评审纪律。建立评价责任和信誉制度，实行诚信承诺机制，为各奖励活动主体建立科技奖励诚信档案，纳入科研信用体系。

严惩学术不端。对重复报奖、拼凑“包装”、请托游说评委、跑奖要奖等行为实行一票否决；对造假、剽窃、侵占他人成果等行为“零容忍”，已授奖的撤销奖励；对违反学术道德、评审不公、行为失信的专家，取消评委资格。对违规的责任人和单位，要记入科技奖励诚信档案，视情节轻重予以公开通报、阶段性或永久取消参与国家科技奖励活动资格等处理；对违纪违法行为，严格依纪依法处理。

7. 强化奖励的荣誉性。

禁止以营利为目的使用国家科学技术奖名义进行各类营销、宣传等活动。对违规广告行为，一经发现，依法依规予以处理。

合理运用奖励结果。有关部门和评价机构要树立正确的价值导向，坚持“物质利益和精神激励相结合、突出精神激励”的原则，适当提高国家科学技术奖奖金标准，增强获奖科技人员的荣誉感和使命感。

按照党和国家功勋荣誉表彰制度的有关规定，对生活确有困难的获奖科技人员，通过专项基金及时予以救助。

强化宣传引导。坚持正确的舆论导向，大力宣传科技拔尖人才、优秀成果、杰出团队，弘扬崇尚科学、实事求是、鼓励创新、开放协作的良好社会风尚，激发广大科技工作者的创新热情。

（二）引导省部级科学技术奖高质量发展。

省、自治区、直辖市人民政府可设立一项省级科学技术奖（计划单列市人民政府可单独设立一项），国务院有关部门根据国防、国家安全的特殊情况可设立部级科学技术奖。除此之外，国务院其他部门、省级人民政府所属部门、省级以下各级人民政府及其所属部门，其他列入公务员法实施范围的机关，以及参照公务员法管理的机关（单位），不得设立由财政出资的科学技术奖。

省部级科学技术奖要充分发挥地方和部门优势，进一步研究完善推荐提名制度和评审规则，控制奖励数量，提高奖励质量。设奖地方和部门要根据国家科学技术奖励改革方向，抓紧制定具体改革方案，明确路线图和时间表。

（三）鼓励社会力量设立的科学技术奖健康发展。

坚持公益化、非营利性原则，引导社会力量设立目标定位准确、专业特色鲜明、遵守国家法规、维护国家安全、严格自律管理的科技奖项，在奖励活动中不得收取任何费用。对于具备一定资金实力和组织保障的奖励，鼓励向国际化方向发展，逐步培育若干在国际上具有较大影响力的知名奖项。

研究制定扶持政策，鼓励学术团体、行业协会、企业、基金会及个人等各种社会力量设立科学技术奖，鼓励民间资金支持科技奖励活动。加强事中事后监管，逐步构建信息公开、行业自律、政府指导、第三方评价、社会监督的有效模式，提升社会力量科技奖励的整体实力和社会美誉度。

三、工作实施

（一）由科技部、国务院法制办负责修订《国家科学技术奖励条例》并按程序报请国务院审批，由科技部负责修改完善《国家科学技术奖励条例实施细则》，从法规制度层面贯彻落实科技奖励制度改革精神。

（二）关于国家科技奖励具体实施工作中的提名规则和程序、分类评价指标体系、奖励数量和类型结构、评审监督、异议处理等问题，由国家科学技术奖励委员会分别制定相关办法予以落实。

（三）关于鼓励社会力量科技奖励健康发展问题，由科技部研究制定指导性意见，会同有关方面建立安全审查工作机制。

（四）由科技部会同中央宣传部等部门，进一步加强国家科技奖励宣传报道和舆论引导工作。

科技部、财政部、国家发展改革委关于印发《国家科技创新基地优化整合方案》的通知[①]

（2017年8月18日）

各省、自治区、直辖市及计划单列市科技厅（委、局）、财政厅（局）、发展改革委，新疆生产建设兵团科技局、财务局、发展改革委，国务院有关部委、直属机构，各有关单位：

根据《关于深化中央财政科技计划（专项、基金等）管理改革的方案》（国发〔2014〕64号）有关工作部署，落实《国家创新驱动发展战略纲要》和《“十三五”国家科技创新规划》有关要求，科技部会同财政部、国家发展改革委制定了《国家科技创新基地优化整合方案》，现印发给你们，请认真贯彻执行。

附件：国家科技创新基地优化整合方案

科技部

财政部

国家发展改革委

2017年8月18日

① 《科技部、财政部、国家发展改革委关于印发〈国家科技创新基地优化整合方案〉的通知》，中华人民共和国科学技术部网站，2017年8月25日。

附件：

国家科技创新基地优化整合方案

为落实《关于深化中央财政科技计划（专项、基金等）管理改革的方案》中国家科研基地优化整合的任务要求，解决现有基地之间交叉重复、定位不够清晰的问题，进一步推进国家科技创新基地建设，制定本方案。

一、总体目标和基本原则

（一）总体目标

落实实施创新驱动发展战略要求，以提升国家自主创新能力为目标，着眼长远和全局，以国家实验室为引领统筹布局国家科技创新基地建设。国家科技创新基地按照科学与工程研究、技术创新与成果转化、基础支撑与条件保障三类布局建设。围绕国家战略和创新链布局需求，大力推动基础研究、技术开发、成果转化协同创新，夯实自主创新的物质技术基础。到2020年初步形成布局合理、定位清晰、管理科学、开放共享、多元投入、动态调整的国家科技创新基地建设发展体系。

（二）基本原则

1．坚持顶层设计原则。以国家目标和战略需求为导向，根据国家科技创新基地功能定位，加强整体设计，统筹布局，加强各类基地之间的相互衔接，避免低水平、交叉和重复建设。

2．坚持机制创新原则。加强管理机制创新，完善评估评价机制，建立人才培养和团队建设评价机制。强化目标考核和动态调整，实现能进能出。加强协同创新，推进开放共享。

3．坚持分类管理原则。根据国家科技创新基地功能定位，强化分类管理、分类支持，制定符合不同基地特点的建设方案和管理办法。

4．坚持能力提升原则。加强重大科技基础设施和科研条件保障能力建设，发挥国家科技创新基地的引领和带动作用，提升原始创新能力。

二、优化国家科技创新基地布局

国家科技创新基地是围绕国家目标，根据科学前沿发展、国家战略需求以及产业创新发展需要，开展基础研究、行业产业共性关键技术研发、科技成果转化及产业化、科技资源共享服务等科技创新活动的重要载体，是国家创新体系的重要组成部分。按照党中央、国务院关于国家科技创新基地建设发展改革有关部署要求，根据国家战略需求和不同类型科研基地功能定位，对现有国家级基地平台进行分类梳理，归并整合为科学与工程研究、技术创新与成果转化和基础支撑与条件保障三类进行布局建设。

（一）科学与工程研究类国家科技创新基地

科学与工程研究类国家科技创新基地定位于瞄准国际前沿，聚焦国家战略目标，围绕重大科学前沿、重大科技任务和大科学工程，开展战略性、前沿性、前瞻性、基础性、综合性科技创新活动。主要包括国家实验室、国家重点实验室。

1．国家实验室。体现国家意志、实现国家使命、代表国家水平的战略科技力量，是面向国际科技竞争的创新基础平台，是保障国家安全的核心支撑，是突破型、引领型、平台型一体化的大型综合性研究基地。

2．国家重点实验室。面向前沿科学、基础科学、工程科学等，开展基础研究、应用基础研究等，推动学科发展，促进技术进步，发挥原始创新能力的引领带动作用。

（二）技术创新与成果转化类国家科技创新基地

技术创新与成果转化类国家科技创新基地定位于面向经济社会发展和创新社会治理、建设平安中国等国家需求，开展共性关键技术和工程化技术研究，推动应用示范、成果转化及产业化，提升国家自主创新能力和科技进步水平。主要包括国家工程研究中心、国家技术创新中心和国家临床医学研究中心。

1．国家工程研究中心。面向国家重大战略任务和重点工程建设需求，开展关键技术攻关和试验研究、重大装备研制、重大科技成果的工程化实验验证，突破关键技术和核心装备制约。

2．国家技术创新中心。面向影响国家长远发展稳定的行业和产业需求，开展重大共性关键技术和产品研发、成果转化及应用示范。

3．国家临床医学研究中心。面向重大临床需求和产业化需要，开展大样本临床循证、转化医学和战略防控策略研究，推动医学科技成果转化推广和普及普惠，为提高我国整体医疗水平提供科技支撑。

（三）基础支撑与条件保障类国家科技创新基地

基础支撑与条件保障类国家科技创新基地定位于为发现自然规律、获取长期野外定位观测研究数据等科学研究工作，提供公益性、共享性、开放性基础支撑和科技资源共享服务。主要包括国家科技资源共享服务平台、国家野外科学观测研究站。

1．国家科技资源共享服务平台。面向科技创新、经济社会发展和创新社会治理、建设平安中国等需求，加强优质科技资源有机集成，提升科技资源使用效率，为科学研究、技术进步和社会发展提供网络化、社会化的科技资源共享服务。

2. 国家野外科学观测研究站。服务于生态学、地学、农学、环境科学、材料科学等领域，获取长期野外定位观测数据并开展研究工作。

三、优化调整现有国家级基地

根据整合重构后各类国家科技创新基地功能定位和建设运行标准，对现有试点国家实验室、国家重点实验室、国家工程技术研究中心、国家科技基础条件平台、国家工程实验室、国家工程研究中心等国家级基地和平台进行考核评估，通过撤、并、转等方式，进行优化整合，符合条件的纳入相关基地序列管理。同时，按照国家科技创新基地布局要求，遵循“少而精”的原则，择优择需部署新建一批高水平国家级基地，严格遴选标准，严控新建规模。加强与国家重大科技基础设施相互衔接，推动设施建设与国家实验室等国家科技创新基地发展的紧密结合，强化绩效评估，促进开放共享。

（一）科学与工程研究类国家科技创新基地

1. 组建国家实验室。按照中央关于在重大创新领域组建一批国家实验室的要求，突出国家意志和目标导向，采取统筹规划、自上而下为主的决策方式，统筹全国优势科技资源整合组建，坚持高标准、高水平，体现引领性、唯一性和不可替代性，成熟一个，启动一个。（各部门工作任务将按照党中央、国务院部署和决策，另行发文明确。）

2. 优化调整国家重点实验室。在现有试点国家实验室和已形成优势学科群基础上，组建（地名加学科名）国家研究中心，纳入国家重点实验室序列管理。对现有国家重点实验室进行优化调整和统筹布局，对依托高校和科研院所建设的学科国家重点实验室结合评估进行优化调整，对处于国际上领跑、并跑的国家重点实验室加大稳定支持力度，对处于长期跟跑的国家重点实验室要重新确定研究方向和任务，对多年来无重大创新成果、老化僵化的国家重点实验室予以调整。在科学前沿、新兴、交叉、边缘等学科以及布局薄弱与空白学科，依托高校、科研院所和骨干企业，部署建设一批国家重点实验室。统筹推进学科、省部共建、企业、军民共建和港澳伙伴国家重点实验室等建设发展。（牵头单位：科技部、财政部，参与单位：相关部门和地方。）

（二）技术创新与成果转化类国家科技创新基地

对现有国家工程技术研究中心、国家工程研究中心、国家工程实验室等存量进行评估梳理，逐步按照新的功能定位要求合理归并，优化整合。国家发展改革委不再批复新建国家工程实验室，科技部不再批复新建国家工程技术研究中心。

1．整合组建国家工程研究中心。对现由国家发展改革委管理的国家工程研究中心和国家工程实验室，按整合重构后的国家工程研究中心功能定位，合理归并，符合条件的纳入国家工程研究中心序列进行管理。结合国家重大工程布局和发展需要，依托企业、高校和科研院所，择优建设一批国家工程研究中心。（牵头单位：国家发展改革委，参与单位：相关部门与地方。）

2．布局建设国家技术创新中心。面向国家长远发展和全球竞争，依托高校、科研院所、企业部署一批战略定位高端、组织运行开放、创新资源集聚的综合性和专业性国家技术创新中心。对现由科技部管理的国家工程技术研究中心加强评估考核和多渠道优化整合，符合条件的纳入国家技术创新中心等管理。（牵头单位：科技部，参与单位：相关部门与地方。）

3．布局建设国家临床医学研究中心。依据疾病领域和区域的布局要求，依托相关医疗机构建设一批国家临床医学研究中心，大规模整合临床医学资源，构建大数据、样本库等专业化的临床医学公共服务平台。（牵头单位：科技部、卫生计生委、中央军委后勤保障部、食品药品监管总局，参与单位：相关部门与地方。）

（三）基础支撑与条件保障类国家科技创新基地

1．优化调整国家科技资源共享服务平台。对现有国家科技基础条件平台进行优化调整，通过绩效考评，符合条件的纳入国家科技资源共享服务平台序列进行管理。围绕科研仪器、科研设施、科学数据、科技文献和实验材料等领域，根据功能定位和建设运行标准，依托科研院所、高校建设一批国家科技资源共享服务平台。完善各类国家科技资源数据库、生物种质、人类遗传等资源库建设，加强科技基础资源调查。（牵头单位：科技部、财政部，参与单位：相关部门与地方。）

2．优化调整国家野外科学观测研究站。制定国家野外科学观测研究站数据获取、研究分析和共享服务能力的认定标准，对现有台站进行评估考核，符合条件的纳入国家野外科学观测研究站序列进行管理。在具有研究功能的部门台站基础上，根据功能定位和建设运行标准，依托科研院所、高校择优遴选建设一批国家野外科学观测研究站。（牵头单位：科技部、财政部，参与单位：相关部门与地方。）

四、管理运行机制

（一）完善运行管理机制。各类国家科技创新基地需按照定位、目标和任务，制定相应的建设发展方案。创新管理模式，加强制度建设，明确建设规模，建立与基地特点相适应的管理办法、评价标准和遴选机制，建立注重成果和贡献的人才评价制度，提升国家科技创新基地创新能力和活力。

（二）完善评估考核机制。充分发挥评估的政策导向作用，建立与国家科技创新基地发展目标相一致的评估考核指标体系，加大动态调整力度，做到有进有出，实现基地建设的良性循环。

（三）完善资源配置机制。进一步完善分类支持方式和稳定支持机制，加大绩效考核和财政支持的衔接，科学与工程研究类、基础支撑与条件保障类国家科技创新基地要突出财政稳定支持，中央财政稳定支持学科国家重点实验室运行和能力建设。技术创新与成果转化类国家科技创新基地建设要充分发挥市场配置资源的决定性作用，加强政府引导和第三方考核评估，根据考核评估情况，采用后补助等方式支持基地能力建设。

五、实施进度和工作要求

2017 年，各类国家科技创新基地牵头单位要会同有关部门，根据不同科技创新基地的功能定位和任务要求，按照分类管理和规范运行的原则，完成细化的建设发展方案和相应的管理办法制定，明确建设运行标准和建设规模，根据国发〔2014〕64 号文件和本方案要求开展优化整合和建设工作。

2018 年，全面按照优化整合后的“基地和人才专项”运行，不再保留优化整合之前国家科技创新基地经费渠道。各类国家科技创新基地牵头单位要创新管理机制，完善组织实施方式，完成基地优化整合工作，有序推动各类国家科技创新基地建设发展。

国务院关于印发国家技术转移体系建设方案的通知[①]

（2017年9月15日）

各省、自治区、直辖市人民政府，国务院各部委、各直属机构：

现将《国家技术转移体系建设方案》印发给你们，请认真贯彻执行。

国务院

2017年9月15日

国家技术转移体系建设方案

国家技术转移体系是促进科技成果持续产生，推动科技成果扩散、流动、共享、应用并实现经济与社会价值的生态系统。建设和完善国家技术转移体系，对于促进科技成果资本化产业化、提升国家创新体系整体效能、激发全社会创新创业活力、促进科技与经济紧密结合具有重要意义。党中央、国务院高度重视技术转移工作。改革开放以来，我国科技成果持续产出，技术市场有序发展，技术交易日趋活跃，但也面临技术转移链条不畅、人才队伍不强、体制机制不健全等问题，迫切需要加强系统设计，构建符合科技创新规律、技术转移规律和产业发展规律的国家技术转移体系，全面提

① 《国务院关于印发国家技术转移体系建设方案的通知》，《中华人民共和国国务院公报》，2017年28期。

升科技供给与转移扩散能力，推动科技成果加快转化为经济社会发展的现实动力。为深入落实《中华人民共和国促进科技成果转化法》，加快建设和完善国家技术转移体系，制定本方案。

一、总体要求

（一）指导思想。

全面贯彻党的十八大和十八届三中、四中、五中、六中全会精神，深入贯彻习近平总书记系列重要讲话精神和治国理政新理念新思想新战略，按照党中央、国务院决策部署，统筹推进“五位一体”总体布局和协调推进“四个全面”战略布局，坚持稳中求进工作总基调，牢固树立和贯彻落实新发展理念，深入实施创新驱动发展战略，激发创新主体活力，加强技术供需对接，优化要素配置，完善政策环境，发挥技术转移对提升科技创新能力、促进经济社会发展的重要作用，为加快建设创新型国家和世界科技强国提供有力支撑。

（二）基本原则。

——市场主导，政府推动。发挥市场在促进技术转移中的决定性作用，强化市场加快科学技术渗透扩散、促进创新要素优化配置等功能。政府注重抓战略、抓规划、抓政策、抓服务，为技术转移营造良好环境。

——改革牵引，创新机制。遵循技术转移规律，把握开放式、网络化、非线性创新范式的新特征，探索灵活多样的技术转移体制机制，调动各类创新主体和技术转移载体的积极性。

——问题导向，聚焦关键。聚焦技术转移体系的薄弱环节和转移转化中的关键症结，提出有针对性、可操作的政策措施，补齐技术转移短板，打通技术转移链条。

——纵横联动，强化协同。加强中央与地方联动、部门与行业协同、军用与民用融合、国际与国内联通，整合各方资源，实现各地区、各部门、各行业技术转移工作的衔接配套。

（三）建设目标。

到2020年，适应新形势的国家技术转移体系基本建成，互联互通的技术市场初步形成，市场化的技术转移机构、专业化的技术转移人才队伍发展壮大，技术、资本、人才等创新要素有机融合，技术转移渠道更加畅通，面向“一带一路”沿线国家等的国际技术转移广泛开展，有利于科技成果资本化、产业化的体制机制基本建立。

到2025年，结构合理、功能完善、体制健全、运行高效的国家技术转移体系全面建成，技术市场充分发育，各类创新主体高效协同互动，技术转移体制机制更加健全，科技成果的扩散、流动、共享、应用更加顺畅。

（四）体系布局。

建设和完善国家技术转移体系是一项系统工程，要着眼于构建高效协同的国家创新体系，从技术转移的全过程、全链条、全要素出发，从基础架构、转移通道、支撑保障三个方面进行系统布局。

——基础架构。发挥企业、高校、科研院所等创新主体在推动技术转移中的重要作用，以统一开放的技术市场为纽带，以技术转移机构和人才为支撑，加强科技成果有效供给与转化应用，推动形成紧密互动的技术转移网络，构建技术转移体系的“四梁八柱”。

——转移通道。通过科研人员创新创业以及跨军民、跨区域、跨国界技术转移，增强技术转移体系的辐射和扩散功能，推动科技成果有序流动、高效配置，引导技术与人才、资本、企业、产业有机融合，加快新技术、新产品、新模式的广泛渗透与应用。

——支撑保障。强化投融资、知识产权等服务，营造有利于技术转移的政策环境，确保技术转移体系高效运转。

二、优化国家技术转移体系基础架构

（五）激发创新主体技术转移活力。

强化需求导向的科技成果供给。发挥企业在市场导向类科技项目研发投入和组织实施中的主体作用，推动企业等技术需求方深度参与项目过程管理、验收评估等组织实施全过程。在国家重大科技项目中明确成果转化任务，设立与转化直接相关的考核指标，完善“沿途下蛋”机制，拉近成果与市场的距离。引导高校和科研院所结合发展定位，紧贴市场需求，开展技术创新与转移转化活动；强化高校、科研院所科技成果转化情况年度报告的汇交和使用。

促进产学研协同技术转移。发挥国家技术创新中心、制造业创新中心等平台载体作用，推动重大关键技术转移扩散。依托企业、高校、科研院所建设一批聚焦细分领域的科技成果中试、熟化基地，推广技术成熟度评价，促进技术成果规模化应用。支持企业牵头会同高校、科研院所等共建产业技术创新战略联盟，以技术交叉许可、建立专利池等方式促进技术转移扩散。加快发展新型研发机构，探索共性技术研发和技术转移的新机制。充分发挥学会、行业协会、研究会等科技社团的优势，依托产学研协同共同体推动技术转移。

面向经济社会发展急需领域推动技术转移。围绕环境治理、精准扶贫、人口健康、公共安全等社会民生领域的重大科技需求，发挥临床医学研究中心等公益性技术转移平台作用，发布公益性技术成果指导目录，开展示范推广应用，让人民群众共享先进科技成果。聚焦影响长远发展的战略必争领域，加强技术供需对接，加快推动重大科技成果转化应用。瞄准人工智能等覆盖面大、经济效益明显的重点领域，加强关键共性技术推广应用，促进产业转型升级。面向农业农村经济社会发展科技需求，充分发挥公益性农技推广机构为主、社会化服务组织为补充的“一主多元”农技推广体系作用，加强农业技术转移体系建设。

（六）建设统一开放的技术市场。

构建互联互通的全国技术交易网络。依托现有的枢纽型技术交易网络平台，通过互联网技术手段连接技术转移机构、投融资机构和各类创新主体等，集聚成果、资金、人才、服务、政策等创新要素，开展线上线下相结合的技术交易活动。

加快发展技术市场。培育发展若干功能完善、辐射作用强的全国性技术交易市场，健全与全国技术交易网络联通的区域性、行业性技术交易市场。推动技术市场与资本市场联动融合，拓宽各类资本参与技术转移投资、流转和退出的渠道。

提升技术转移服务水平。制定技术转移服务规范，完善符合科技成果交易特点的市场化定价机制，明确科技成果拍卖、在技术交易市场挂牌交易、协议成交信息公示等操作流程。建立健全技术转移服务业专项统计制度，完善技术合同认定规则与登记管理办法。

（七）发展技术转移机构。

强化政府引导与服务。整合强化国家技术转移管理机构职能，加强对全国技术交易市场、技术转移机构发展的统筹、指导、协调，面向全社会组织开展财政资助产生的科技成果信息收集、评估、转移服务。引导技术转移机构市场化、规范化发展，提升服务能力和水平，培育一批具有示范带动作用的技术转移机构。

加强高校、科研院所技术转移机构建设。鼓励高校、科研院所在不增加编制的前提下建设专业化技术转移机构，加强科技成果的市场开拓、营销推广、售后服务。创新高校、科研院所技术转移管理和运营机制，建立职务发明披露制度，实行技术经理人聘用制，明确利益分配机制，引导专业人员从事技术转移服务。

加快社会化技术转移机构发展。鼓励各类中介机构为技术转移提供知识产权、法律咨询、资产评估、技术评价等专业服务。引导各类创新主体和技术转移机构联合组建技术转移联盟，强化信息共享与业务合作。鼓励有条件的地方结合服务绩效对相关技术转移机构给予支持。

（八）壮大专业化技术转移人才队伍。

完善多层次的技术转移人才发展机制。加强技术转移管理人员、技术经纪人、技术经理人等人才队伍建设，畅通职业发展和职称晋升通道。支持和鼓励高校、科研院所设置专职从事技术转移工作的创新型岗位，绩效工资分配应当向作出突出贡献的技术转移人员倾斜。鼓励退休专业技术人员从事技术转移服务。统筹适度运用政策引导和市场激励，更多通过市场收益回报科研人员，多渠道鼓励科研人员从事技术转移活动。加强对研发和转化高精尖、国防等科技成果相关人员的政策支持。

加强技术转移人才培养。发挥企业、高校、科研院所等作用，通过项目、基地、教学合作等多种载体和形式吸引海外高层次技术转移人才和团队。鼓励有条件的高校设立技术转移相关学科或专业，与企业、科研院所、科技社团等建立联合培养机制。将高层次技术转移人才纳入国家和地方高层次人才特殊支持计划。

三、拓宽技术转移通道

（九）依托创新创业促进技术转移。

鼓励科研人员创新创业。引导科研人员通过到企业挂职、兼职或在职创办企业以及离岗创业等多种形式，推动科技成果向中小微企业转移。支持高校、科研院所通过设立流动岗位等方式，吸引企业创新创业人才兼职从事技术转移工作。引导科研人员面向企业开展技术转让、技术开发、技术服务、技术咨询，横向课题经费按合同约定管理。

强化创新创业载体技术转移功能。聚焦实体经济和优势产业，引导企业、高校、科研院所发展专业化众创空间，依托开源软硬件、3D打印、网络制造等工具建立开放共享的创新平台，为技术概念验证、商业化开发等技术转移活动提供服务支撑。鼓励龙头骨干企业开放创新创业资源，支持内部员工创业，吸引集聚外部创业，推动大中小企业跨界融合，引导研发、制造、服务各环节协同创新。优化孵化器、加速器、大学科技园等各类孵化载体功能，构建涵盖技术研发、企业孵化、产业化开发的全链条孵化体系。加强农村创新创业载体建设，发挥科技特派员引导科技成果向农村农业转移的重要作用。针对国家、行业、企业技术创新需求，通过“揭榜比拼”、“技术难题招标”等形式面向社会公开征集解决方案。

（十）深化军民科技成果双向转化。

强化军民技术供需对接。加强军民融合科技成果信息互联互通，建立军民技术成果信息交流机制。进一步完善国家军民技术成果公共服务平台，提供军民科技成果评价、信息检索、政策咨询等服务。强化军队装备采购信息平台建设，搭建军民技术供需对接平台，引导优势民品单位进入军品科研、生产领域，加快培育反恐防爆、维稳、安保等国家安全和应急产业，加强军民研发资源共享共用。

优化军民技术转移体制机制。完善国防科技成果降解密、权利归属、价值评估、考核激励、知识产权军民双向转化等配套政策。开展军民融合国家专利运营试点，探索建立国家军民融合技术转移中心、国家级实验室技术转移联盟。建立和完善军民融合技术评价体系。建立军地人才、技术、成果转化对接机制，完善符合军民科技成果转化特点的职称评定、岗位管理和考核评价制度。构建军民技术交易监管体系，完善军民两用技术转移项目审查和评估制度。在部分地区开展军民融合技术转移机制探索和政策试点，开展典型成果转移转化示范。探索重大科技项目军民联合论证与组织实施的新机制。

（十一）推动科技成果跨区域转移扩散。

强化重点区域技术转移。发挥北京、上海科技创新中心及其他创新资源集聚区域的引领辐射与源头供给作用，促进科技成果在京津冀、长江经济带等地区转移转化。开展振兴东北科技成果转移转化专项行动、创新驱动助力工程等，通过科技成果转化推动区域特色优势产业发展。优化对口援助和帮扶机制，开展科技扶贫精准脱贫，推动新品种、新技术、新成果向贫困地区转移转化。

完善梯度技术转移格局。加大对中西部地区承接成果转移转化的差异化支持力度，围绕重点产业需求进行科技成果精准对接。探索科技成果东中西梯度有序转移的利益分享机制和合作共赢模式，引领产业合理分工和优化布局。建立健全省、市、县三级技术转移工作网络，加快先进适用科技成果向县域转移转化，推动县域创新驱动发展。

开展区域试点示范。支持有条件的地区建设国家科技成果转移转化示范区，开展体制机制创新与政策先行先试，探索一批可复制、可推广的经验与模式。允许中央高校、科研院所、企业按规定执行示范区相关政策。

（十二）拓展国际技术转移空间。

加速技术转移载体全球化布局。加快国际技术转移中心建设，构建国际技术转移协作和信息对接平台，在技术引进、技术孵化、消化吸收、技术输出和人才引进等方面加强国际合作，实现对全球技术资源的整合利用。加强国内外技术转移机构对接，创新合作机制，形成技术双向转移通道。

开展"一带一路"科技创新合作技术转移行动。与"一带一路"沿线国家共建技术转移中心及创新合作中心，构建"一带一路"技术转移协作网络，向沿线国家转移先进适用技术，发挥对"一带一路"产能合作的先导作用。

鼓励企业开展国际技术转移。引导企业建立国际化技术经营公司、海外研发中心，与国外技术转移机构、创业孵化机构、创业投资机构开展合作。开展多种形式的国际技术转移活动，与技术转移国际组织建立常态化交流机制，围绕特定产业领域为企业技术转移搭建展示交流平台。

四、完善政策环境和支撑保障

（十三）树立正确的科技评价导向。

推动高校、科研院所完善科研人员分类评价制度，建立以科技创新质量、贡献、绩效为导向的分类评价体系，扭转唯论文、唯学历的评价导向。对主要从事应用研究、技术开发、成果转化工作的科研人员，加大成果转化、技术推广、技术服务等评价指标的权重，把科技成果转化对经济社会发展的贡献作为科研人员职务晋升、职称评审、绩效考核等的重要依据，不将论文作为评价的限制性条件，引导广大科技工作者把论文写在祖国大地上。

（十四）强化政策衔接配套。

健全国有技术类无形资产管理制度，根据科技成果转化特点，优化相关资产评估管理流程，探索通过公示等方式简化备案程序。探索赋予科研人员横向委托项目科技成果所有权或长期使用权，在法律授权前提下开展高校、科研院所等单位与完成人或团队共同拥有职务发明科技成果产权的改革试点。高校、科研院所科研人员依法取得的成果转化奖励收入，不纳入绩效工资。建立健全符合国际规则的创新产品采购、首台套保险政策。健全技术创新与标准化互动支撑机制，开展科技成果向技术标准转化试点。结合税制改革方向，按照强化科技成果转化激励的原则，统筹研究科技成果转化奖励收入有关税收政策。完善出口管制制度，加强技术转移安全审查体系建设，切实维护国家安全和核心利益。

（十五）完善多元化投融资服务。

国家和地方科技成果转化引导基金通过设立创业投资子基金、贷款风险补偿等方式，引导社会资本加大对技术转移早期项目和科技型中小微企业的投融资支持。开展知识产权证券化融资试点，鼓励商业银行开展知识产权质押贷款业务。按照国务院统一部署，鼓励银行业金融机构积极稳妥开展内部投贷联动试点和外部投贷联动。落实创业投资企业和天使投资个人投向种子期、初创期科技型企业按投资额70%抵扣应纳税所得额的试点优惠政策。

（十六）加强知识产权保护和运营。

完善适应新经济新模式的知识产权保护，释放激发创新创业动力与活力。加强对技术转移过程中商业秘密的法律保护，研究建立当然许可等知识产权运用机制的法律制度。发挥知识产权司法保护的主导作用，完善行政执法和司法保护两条途径优势互补、有机衔接的知识产权保护模式，推广技术调查官制度，统一裁判规范标准，改革优化知识产权行政保护体系。优化专利和商标审查流程，拓展“专利审查高速路”国际合作网络，提升知识产权质量。

（十七）强化信息共享和精准对接。

建立国家科技成果信息服务平台，整合现有科技成果信息资源，推动财政科技计划、科技奖励成果信息统一汇交、开放、共享和利用。以需求为导向，鼓励各类机构通过技术交易市场等渠道发布科技成果供需信息，利用大数据、云计算等技术开展科技成果信息深度挖掘。建立重点领域科技成果包发布机制，开展科技成果展示与路演活动，促进技术、专家和企业精准对接。

（十八）营造有利于技术转移的社会氛围。

针对技术转移过程中高校、科研院所等单位领导履行成果定价决策职责、科技管理人员履行项目立项与管理职责等，健全激励机制和容错纠错机制，完善勤勉尽责政策，形成敢于转化、愿意转化的良好氛围。完善社会诚信体系，发挥社会舆论作用，营造权利公平、机会公平、规则公平的市场环境。

五、强化组织实施

（十九）加强组织领导。

国家科技体制改革和创新体系建设领导小组负责统筹推进国家技术转移体系建设，审议相关重大任务、政策措施。国务院科技行政主管部门要加强组织协调，明确责任分工，细化目标任务，强化督促落实。有关部门要根据本方案制订实施细则，研究落实促进技术转移的相关政策措施。地方各级政府要将技术转移体系建设工作纳入重要议事日程，建立协调推进机制，结合实际抓好组织实施。

（二十）抓好政策落实。

全面贯彻落实促进技术转移的相关法律法规及配套政策，着重抓好具有标志性、关联性作用的改革举措。各地区、各部门要建立政策落实责任制，切实加强对政策落实的跟踪监测和效果评估，对已经出台的重大改革和政策措施落实情况及时跟踪、及时检查、及时评估。

（二十一）加大资金投入。

各地区、各部门要充分发挥财政资金对技术转移和成果转化的引导作用，完善投入机制，推进科技金融结合，加大对技术转移机构、信息共享服务平台建设等重点任务的支持力度，形成财政资金与社会资本相结合的多元化投入格局。

（二十二）开展监督评估。

强化对本方案实施情况的监督评估，建立监测、督办和评估机制，定期组织督促检查，开展第三方评估，掌握目标任务完成情况，及时发现和解决问题。加强宣传和政策解读，及时总结推广典型经验做法。

国务院关于优化科研管理提升科研绩效若干措施的通知[①]

（2018 年 7 月 18 日）

各省、自治区、直辖市人民政府，国务院各部委、各直属机构：

为了贯彻落实党中央、国务院关于推进科技领域“放管服”改革的要求，建立完善以信任为前提的科研管理机制，按照能放尽放的要求赋予科研人员更大的人财物自主支配权，减轻科研人员负担，充分释放创新活力，调动科研人员积极性，激励科研人员敬业报国、潜心研究、攻坚克难，大力提升原始创新能力和关键领域核心技术攻关能力，多出高水平成果，壮大经济发展新动能，为实现经济高质量发展、建设世界科技强国作出更大贡献，现就有关事项通知如下：

一、优化科研项目和经费管理

（一）简化科研项目申报和过程管理。聚焦国家重大战略任务，优化中央财政科技计划项目形成机制，合理确定项目数量。加快完善国家科技管理信息系统，2018 年底前要将中央财政科技计划（专项、基金等）项目全部纳入。逐步实行国家科技计划年度指南定期发布制度，并将指南提前在网上公示，加强项目查重、避免重复申报，增加科研人员申报准备时间；精简科研项目申报要求，减少不必要的申报材料。针对关键节点实行“里程碑”式管理，减

① 《国务院关于优化科研管理提升科研绩效若干措施的通知》，《中华人民共和国国务院公报》，2018 年 22 期。

少科研项目实施周期内的各类评估、检查、抽查、审计等活动；自由探索类基础研究项目和实施周期三年以下的项目以承担单位自我管理为主，一般不开展过程检查。

（二）合并财务验收和技术验收。由项目管理专业机构严格依据任务书在项目实施期末进行一次性综合绩效评价，不再分别开展单独的财务验收和技术验收，项目承担单位自主选择具有资质的第三方中介机构进行结题财务审计，利用好单位内外部审计结果。

（三）推行“材料一次报送”制度。整合科技管理各项工作和计划管理的材料报送相关环节，实现一表多用。国家科技管理信息系统按权限向项目承担单位、项目管理专业机构、行业主管部门等相关主体开放，加强数据共享，凡是国家科技管理信息系统已有的材料或已要求提供过的材料，不得要求重复提供。项目管理专业机构和承担单位要简化报表及流程，加快建立健全学术助理和财务助理制度，允许通过购买财会等专业服务，把科研人员从报表、报销等具体事务中解脱出来。

（四）赋予科研人员更大技术路线决策权。科研人员具有自主选择和调整技术路线的权利，科研项目申报期间，以科研人员提出的技术路线为主进行论证，科研项目实施期间，科研人员可以在研究方向不变、不降低申报指标的前提下自主调整研究方案和技术路线，报项目管理专业机构备案。科研项目负责人可以根据项目需要，按规定自主组建科研团队，并结合项目实施进展情况进行相应调整。

（五）赋予科研单位科研项目经费管理使用自主权。直接费用中除设备费外，其他科目费用调剂权全部下放给项目承担单位。项目承担单位应完善管理制度，及时为科研人员办理调剂手续。对于接受企业或其他社会组织委托取得的项目经费，纳入单位财务统一管理，由项目承担单位按照委托方要求或合同约定管理使用。高校和科研院所要简化科研仪器设备采购流程，对科研急需的设备和耗材，采用特事特办、随到随办的采购机制，可不进行招投标程序，缩短采购周期；对于独家代理或生产的仪器设备，按程序确定采取单一来源采购等方式增强采购灵活性和便利性。

（六）避免重复多头检查。科技部、财政部要会同相关部门加强科研项目监督检查工作统筹，制定统一的年度监督检查计划，在相对集中时间开展联合检查，避免在同一年度对同一项目重复检查、多头检查。探索实行“双随机、一公开”检查方式，充分利用大数据等信息技术提高监督检查效率，实行监督检查结果信息共享和互认，最大限度降低对科研活动的干扰。

二、完善有利于创新的评价激励制度

（七）切实精简人才“帽子”。在中央人才工作协调小组的领导下，对科技领域人才计划进行优化整合。西部地区因政策倾斜获得人才计划支持的科研人员，在支持周期内离开相关岗位的，取消对其相应支持。开展科技人才计划申报查重工作，一个人只能获得一项相同层次的人才计划支持。科技人才计划突出人才培养和使用导向，明确支持周期，人才计划项目结束后不得再使用有关人才称号。主管部门、用人单位要逐步取消入选人才计划与薪酬待遇和职称评定等直接挂钩的做法。科研项目申报书中不得设置填写人才“帽子”等称号的栏目。不得将科研项目（基地、平台）负责人、项目评审专家等作为荣誉称号加以使用、宣传。

（八）开展“唯论文、唯职称、唯学历”问题集中清理。由科技部会同教育部、人力资源社会保障部、中科院、工程院及相关行业主管部门在2018年底前对项目、人才、学科、基地等科技评价活动中涉及简单量化的做法进行清理，建立以创新质量和贡献为导向的绩效评价体系，准确评价科研成果的科学价值、技术价值、经济价值、社会价值、文化价值。减少评价频次，对于评价结果连续优秀的，实行一定期限免评的制度。

（九）加大对承担国家关键领域核心技术攻关任务科研人员的薪酬激励。对全时全职承担任务的团队负责人（领衔科学家/首席科学家、技术总师、型号总师、总指挥、总负责人等）以及引进的高端人才，实行一项一策、清单式管理和年薪制。项目承担单位应在项目立项时与项目管理专业机构协商确定人员名单和年薪标准，并报科技部、人力资源社会保障部、财政部备案。年薪所需经费在项目经费中单独核定，在本单位绩效工资总量中单列，相应增加单位当年绩效工资总量。项目范围、年薪制具体操作办法由科技部、财政部、人力资源社会保障部细化制定。单位从国家关键领域核心技术攻关任务项目间接费用中提取的绩效支出，应向承担任务的中青年科研骨干倾斜。完善以科技成果为纽带的产学研深度融合机制，建立科研机构和企业等各方参与的创新联盟，落实相关政策，支持高校、科研院所科研人员到国有企业或民营企业兼职开展研发和成果转化，加大高校、科研院所和国有企业科研人员科技成果转化股权激励力度，科研人员获得的职务科技成果转化现金奖励计入当年本单位绩效工资总量，但不受总量限制，不纳入总量基数。

三、强化科研项目绩效评价

（十）推动项目管理从重数量、重过程向重质量、重结果转变。明确设定科研项目绩效目标，项目指南要按照分类评价要求提出项目绩效目标。目标导向类项目申报书和任务书要有科学、合理、具体的项目绩效目标和适用于考核的结果指标，并按照关键节点设定明确、细化的阶段性目标，用于判断实质性进展；立项评审应审核绩效目标、结果指标与指南要求的相符性，以及创新性、可行性、可考核性，实现项目绩效目标的能力和条件等；要加强项目关键环节考核，项目实施进度严重滞后或难以达到预期绩效目标的，及时予以调整或取消后续支持。

（十一）实行科研项目绩效分类评价。基础研究与应用基础研究类项目重点评价新发现新原理新方法新规律的重大原创性和科学价值、解决经济社会发展和国家安全重大需求中关键科学问题的效能、支撑技术和产品开发的效果、代表性论文等科研成果的质量和水平，以国际国内同行评议为主。技术和产品开发类项目重点评价新技术、新方法、新产品、关键部件等的创新性、成熟度、稳定性、可靠性，突出成果转化应用情况及其在解决经济社会发展关键问题、支撑引领行业产业发展中发挥的作用。应用示范类项目绩效评价以规模化应用、行业内推广为导向，重点评价集成性、先进性、经济适用性、辐射带动作用及产生的经济社会效益，更多采取应用推广相关方评价和市场评价方式。

（十二）严格依据任务书开展综合绩效评价。强化契约精神，严格按照任务书的约定逐项考核结果指标完成情况，对绩效目标实现程度作出明确结论，不得“走过场”，无正当理由不得延迟验收，应用研究和工程技术研究要突出技术指标刚性要求，严禁成果充抵等弄虚作假行为。突出代表性成果和项目实施效果评价，对提交评价的论文、专利等作出数量限制规定。目标导向类项目可在结束后 2—3 年内进行绩效跟踪评价，重点关注项目成果转移转化、应用推广以及产生的经济社会效益。有关单位和企业要如实客观开具科研项目经济社会效益证明，对虚开造假者严肃处理。

（十三）加强绩效评价结果的应用。绩效评价结果应作为项目调整、后续支持的重要依据，以及相关研发、管理人员和项目承担单位、项目管理专业机构业绩考核的参考依据。对绩效评价优秀的，在后续项目支持、表彰奖励等工作中给予倾斜。要区分因科研不确定性未能完成项目目标和因科研态度不端导致项目失败，鼓励大胆创新，严惩弄虚作假。项目承担单位在评定职称、制定收入分配制度等工作中，应更加注重科研项目绩效评价结果，不得简单计算获得科研项目的数量和经费规模。

四、完善分级责任担当机制

（十四）建立相关部门为高校和科研院所分担责任机制。项目管理部门应建立自由探索和颠覆性技术创新活动免责机制，对已履行勤勉尽责义务但因技术路线选择失误导致难以完成预定目标的单位和项目负责人予以免责，同时认真总结经验教训，为后续研究路径等提供借鉴。单位主管部门、项目管理部门和其他相关部门要支持高校和科研院所按照国家科技体制改革要求和科技创新规律进行改革创新，合理区分改革创新、探索性试验、推动发展的无意过失与明知故犯、失职渎职、谋取私利等违纪违法行为。对科研活动的审计和财务检查要尊重科研规律，减少频次，与工作对象对相关政策理解不一致时，要及时与政策制定部门沟通，调查澄清。

（十五）强化高校、科研院所和科研人员的主体责任。主管部门要在岗位设置、人员聘用、内部机构调整、绩效工资分配、评价考核、科研组织等方面充分尊重高校和科研院所管理权限。高校和科研院所要根据国家科技体制改革要求，制定完善本单位科研、人事、财务、成果转化、科研诚信等具体管理办法，强化服务意识，推行一站式服务，让科研人员少跑腿。强化科研人员主体地位，在充分信任基础上赋予更大的人财物支配权，强化责任和诚信意识，对严重违背科研诚信要求的，实行终身追究、联合惩戒。

（十六）完善鼓励法人担当负责的考核激励机制。以科研机构评估为统领，协调推进项目评审、人才评价、机构评估相关工作，形成合力，压实项目承担单位对科研项目和人才的管理责任。主管部门在对所属高校、科研院所开展考核时，应当将落实国家科技体制改革政策情况作为重要内容。对于落实国家科技体制改革政策到位、科技创新绩效突出的高校、科研院所，在申请国家科技计划和人才项目、核定绩效工资总量、布局建设国家科技创新基地、核定研究生招生指标等方面给予倾斜支持。

五、开展基于绩效、诚信和能力的科研管理改革试点

科技部、财政部会同教育部、中科院在教育部直属高校和中科院所属科研院所中选择部分创新能力和潜力突出、创新绩效显著、科研诚信状况良好的单位开展支持力度更大的“绿色通道”改革试点。

（十七）开展简化科研项目经费预算编制试点。项目直接费用中除设备费外，其他费用只提供基本测算说明，不提供明细。进一步精简合并其他直接费用科目。各项目管理专业机构要简化相关科研项目预算编制要求，精简说明和报表。

（十八）开展扩大科研经费使用自主权试点。允许试点单位从基本科研业务费、中科院战略性先导科技专项经费等稳定支持科研经费中提取不超过20%作为奖励经费，由单位探索完善科研项目

资金的激励引导机制。奖励经费的使用范围和标准由试点单位在绩效工资总量内自主决定，在单位内部公示。对试验设备依赖程度低和实验材料耗费少的基础研究、软件开发、集成电路设计等智力密集型项目，提高间接经费比例，500万元以下的部分为不超过30%，500万元至1000万元的部分为不超过25%，1000万元以上的部分为不超过20%。对数学等纯理论基础研究项目，可进一步根据实际情况适当调整间接经费比例。间接经费的使用应向创新绩效突出的团队和个人倾斜。

（十九）开展科研机构分类支持试点。对从事基础前沿研究、公益性研究、应用技术研究开发等不同类型的科研机构实施差别化的经费保障机制，结合科研机构职责定位，完善稳定支持和竞争性经费支持相协调的保障机制。对基础前沿研究类机构，加大经常性经费等稳定支持力度，适当提高人员经费补助标准，保障合理的薪酬待遇，使科研人员潜心长期从事基础研究。

（二十）开展赋予科研人员职务科技成果所有权或长期使用权试点。对于接受企业、其他社会组织委托项目形成的职务科技成果，允许合同双方自主约定成果归属和使用、收益分配等事项；合同未约定的，职务科技成果由项目承担单位自主处置，允许赋予科研人员所有权或长期使用权。对利用财政资金形成的职务科技成果，由单位按照权利与责任对等、贡献与回报匹配的原则，在不影响国家安全、国家利益、社会公共利益的前提下，探索赋予科研人员所有权或长期使用权。

科技部、财政部、教育部、中科院等相关部门和单位要加快职能转变，优化管理与服务，加强事中事后监管，放出活力与效率，管好底线与秩序，为科研活动保驾护航。要开展对试点单位落实改革措施的跟踪指导和考核，对推进试点工作不力、无法达到预期目标的，及时取消试点资格、终止支持。对证明行之有效的经验和做法，及时总结提炼在全国推广。

国务院关于促进国家高新技术产业开发区高质量发展的若干意见[①]

（2020年7月13日）

各省、自治区、直辖市人民政府，国务院各部委、各直属机构：

国家高新技术产业开发区（以下简称国家高新区）经过30多年发展，已经成为我国实施创新驱动发展战略的重要载体，在转变发展方式、优化产业结构、增强国际竞争力等方面发挥了重要作用，走出了一条具有中国特色的高新技术产业化道路。为进一步促进国家高新区高质量发展，发挥好示范引领和辐射带动作用，现提出以下意见。

一、总体要求

（一）指导思想。

以习近平新时代中国特色社会主义思想为指导，贯彻落实党的十九大和十九届二中、三中、四中全会精神，牢固树立新发展理念，继续坚持"发展高科技、实现产业化"方向，以深化体制机制改革和营造良好创新创业生态为抓手，以培育发展具有国际竞争力的企业和产业为重点，以科技创新为核心着力提升自主创新能力，围绕产业链部署创新链，围绕创新链布局产业链，培育发展新动能，提升产业发展现代化水平，将国家高新区建设成为创新驱动发展示范区和高质量发展先行区。

---

① 《国务院关于促进国家高新技术产业开发区高质量发展的若干意见》，《中华人民共和国国务院公报》，2020年21期。

（二）基本原则。

坚持创新驱动，引领发展。以创新驱动发展为根本路径，优化创新生态，集聚创新资源，提升自主创新能力，引领高质量发展。

坚持高新定位，打造高地。牢牢把握“高”和“新”发展定位，抢占未来科技和产业发展制高点，构建开放创新、高端产业集聚、宜创宜业宜居的增长极。

坚持深化改革，激发活力。以转型升级为目标，完善竞争机制，加强制度创新，营造公开、公正、透明和有利于促进优胜劣汰的发展环境，充分释放各类创新主体活力。

坚持合理布局，示范带动。加强顶层设计，优化整体布局，强化示范带动作用，推动区域协调可持续发展。

坚持突出特色，分类指导。根据地区资源禀赋与发展水平，探索各具特色的高质量发展模式，建立分类评价机制，实行动态管理。

（三）发展目标。

到2025年，国家高新区布局更加优化，自主创新能力明显增强，体制机制持续创新，创新创业环境明显改善，高新技术产业体系基本形成，建立高新技术成果产出、转化和产业化机制，攻克一批支撑产业和区域发展的关键核心技术，形成一批自主可控、国际领先的产品，涌现一批具有国际竞争力的创新型企业和产业集群，建成若干具有世界影响力的高科技园区和一批创新型特色园区。到2035年，建成一大批具有全球影响力的高科技园区，主要产业进入全球价值链中高端，实现园区治理体系和治理能力现代化。

二、着力提升自主创新能力

（四）大力集聚高端创新资源。国家高新区要面向国家战略和产业发展需求，通过支持设立分支机构、联合共建等方式，积极引入境内外高等学校、科研院所等创新资源。支持国家高新区以骨干企业为主体，联合高等学校、科研院所建设市场化运行的高水平实验设施、创新基地。积极培育新型研发机构等产业技术创新组织。对符合条件纳入国家重点实验室、国家技术创新中心的，给予优先支持。

（五）吸引培育一流创新人才。支持国家高新区面向全球招才引智。支持园区内骨干企业等与高等学校共建共管现代产业学院，培养高端人才。在国家高新区内企业工作的境外高端人才，经市级以上人民政府科技行政部门（外国人来华工作管理部门）批准，申请工作许可的年龄可放宽至 65 岁。国家高新区内企业邀请的外籍高层次管理和专业技术人才，可按规定申办多年多次的相应签证；在园区内企业工作的外国人才，可按规定申办 5 年以内的居留许可。对在国内重点高等学校获得本科以上学历的优秀留学生以及国际知名高校毕业的外国学生，在国家高新区从事创新创业活动的，提供办理居留许可便利。

（六）加强关键核心技术创新和成果转移转化。国家高新区要加大基础和应用研究投入，加强关键共性技术、前沿引领技术、现代工程技术、颠覆性技术联合攻关和产业化应用，推动技术创新、标准化、知识产权和产业化深度融合。支持国家高新区内相关单位承担国家和地方科技计划项目，支持重大创新成果在园区落地转化并实现产品化、产业化。支持在国家高新区内建设科技成果中试工程化服务平台，并探索风险分担机制。探索职务科技成果所有权改革。加强专业化技术转移机构和技术成果交易平台建设，培育科技咨询师、技术经纪人等专业人才。

三、进一步激发企业创新发展活力

（七）支持高新技术企业发展壮大。引导国家高新区内企业进一步加大研发投入，建立健全研发和知识产权管理体系，加强商标品牌建设，提升创新能力。建立健全政策协调联动机制，落实好研发费用加计扣除、高新技术企业所得税减免、小微企业普惠性税收减免等政策。持续扩大高新技术企业数量，培育一批具有国际竞争力的创新型企业。进一步发挥高新区的发展潜力，培育一批独角兽企业。

（八）积极培育科技型中小企业。支持科技人员携带科技成果在国家高新区内创新创业，通过众创、众包、众扶、众筹等途径，孵化和培育科技型创业团队和初创企业。扩大首购、订购等非招标方式的应用，加大对科技型中小企业重大创新技术、产品和服务采购力度。将科技型中小企业培育孵化情况列入国家高新区高质量发展评价指标体系。

（九）加强对科技创新创业的服务支持。强化科技资源开放和共享，鼓励园区内各类主体加强开放式创新，围绕优势专业领域建设专业化众创空间和科技企业孵化器。发展研究开发、技术转移、检验检测认证、创业孵化、知识产权、科技咨询等科技服务机构，提升专业化服务能力。继续支持国家高新区打造科技资源支撑型、高端人才引领型等创新创业特色载体，完善园区创新创业基础设施。

四、推进产业迈向中高端

（十）大力培育发展新兴产业。加强战略前沿领域部署，实施一批引领型重大项目和新技术应用示范工程，构建多元化应用场景，发展新技术、新产品、新业态、新模式。推动数字经济、平台经济、智能经济和分享经济持续壮大发展，引领新旧动能转换。引导企业广泛应用新技术、新工艺、新材料、新设备，推进互联网、大数据、人工智能同实体经济深度融合，促进产业向智能化、高端化、绿色化发展。探索实行包容审慎的新兴产业市场准入和行业监管模式。

（十一）做大做强特色主导产业。国家高新区要立足区域资源禀赋和本地基础条件，发挥比较优势，因地制宜、因园施策，聚焦特色主导产业，加强区域内创新资源配置和产业发展统筹，优先布局相关重大产业项目，推动形成集聚效应和品牌优势，做大做强特色主导产业，避免趋同化。发挥主导产业战略引领作用，带动关联产业协同发展，形成各具特色的产业生态。支持以领军企业为龙头，以产业链关键产品、创新链关键技术为核心，推动建立专利导航产业发展工作机制，集成大中小企业、研发和服务机构等，加强资源高效配置，培育若干世界级创新型产业集群。

五、加大开放创新力度

（十二）推动区域协同发展。支持国家高新区发挥区域创新的重要节点作用，更好服务于京津冀协同发展、长江经济带发展、粤港澳大湾区建设、长三角一体化发展、黄河流域生态保护和高质量发展等国家重大区域发展战略实施。鼓励东部国家高新区按照市场导向原则，加强与中西部国家高新区对口合作和交流。探索异地孵化、飞地经济、伙伴园区等多种合作机制。

（十三）打造区域创新增长极。鼓励以国家高新区为主体整合或托管区位相邻、产业互补的省级高新区或各类工业园区等，打造更多集中连片、协同互补、联合发展的创新共同体。支持符合条件的地区依托国家高新区按相关规定程序申请设立综合保税区。支持国家高新区跨区域配置创新要素，提升周边区域市场主体活力，深化区域经济和科技一体化发展。鼓励有条件的地方整合国家高新区资源，打造国家自主创新示范区，在更高层次探索创新驱动发展新路径。

（十四）融入全球创新体系。面向未来发展和国际市场竞争，在符合国际规则和通行惯例的前提下，支持国家高新区通过共建海外创新中心、海外创业基地和国际合作园区等方式，加强与国际创新产业高地联动发展，加快引进集聚国际高端创新资源，深度融合国际产业链、供应链、价值链。服务园区内企业“走出去”，参与国际标准和规则制定，拓展新兴市场。鼓励国家高新区开展多种形式的国际园区合作，支持国家高新区与“一带一路”沿线国家开展人才交流、技术交流和跨境协作。

六、营造高质量发展环境

（十五）深化管理体制机制改革。建立授权事项清单制度，赋予国家高新区相应的科技创新、产业促进、人才引进、市场准入、项目审批、财政金融等省级和市级经济管理权限。建立国家高新区与省级有关部门直通车制度。优化内部管理架构，实行扁平化管理，整合归并内设机构，实行大部门制，合理配置内设机构职能。鼓励有条件的国家高新区探索岗位管理制度，实行聘用制，并建立完善符合实际的分配激励和考核机制。支持国家高新区探索新型治理模式。

（十六）优化营商环境。进一步深化“放管服”改革，加快国家高新区投资项目审批改革，实行企业投资项目承诺制、容缺受理制，减少不必要的行政干预和审批备案事项。进一步深化商事制度改革，放宽市场准入，简化审批程序，加快推进企业简易注销登记改革。在国家高新区复制推广自由贸易试验区、国家自主创新示范区等相关改革试点政策，加强创新政策先行先试。

（十七）加强金融服务。鼓励商业银行在国家高新区设立科技支行。支持金融机构在国家高新区开展知识产权投融资服务，支持开展知识产权质押融资，开发完善知识产权保险，落实首台（套）重大技术装备保险等相关政策。大力发展市场化股权投资基金。引导创业投资、私募股权、并购基金等社会资本支持高成长企业发展。鼓励金融机构创新投贷联动模式，积极探索开展多样化的科技金融服务。创新国有资本创投管理机制，允许园区内符合条件的国有创投企业建立跟投机制。支持国家高新区内高成长企业利用科创板等多层次资本市场挂牌上市。支持符合条件的国家高新区开发建设主体上市融资。

（十八）优化土地资源配置。强化国家高新区建设用地开发利用强度、投资强度、人均用地指标整体控制，提高平均容积率，促进园区紧凑发展。符合条件的国家高新区可以申请扩大区域范围和面积。省级人民政府在安排土地利用年度计划时，应统筹考虑国家高新区用地需求，优先安排创新创业平台建设用地。鼓励支持国家高新区加快消化批而未供土地，处置闲置土地。鼓励地方人民政府在国家高新区推行支持新产业、新业态发展用地政策，依法依规利用集体经营性建设用地，建设创新创业等产业载体。

（十九）建设绿色生态园区。支持国家高新区创建国家生态工业示范园区，严格控制高污染、高耗能、高排放企业入驻。加大国家高新区绿色发展的指标权重。加快产城融合发展，鼓励各类社会主体在国家高新区投资建设信息化等基础设施，加强与市政建设接轨，完善科研、教育、医疗、文化等公共服务设施，推进安全、绿色、智慧科技园区建设。

七、加强分类指导和组织管理

（二十）加强组织领导。坚持党对国家高新区工作的统一领导。国务院科技行政部门要会同有关部门，做好国家高新区规划引导、布局优化和政策支持等相关工作。省级人民政府要将国家高新区作为实施创新驱动发展战略的重要载体，加强对省内国家高新区规划建设、产业发展和创新资源配置的统筹。所在地市级人民政府要切实承担国家高新区建设的主体责任，加强国家高新区领导班子配备和干部队伍建设，并给予国家高新区充分的财政、土地等政策保障。加强分类指导，坚持高质量发展标准，根据不同地区、不同阶段、不同发展基础和创新资源等情况，对符合条件、有优势、有特色的省级高新区加快“以升促建”。

（二十一）强化动态管理。制定国家高新区高质量发展评价指标体系，突出研发经费投入、成果转移转化、创新创业质量、科技型企业培育发展、经济运行效率、产业竞争能力、单位产出能耗等内容。加强国家高新区数据统计、运行监测和绩效评价。建立国家高新区动态管理机制，对评价考核结果好的国家高新区予以通报表扬，统筹各类资金、政策等加大支持力度；对评价考核结果较差的通过约谈、通报等方式予以警告；对整改不力的予以撤销，退出国家高新区序列。

中华人民共和国发明奖励条例[①]

（1978 年 12 月 28 日国务院发布　1984 年 4 月 25 日国务院修订
1993 年 6 月 28 日国务院第二次修订）

第一条　为了奖励发明，促进科学技术现代化，加速社会主义建设，特制订本条例。

第二条　本条例所说的发明是一种重大的科学技术新成就，它必须同时具备下列三个条件：

（1）前人所没有的；

（2）先进的；

（3）经过实践证明可以应用的。

第三条　中华人民共和国国家科学技术委员会（以下简称国家科委）统一领导全国发明奖励工作。国务院各部门和各省、自治区、直辖市科学技术委员会（以下简称省、自治区、直辖市科委）负责领导本部门、本地区发明的申报、审查工作。

第四条　发明者（集体或个人）申报发明应包括下列内容：

（1）发明的名称；

（2）发明的详细内容；

（3）发明者；

（4）列为发明的理由；

（5）完成发明的时间；

（6）申报日期；

① 《中华人民共和国发明奖励条例》，《中华人民共和国国务院公报》，1993 年 14 期。

（7）申报单位及审查意见。

第五条　发明的报批程序如下：

（1）发明者申报发明，按照隶属关系逐级上报。同时抄报省、自治区、直辖市科委和国务院主管部门。

（2）各省、自治区、直辖市厅、局对收到申报的发明应及时进行审查，并将符合本条例第二条规定的报所在省、自治区、直辖市科委及国务院主管部门。

（3）省、自治区、直辖市以下各级科学技术协会和各种学会均可向所在省、自治区、直辖市有关厅、局推荐发明项目；全国科学技术协会和各种学会可向国务院各主管部门推荐发明项目。

（4）各省、自治区、直辖市科委和国务院各主管部门对收到申报的发明应及时组织审查，并将符合本条例第二条规定的评定奖励等级，报国家科委。

（5）国家科委设发明评选委员会，负责评选发明项目，评定奖励等级，然后由国家科委核准授奖。

（6）国防专用发明的申报审批程序，由国防科学技术委员会、国防工业办公室（以下简称国防科委、国防工办）另行规定；国防专用的发明经国防科委或国防工办审查、评定奖励等级，批准后，报国家科委核准授奖。

第六条　发明奖分为一等奖、二等奖、三等奖、四等奖四个等级，分别授予证书、奖章和奖金。

发明奖的奖金数额，由国家科委会同财政部另行规定。

第七条　特别重大的发明列为特等奖，由国家科委报国务院批准，另行奖励。

第八条　集体发明（包括协作单位），所得奖金按照发明者贡献大小，合理分配。个人发明，所得奖金发给个人。

第九条　发明内容的公布和密级的划定，由国务院主管部门提出意见，报国家科委批准；国防专用发明内容的公布和密级的划定，由国防科委或国防工办批准。

第十条　由于对外贸易或其他原因，向国外提供列入保密范围的发明内容时，须经国家科委批准。

第十一条　旅居外国的华侨和外国人士都可向国家科委申报发明，经审查批准后，按本条例规定予以奖励。

第十二条　对发明项目如有争议，可向上级机关反映，上级机关应认真调查审理。

第十三条　各部门和各单位对群众的发明，应当给予鼓励，采取严肃认真和实事求是的科学态度，在贯彻执行奖励制度时，必须加强思想政治工作，提倡社会主义大协作精神，反对本位主义、个人主义、互不协作等不良倾向。对打击、压制发明和在发明上弄虚作假，剽窃他人劳动成果的行为，应当批评教育，加以纠正，情节恶劣者，应给以处分，直至依法惩办。

第十四条　本条例自发布之日起实行。

中华人民共和国自然科学奖励条例[①]

（1979 年 11 月 21 日国务院发布 1984 年 4 月 25 日国务院修订
1993 年 6 月 28 日国务院第二次修订）

第一条　为鼓励科学工作者的积极性和创造性，加速我国科学事业的发展，促进社会主义现代化建设，特制订本条例。

第二条　凡集体或个人的阐明自然的现象、特性或规律的科学研究成果，在科学技术的发展中有重大意义的，可授予自然科学奖。

第三条　自然科学奖分为一等奖、二等奖、三等奖、四等奖四个等级，分别授予证书、奖章和奖金。

自然科学奖的奖金数额，由国家科学技术委员会会同财政部另行规定。

第四条　凡属本条例第二条所规定的科学研究成果中有特别重大意义的，可给予特等奖。由国家科学技术委员会（以下简称国家科委）报国务院批准，另行奖励。

第五条　各研究机构、高等院校、全国性学术团体和由副研究员或相当于副研究员以上水平的科技工作者十人以上联名，均可推荐请奖项目。

第六条　请奖项目分别由中国科学院、教育部、中国科学技术协会、国家农业委员会、卫生部、国家经济委员会以及国防科学技术委员会、国务院国防工业办公室等单位归口组织初审，初审时应通过同行审议，进行评选，并对奖励等级提出建议。

---

① 《中华人民共和国自然科学奖励条例》,《中华人民共和国国务院公报》，1993 年 14 期。

第七条　国家科委统一领导自然科学奖励工作。

国家科委设立自然科学奖励委员会，负责评定奖励项目和奖励等级，然后由国家科委核准、授奖。

第八条　自然科学奖，属于个人得的，荣誉证书、奖章和奖金，授予个人；属于集体得的，荣誉证书授予集体，奖章授予集体和对该项科学研究工作贡献最大的人员，奖金根据参加该项科学研究工作人员的贡献大小合理分配。

第九条　凡旅居国外的华侨和外国人士从事自然科学研究，获得优异成果，对中华人民共和国科学技术事业发展有重大贡献的，也可以按照本条例的规定，授予自然科学奖。

第十条　推荐和评定请奖项目，应当实事求是，严肃认真。对营私舞弊、弄虚作假的，应当根据情节轻重，严肃处理。

第十一条　本条例自发布之日起实行。过去发布的有关自然科学奖励的条例或规定，凡与本条例有抵触的，以本条例为准。

国务院关于科技人员合理流动的若干规定[①]

（1983年7月13日国务院发布）

当前，我国科技队伍的分布和结构很不合理，一些部门和单位科技人员严重不足，而另一些部门和单位却存在科技人员积压或用非所学、用非所长的现象。为了确保国家重点建设项目和重大科技攻关任务的完成，振兴经济，实现四个现代化，必须对现有科技人员作适当调整，改善对科技人员的管理和使用。要有计划、有步骤地促进科技人员按照合理的方向流动，即从城市到农村；从大城市到中小城市；从内地到边远地区；从科技人员富余的部门和单位，到科技力量薄弱而又急需加强的部门和单位。要打破部门、地区界限，合理调配和使用全国科技力量，有计划地从一些重工业和国防工业部门中抽调一部分科技人员，加强能源、交通、轻工、农业等科技力量薄弱的部门；从高等院校和科研部门中抽调一部分富余的科技人员，充实中等教育和职业教育的师资，支援新建院校和生产建设单位。为此，特作如下规定：

（一）为了确保国家重点建设项目，国务院各主管部门和省、市、自治区应统一筹划，精心选好各个重点项目的技术负责人（总工程师）。科技骨干班子的人选，可由技术负责人提名，经上级审查确定。所需要的科技人员，首先应从本部门、本系统中解决。某些科技骨干在本部门、本系统解决不了，需要跨部门、跨系统调配的，可报国务院科技领导小组统一协调安排。负责分配大学、中专

① 《关于颁发〈国务院关于科技人员合理流动的若干规定〉的通知》，吉林政报，1983年16期。

毕业生的主管部门，应在计划安排上优先保证国家重点建设项目的需要。

有抽调科技人员任务的单位必须顾全大局，支持被抽调的科技人员按期到达工作岗位。各级组织要加强思想政治工作，教育科技人员服从组织调动，艰苦创业，为四化建设多作贡献。为了鼓励科技人员到艰苦地区积极承担国家重点建设任务，由劳动人事部会同有关部门根据实际情况制定具体办法。

（二）国务院各部门和省、市、自治区，应根据国民经济建设和科学技术发展的需要，有计划地加强企业技术改造、科技攻关和充实薄弱环节的科技力量，制定本部门、本地区科技队伍的调整方案并组织实施。科技骨干过于集中的单位，可以有计划地调进一批大学、中专毕业后参加工作不久的科技人员，同时调出一部分科技骨干，逐步改善科技队伍的分布和结构不合理的状况。

国务院各部门在保证完成国家计划任务的前提下，应积极组织科技力量支援地方建设。各省、市、自治区经与国务院有关部门协商，可以从国务院有关部门主管的企、事业单位中，抽调部分相对富余的科技人员参加地方建设，国务院有关部门应予支持。

（三）中小城市和科技力量薄弱的单位或地区补充科技人员，除由上级有关部门按计划调配外，还可以通过组织到大城市和科技人员相对富余的部门和地区招聘。应聘人员的待遇，属地方财政开支的部分，由省、自治区自行规定。

（四）从城市到农村、从内地到边远地区工作的科技人员，可保留本人及其家属原在城镇的户口。由国家统一分配到农村工作的大专毕业生，其本人户口可落在管理其工作单位户籍的城镇。对于在农村生产第一线（指县以下农村，不含县）工作的科技人员，应根据当地的具体情况，采取适当措施，逐步改善他们的福利待遇。为了鼓励科技人员长期坚持在农村生产第一线工作，可以按照工作年限，实行津贴或补助。

（五）国务院有关部门和省、市、自治区对支援农村和边远地区的科技人员，可以定期轮换，编制可保留在原单位，其在农村和边远地区的工作期限、条件和待遇，由支援单位和受援单位共同商定。

（六）边远省、自治区对去那里工作的科技人员应规定适当的优惠待遇，鼓励他们长期留下为建设边疆多作贡献。对已经由内地去边远地区工作的科技人员，到一定年限或到一定年龄，可以调回内地工作或回内地落户。对今后从内地到边远地区工作的科技人员，家庭在内地分配到边远地区工作的大学、中专毕业生，可分别规定一定的工作年限，到期可以调回内地工作。

（七）集体所有制的单位从有关部门和地区招聘科技人员，必须经过有关部门和地区主管部门批准。经组织批准从全民所有制单位到集体所有制单位工作的科技人员，仍属国家工作人员，享受国家规定的有关待遇。

（八）对用非所学、用非所长或在本单位不能发挥作用的科技人员，应按照合理的流向，由所在单位或上级主管部门调整；允许本人按有关规定应聘，到可以发挥他们专长的单位去工作，所在单位应予支持。

（九）科研、设计单位和高等院校，应按照人员结构合理的原则，实行定编、定员，逐步确定各类人员限额和职称的比例。对超过限额和比例的，要根据工作需要和本人的专长向外输送，或组织他们从事其他工作。

（十）实行科技人员的退（离）休制度。科技人员退（离）休后，仍应注意发挥他们的专长；在工作需要和身体许可的条件下，可以应聘从事科研、教学、技术和咨询服务等工作；有影响的著名科学家和技术专家，经过一定机关的批准，可以担任名誉职务。

（十一）国务院各部门和省、市、自治区所属的科研、设计单位和高等院校，经上级批准，对科技人员及其他职工可进行聘用制试点。试点单位按照合理流向有招聘和解聘的权力，科技人员及其他职工有应聘和辞职的权利。对于原先是国家工作人员被解聘而又一时没有工作的，要帮助他们调往其他单位工作，或组织他们从事各种服务工作和进修学习。对经过一定期限仍未被其他单位聘用，或本人不服从组织调配者，应按一定比例减发其工资，并加强教育。

（十二）对大学、中专毕业生原则上应首先分配到基层，充实生产、科研、教学第一线，并实行见习试用期制度。他们必须服从国家统一分配，除根据工作需要或用非所学应及时调整外，在国家分配的岗位试用合格后，工作满三年方可允许合理流动。

（十三）本规定在试行中应不断总结经验，逐步完善。各有关部门和省、市、自治区应根据本规定制定具体实施办法。对在三线工作的科技人员的合理流动问题，另作规定。

（十四）本规定自发布之日起施行。

中华人民共和国科学技术进步奖励条例[①]

（1984年9月12日国务院发布）

第一条　为奖励在推动科学技术进步中做出重要贡献的集体和个人，充分发挥广大科学技术人员的积极性创造性，以加速社会主义现代化建设，特制定本条例。

第二条　本条例奖励的范围包括：应用于社会主义现代化建设的新的科学技术成果，推广、采用已有的先进科学技术成果，科学技术管理以及标准、计量、科学技术情报工作等。

第三条　科学技术进步奖，按其所奖项目的科学技术水平、经济效益、社会效益和对科学技术进步的作用大小，分为国家级和省（部委）级。

第四条　具备以下条件之一的，可以申请国家级科学技术进步奖：

（一）应用于社会主义现代化建设的新的科学技术成果（包括新产品、新技术、新工艺、新材料、新设计和生物新品种等），属于：

（1）国内首创的；

（2）本行业先进的；

（3）经过实践证明具有重大经济效益或社会效益的。

（二）在推广、转让、应用已有的科学技术成果工作中，做出创造性贡献并取得重大经济效益或社会效益的。

（三）在重大工程建设、重大设备研制和企业技术改造中，采

① 《中华人民共和国科学技术进步奖励条例》，《中华人民共和国国务院公报》，1984年22期。

用新技术，做出创造性贡献并取得重大经济效益或社会效益的。

（四）在科学技术管理和标准、计量、科学技术情报等工作中，做出创造性贡献并取得特别显著效果的。

第五条　国家级科学技术进步奖分为下列三等：

奖励等级	荣誉奖	奖金
一等奖	国家级科学技术进步奖证书、奖章	一万五千元
二等奖	国家级科学技术进步奖证书、奖章	一万元
三等奖	国家级科学技术进步奖证书、奖章	五千元

第六条　对社会主义现代化建设有特殊贡献的科学技术进步项目，经国务院批准可以授予特等奖，其奖金数额高于一等奖。

第七条　设立国家科学技术进步奖评审委员会，负责国家级科学技术进步奖的评审、批准和授予工作。评审委员会的办事机构设在国家科学技术委员会，负责办理日常工作。

第八条　国家级科学技术进步奖的审批程序如下：

（一）一个单位完成的科学技术进步项目，按照隶属关系逐级上报，由省、自治区、直辖市科学技术委员会或国务院主管部门或行业归口部门进行初审，合格的，报国家科学技术进步奖评审委员会。

几个单位共同完成的科学技术进步项目，由主持单位组织联合上报，如其中某个单项符合本条例第四条规定的，也可单独上报，其审批程序同前款。

（二）全国性学术团体可向国务院主管部门或行业归口部门推荐科学技术进步项目，经有关部门初审，合格的，报国家科学技术进步奖评审委员会。

（三）国防专用的国家级科学技术进步奖的申请项目，由国防科学技术工业委员会和中国人民解放军总后勤部分别负责审查批准，报国家科学技术进步奖评审委员会核准授奖。

第九条　经批准的国家级科学技术进步奖的项目，在授奖前应予公布。自公布之日起三个月内，如有异议，由有关初审单位提出处理意见，报国家科学技术进步奖评审委员会裁决；无异议的，即行授奖。

第十条　省（部委）级科学技术进步奖的奖励条件、奖励等级、奖金数额、评审组织和审批程序，由省、自治区、直辖市人民政府或国务院有关部门另行制定。其奖金来源，属于省、自治区、直辖市批准授予的，由地方财政经费中支付，属于国务院各部门批准授予的，由其集中的留用利润或事业费中支付。

第十一条　科学技术进步奖获得者的事迹，应记入本人档案，并作为考核、晋升、评定职称的重要依据之一。

第十二条　获奖项目的奖金不得重复发放。如获奖项目经过上一级评审委员会评定提高了奖励等级，其奖金只补发给差额部分。

科学技术进步奖的奖金，按照贡献大小，合理分配。贡献大的，应当给予重奖，不得搞平均主义。

第十三条　获奖的科学技术进步项目，如发现有弄虚作假或剽窃他人成果者，经查明属实，应撤销其奖励，退回奖金，并按情节轻重给予批评或处分。

第十四条　本条例由国家科学技术委员会负责解释，并会同有关部门制订实施细则。

第十五条　本条例自发布之日起施行。

国务院关于技术转让的暂行规定[①]

（1985 年 1 月 10 日国务院发布）

为了进一步调动广大职工，特别是科学技术人员的积极性、主警性、创造性，使科学技术研究成果、专门知识迅速地应用于物质生产，有效地贯彻经济建设依靠科学技术、科学技术面向经济建设的方针，现对技术转让作如下规定：

一、技术商品和技术市场

在社会主义商品经济条件下，技术也是商品，单位、个人都可以不受地区、部门、经济形式的限制转让技术。国家决定广泛开放技术市场，繁荣技术贸易，以促进生产发展。

一切有助于开发新型产品、提高产品质量、降低产品成本、改善经营管理、提高经济效益等的技术，出让方同受让方都可以按照自愿互利、协商一致的原则进行转让。违反国家法律和政策规定的技术，不得转让。涉及国家安全或重大经济利益需要保密的技术，其转让应当按照国家有关规定办理。

二、技术转让费

技术转让费即技术商品的价格，实行市场调节，由双方协商议定。可以一次总算，可以按照该项技术实施后新增销售额或利润的一定比例提成，也可以按照双方商定的其他方法计算。

---

① 《国务院关于技术转让的暂行规定》，《中华人民共和国国务院公报》，1985 年 03 期。

经技术转让有关各方协商议定，促成技术商品交易的中介人（包括单位、个人）可以取得合理的报酬。

三、技术转让合同

技术转让，双方应当签订技术转让合同，遵守《中华人民共和国经济合同法》和其他法律的有关规定。

下列事项，双方应当在合同中加以明确：

（一）是否要求互相告知该项技术后续改进的详细内容；

（二）是否允许将该项技术转让给第三方；

（三）转让技术的验收标准、验收方式；

（四）是否要求预付入门费。

四、技术转让的权益

执行国家或上级计划研究、开发的技术，除按照计划规定推广应用外，完成单位还可以按照本规定进行转让，其转让收入归单位；对直接从事研究、开发该项技术的人员给予奖励。

根据本单位计划研究、开发的技术，其转让收入归单位；对直接从事研究、开发该项技术的人员给予奖励，对根据市场需求主动提出研究、开发项目建议并积极促其完成的有功人员，应当给予较为优厚的奖励。

对技术转让中帮助受让方切实掌握该项转让技术的有功人员，应当比照直接从事研究、开发该项技术的人员给予奖励。

职工在做好本职工作、不侵犯本单位技术权益的前提下自行研究、开发的技术，其转让收入归职工本人或课题组；使用了本单位器材、设备的，应当按照事先同本单位达成的协议，支付使用费。

接受其他单位委托研究、开发的技术，其权益应当按照委托合同和本规定处理。

五、技术转让费的支付

全民所有制企业单位和集体所有制单位支付的技术转让费，一次总算的，在管理费中列支，数额较大时，可以分期摊销；按照新增销售额或利润提成的，在实施该项技术后的新增利润中税前列支。全民所有制事业单位，在事业费包干结余或预算外收入中列支；没有事业费包干结余和预算外收入的，在事业费中列支。

六、技术转让的税收

全民所有制企业单位和集体所有制单位的技术转让年净收入总计没有超过十万元的，免征所得税，全部留给单位；超过十万元的，其超过部分依法征收所得税。大专院校、科研单位和其他全民所有制事业单位的技术转让收入，三年内免征所得税，全部留给单位，用于发展科研事业。个人的技术转让收入，依法征收个人所得税。

七、技术转让收入的使用

单位留用的技术转让收入的使用，由单位自行确定，上级领导机关或其他有关部门不得抽调和限制。

转让技术的单位应当从留用的技术转让净收入中，提取百分之五至十作为第四条规定的奖励费用，由课题负责人主持分配，本单位或其他有关部门不要干预。此项费用不计入本单位的奖金总额。

关于实行专业技术职务聘任制度的规定（节选）[①]

（1986 年 2 月 18 日国务院发布）

一、专业技术职务聘任制度的基本内容

专业技术职务是根据实际工作需要设置的有明确职责、任职条件和任期，并需要具备专门的业务知识和技术水平才能担负的工作岗位，不同于一次获得后而终身拥有的学位、学衔等各种学术、技术称号。

建立专业技术职务聘任制度，应当根据实际需要设置专业技术工作岗位，规定明确的职责和任职条件；在定编定员的基础上，确定高、中、初级专业技术职务的合理结构比例；由行政领导在经过评审委员会评定的、符合相应条件的专业技术人员中聘任；有一定的任期，在任职期间领取专业技术职务工资。

二、专业技术职务的设置

1. 专业技术职务系列由国务院有关部门根据需要提出，经中央职称改革领导小组审核后报国务院批准。国务院委托专业技术职务系列的主管部门制订有关条例及实施意见，其内容应包括职务的名称、档次（或等级）、适用范围、高中初级专业技术职务的合理结构比例、岗位职责、任职条件、任期、评审和聘任办法、审批权限等，报送中央职称改革领导小组批准试行，经过一段实践，总结经验，进一步修改后，报国务院正式发布。

① 《国务院关于发布〈关于实行专业技术职务聘任制度的规定〉的通知》，《山西省人民政府公报》，1986 年 05 期。

2．各单位根据专业技术工作的实际需要，提出本单位选用专业技术职务系列和职务设置的意见，属于国务院各部门直属事业单位的，由各部门核准；属于地方的，由地方职称改革领导小组核准。

3．直接从事专业技术管理工作的部门设置专业技术职务问题，由中央职称改革领导小组另行规定，报国务院批准。

三、任职基本条件

1．热爱祖国，遵守宪法和法律，积极为我国四化建设贡献自己的力量。

2．具备履行相应职责的实际工作能力和业务知识。

3．担任高级、中级、初级专业技术职务一般应相应具备大学本科、大专、中专毕业的学历。各专业技术职务系列可以根据各自的特点，提出各级职务的不同学历要求。

对虽然不具备上述规定学历，但确有真才实学、成绩显著、贡献突出、符合任职条件的专业技术人员，也可根据需要聘任相应的专业技术职务。

4．身体健康，能坚持正常工作。

四、各级专业技术职务结构比例及工资额的确定

1．专业技术职务设高、中、初三级，也可以只设中、初两级或只设初级。

专业技术职务的数量在国家规定的编制范围内有一定的限额，不同类别的单位和专业技术职务在不同档次之间应各有合理的结构比例。

2．国务院各部门和各省、自治区、直辖市应在国家批准的编

制和各专业技术职务系列主管部委规定的限额比例内，确定本部门、本地区所属事业单位各类专业技术职务的结构比例。

国务院各部门和各省、自治区、直辖市人民政府各工作部门，在劳动人事部会同国家科委提出并经国务院批准的国家机关专业技术职务的总结构比例内，提出本机关内各级专业技术职务的结构比例。属于国务院各部门的，报劳动人事部核定并报国家科委备案，属于省、自治区、直辖市人民政府工作部门的，报同级劳动人事部门核定并报同级科委备案。省、自治区、直辖市人民政府工作部门的高级职务的比例限额应低于国务院各部门高级职务的限额。

3．专业技术职务各档次（或等级）对应的职务工资标准，报劳动人事部核准。

国家机关和事业单位实行专业技术职务聘任制所需的增资额，均应在劳动人事部规定的增资指标内核定，未经批准不得突破。

五、专业技术职务评审委员会

评审委员会是负责评议、审定专业技术人员是否符合相应专业技术职务任职条件的组织。评审委员会应以民主程序进行工作。

各部门和地方可根据实际需要分别建立高级、中级、初级职务评审委员会。评审委员会应由具有较高的专业技术水平或担任较高专业技术职务、作风正派、办事公道的专业技术人员组成，其中中、青年应占一定比例。评审委员会可以是常设的，也可以在需要时临时组成。评审委员会的人选由本单位专业技术人员酝酿推荐，单位专业技术负责人提名，经单位领导批准。中级职务评审委员会人选，还须报上一级主管部门批准。高级职务评审委员会一般应由国务院各部门和各省、自治区、直辖市组建，国务院各部门和各省、自治区、直辖市也可授权确实具备评审条件的下属单位直接组建，报部门或省、自治区、直辖市批准。本单位专业技术力量薄弱，不能成立评审委员会的，可以由上一级组织的评审委员会或聘请外单位专家与本单位专家共同组成的评审委员会承担评审任务。

六、聘任和任命

1. 事业单位的专业技术职务一般实行聘任制。事业单位的各级专业技术职务，由行政领导在经过评审委员会评定的符合相应任职条件的专业技术人员中聘任。行政领导应向被聘任的专业技术人员颁发聘书，双方签订聘约。

2. 三线、边远地区和不具备聘任条件的事业单位可以实行任命制，但应创造条件逐步实行聘任制。各级国家机关的专业技术职务实行任命制。实行任命制的部门和单位应按干部管理权限，由行政领导向被任命的专业技术人员颁发任命书。实行任命制的部门和单位和各级专业技术人员也须经过评审委员会评审，符合相应任职条件。

3. 专业技术职务的聘任或任命都不是终身的，应有一定的任期，每一任期一般不超过五年。如工作需要，可以连聘连任。

4. 聘任或任命单位对受聘或被任命的专业技术人员的业务水平、工作态度和成绩，应进行定期或不定期的考核。考核成绩记入考绩档案，作为提职、调薪、奖惩和能否续聘或任命的依据。

七、行政人员与专业技术人员相互兼任职务的问题

1. 行政领导一般不兼任专业技术职务。确需兼任的，必须经评审委员会确认符合相应职务任职条件，并按规定的手续聘任。兼

职人员应履行相应的职责。

2. 专业技术人员兼任行政领导职务的，任职期间的工资待遇，在专业技术职务工资和行政职务工资中，按较高的职务工资标准执行。

八、已获得职称人员的安排

对于过去已获得职称的人员，原则上应承认他们具备担任相应专业技术职务的条件。在专业技术岗位上的合格人员，要给予妥善安排，根据需要聘任他们担任相应的专业技术职务，其中水平偏低的，应帮助其尽快提高水平；完全不合格的，不能承认其具备担任相应专业技术职务的条件；对个别弄虚作假骗取职称的，应严肃处理。

一九八三年九月一日前，经过职称评定组织评定了相应职称，并已上报到有关部门“待批”或“待授”的人员，在这次专业技术职务聘任工作中，也按上述规定对待。

九、待聘人员的安排和待遇

1. 实行聘任制后，对暂时未被聘任的专业技术人员，原单位要继续关心他们，并区别情况，妥善安排。要鼓励他们到更需要或更能发挥他们专长的单位去工作。待聘人员应积极应聘到其它单位工作，原单位科技干部管理部门要积极帮助联系，提供应聘方便。待聘人员在尚未应聘到其他单位工作以前，应做好原单位所安排的临时性工作。

2. 长期未受聘用的专业技术人员的工资待遇，原则上应低于受聘专业技术人员的工资待遇，以促进人才流动，具体办法由劳动人事部门另行规定。

十、“待聘高级职务”的设置

在少数人才密集的部门或单位，为解决历史遗留问题，鼓励人才合理流动，凡确实符合相应高级职务任职条件的中年专业技术骨干，由于限额已满，未受聘任的，可有控制地确定“待聘高级职务”，领取相应的职务工资，同时鼓励他们到其它单位任职。设置“待聘高级职务”，一定要严格保证质量，绝不能降低标准，更不能滥竽充数。拟设“待聘高级职务”的单位和数额，经国务院有关部门或各省、自治区、直辖市核定后，报中央职称改革领导小组批准。宣布聘任结果时，应同时宣布确定的“待聘高级职务”人员名单。确定“待聘高级职务”的人员都应根据国家需要提出志愿去向，由单位帮助联系；到外地的，户口、家属可以不迁。

十一、离休、退休问题

1. 在实行专业技术职务聘任制的同时，应坚决执行国务院有关离休、退休的规定；

2. 在这次专业技术职务聘任工作中，达到规定离休、退休年龄的专业技术人员，凡符合专业技术职务聘任条件的，可在确定相应专业技术职务后，办理离休、退休手续。

（下略）

国务院关于扩大科学技术研究机构自主权的暂行规定[①]

（1986 年 4 月 19 日国务院发布）

为了增强科学技术研究机构（以下称研究所）的活力，成为自主的科学技术研究开发实体，现作如下规定：

一、任务

研究所在保证完成国家任务的前提下，根据社会、经济和科学技术发展的需要，从各自的特点和条件出发，有权面向社会承接各种科学技术任务，并根据自愿互利的原则，同企业、设计单位和高等学校等建立各种协作关系和各种形式的联合，上级部门应当给予鼓励和扶持，不要限制。研究所可以与其他单位就技术开发、技术转让和利用技术为社会服务订立合同，获得合法收入。

二、行政领导体制

研究所实行所长负责制。所长主持研究所的业务和行政工作，副所长协助所长工作。所长由上级部门任免，副所长由所长提名，按规定程序报上级部门批准任免。所长、副所长均实行任期制，可以连任。所长可以任免本单位中层行政干部。专业技术职务的聘任或任命，应当按照国家有关规定执行。

研究所应当健全管理制度，加强民主管理。可以建立所务委员

① 《国务院关于扩大科学技术研究机构自主权的暂行规定》，《中华人民共和国国务院公报》，1986 年 14 期。

会，学术、技术委员会和职工代表大会等民主管理的组织，充分尊重和发挥科技人员和其他职工在审议研究所重大决策、监督包括所长在内的各级领导和维护职工合法权益等方面的作用。

三、人事管理

凡由国家拨给事业费的研究所，有权在国家核定的编制范围内，按照人员配备的合理结构和国家的有关规定，自行调入、调出和安排使用各类人员。实现事业费完全自给的研究所，在遵循国家人事管理制度的前提下，可以根据工作需要自主聘用各类人员。

对于分配到研究所的人员，研究所应当进行考察和试用，对于不适合本单位工作的人员，有权拒绝接受，或在试用期满前退回原分配单位另行安排。

在研究所内应当扩大课题组长的职权，课题组长可以根据任务需要选配课题组成员。

四、经费和税收

研究所对从不同渠道取得的经费，按照国家的有关规定，自主安排使用。

实现事业费完全自给的研究所，其税后纯收入全部留给本单位，用以建立发展基金、福利基金和奖励基金，其中发展基金不得少于 50%。

正在向事业费自给过渡的研究所，实行差额拨款，其纯收入分别用于冲抵事业费拨款，提取发展基金、福利基金和奖励基金，其中福利、奖励部分一般应当低于实现事业费完全自给的研究所。

实行事业费包干的研究所，在完成国家或上级规定的任务外，取得的合理收入，按照《国务院关于科学技术拨款管理的暂行规定》（国发〔1986〕12号文件）的有关规定办理。

从事多种类型研究工作的研究所，对内部各类科研人员的奖金分配，应当统筹兼顾，以利于各类研究工作的稳定。

为了扶持科学技术的发展，对研究所的技术性收入，暂免征所得税；对新产品和中试产品，按有关规定减税或免税。

五、资产处理

实现事业费完全自给的研究所，应当比照企业建立固定资产折旧制度，并有权按照国家有关规定处理除国家投资的大型、精密仪器设备以外的多余设备物资。正在向事业费自给过渡的研究所，应当视事业费自给程度逐步试行。

研究所应当努力提高大型、精密仪器设备的使用率，开展对外服务或租赁业务，所得收入的大部分应当用于本单位固定资产的更新。

对研究所内科研基地建设项目和大型、精密仪器设备，由国家择优支持。

六、科技外事和外汇

对科技改革工作搞得比较好，并有一定对外条件的研究所，如工作需要，经省、自治区、直辖市人民政府或国务院主管部门批准，可以直接对外进行科学技术合作和交流，所需外汇由上级部门核拨或补助。

研究所按照国家规定留成的创汇收入，可以以研究所的名义在银行开立帐户，并有权对上述留成外汇和自筹外汇按国家规定自行安排使用。

七、其他

本规定适用于独立的全民所有制研究所，其他类型的研究所可以参照执行。

省、自治区、直辖市人民政府和国务院有关部门可以根据本规定，结合本地区、本部门的实际情况制定实施办法。

本规定由国家科委解释。

国务院关于进一步推进科技体制改革的若干规定[①]

（1987年1月20日国务院发布）

中央作出科技体制改革决定的一年多来，为贯彻经济建设必须依靠科学技术、科学技术工作必须面向经济建设的战略方针，在改革科技拨款管理办法，开拓技术市场，扩大科研机构自主权，推动科研与生产联合，强化企业的技术吸收和开发能力，改革专业技术干部管理制度等方面采取了一系列措施，得到了整个社会与广大科技人员的理解和拥护，已取得初步成效。

但是，应当看到，科技与生产相脱节的状况并未从根本上扭转。科技系统的组织结构基本未动，封闭的体系依然存在；主要科研机构仍旧是行政机构的附属物，没有与国民经济形成休戚相关的依存关系；人才仍大量积压在国务院部门的主要科研机构和高等学校，而轻纺、商业、地方和农村科技力量非常缺乏；由于缺少推动科研机构与企业结合的有力措施及政策，有相当一部分科研机构还在走自我完善的道路，很少能与企业紧密结合，厂办科研机构力图脱离企业的趋势还在继续发展，特别是部门改组，企业下放后，各部门有进一步对科研机构加强控制的趋势。

随着经济体制改革的深入和国家行政管理体制改革的逐步展开，一九八七年科技体制改革必须在继续执行国务院已公布的各项改革措施的同时，迈出新的一步，以适应形势发展的需要。为此，特作如下规定：

---

① 《国务院关于进一步推进科技体制改革的若干规定》，《中华人民共和国国务院公报》，1987年02期。

一

进一步放活科研机构，促进多层次、多形式的科研生产横向联合，推动科技与经济的紧密结合。

（一）国务院各部门都要实行政研职责分开，简政放权，把科研机构逐步下放到企业、企业集团、行业和中心城市。国家对科研机构的管理应由直接控制为主转变为间接管理，进行方针指导和协调服务。

（二）以技术开发工作为主的大多数科研机构，特别是从事产品开发的科研机构，都应逐步进入企业、企业集团或与其实行紧密联合，研究开发经费应逐步依靠企业或企业集团从销售总额中提取。

（三）其它技术开发科研机构可采取多种形式面向经济建设。少量对行业发展影响较大的可以成为行业技术开发中心；有的可以面向中小、乡镇企业群体，成为其技术开发部门或区域技术开发和服务中心；有的可与设计、工程单位联合，组成成套技术工程承包公司；还有的可以吸收企业，发展成科研先导型企业集团或科研生产型企业等。这类机构的研究开发经费应主要依靠为企业、社会服务的收入。

（四）科研机构要实行精简缩编。在近几年内，一般不再新增机构、扩大编制，对现有科技人员要进行调整，有进有出，新老交替，以形成一支精干的科技队伍。

（五）适当加快科研事业费的削减速度。科研机构的奖励基金提取比例和发放奖金免税限额与科研事业费减拨幅度挂钩；工资改革后自费增资部分可从经济收入中列支。企业要采取鼓励措施，稳定和发展科技队伍，吸引科技人员流向企业。

（六）全面实行所长负责制。科研机构的业务与行政管理工作由所长全权负责。凡改革成效显著，取得较好的经济效益或社会效益而做到事业费自立的科研机构，其所长及副所长的个人收入可以高于职工平均收入的二至三倍。

（七）逐步实行科研机构所有权与经营管理权的分离，是深化科研机构改革，增强科研机构面向经济活力的一项重要方针。人员、固定资产规模较小的技术开发科研机构可积极试行租赁、承包管理。对经营不好、效益很差的技术开发科研机构，也可进行租赁、承包管理试点。综合性大院大所应在改革中积极探索新的经营管理模式，包括划分成若干独立核算单位，或面向不同的行业、企业，或进入企业、企业集团，或由集体、个人承包等。要保证承租人、承包人在遵守国家有关规定前提下，拥有充分的经营管理自主权，保护他们按照合同规定取得的合法利益。

二

进一步改革科技人员管理制度，放宽放活对科技人员的政策，为充分发挥科技人员作用创造良好的社会环境。

各有关单位要有计划地组织科技人员，或支持和鼓励部分科技人员以调离、停薪留职、辞职等方式，走出科研机构、高等学校、政府机构，到城镇和农村承包、承租全民所有制中小企业，承包或领办集体乡镇企业，兴办经营各种所有制形式的技术开发、技术服务、技术贸易机构，创办各类中小型合资企业、股份公司等，允许他们在为社会创造财富的同时取得合法收入，技术入股者按股分红，要让那些能带领人民致富的科技人员自己也富裕起来。各级政府和有关部门应在工资、福利、技术职务、户籍、组织关系等方面实行宽松政策，并在信贷、风险投资、股份集资、税收等方面予以扶植和支持。

放活科技人员，将加速技术成果商品化，促进新兴技术、新兴产业的兴起，并将为发展社会主义商品经济和科学技术事业造就一批新型企业家、事业家。

国务院各有关部门和各地区可根据本规定，从科技、经济与社会发展的需要出发，结合实际情况，制订实施细则，坚定而有步骤地推动科技体制改革工作的深入发展。

国家高新技术产业开发区高新技术企业认定条件和办法①

（1991 年 3 月 6 日国务院批准 国家科委发布）

第一条　为实施国务院批准的国家高新技术产业开发区有关政策规定，推动我国高新技术产业的发展，制定本办法。

第二条　国家高新技术产业开发区（以下简称开发区）内的高新技术企业，按照本办法认定。

第三条　省、自治区、直辖市、计划单列市科学技术委员会（以下简称省、市科委）是省、自治区、直辖市、计划单列市人民政府管理开发区内高新技术企业认定工作的主管机关，负责监督本办法的实施。开发区办公室在人民政府领导和省、市科委指导监督下，具体办理高新技术企业的审批认定事宜。

第四条　根据世界科学技术发展现状，划定高新技术范围如下：

（一）微电子科学和电子信息技术

（二）空间科学和航空航天技术

（三）光电子科学和光机电一体化技术

（四）生命科学和生物工程技术

（五）材料科学和新材料技术

（六）能源科学和新能源、高效节能技术

（七）生态科学和环境保护技术

（八）地球科学和海洋工程技术

---

①《关于印发〈国家高新技术产业开发区高新技术企业认定条件和办法〉的通知》，《中华人民共和国国务院公报》，2001 年 11 期。

（九）基本物质科学和辐射技术

（十）医药科学和生物医学工程

（十一）其它在传统产业基础上应用的新工艺、新技术。

本高新技术范围将根据国内外高新技术的不断发展而进行补充和修订，由国家科委发布。

第五条　高新技术企业是知识密集、技术密集的经济实体。开发区内的高新技术企业，必须具备下列各项条件：

（一）从事本办法第四条规定范围内一种或多种高技术及其产品的研究、开发、生产和经营业务。单纯的商业经营除外。

（二）实行独立核算、自主经营、自负盈亏。

（三）企业的负责人是熟悉本企业产品研究、开发、生产和经营的科技人员，并且是本企业的专职人员。

（四）具有大专以上学历的科技人员占企业职工总数的 30%以上；从事高新技术产品研究、开发的科技人员应占企业职工总数的 10%以上。

从事高新技术产品生产或服务的劳动密集型高新技术企业，具有大专以上学历的科技人员占企业职工总数的 20%以上。

（五）有十万元以上资金，并有与其业务规模相适应的经营场所和设施。

（六）用于高新技术及其产品研究、开发的经费应占本企业每年总收入的 3%以上。

（七）高新技术企业的总收入，一般由技术性收入、高新技术产品产值、一般技术产品产值和技术性相关贸易组成。高新技术企业的技术性收入与高新技术产品产值的总和应占本企业当年总收入的 50%以上。

技术性收入是指由高新技术企业进行的技术咨询、技术转让、技术入股、技术服务、技术培训、技术工程设计和承包、技术出口、引进技术消化吸收以及中试产品的收入。

（八）有明确的企业章程和严格的技术、财务管理制度。

（九）企业的经营期在十年以上。

第六条　兴办高新技术企业，须向开发区办公室提出申请，经开发区办公室核定后，由省、市科委批准并发给高新技术企业证书。

第七条　开发区办公室应定期按本办法第五条规定的条件，对高新技术企业进行考核。不符合上述条件的高新技术企业，不得享受国家高新技术产业开发区的各项政策规定。

第八条　列为高新技术产品的期限一般为五年以内，技术周期较长的高新技术产品经批准可延长至七年。

第九条　高新技术企业变更经营范围、合并、分立、转业、迁移或歇业的，须经开发区办公室审批，并向工商、税务等部门办理相应的登记。

第十条　开发区内，按国家规定全部核减行政事业费实行经济自立的全民所有制科研单位，符合本办法第五条规定条件的，经开发区办公室核定，可转成高新技术企业。

第十一条　本办法替代原由国家科委颁布的《关于高技术、新技术企业认定条件和标准的暂行规定》。

第十二条　各省、市科委应就本办法制定实施细则。原有实施细则凡与本办法不符的，应依据本办法修正。

第十三条　本办法由国家科学技术委员会负责解释和修改。

第十四条　本办法自国务院批准之日起实施。

国家高新技术产业开发区若干政策的暂行规定[①]

（1991 年 3 月 6 日国务院发布）

第一条　为进一步扶植我国高新技术产业开发区的建设，推动高新技术产业的发展，制定本规定。

第二条　本规定适用于国家高新技术产业开发区中按照国家科委制定的《国家高新技术产业开发区高新技术企业认定条件和办法》认定的高新技术企业。

第三条　本规定包括除税收政策之外的各项优惠性政策。

第四条　有关进出口货物的关税优惠问题按以下规定办理：

（一）在高新技术产业开发区内开办的高新技术企业为生产出口产品而进口的原材料和零部件，免领进口许可证，海关凭出口合同以及高新技术产业开发区的批准文件验收。

（二）经海关批准，高新技术企业可以在高新技术产业开发区内设立保税仓库、保税工厂。海关按照进料加工的有关规定，以实际加工出口数量，免征进口关税和进口环节产品税、增值税。

（三）高新技术企业生产的出口产品，除国家限制出口或者另有规定的产品以外，都免征出口关税。

（四）保税货物转为内销，必须经原审批部门批准和海关许可，并照章纳税。其中属于国家实行配额和进口许可证管理的产品，需按国家有关规定报批补办进口手续和申领进口许可证。

（五）高新技术企业用于高新技术开发而国内不能生产的仪器

① 《国家高新技术产业开发区若干政策的暂行规定》，《中国科技信息》，1991 年 06 期。

和设备，凭审批部门的批准文件，经海关审核后，免征进口关税。

海关认为必要时可在高新技术产业开发区内设置机构或派驻监管小组，对进出口货物进行管理。

第五条　有关进出口业务的规定。

（一）经经贸部批准可在高新技术产业开发区内设立技术进出口公司，以推动高新技术产品进入国际市场。

（二）按国家有关规定，对出口业务开展较好的高新技术企业可授予外贸经营权。根据业务需要，经有关部门批准，高新技术企业可以在国外设立分支机构。

第六条　有关资金信贷的规定。

（一）银行对高新技术企业，给予积极支持，尽力安排其开发和生产建设所需资金。

（二）银行可给高新技术产业开发区安排发行一定额度的长期债券，向社会筹集资金，支持高新技术产业的开发。

（三）有关部门可在高新技术产业开发区建立风险投资基金，用于风险较大的高新技术产品开发。条件比较成熟的高新技术产业开发区，可创办风险投资公司。

第七条　高新技术企业的生产、经营性基本建设项目，按照统一规划安排建设，优先纳入当地固定资产投资规模。

第八条　经当地人民政府批准，高新技术企业可以免购国家重点建设债券。

第九条　高新技术企业所开发的高新技术产品，凡是各项指标达到同种进口产品的水平，并具备一定的生产规模，经国家科委会同有关部门审定后，列入国家限制进口商品目录，并按现行进口管理办法控制进口。

第十条　高新技术企业开发的属于国家控制价格（包括国家定价和国家指导）的新产品，除特定品种须报物价部门定价外，在规定的试销期内，企业可自行制定试销价格，并报物价部门和业务主管部门备案。经营不属于国家控制价格的高新技术产品，企业可以自行定价。

第十一条　高新技术企业用于高新技术开发和高新技术产品生产的仪器、设备，可实行快速折旧。

第十二条　在不影响上交中央财政部分，经当地人民政府批准，高新技术产业开发区中高新技术企业所缴各项税款，以一九九〇年为基数，新增部分五年内全部返还高新技术产业开发区，用于开发区的建设。

第十三条　高新技术企业的商务、技术人员一年内多次出国的，按国办发〔1990〕9号文件执行。

第十四条　各地区、各部门在安排劳动就业和招收职工时，要优先考虑高新技术企业对大学生、研究生、留学生和归国专家的需求。

第十五条　经国家批准的高新技术产业开发区所在地的省、自治区、直辖市或计划单列市人民政府可根据本规定制定具体实施办法。

第十六条　国家科委会同有关部门将定期对高新技术产业开发区进行检查。对于其中管理不善或进展缓慢的国家高新技术产业开发区，将中止其优惠政策的实行，直至取消其国家高新技术产业开发区的资格。

第十七条　本规定由国家科委和有关部门负责解释。

第十八条　本规定自国务院批准之日起执行。

国家科学技术奖励条例[①]

（1999年5月23日中华人民共和国国务院令第265号发布）

第一章　总则

第一条　为了奖励在科学技术进步活动中做出突出贡献的公民、组织，调动科学技术工作者的积极性和创造性，加速科学技术事业的发展，提高综合国力，制定本条例。

第二条　国务院设立下列国家科学技术奖：

（一）国家最高科学技术奖；

（二）国家自然科学奖；

（三）国家技术发明奖；

（四）国家科学技术进步奖；

（五）中华人民共和国国际科学技术合作奖。

第三条　国家科学技术奖励贯彻尊重知识、尊重人才的方针。

第四条　国家维护国家科学技术奖的严肃性。

国家科学技术奖的评审、授予，不受任何组织或者个人的非法干涉。

第五条　国务院科学技术行政部门负责国家科学技术奖评审的组织工作。

第六条　国家设立国家科学技术奖励委员会，国家科学技术奖励委员会聘请有关方面的专家、学者组成评审委员会，依照本条例的规定，负责国家科学技术奖的评审工作。

---

① 《国家科学技术奖励条例》，《中华人民共和国国务院公报》，1999年19期。

国家科学技术奖励委员会的组成人员人选由国务院科学技术行政部门提出，报国务院批准。

第七条　社会力量设立面向社会的科学技术奖，应当在科学技术行政部门办理登记手续。具体办法由国务院科学技术行政部门规定。

社会力量经登记设立的面向社会的科学技术奖，在奖励活动中不得收取任何费用。

第二章　国家科学技术奖的设置

第八条　国家最高科学技术奖授予下列科学技术工作者：

（一）在当代科学技术前沿取得重大突破或者在科学技术发展中有卓越建树的；

（二）在科学技术创新、科学技术成果转化和高技术产业化中，创造巨大经济效益或者社会效益的。

国家最高科学技术奖每年授予人数不超过2名。

第九条　国家自然科学奖授予在基础研究和应用基础研究中阐明自然现象、特征和规律，做出重大科学发现的公民。

前款所称重大科学发现，应当具备下列条件：

（一）前人尚未发现或者尚未阐明；

（二）具有重大科学价值；

（三）得到国内外自然科学界公认。

第十条　国家技术发明奖授予运用科学技术知识做出产品、工艺、材料及其系统等重大技术发明的公民。

前款所称重大技术发明，应当具备下列条件：

（一）前人尚未发明或者尚未公开；

（二）具有先进性和创造性；

（三）经实施，创造显著经济效益或者社会效益。

第十一条　国家科学技术进步奖授予在应用推广先进科学技术成果，完成重大科学技术工程、计划、项目等方面，做出突出贡献的下列公民、组织：

（一）在实施技术开发项目中，完成重大科学技术创新、科学技术成果转化，创造显著经济效益的；

（二）在实施社会公益项目中，长期从事科学技术基础性工作和社会公益性科学技术事业，经过实践检验，创造显著社会效益的；

（三）在实施国家安全项目中，为推进国防现代化建设、保障国家安全做出重大科学技术贡献的；

（四）在实施重大工程项目中，保障工程达到国际先进水平的。

前款第（四）项重大工程类项目的国家科学技术进步奖仅授予组织。

第十二条　中华人民共和国国际科学技术合作奖授予对中国科学技术事业做出重要贡献的下列外国人或者外国组织：

（一）同中国的公民或者组织合作研究、开发，取得重大科学技术成果的；

（二）向中国的公民或者组织传授先进科学技术、培养人才，成效特别显著的；

（三）为促进中国与外国的国际科学技术交流与合作，做出重要贡献的。

第十三条　国家最高科学技术奖、中华人民共和国国际科学技术合作奖不分等级。

国家自然科学奖、国家技术发明奖、国家科学技术进步奖分为一等奖、二等奖 2 个等级。

国家自然科学奖、国家技术发明奖、国家科学技术进步奖每年奖励项目总数不超过 400 项。

第三章　国家科学技术奖的评审和授予

第十四条　国家科学技术奖每年评审一次。

第十五条　国家科学技术奖候选人由下列单位和个人推荐：

（一）省、自治区、直辖市人民政府；

（二）国务院有关组成部门、直属机构；

（三）中国人民解放军各总部；

（四）经国务院科学技术行政部门认定的符合国务院科学技术行政部门规定的资格条件的其他单位和科学技术专家。

前款所列推荐单位推荐的国家科学技术奖候选人，应当根据有关方面的科学技术专家对其科学技术成果的评审结论和奖励种类、等级的建议确定。

香港、澳门、台湾地区的国家科学技术奖候选人的推荐办法，由国务院科学技术行政部门规定。

中华人民共和国驻外使馆、领馆可以推荐中华人民共和国国际科学技术合作奖的候选人。

第十六条　推荐的单位和个人限额推荐国家科学技术奖候选人；推荐时，应当填写统一格式的推荐书，提供真实、可靠的评价材料。

第十七条　评审委员会作出认定科学技术成果的结论，并向国家科学技术奖励委员会提出获奖人选和奖励种类及等级的建议。

国家科学技术奖励委员会根据评审委员会的建议，作出获奖人选和奖励种类及等级的决议。

国家科学技术奖的评审规则由国务院科学技术行政部门规定。

第十八条　国务院科学技术行政部门对国家科学技术奖励委员会作出的国家科学技术奖的获奖人选和奖励种类及等级的决议进行审核，报国务院批准。

第十九条　国家最高科学技术奖报请国家主席签署并颁发证书和奖金。

国家自然科学奖、国家技术发明奖、国家科学技术进步奖由国务院颁发证书和奖金。

中华人民共和国国际科学技术合作奖由国务院颁发证书。

第二十条　国家最高科学技术奖的奖金数额由国务院规定。

国家自然科学奖、国家技术发明奖、国家科学技术进步奖的奖金数额由国务院科学技术行政部门会同财政部门规定。

国家科学技术奖的奖励经费由中央财政列支。

第四章　罚则

第二十一条　剽窃、侵夺他人的发现、发明或者其他科学技术成果的，或者以其他不正当手段骗取国家科学技术奖的，由国务院科学技术行政部门报国务院批准后撤销奖励，追回奖金。

第二十二条　推荐的单位和个人提供虚假数据、材料，协助他人骗取国家科学技术奖的，由国务院科学技术行政部门通报批评；情节严重的，暂停或者取消其推荐资格；对负有直接责任的主管人员和其他直接责任人员，依法给予行政处分。

第二十三条　社会力量未经登记，擅自设立面向社会的科学技术奖的，由科学技术行政部门予以取缔。

社会力量经登记设立面向社会的科学技术奖，在科学技术奖励活动中收取费用的，由科学技术行政部门没收所收取的费用，可以并处所收取的费用1倍以上3倍以下的罚款；情节严重的，撤销登记。

第二十四条　参与国家科学技术奖评审活动和有关工作的人员在评审活动中弄虚作假、徇私舞弊的，依法给予行政处分。

第五章　附则

第二十五条　国务院有关部门根据国防、国家安全的特殊情况，可以设立部级科学技术奖。具体办法由国务院有关部门规定，报国务院科学技术行政部门备案。

省、自治区、直辖市人民政府可以设立一项省级科学技术奖。具体办法由省、自治区、直辖市人民政府规定，报国务院科学技术行政部门备案。

第二十六条　本条例自公布之日起施行。1993年6月28日国务院修订发布的《中华人民共和国自然科学奖励条例》、《中华人民共和国发明奖励条例》和《中华人民共和国科学技术进步奖励条例》同时废止。

关于国家科研计划项目研究成果知识产权管理的若干规定[①]

（2002 年 3 月 5 日科技部、财政部发布）

为贯彻落实《中共中央、国务院关于加强技术创新，发展高科技，实现产业化的决定》（中发〔1999〕14 号）精神，促进我国自主知识产权总量的增加，加速科技成果转化，保障国家、单位和个人的合法权益，对以财政资金资助为主的国家科研计划项目（包括科研专项项目，以下简称科研项目）研究成果的知识产权管理，作出如下规定。

一、科研项目研究成果及其形成的知识产权，除涉及国家安全、国家利益和重大社会公共利益的以外，国家授予科研项目承担单位（以下简称项目承担单位）。项目承担单位可以依法自主决定实施、许可他人实施、转让、作价入股等，并取得相应的收益。同时，在特定情况下，国家根据需要保留无偿使用、开发、使之有效利用和获取收益的权利。

二、单位申请承担科研项目时，须提交该项目的知识产权可行性分析报告。项目执行过程中，项目承担单位须根据相关领域知识产权的发展动态，及时调整研究策略和措施。

三、项目承担单位须建立规范有效的知识产权管理制度，对项目执行过程中产生的研究成果及时采取知识产权保护措施，依法取得相关知识产权，并予以有效管理和充分使用。

---

① 《国务院办公厅转发科技部财政部关于国家科研计划项目研究成果知识产权管理若干规定的通知》，《中华人民共和国国务院公报》，2002 年 16 期。

四、科研计划归口管理部门要将知识产权管理制度是否健全作为确定项目承担单位的重要条件。在科研项目合同中须明确约定项目承担单位管理、保护研究成果知识产权的义务，并依据合同对履行义务情况组织检查和验收。对不履行义务或履行不当、造成重大损失的，依法追究项目承担单位和主要责任人的责任。

科研计划归口管理部门对涉及国家安全、国家利益和重大社会公共利益的科研项目，须在立项或验收时予以确认，明确项目成果知识产权管理方式，拟定成果转化和应用方案。

五、科研项目研究成果取得相关知识产权的申请费用、维持费用等知识产权事务费用，一般由项目承担单位负担。经财政部门批准，在国家有关科研计划经费中可以开支知识产权事务费，用于补助负担上述费用确有困难的项目承担单位。

六、国务院有关部门和省、自治区、直辖市人民政府可以根据国家需要，报请国务院批准，决定科研项目研究成果在一定的范围内推广应用，允许指定的单位实施，并区别不同情况，决定实施单位或无偿使用，或由实施单位按照国家有关规定向项目承担单位支付知识产权使用费。

七、项目承担单位应当建立科技成果转化机制，采取有效措施，积极促进科研项目研究成果的转化。项目承担单位转让科研项目研究成果知识产权时，成果完成人享有同等条件下优先受让的权利。

八、项目承担单位要按照《中华人民共和国促进科技成果转化法》、《中华人民共和国专利法》和《国务院办公厅转发科技部等部门关于促进科技成果转化若干规定的通知》（国办发〔1999〕29号）等有关规定，对科研项目研究成果完成人和为成果转化做出贡献的人员给予奖励和报酬。

九、科技部、财政部会同有关部门，根据本规定修订和完善各项科研计划管理制度，明确知识产权管理办法，制定科研项目合同知识产权标准条款，并负责组织实施和监督检查。

报刊摘要

▼

关于科技体制改革理论的若干问题

（周成奎、方新、孙玉麟、连燕华，《科研管理》，1989 年 05 期）

我国的科技体制改革是在理论准备和实践准备都不很充分的情况下开始的。我们当然不能说十年来的改革完全没有理论的指导或者理性的思考，但是这种理论的指导或者理性的思考往往停留在很原则的概念或口号上，并没有发展成为系统的理论，更没有形成为理论的系统。我们的改革总的来说至今还没有摆脱某种程度的经验主义和实用主义的框架。

我们过去常讲“没有革命的理论，便没有革命的行动”。现在，改革已经进入第十一个年头了，反思过去，展望未来，认真地研究改革的理论和理论体系，应该是摆在我们面前的迫切任务了。这里，我们并不是要提出和解决科技体制改革的所有理论问题，更不是提出一个理论的体系，而只是很粗略地列出一些问题，以引起大家对科技体制改革理论的思考和讨论。

科技体制改革的回顾与展望

（中国科技促进发展研究中心，《科技导报》，1992 年 01 期）

《中共中央关于科技体制改革的决定》中明确的改革科技体制的指导思想既符合科技事业发展的规律，也符合我国国情。通过改革推动一部分科技力量走上为经济建设服务的主战场是为了适应国情和国民经济发展的需要，调整科技力量在长远发展与近期发展的布署，优化资源配置。为解决主要依靠行政手段，不按经济规律办事的弊端，在科技工作中引入市场机制，发挥经济杠杆的作用，不能片面理解为以市场为导向。从总体看科技体制改革已跳出封闭的科技系统，以科研体制为主的改革已转向以推进国民经济发展依靠科技进步的改革。面临的问题，包括改革以来悬而未决的矛盾和改革深化中遇到的新问题，都有待深化改革中综合解决。

试探科技体制改革的新问题、新焦点

（连燕华，《科技导报》，1997 年 01 期）

经过十余年改革，我国科技体制改革微观领域见到成效，但是宏观改革滞后，导致科技实力、创新力有所下降，而且存在投资主体错位，投资效率低下等问题。由 1985 开始的以独立科研院所为主要改革对象的科技体制改革，作为一个重要的阶段，已经基本结束，现在应当进入改革的另一个重要的历史阶段，即以构建适应社会主义市场经济体制的新型的科技体制为主要任务的阶段。当前，特别需要进一步增强法律的观念和坚持依法办事的原则，包括依法行政和依法设立机构。

科技体制改革要论

（王玉民、周文磊、赵作权，《中国科学院院刊》，1997 年 12 期）

科技体制改革是一项复杂的社会系统工程，需要理性地思考。本文从社会系统目的论出发，分析了科技体制改革的实质、基本问题和必须处理好的几个关系，提出了科技体制改革的实施原则及现阶段深化科技体制改革的几点建议。

重大科研项目计划管理方法研究

（穆荣平、连燕华，《科研管理》，1997 年 04 期）

经济、科技体制改革的深入发展必然要求资源投入的优化重组，导致科研计划管理体系的调整，在改革不断深化，重大项目管理体系不断调整的情况下，如何保证重大科研项目高效、优质地完成，正是重大科研项目计划管理系统化、制度化研究的主要目的。现行的重大项目计划管理方法尚不完善，缺乏系统的观点。本文在文献调研和案例研究的基础上，研究了重大科研项目各个阶段管理的特征和相互关系，提出重大科研项目管理的系统化方法。

深化我国科技体制改革的思路与目标

（尚勇，《科学学与科学技术管理》，1998 年 03 期）

党的十五大的胜利召开标志着我国社会主义建设事业进入加速

推进“两个根本性转变”的新时期。同时，对深化我国科技体制改革、加速科技进步提出了明确的要求。当前，以知识的产生、分配和应用为基础的知识型经济已开始在全球兴起，并正在实质性地改变着国家间的经济竞争方式。科技系统结构调整、科研机构向市场化、企业化转制已是国际大趋势，在这一国际大背景下加速推进“两个根本性转变”，必须加大科技体制改革的力度和步伐，促进和保障社会主义市场经济体制的建立与完善，使绝大部分科技力量进入经济发展大循环，科技第一生产力获得新的解放和大的突破，为提高我国产业技术水平和经济质量提供强有力的支撑。国有企业、政府机构、事业单位及社会保障制度的改革，也迫切要求加快科技体制改革的步伐。

构筑面向新世纪的新型科技体制

（朱丽兰，《全球科技经济瞭望》，1999 年 01 期）

当今世界，全球经济一体化进程方兴未艾，以信息技术为代表的高科技正日益深刻地影响着世界经济的发展，国家间的经济竞争已经演变为高科技的竞争。从现在到下世纪的前 10 年，是我国实现第二步战略目标和向第三步战略目标迈进的关键时期。在这一特殊的历史阶段，中国科技界无疑承担着艰巨而光荣的历史使命。为此，要坚定不移地推动企业成为科技进步的核心，要对科研体制的组织结构进行全面改革，要营造有利于科技创新的环境，加强科技系统内部及其与教育、经济和社会系统之间的联系与结合，推动知识的应用和扩散，这是政府主管部门的主要职责，也是适应当前政府机构改革和职能转变的客观要求。

科技体制改革的回顾与前瞻

（方新，《科研管理》，1999 年 05 期）

科技体制改革是中国社会经济变革的一个重要组成部分。在过去十年间，改革取得了很大成就，也出现了一些新的问题，带来新的挑战。本文首先概述原有体制的特征和改革的必然性，进而介绍改革的目标与主要措施，重点讨论改革的成就与不足，并提出下一步改革的框架思路，整合科技政策与经济政策，重建国家创新系统。

改革与建设国家创新体系——科技体制改革的挑战和机遇

（丁厚德，《清华大学学报（哲学社会科学版）》，1999 年 04 期）

知识经济标志新的经济时代已经到来，它依赖科技创新是新经济时代的特征，建设国家创新体系是知识经济的时代要求。国家创新体系是共同体的主体要素、功能要素、环境要素形成整体结构的互动系统，它的主体构成是企业、大学、科研机构、中介服务机构、政府职能部门，它是科技与经济一体化的联合与促进，服务于企业的创新成效与国家整体经济的发展。建设国家创新体系是国家政府行为，它的基本原则有目标原则、国情原则、改革原则、创新原则、动态原则。建设国家创新体系对科技体制改革，既是挑战又是机遇，要改革科技体制的结构，建设国家科技计划，实行产学研合作，调整政府管理科技工作的模式。

加大科技体制改革力度加快国家创新体系建设

（朱丽兰，《科学学与科学技术管理》，2000 年 01 期）

十多年科技体制改革已取得重要进展。1999 年是科技体制改革工作具有里程碑意义的一年。上半年，国家经贸委管理的 10 个国家局所属 242 个科研机构管理体制的改革工作基本完成，8 月份，党中央、国务院召开了全国技术创新工作大会，对促进科技成果产业化和深化科技体制改革进行了全面动员和总体部署，标志着科技体制改革工作进入一个新的历史阶段。2000 年将是我国科技体制改革取得突破性进展、初步建立新体制的关键一年。2000 年深化科技体制改革的主要思路包括：系统结构调整和转制，深化内部运行机制的改革，改革政府科技经费的投入和管理方式，颁发改革的配套政策。

科技体制改革中的若干理论和政策问题
——科研机构改革高层研讨会纪要

（胥和平、王元、杨起全、王奋宇、高昌林，

《中国科技论坛》，2001 年 01 期）

由中国科技促进发展研究中心、国务院发展研究中心社会发展研究部和中国科学技术院所联谊会共同主办的“科研机构改革高层研讨会”于 2000 年 9 月 27—28 日召开。来自全国各地 128 家科研院所共 170 多名代表出席了本次会议。

随着科研院所改制的全面展开，科技体制改革已经进入了一个

急需廓清思路，消除改革障碍，加快改革步伐的关键阶段。当前科研机构改革进展基本顺利，已取得了较大的成效，但改革的进展并不平衡，改革过程中也出现了许多新的问题和矛盾。与会代表从不同角度对科研机构改革提出了一些重大理论和政策问题，如科技体制改革应该借鉴国有企业改革经验，科技体制改革的国家目标，宏观管理体制，科研机构改革的组织与制度，科研机构改革中的产权关系，科研力量布局与结构调整，科技人才资源战略，非营利机构，改革的配套政策与措施等，值得进一步思考和研究。

对科技体制改革的反思

（吴林海、彭纪生，《科学学与科学技术管理》，2001 年 04 期）

1985 年 3 月《中共中央关于科技体制改革的决定》颁布，标志着科技体制改革正式启动。改革目标为调整不合理的科技资源配置结构，充分调动科技人员的积极性，以实现“科学技术面向经济建设，经济建设依靠科学技术”，即科技与经济的结合。10 多年过去了，我国科技体制改革在取得巨大成就的同时，也有许多不尽如人意之处。本文在评析我国科技体制改革绩效的基础上，对存在的问题给出自己的思考。历史地看，我国科技与经济脱节，是在一个较长时期中形成的。事实表明，科技与经济结合，仅在科技领域里搞微观调整是不够的。科技体制改革必须与其他各项改革配套。从更深层次上分析，科技体制改革设计的基础理论缺乏协同观。理性地把握问题的实质，我们认为要在思想认识上走出四个误区。第一，把科技与经济不能有机结合完全归因于企业技术创新动力不足。第二，对大量的科技成果缺乏清醒的认识。第三，把目前种种不尽如人意的技术创新，简单归于传统计划经济体制的惯性，认为只要有完善的市场机制，各方基于自身利益追求，就会自动强化技术创新，走向合作。第四，对技术创新模式理解停留在线性模式上。以企业和企业家为主体的技术需求与技术供给衔接在协同创新中实现，应是中国当前及今后数十年加强企业技术创新的主要途径。

关于深化科技体制改革的思考

（方新，《中国科学院院刊》，2003 年 02 期）

简要评价了过去十余年的科技体制改革，指出加强宏观科技管理体制改革已成当务之急；分析了全球科技与经济的发展，特别是国家现代化建设对我国科技体制的要求。在此基础上，探讨了政府在科技宏观管理中的权限与责任等问题。

我国科技体制改革的回顾及展望

（方新、柳卸林，《求是》，2004 年 05 期）

我国科技体制改革从 1985 年开始，至今已 19 年。作为经济体制改革的一个重要部分，这一改革极大地促进了我国经济、社会和科技事业的发展。今天，为了实现全面建设小康社会的宏伟目标，我国政府正在着手制订科技中长期发展规划。在这个时候，回顾和总结科技体制改革的经验，探讨科技体制下一步改革的目标模式，有利于使我国的科技中长期发展规划建立在一个更加坚实的基础上。

国家创新体系建设是科技体制改革深化的基本方向

（王玉民，《科学对社会的影响》，2005年02期）

我国科技体制改革历经了近20年的发展历程，时至今日改革重点发生了巨大变化，从微观体制改革向宏观管理与中观布局改革的拓展；从科技结构性调整向科技研发环境与条件的完善拓展；从科技结构的体制性因素改革向完善运行机制拓展；从研发组织的调整转制向加强研发基地建设拓展。从科技体制改革的直接目标分析，国家创新体系建设与前期的科技体制改革发生了体系模式的重大转变。以前的科技体制改革所优化的体制模式是研发体系，局限于科学技术创新体系内部，而国家创新体系建设则包含了所有具有创新意义的创新要素，引申到国家的体制、制度层次以及思想、文化层次，其体制模式升华为创新要素的网络化。总之，国家创新体系是科技体系模式的“升华”，国家创新体系建设是科技体制改革进程的“深化”。

科技体制改革与培育新的创新主体

（李正风，《科学学研究》，2011年12期）

深化科技体制改革要把培育新的创新主体作为重要任务。体制的改革、政府职能的转变与新的创新主体的成长应该是一个同步展开的过程，如果不能实现这个同步化，就不能彻底改变创新主体错位与缺位的局面，就难以真正完成体制的转型。早期的改革由于缺乏培育新的创新主体的清醒意识和有效、连贯的制度设计，新的创新主体的成长及其在创新活动中应有职能的发挥受到限制。这不但反过来进一步为政府过度介入科研管理和企业的创新活动提供了现实的必要性，大大延缓了政府职能转变的进程，也严重阻碍了我国科学共同体的成长和市场体制的发育，阻碍了体制的转型。培育新的创新主体，绝不仅仅是用行政或经济的手段调动创新者的积极性，更重要的是塑造创新者从事特定创新活动的主体精神和自觉使命，赋予创新者自主创新的空间和权力，这既涉及利益、权责关系的调整以及与之相适应的制度变革，也涉及要形成与新的创新主体成长相关联的创新文化。培育新的创新主体，一个重要方面是建设自主、自治和自律的科学共同体，另一个重要方面是使企业真正成为具有市场精神的创新主体。新的创新主体的成长，也将对科技管理体制产生根本的影响。

关于深化科技体制改革重点的思考

（李新男，《科学学研究》，2011 年 12 期）

解决科技与经济结合的问题始终是科技体制改革的核心。以往的改革从技术商品化、科技运行机制、组织结构、人事制度等方面采取了一系列措施。但主要是着力在微观组织层面，宏观管理层面的改革动作相对较少。改革进程发展到今天，需要更多地从宏观管理层面思考深化改革问题。例如，政府科技资源配置的理念需不需要转变？政府对科技活动管理的模式需不需要变？政府管理科技活动的组织机构需不需要调整？以上三个问题相互关联，政府科技资源配置理念的转变，才有可能解决“发展”与“改革”两张皮问题，深化科技宏观管理改革，转变政府对科技活动的管理模式，调整管理科技活动的机构设置和职能，促进科技管理体制更加符合科学活动、技术活动和技术创新的规律，适应科技与经济紧密结合的要求。

深化科技体制改革 实现创新驱动发展

（万钢，《前线》，2012 年 10 期）

当前，世情、国情正在发生历史性的深刻变化，既为我们带来了前所未有的重大机遇，也向我们提出了前所未有的严峻挑战。我们必须进一步增强使命感、责任感、紧迫感，树立强烈的机遇意识和忧患意识，切实加快科技体制改革步伐，扎扎实实地坚持并不断推进创新驱动发展战略。从世情来看，迎接新的科技革命和产业革命，应对国际金融危机的深层次影响，迫切需要加快科技体制改革和创新。从国情来看，根本转变经济发展方式，推动经济结构的战略性调整，迫切需要加快科技体制改革和创新。从科技创新自身来看，深入落实中长期科技发展规划纲要，实现建设创新型国家的战略目标，迫切需要加快科技体制改革和创新。北京是我国政治经济文化中心，也是我国的科技创新中心，更是推进科技体制改革的排头兵。促进北京加快建成具有全球影响力的创新中心，加快建成有世界影响力的科技文化创新之城和中国特色世界城市。为了实现这一目标，科技部和北京市要在以下三个方面共同努力，探索新途径，做出新成绩。一是在实施创新驱动、加快经济发展方式转变方面充分发挥示范带头作用。二是在深化科技体制改革、建设国家创新中心方面充分发挥示范带头作用。三是在加强科技开放合作、建设中国特色世界城市方面充分发挥示范带头作用。

科技体制改革——三十年的变与不变

（方新，《科学学研究》，2012 年 10 期）

回首过去 30 年的科技体制改革，我们看到其中有一些“变”与“不变”。首先是改革针对的基本问题没有变。一是加强科技和经济的紧密结合，二是创新主体（包括企业、研究院所和高等学校）的制度变革和能力建设，三是充分调动科技人员积极性创造性。这三个基本问题在这三十年的改革过程中，一以贯之，没有改变。与此同时，主要的政策工具也没变化，还是主要依靠科技资源的优化配置来推动改革。但这些年的改革又确实是在不断地深化，或者说在发生变化。这些变化可以从四个方面来看。从改革的任务看，以往的改革，特别是第一阶段的改革，主要任务是突破旧的体制，力求突破在长期的计划体制下形成的科技体制，而当前改革的主要任务是建设国家创新体系，可以说以往改革的最重要任务是“破”，而现在的最重要任务则是“立”。从改革的特点看，以往的改革实际上是单项推进，是面向科研院所、高等学校的重点突破，强调市场化方向，而当前的改革是全面的推进，推动企业成为创新主体，建设国家创新体系，更关注整体推进、全面配套，更多考虑路径选择的合理性和实施方案的可行性。从改革的重点看，以往的改革更多侧重于微观运行机制，而当前的改革在宏观管理体制和机制上有所变革。从政策工具看，过去更多关注政策指导，现在则希望能逐步建立起基本的制度和规则。

科技体制改革是全面深化改革的重要任务

（白春礼，《中国科学院院刊》，2014 年 01 期）

深入分析了党的十八届三中全会关于全面深化改革的重大意义，回顾总结了改革开放以来我国科技体制改革的成就和问题，阐述了深化科技体制改革的紧迫性和必要性，提出中科院将结合落实“四个率先”要求，在率先实现科技跨越发展、率先建成国家创新人才高地、率先建成国家高水平科技智库、率先建设国际一流科研机构等方面，推进新一轮科技体制改革的总体思路、目标任务和重大举措，以及推进重点难点领域科技体制改革的具体措施。

重塑科技创新体制

（郭华东，《中国经济报告》，2015 年 07 期）

中共中央、国务院发布《关于深化体制机制改革加快实施创新驱动发展战略的若干意见》（以下简称《意见》），与以往类似的政策文件有所不同，其不再把创新看成只是科技界的事情，政府推动创新的着力点也不仅集中在创新活动本身，而是优先讨论如何营造公平竞争环境，激励企业和全社会创新。这个思路体现了让市场在资源配置中发挥决定性作用和更好地发挥政府作用的有机结合。未来的科技体制改革需要在以下方面发力：一是健全技术创新市场导向机制，强化企业技术创新主体地位。二是深化科研事业单位改革，增强科研院所和高等学校源头创新作用。三是深化科技管理改革，提高科技资源配置效益。四是健全科技评价和奖励机制，激发科技人员创新活力。五是完善创新政策法规体系，营造良好创新生态。六是积极扩大科技开放合作，融入全球创新网络。

科技体制改革 40 年

（张景安，《中国软科学》，2018 年 10 期）

今年是中国改革开放 40 年，史无前例的改革改变了中国，也影响了世界，这其中科技体制改革更是影响深远。回顾 40 年改革的实践，有 6 个重要的里程碑，党中央、国务院召开了 6 次重要的会议，开创了 6 次科技改革的新局面。第一个里程碑：科学的春天 科技体制改革先行；第二个里程碑：科技体制改革全面启动；第三个里程碑：稳住一头，放开一片，结构调整，人才分流；第四个里程碑：发展高科技 实现产业化；第五个里程牌：建设创新型国家；第六个里程碑：进入习近平创新强国新时代。

我国科技体制改革的经验与启示

（汪克强，《人民日报》，2018 年 10 月 25 日）

改革开放 40 年来，我国科技体制改革取得重大成就，推动科技事业发生历史性变革、取得历史性成就。40 年科技体制改革积累了宝贵经验，包括促进科技与经济紧密结合、着力突破影响创新发展的瓶颈制约、深化人才发展体制机制改革、健全国家创新体系、把市场经济规律和科学技术发展规律有机结合起来、在融入全球创新网络中深化改革等。当前，面对世界新一轮科技革命和产业变革的机遇和挑战，面对我国经济高质量发展和建设现代化经济体系的新要求，我们要在继承宝贵经验的基础上，切实加强党的领导，正确处理政府和市场的关系、开放和自主的关系以及点和面、破和立、当前和长远的关系，全面深化新时代科技体制改革，加快建设世界科技强国。

习近平同志在 2018 年两院院士大会上的重要讲话指出：科技领域是最需要不断改革的领域；推进自主创新，最紧迫的是要破除体制机制障碍，最大限度解放和激发科技作为第一生产力所蕴藏的巨大潜能。如果把科技创新比作我国发展的新引擎，那么改革就是点燃这个新引擎必不可少的点火系。总结改革开放 40 年来我国科技体制改革的历程和经验，对于在新时代深化科技体制改革、建设世界科技强国具有重要意义。

著作介绍

▼

《科技体制改革若干问题研究》

（周成奎主编，机械工业出版社 1992 年出版）

本书是“科技体制改革若干理论问题”的研究课题，也是国家重点软科学课题“科技体制改革的目标模式”的重要组成部分，从1978年到1992年我国科技体制改革十多年的跟踪、调查和研究基础之上，就若干理论问题进行深入、全面和系统的研究。对科学技术的社会功能、发展动力、政府对科学技术活动的管理、科技体制改革的目标、方法及科技立法和人才等作了阐述。此外，本书还收录了三篇文章，分别是对科技体制进行跟踪调查的综合性研究报告《科技体制改革给研究所带来的变化及下一步改革的思路》《科技体制改革的认识论与方法论问题》，以及全国政协科技委员会专题研究组的专题报告《依靠科技发展国民经济应作为一项基本国策——科技在世界和我国社会经济发展中的地位与作用》。

《十年改革：中国科技政策》

（中华人民共和国国家科学技术委员会、加拿大国际发展研究中心编，北京科学技术出版社 1998 年出版）

本书是国家科委与加拿大国际发展研究中心合作组织的“科技体制改革回顾”项目的最终报告。该项目采用经济合作与发展组织在回顾其成员国国别科技政策通常采用的方法，选定基础研究、高技术、国有企业、农业研究和农村发展、环境和社会发展等五个领域作为案例调查对象，对 1985 年以来的我国科技改革做了综合回顾。国际专家组于 1995 年 11 月 9 日至 12 月 1 日访问中国。在此期间，国际专家组同科学家、工程师、管理人员和政府官员举行了一系列范围广泛的座谈。这些深入的座谈形成了本书的基础。本书由三部分组成：第一部分是主体报告。概述了对中国科技改革的主要印象，作为对 1985 年至 1995 年 10 年间中国科技发展理解的背景。之后，列举了访问中发现的关于中国科技政策辩论的主要问题。最后，就 1995 年 5 月中共中央、国务院印发的《关于加速科技进步的决定》中确定的科技政策提出几点评论；其次是细节报告。首先较详细地讨论对中国科技改革过程的理解，然后推出一个重要概念，即“国家技术创新系统”；最后对本次回顾确定的五个专门领域给予评论。第三部分是对北京、沈阳、西安和上海会议的记录。

《解放第一生产力：科技体制改革》

（吴波尔、叶丹、穆恭谦、汤世国、蒋丹平、何德方等著，

广西师范大学出版社 1998 年出版）

本书系统总结了我国计划经济体制下的科技体制的特点与不足，阐释了邓小平科技体制改革思想，回顾了 20 世纪 80 年代到 90 年代我国科技体制改革的目标、重要举措和重点领域，如结构调整和人员分流、科技成果转化、加强企业创新能力、发展民营科技企业、建立高新区等，并对未来的科技体制改革思路和目标提出政策建议。

《中国可持续发展总纲（第 16 卷）：中国科技创新与可持续发展》

（方新主编，科学出版社 2007 年出版）

本书系统介绍了我国科技的历史成就与趋势、科技能力的演进、科技体制的形成与改革，科技政策的变迁与趋势、历次主要科技规划的成就与作用、科技发展与经济奇迹、科技进步与社会发展、科技创新与国家安全、区域视野的科技发展、全球化背景下的国际科技合作，探讨了我国可持续发展未来将要面临的问题以及相应的解决办法。全书始终围绕科技创新是推动可持续发展的强大动力这一主线，阐述严谨、资料翔实，有助于全面了解我国科学技术事业发展与可持续发展之间的相互关系。

《科学的春天》

（方新等编著，科学出版社 2008 年出版）

本书为纪念从 1978 年到 2008 年这不平凡的 30 年，中国科学院特邀 60 多位科学家和其他亲历者，从不同的角度回顾了此期间重要的历史事件，记录了“科学的春天”带给我国科技事业和我国科学家的命运转变和思想解放，深情叙述了几代科技工作者追求科学真理的拼搏精神与人生价值，着力描绘了我国科技的辉煌成就和美好未来。以 1978 年至 2008 年为时间跨度，通过重要的历史事件和生动故事，从不同的角度、用不同的表现形式和艺术风格，回顾了“科学的春天”给中国科学院带来的巨大变化，记录了 30 年来中国科学院走过的不平凡历程，反映了中国科学院老、中、青三代人为科技事业顽强拼搏、艰苦卓绝的奉献精神，讴歌了当代科技工作者肩负的历史使命和光荣职责，展示了改革开放以来，尤其是实施知识创新工程 10 年来，中国科学院科技创新、文化建设、改革发展所取得的辉煌成就，展望了提高自主创新能力、建设创新型国家的美好前景。

《中国科技改革开放 30 年》

（万钢主编，科学出版社 2008 年出版）

本书立足科技社会发展全局，全方位、多视角回顾、展示、总结了改革开放从 1978 年到 2008 年这 30 年来我国科技事业所经历的重要历程、取得的巨大成就、积累的基本经验，以及在新的发展时期科技界所做的重要工作和理性思考。主要侧重于科技发展战略、体制改革与国家创新体系建设、科技政策与法制建设、基础研究、前沿科技、高新技术产业与高新区发展、农村科技进步、科技支撑社会发展、人才队伍建设、科技普及、科技投入、科研条件、成果转化、区域和地方科技、国际科技合作和对外开放等方面的内容。

《OECD中国创新政策研究报告》

（OECD著，薛澜、柳卸林、穆荣平等译，科学出版社2011年出版）

本书是OECD创新政策系列研究报告（OECD Innovation Policy Reviews）的中国卷，主要由两部分组成：综合报告和专题分析报告，此外还包括7篇附录。综合报告概述了本研究的主要发现，分为四章：第一章，突出强调了科技在实现中国向可持续增长模式转型期间的作用，以及在构建高效的市场导向的创新体系中框架性条件的重要性；第二章，通过重点考察企业、公共研究机构与高校等一系列研发与创新主体，评估了中国国家创新体系的发展现状与主要特点；第三章，着重分析了中国促进科技研发与创新活动的政策演变，对创新体系中的公共治理问题也予以回应；第四章，对全书结论予以总结，并提出相关政策建议。专题分析报告分为七章，重点讨论了中国国家创新体系的主要特点与行为绩效。本书的主要目标在于：

（1）评估并预测中国科技与创新在经济与社会发展中的作用；（2）总结、归纳当前中国国家创新体系在组织结构、政策治理、行为绩效、全球化整合，以及未来发展潜力等方面的现状与特征；

（3）为中国如何提升国家创新体系，并保证平稳地融入全球化知识经济浪潮提供政策建议；（4）在中国与OECD国家的学者与政策制定者之间打造创新政策领域互相学习、借鉴的交流平台。

《中国科技发展与政策（1978—2018）》

（薛澜等著，社会科学文献出版社 2018 年出版）

中国科技创新体系在我国改革开放中实现了历史性的跨越，成为全球科技创新体系中举足轻重的成员。中国科技创新体系在 1978 年至 2018 年这 40 年中坚持不懈地推进改革开放，其中所经历的多次重大体制机制改革从广度和深度来看不亚于我国任何其他领域的改革，是我国改革开放全过程中波澜壮阔的一章。本书按照两个维度来设计。第一个维度是按照时间顺序，展现我国科技创新领域改革发展的主要阶段和事件。通过点面结合的分析，厘清了从 1978 年至 2018 年这 40 年科技体制改革的脉络，系统地展现了我国科技体制改革与创新发展的历史进程。第二个维度是从国家创新体系的各个重要组成部分展开，包括基础研究、产业技术创新、高校科技创新与人才培养、区域科技创新、企业技术创新、军民融合发展、科技全球化与国际合作。其中既有深入的理论分析，也有翔实的领域及产业案例分析；既有对我国科技创新领域所取得的进步和不足所进行的客观评价，也有对我国科技创新领域未来面临的机遇和挑战做出的展望。

《中国科技发展 70 年（1949—2019）》

（中华人民共和国科学技术部编，科学技术文献出版社 2019 年出版）

本书由科技部组织 100 余位专家学者编撰，全面回顾了新中国成立以来我国科技事业发展的光辉历程，充分展现了科技创新的重要战略举措和重大成果，是对新中国成立 70 年来科技创新的全景式记录。本书详细记录了我国科技事业从“向科学进军”到“科学技术是第一生产力”，从实施科教兴国战略到建设创新型国家，从实施创新驱动发展战略到开启建设世界科技强国新征程的历史进程，展示了我国科技事业取得的辉煌成就，总结了我国科技事业改革发展的经验。本书对于系统全面了解新中国科技发展的历史，探寻具有中国特色自主创新道路，加强科技史学术研究都具有重要作用。同时，对于引导社会各界继续关心和支持科技事业发展，进一步增强科技创新自信心，助力创新型国家和世界科技强国建设都有积极意义。

重要文献索引

▼

政策文件

《中共中央 国务院关于成立国务院科技领导小组的通知》,《中华人民共和国国务院公报》，1983 年 02 期。

《中共中央关于科学技术体制改革的决定》,《中华人民共和国国务院公报》，1985 年 09 期。

《国务院关于成立国家自然科学基金委员会的通知》,《中华人民共和国国务院公报》，1986 年 07 期。

《国务院关于促进科技人员合理流动的通知》,《中华人民共和国国务院公报》，1986 年 20 期。

《国务院关于深化科技体制改革若干问题的决定》,《中华人民共和国国务院公报》，1988 年 14 期。

《国务院批转中国科学院、国家科委关于增选中国科学院学部委员请示的通知》,《中华人民共和国国务院公报》，1990 年 26 期。

《国务院关于批准国家高新技术产业开发区和有关政策规定的通知》,《中华人民共和国国务院公报》，1991 年 09 期。

《国务院关于下达〈国家中长期科学技术发展纲领〉的通知》,《中华人民共和国国务院公报》，1992 年 07 期。

《关于大力发展民营科技型企业若干问题的决定》，科技部网站，1993 年 6 月 12 日。

《关于进一步培育和发展技术市场的若干意见》，科技部网站，1994 年 4 月 21 日。

《中共中央 国务院关于加强科学技术普及工作的若干意见》，《中华人民共和国国务院公报》，1994 年 32 期。

《中共中央 国务院关于加速科学技术进步的决定》，《中华人民共和国国务院公报》，1995 年 13 期。

《国务院关于“九五”期间深化科学技术体制改革的决定》，《中华人民共和国国务院公报》，1996 年 29 期。

《关于加快深化地方科技体制改革实施工作若干意见》，科技部网站，1997 年 5 月 8 日。

《国务院关于成立国家科技教育领导小组的决定》，《中华人民共和国国务院公报》，1998 年 16 期。

《科技兴贸行动计划》，《科技与法律》，1999 年 04 期。

《国务院办公厅转发科技部等部门关于国家经贸委管理的 10 个国家局所属科研机构管理体制改革意见的通知》，《中华人民共和国国务院公报》，1999 年 09 期。

《关于加速国家高新技术产业开发区发展的若干意见》，科技部网站，1999 年 8 月 11 日。

《关于推动高新技术产品出口的指导性意见》，科技部网站，1999 年 12 月 2 日。

《中共中央 国务院关于加强技术创新，发展高科技，实现产业化的决定》，《中华人民共和国国务院公报》，1999 年 31 期。

《科技部、教育部、中国科学院、中国工程院、中国科协关于印发

〈关于科技工作者行为准则的若干意见〉的通知》,《中华人民共和国教育部公报》，2000 年 01 期。

《外经贸部关于外商投资设立研发中心有关问题的通知》，商务部网站，2000 年 4 月 18 日。

《国务院办公厅转发科技部等部门关于深化科研机构管理体制改革实施意见的通知》,《中华人民共和国国务院公报》，2000 年 21 期。

《关于印发〈关于深化卫生事业单位人事制度改革的实施意见〉的通知》,《中华人民共和国国务院公报》，2000 年 28 期。

《国务院办公厅转发科技部等部门关于非营利性科研机构管理的若干意见（试行）的通知》,《中华人民共和国国务院公报》，2001 年 04 期。

《中共中央办公厅、国务院办公厅关于加强专业技术人才队伍建设的若干意见》，科技部网站，2001 年 6 月 19 日。

《科学技术部关于印发〈科研条件建设“十五”发展纲要〉的通知》，科技部网站，2001 年 8 月 15 日。

《关于进一步加强国家火炬计划软件产业基地建设的若干意见》，科技部网站，2001 年 11 月 30 日。

《关于进一步支持国家高新技术产业开发区发展的决定》，科技部网站，2002 年 1 月 31 日。

《关于国家高新技术产业开发区管理体制改革与创新的若干意见》，科技部网站，2002 年 3 月 5 日。

《关于转制科研机构和工程勘察设计单位转制前离退休人员待遇调整等问题的通知》，科技部网站，2002 年 3 月 7 日。

《关于进一步增强原始性创新能力的意见》，科技部网站，2002 年 6 月 11 日。

《国家经济贸易委员会、财政部、科学技术部、国家税务总局关于印发〈国家产业技术政策〉的通知》，科技部网站，2002年6月21日。

《关于加强地方实验室工作的若干意见》，科技部网站，2002年9月24日。

《海关总署、外经贸部关于支持高新技术产业发展若干问题的通知》，《中华人民共和国国务院公报》，2002年15期。

《国务院办公厅转发财政部科技部关于国有高新技术企业开展股权激励试点工作指导意见的通知》，《中华人民共和国国务院公报》，2002年31期。

《关于改进科学技术评价工作的决定》，《中华人民共和国教育部公报》，2003年02期。

《科学技术部关于进一步提高科技企业孵化器运行质量的若干意见》，科技部网站，2003年5月6日。

《关于印发〈关于大力推进国家863计划产业化工作的若干意见〉的通知》，科技部网站，2003年5月8日。

《关于启动实施“农村科技服务体系建设星火专项行动”的通知》，科技部网站，2003年8月13日。

《关于进一步加强科普宣传工作的通知》，科技部网站，2003年8月26日。

《国务院办公厅转发国务院体改办等部门关于深化转制科研机构产权制度改革若干意见的通知》，《中华人民共和国国务院公报》，2003年10期。

《财政部 科技部 劳动保障部 国土资源部关于转制科研机构有关问题的通知》，《中华人民共和国财政部文告》，2003年15期。

《关于大力发展科技中介机构的意见》，《黑龙江省人民政府公报》，2003年15期。

《国务院办公厅转发商务部等部门关于进一步实施科技兴贸战略若干意见的通知》,《中华人民共和国国务院公报》，2004 年 01 期。

《关于印发〈国防科工委关于进一步加强国防科技工业人才工作的若干意见〉的通知》,《中华人民共和国国防科学技术工业委员会文告》，2004 年 03 期。

《关于印发〈部门属社会公益类科研机构体制改革工作评估验收指导意见（试行）〉的通知》，科技部网站，2004 年 7 月 30 日。

《关于印发〈振兴东北老工业基地科技行动方案〉的通知》，科技部网站，2004 年 8 月 16 日。

《关于推进农业科技入户工作的意见》,《中华人民共和国农业部公报》，2004 年 11 期。

《关于严肃财经纪律规范国家科技计划课题经费使用和加强监管的通知》，科技部网站，2005 年 11 月 25 日。

《关于促进民营科技企业发展的若干意见》，科技部网站，2005 年 12 月 30 日。

《国防科工委关于进一步加强委属高校与军工科研院所和企业联合培养研究生工作的若干意见》,《中华人民共和国国防科学技术工业委员会文告》，2006 年 01 期。

《关于国家经贸委管理的 10 个国家局所属科研机构管理体制改革中若干财务和资产管理问题的通知》，科技部网站，2006 年 1 月 5 日。

《“技术创新引导工程”实施方案》，科技部网站，2006 年 1 月 24 日。

《关于国家科技计划管理改革的若干意见》，科技部网站，2006 年 1 月 27 日。

《商务部关于建设“科技兴贸 出口创新基地”有关问题的通知》，商务部网站，2006 年 2 月 28 日。

《关于印发〈关于加快发展技术市场的意见〉的通知》，科技部网站，2006 年 3 月 24 日。

《关于开展创新型企业试点工作的通知》，科技部网站，2006 年 4 月 26 日。

《关于印发〈科技型中小企业贷款平台建设指引〉的通知》，科技部网站，2006 年 5 月 31 日。

《关于印发〈关于加强科技部科技计划管理和健全监督制约机制的意见〉的通知》，科技部网站，2006 年 6 月 16 日。

《关于印发〈中医药国际科技合作规划纲要〉的通知》，科技部网站，2006 年 6 月 30 日。

《关于鼓励技术引进和创新，促进转变外贸增长方式的若干意见》，商务部网站，2006 年 7 月 14 日。

《关于印发〈新农村建设科技促进行动〉的通知》，科技部网站，2006 年 8 月 4 日。

《国家中长期科学和技术发展规划纲要（2006—2020 年）》，《中华人民共和国国务院公报》，2006 年 09 期。

《国务院关于印发实施〈国家中长期科学和技术发展规划纲要（2006—2020 年）〉若干配套政策的通知》，《中华人民共和国国务院公报》，2006 年 09 期。

《科学研究事业单位贯彻〈事业单位工作人员收入分配制度改革方案〉的实施意见》，科技部网站，2006 年 9 月 30 日。

《国务院关于印发全民科学素质行动计划纲要（2006—2010—2020 年）的通知》，《中华人民共和国国务院公报》，2006 年 10 期。

《落实财政预算管理改革要求进一步加强科技部科技经费管理和监督的意见》，科技部网站，2006 年 10 月 10 日。

《关于印发〈中国科技企业孵化器“十一五”发展规划纲要〉的通知》，科技部网站，2006年10月17日。

《关于印发〈国家“十一五”基础研究发展规划〉的通知》，科技部网站，2006年10月30日。

《国家“十一五”科学技术发展规划》，科技部网站，2006年10月31日。

《关于改进和加强中央财政科技经费管理的若干意见》，《吉林省人民政府公报》，2006年18期。

《国务院办公厅转发科技部等部门关于推进县（市）科技进步意见的通知》，《中华人民共和国国务院公报》，2006年18期。

《中共中央 国务院关于实施科技规划纲要增强自主创新能力的决定》，《中华人民共和国国务院公报》，2006年19期。

《商务部 发展改革委 科技部 财政部 信息产业部 海关总署 税务总局 质检总局 知识产权局 中科院关于印发〈科技兴贸“十一五”规划〉的通知》，《中国对外经济贸易文告》，2006年21期。

《国务院关于深化改革加强基层农业技术推广体系建设的意见》，《中华人民共和国国务院公报》，2006年30期。

《中共中央、国务院关于实施科技规划纲要增强自主创新能力的决定》，载彭森主编，《中国开发区年鉴（2007）》，中国财政经济出版社，2007年版，第15–17页。

《关于动员和组织广大科技工作者为建设创新型国家做出新贡献的若干意见》，科技部网站，2007年1月16日。

《关于印发科技兴县（市）专项工作“十一五”规划的通知》，科技部网站，2007年2月27日。

《农业部关于印发〈农业科技发展规划（2006—2020年）〉的通知》，

农业农村部网站，2007 年 7 月 20 日。

《关于深入实施星火计划的若干意见》，科技部网站，2007 年 9 月 7 日。

《关于印发国家技术转移促进行动实施方案的通知》，科技部网站，2007 年 9 月 21 日。

《财政部关于企业加强研发费用财务管理的若干意见》，《中华人民共和国财政部文告》，2007 年 11 期。

《关于印发〈科技企业孵化器评价指标体系（试行）〉的通知》，科技部网站，2007 年 12 月 20 日。

《关于加大对公益类科研机构稳定支持的若干意见》，科技部网站，2007 年 12 月 29 日。

《关于科学研究事业单位岗位设置管理的指导意见》，中国政府网，2008 年 2 月 5 日。

《关于进一步推动科研基地和科研基础设施向企业及社会开放的若干意见》，中国政府网，2008 年 2 月 5 日。

《关于依托转制院所和企业建设国家重点实验室的指导意见》，中国政府网，2008 年 2 月 5 日。

《关于加强专业技术人员继续教育工作的意见》，中国政府网，2008 年 2 月 5 日。

《关于加强农村实用科技人才培养的若干意见》，中国政府网，2008 年 2 月 5 日。

《关于科研机构和大学向社会开放开展科普活动的若干意见》，中国政府网，2008 年 2 月 5 日。

《关于加强国家科普能力建设的若干意见》，中国政府网，2008 年 2 月 5 日。

《关于改进和加强重大技术装备研制经费管理的若干意见》，科技部网站，2008 年 2 月 22 日。

《关于支持中小企业技术创新的若干政策》，科技部网站，2008 年 2 月 22 日。

《国务院办公厅转发科技部等部门 2004—2010 年国家科技基础条件平台建设纲要的通知》，中国政府网，2008 年 3 月 28 日。

《关于继续开展科技富民强县专项行动计划工作的通知》，科技部网站，2008 年 5 月 5 日。

《高新技术企业认定管理工作指引》，科技部网站，2008 年 7 月 8 日。

《国务院办公厅转发发展改革委等部门关于促进自主创新成果产业化若干政策的通知》，《中国对外经济贸易文告》，2009 年 04 期。

《关于印发〈关于深入开展科技特派员农村科技创业行动的意见〉的通知》，科技部网站，2009 年 6 月 17 日。

《关于印发〈国家技术创新工程总体实施方案〉的通知》，《国务院国有资产监督管理委员会公告》，2009 年 07 期。

《关于印发发挥国家高新技术产业开发区作用促进经济平稳较快发展若干意见的通知》，科技部网站，2009 年 7 月 20 日。

《国家发展改革委关于加快国家高技术产业基地发展的指导意见》，中国政府网，2009 年 12 月 31 日。

《科技部 教育部 国资委 中科院 工程院 自然科学基金会 中国科协关于动员广大科技人员服务企业的意见》，《中华人民共和国国务院公报》，2009 年 26 期。

《国家中长期人才发展规划纲要（2010—2020年）》，人民出版社，2010年版。

《财政部 科技部关于解决转制科研机构职工住房补贴问题的通知》，《中华人民共和国财政部文告》，2010年06期。

《国家中长期科技人才发展规划（2010—2020年）》，科学技术文献出版社，2011年版。

《关于完善中关村国家自主创新示范区高新技术企业认定管理试点工作的通知》，科技部网站，2011年3月21日。

《关于进一步促进科技型中小企业创新发展的若干意见》，科技部网站，2011年5月16日。

《关于印发〈"十一五"国家科技基础条件平台建设实施意见〉的通知》，科技部网站，2011年5月18日。

《关于加强国家重点实验室标注管理的通知》，科技部网站，2011年6月1日。

《关于印发〈关于加强中央企业科技创新工作的意见〉的通知》，中国政府网，2011年6月24日。

《关于印发国家十二五科学和技术发展规划的通知》，科技部网站，2011年7月3日。

《关于印发关于进一步加强火炬工作 促进高新技术产业化的指导意见的通知》，科技部网站，2011年7月6日。

《关于加快推进民营企业研发机构建设的实施意见》，中国政府网，2011年9月9日。

《关于进一步加强基础研究的若干意见》，中国政府网，2011年9月20日。

《关于印发医学科技发展"十二五"规划的通知》，科技部网站，

2011 年 11 月 15 日。

《关于印发十二五生物技术发展规划的通知》，科技部网站，2011 年 11 月 29 日。

《关于印发“十二五”现代生物制造科技发展专项规划的通知》，科技部网站，2011 年 12 月 2 日。

《国务院办公厅关于进一步支持企业技术创新的通知》，《辽宁省人民政府公报》，2011 年 23 期。

《科普基础设施发展规划（2008—2010—2015）》，科学技术部政策法规司编，《科技法律法规与政策选编：1985—2008 年（下册）》，科学技术文献出版社，2011 年版，第 1145–1152 页。

《中国海外科技创业园试点工作指导意见》，载科学技术部政策法规司编，《科技法律法规与政策选编：1985—2008 年（下册）》，科学技术文献出版社，2011 年版，第 1201–1202 页。

《国务院办公厅关于加快发展高技术服务业的指导意见》，《中华人民共和国国务院公报》，2012 年 01 期。

《环境保护部关于印发〈国家环境保护“十二五”科技发展规划〉的通知》，《中华人民共和国国务院公报》，2012 年 06 期。

《中共中央 国务院关于深化科技体制改革加快国家创新体系建设的意见》，《中华人民共和国国务院公报》，2012 年 28 期。

《国务院关于印发“十二五”国家自主创新能力建设规划的通知》，《辽宁省人民政府公报》，2013 年 05 期。

《国务院关于加快科技服务业发展的若干意见》，《辽宁省人民政府公报》，2014 年 21 期。

《关于在部分区域系统推进全面创新改革试验的总体方案》，人民出版社，2015 年版。

《中共中央办公厅印发〈科协系统深化改革实施方案〉》，中国政府网，2016 年 3 月 27 日。

《国务院关于印发中国落实 2030 年可持续发展议程创新示范区建设方案的通知》，《中华人民共和国国务院公报》，2017 年 01 期。

《国务院办公厅印发关于深化科技奖励制度改革方案的通知》，《中华人民共和国国务院公报》，2017 年 18 期。

《国务院关于印发国家技术转移体系建设方案的通知》，《中华人民共和国国务院公报》，2017 年 28 期。

《中共中央办公厅 国务院办公厅印发〈关于进一步加强科研诚信建设的若干意见〉》，《中华人民共和国国务院公报》，2018 年 17 期。

《国务院关于优化科研管理提升科研绩效若干措施的通知》，《中华人民共和国国务院公报》，2018 年 22 期。

《国务院关于促进国家高新技术产业开发区高质量发展的若干意见》，《中华人民共和国国务院公报》，2020 年 21 期。

《国务院关于印发全民科学素质行动规划纲要（2021—2035 年）的通知》，《中华人民共和国国务院公报》，2021 年 19 期。

法律规章

《中华人民共和国商标法》，《中华人民共和国国务院公报》，1982 年 14 期。

《关于颁发〈国务院关于科技人员合理流动的若干规定〉的通知》，《吉林省人民政府公报》，1983 年 16 期。

《中华人民共和国科学技术进步奖励条例》，《中华人民共和国国务院公报》，1984 年 22 期。

《国务院关于技术转让的暂行规定》，《中华人民共和国国务院公报》，1985 年 03 期。

《国务院关于科学技术拨款管理的暂行规定》，《中华人民共和国国务院公报》，1986 年 04 期。

《国务院关于发布〈关于实行专业技术职务聘任制度的规定〉的通知》，《山西省人民政府公报》，1986 年 05 期。

《国务院关于扩大科学技术研究机构自主权的暂行规定》，《中华人民共和国国务院公报》，1986 年 14 期。

《中华人民共和国专利法》，法律出版社，1986 年版。

《国务院关于进一步推进科技体制改革的若干规定》，《中华人民共和国国务院公报》，1987 年 02 期。

《国务院关于推进科研设计单位进入大中型工业企业的规定》，《中华人民共和国国务院公报》，1987 年 04 期。

《关于科学事业费管理的暂行规定》，《中华人民共和国国务院公报》，1987 年 07 期。

《中华人民共和国技术合同法》，法律出版社，1987 年版。

《中华人民共和国标准化法》，中国标准出版社，1988 年版。

《国务院关于批准国家高新技术产业开发区和有关政策规定的通知》，《中华人民共和国国务院公报》，1991 年 09 期。

《中华人民共和国商标法》，法律出版社，1993 年版。

《国家工程技术研究中心暂行管理办法》，科技部网站，1993 年 2 月 4 日。

《中华人民共和国发明奖励条例》，《中华人民共和国国务院公报》，1993 年 14 期。

《国家级火炬计划项目管理办法》，科技部火炬高技术产业开发中心网站，1994 年 9 月 20 日。

《国家高新技术产业开发区管理暂行办法》，科技部网站，1996年2月9日。

《关于印发〈国家重点新产品 计划管理办法〉的通知》，《中华人民共和国国务院公报》，1998年06期。

《中国APEC科技产业合作基金使用管理办法（试行）》，科技部网站，1999年3月2日。

《科研院所技术开发研究专项资金管理暂行办法》，《科技与法律》，1999年04期。

《国家高新技术产业开发区高新技术产品出口基地认定暂行办法》，科技部网站，1999年11月16日。

《国务院转发科技部等部门关于促进科技成果转化的若干规定的通知》，《中华人民共和国国务院公报》，1999年14期。

《国务院办公厅转发科学技术部财政部关于科技型中小企业技术创新基金的暂行规定的通知》，《中华人民共和国国务院公报》，1999年19期。

《国务院办公厅转发科技部科学技术奖励制度改革方案的通知》，《中华人民共和国国务院公报》，1999年27期。

《国家科学技术奖励条例实施细则》，《中华人民共和国国务院公报》，2000年14期。

《关于发布〈中央级科研院所科技基础性工作专项资金管理暂行办法〉的通知》，《中华人民共和国国务院公报》，2000年31期。

《人事部关于印发〈留学人员科技活动项目择优资助经费申请与管理办法〉的通知》，人力资源社会保障部网站，2001年4月6日。

《市、县、区科技进步考核办法（试行）》，科技部网站，2001年7月9日。

《关于印发〈国家火炬计划软件产业基地认定条件和办法〉的通知》,《中华人民共和国国务院公报》,2001 年 08 期。

《科学技术部办公厅、财政部办公厅关于印发〈农业科技成果转化资金项目管理暂行办法〉的通知》,科技部网站,2001 年 8 月 28 日。

《科学技术部、财政部关于印发〈科技文献信息专项经费管理暂行办法〉的通知》,科技部网站,2001 年 9 月 20 日。

《关于印发〈国家高新技术产业开发区高新技术企业认定条件和办法〉的通知》,《中华人民共和国国务院公报》,2001 年 11 期。

《财政部 信息产业部关于印发〈电子信息产业发展基金管理暂行办法〉的通知》,《中华人民共和国国务院公报》,2001 年 14 期。

《关于印发〈科技评估管理暂行办法〉的通知》,《中华人民共和国国务院公报》,2001 年 29 期。

《关于印发〈科技项目招标投标管理暂行办法〉的通知》,《中华人民共和国国务院公报》,2001 年 29 期。

《国家科技计划管理暂行规定》,《中华人民共和国国务院公报》,2001 年 35 期。

《中华人民共和国科学技术普及法》,中国法制出版社,2002 年版。

《国务院办公厅转发科技部等部门关于国家科研计划实施课题制管理规定的通知》,《重庆市人民政府公报》,2002 年 01 期。

《科学技术部关于印发〈星火计划管理办法〉的通知》,科技部网站,2002 年 1 月 4 日。

《财政部 国家计委 国家经贸委 科技部关于印发〈产业技术研究与开发资金管理办法〉的通知》,《中华人民共和国对外贸易经济合作部文告》,2002 年SA期。

《国家科技计划项目管理暂行办法》,《中华人民共和国国务院公报》，2002 年 04 期。

《国家科技计划项目承担人员管理的暂行办法》，科技部网站，2002 年 5 月 13 日。

《科学技术部、财政部、国家计委、国家经贸委关于印发〈国家科研计划课题招标投标管理暂行办法〉的通知》，科技部网站，2002 年 5 月 28 日。

《财政部 国家自然科学基金委员会 教育部 科技部关于印发〈国家基础科学人才培养基金项目资助经费管理办法〉的通知》，《中华人民共和国财政部文告》，2002 年 10 期。

《关于印发〈农业科技成果转化资金项目监理和验收办法〉的通知》，科技部网站，2002 年 11 月 7 日。

《国务院办公厅转发科技部、财政部关于国家科研计划项目研究成果知识产权管理若干规定的通知》，《中华人民共和国国务院公报》，2002 年 16 期。

《财政部 科技部 总装备部关于印发〈国家高技术研究发展计划专项经费管理办法〉的通知》，《中华人民共和国国务院公报》，2002 年 25 期。

《关于印发〈国家高技术研究发展计划（863 计划）管理办法〉的通知》，《中华人民共和国国务院公报》，2002 年 26 期。

《科学技术部关于印发〈火炬计划统计工作管理办法〉的通知》，科技部网站，2003 年 1 月 24 日。

《国家自然科学基金面上项目管理办法》，《中国科学基金》，2003 年 03 期。

《关于印发〈国家 863 计划产业化促进中心认定和管理办法（试行）〉的通知》，科技部网站，2003 年 7 月 25 日。

《科学技术部关于印发〈科学技术评价办法〉（试行）的通知》，科技部网站，2003 年 9 月 20 日。

《国家火炬计划软件产业基地骨干企业认定条件和办法》，科技部网站，2003 年 11 月 13 日。

《关于发布〈科研条件工作任务项目验收办法（试行）〉的通知》，科技部网站，2003 年 12 月 10 日。

《国家科技计划项目评估评审行为准则与督查办法》，《中华人民共和国国务院公报》，2003 年 23 期。

《财政部 科技部关于印发〈应用技术研究与开发资金管理暂行办法〉的通知》，《中华人民共和国财政部文告》，2004 年 01 期。

《关于印发〈关于在国家科技计划管理中建立信用管理制度的决定〉的通知》，科技部网站，2004 年 7 月 21 日。

《财政部 科学技术部关于印发〈科技型中小企业技术创新基金财务管理暂行办法〉的通知》，《中华人民共和国财政部文告》，2005 年 04 期。

《武器装备科研生产许可实施办法》，《中华人民共和国国防科学技术工业委员会文告》，2005 年 04 期。

《财政部 信息产业部 国家发展改革委关于印发〈集成电路产业研究与开发专项资金管理暂行办法〉的通知》，《中华人民共和国财政部文告》，2005 年 05 期。

《财政部 科学技术部关于印发〈科技富民强县专项行动计划资金管理暂行办法〉的通知》，《中华人民共和国财政部文告》，2005 年 08 期。

《国家认定企业技术中心管理办法》，《中国对外经济贸易文告》，2005 年 37 期。

《国家高技术产业发展项目管理暂行办法》，中国政府网，2006 年 3 月 10 日。

《关于印发〈科技部科技计划课题预算评估评审规范〉的通知》，

科技部网站，2006 年 4 月 7 日。

《国家重点基础研究发展计划专项经费管理办法》，科技部网站，2006 年 9 月 30 日。

《国家科技支撑计划专项经费管理办法》，科技部网站，2006 年 9 月 30 日。

《科技部科技计划课题预算评估评审实施细则（暂行）》，科技部网站，2006 年 10 月 8 日。

《科学技术部、财政部关于印发〈国家科技支撑计划管理暂行办法〉的通知》，科技部网站，2006 年 10 月 31 日。

《科学技术部、财政部关于印发〈国家重点基础研究发展计划管理办法〉的通知》，《中国财经审计法规选编》，2006 年 21 期。

《关于印发〈国家软科学研究计划管理办法〉的通知》，科技部网站，2007 年 4 月 6 日。

《财政部关于印发〈中央级公益性科研院所基本科研业务费专项资金管理办法（试行）〉的通知》，《中华人民共和国财政部文告》，2007 年 04 期。

《财政部 农业部关于印发〈中央财政新型农民科技培训补助资金管理暂行办法〉的通知》，《中华人民共和国财政部文告》，2007 年 05 期。

《关于印发〈中央科研设计企业实施中长期激励试行办法〉的通知》，《国务院国有资产监督管理委员会公告》，2007 年 05 期。

《关于印发国家技术转移示范机构管理办法的通知》，科技部网站，2007 年 9 月 10 日。

《财政部关于印发〈中央级民口科技计划（基金）经费绩效考评管理暂行办法〉的通知》，《中华人民共和国财政部文告》，2007 年 11 期。

《国家自然科学基金条例》，《中华人民共和国国务院公报》，2007

年 11 期。

《国家科学技术奖评审行为准则与督查暂行办法》，科技部网站，2007 年 12 月 28 日。

《国家科技计划实施中科研不端行为处理办法（试行）》，《中华人民共和国国务院公报》，2007 年 28 期。

《科技企业孵化器（高新技术创业服务中心）认定和管理办法》，中国政府网，2008 年 2 月 5 日。

《公益性行业科研专项经费管理试行办法》，科技部网站，2008 年 2 月 22 日。

《科技计划支持重要技术标准研究与应用的实施细则》，科技部网站，2008 年 2 月 25 日。

《财政部 科技部关于印发〈国际科技合作与交流专项经费管理办法〉的通知》，《中华人民共和国财政部文告》，2008 年 03 期。

《国家工程研究中心管理办法》，《中华人民共和国国务院公报》，2008 年 03 期。

《国家工程实验室管理办法（试行）》，《中华人民共和国国务院公报》，2008 年 08 期。

《武器装备科研生产许可管理条例》，《中华人民共和国国务院公报》，2008 年 11 期。

《关于印发〈国家重点实验室评估实施细则〉的通知》，国家自然科学基金委员会网站，2008 年 12 月 1 日。

《科技部 财政部 国家税务总局关于印发〈高新技术企业认定管理办法〉的通知》，《中国对外经济贸易文告》，2008 年 29 期。

《国家科技重大专项管理暂行规定》，国家卫健委网站，2009 年 4 月 17 日。

《中央高校基本科研业务费专项资金管理暂行办法》，中国政府网，2009 年 8 月 19 日。

《关于印发〈关于推动产业技术创新战略联盟构建与发展的实施办法（试行）〉的通知》，科技部网站，2009 年 12 月 1 日。

《商务部、科技部关于印发〈国家科技兴贸创新基地建设和管理办法〉的通知》，商务部网站，2010 年 8 月 3 日。

《关于印发〈国家科技重大专项项目（课题）验收暂行管理办法〉的通知》，科技部网站，2011 年 7 月 23 日。

《关于印发国家科技支撑计划管理办法的通知》，科技部网站，2011 年 9 月 16 日。

《财政部 科技部关于调整国家科技计划和公益性行业科研专项经费管理办法若干规定的通知》，科技部网站，2011 年 9 月 29 日。

《科技部印发国家重点基础研究发展计划管理办法》，中国政府网，2011 年 12 月 9 日。

《关于参加国际科技组织的若干规定》，载科学技术部政策法规司编，《科技法律法规与政策选编：1985—2008 年（下册）》，科学技术文献出版社，2011 年版，第 1189–1190 页。

《国际科学技术会议与展览管理暂行办法》，载科学技术部政策法规司编，《科技法律法规与政策选编：1985—2008 年（下册）》，科学技术文献出版社，2011 年版，第 1198–1200 页。

《中华人民共和国农业技术推广法》，法律出版社，2012 年版。

《财政部 科技部关于印发〈国家科技成果转化引导基金管理暂行办法〉的通知》，《中华人民共和国国务院公报》，2012 年 08 期。

《财政部关于印发〈民口科技重大专项项目（课题）财务验收办法〉的通知》，《中华人民共和国国务院公报》，2012 年 08 期。

《科技部关于印发〈创新型产业集群试点认定管理办法〉的通知》，科技部网站，2013 年 3 月 21 日。

《科技部关于印发〈国家科技计划科技报告管理办法〉的通知》，科技部网站，2013 年 10 月 15 日。

《中华人民共和国促进科技成果转化法》，法律出版社，2015 年版。

《国家自然科学基金项目资助经费管理办法》，中国政府网，2015 年 5 月 15 日。

《国家自然科学基金重大项目管理办法》，国家自然科学基金委员会网站，2015 年 8 月 17 日。

《国家自然科学基金青年科学基金项目管理办法》，国家自然科学基金委员会网站，2015 年 12 月 4 日。

《国家自然科学基金重点项目管理办法》，国家自然科学基金委员会网站，2015 年 12 月 4 日。

《科技部科技计划管理费管理试行办法》，科技部网站，2015 年 12 月 8 口。

《财政部 国家自然科学基金委员会关于印发〈国家自然科学基金资助项目资金管理办法〉的通知》，《中华人民共和国财政部文告》，2015 年 05 期。

《科学技术保密规定》，《中华人民共和国国务院公报》，2016 年 03 期。

《财政部 科技部 国资委关于印发〈国有科技型企业股权和分红激励暂行办法〉的通知》，《中华人民共和国财政部文告》，2016 年 04 期。

《国家企业技术中心认定管理办法》，《中华人民共和国国务院公报》，2016 年 14 期。

《中华人民共和国标准化法》，法律出版社，2017 年版。

《科技部 财政部 发展改革委关于印发〈科技评估工作规定（试行）〉的通知》，科技部网站，2017 年 1 月 17 日。

《科技部 财政部关于印发〈国家重点研发计划管理暂行办法〉的通知》，科技部网站，2017 年 6 月 28 日。

《财政部 教育部 国家发展改革委 科技部 工业和信息化部 民政部 商务部 海关总署 国家税务总局 国家新闻出版广电总局关于支持科技创新进口税收政策管理办法的通知》，《中国对外经济贸易文告》，2017 年 21 期。

《中华人民共和国计量法》，中国法制出版社，2018 年版。

《国务院办公厅关于印发科学数据管理办法的通知》，《中华人民共和国国务院公报》，2018 年 11 期。

《科技部关于印发〈科学技术部科技统计工作管理办法〉的通知》，《中华人民共和国国务院公报》，2019 年 09 期。

《科技部关于印发〈科技企业孵化器管理办法〉的通知》，《中华人民共和国国务院公报》，2019 年 10 期。

《中华人民共和国商标法》，中国法制出版社，2019 年版。

《中华人民共和国专利法》，中国法制出版社，2020 年版。

《国家科学技术奖励条例》，中国法制出版社，2020 年版。

《财政部 科技部关于印发〈中央财政科技计划（专项、基金等）后补助管理办法〉的通知》，《中华人民共和国财政部文告》，2020 年 01 期。

《科学技术活动违规行为处理暂行规定》，《中华人民共和国国务院公报》，2020 年 25 期。

《科技部 农业农村部 水利部 国家林业和草原局 中国科学院 中国农业银行关于印发〈国家农业科技园区管理办法〉的通知》，中华人民共和国科学技术部，2020 年 7 月 9 日。

《科技部关于印发〈科学技术活动评审工作中请托行为处理规定（试行）〉的通知》，科技部网站，2020 年 12 月 30 日。

《中华人民共和国科学技术进步法》，法律出版社，2021 年版。

《科技部 财政部印发〈国家技术创新中心建设运行管理办法（暂行）〉的通知》，科技部网站，2021 年 2 月 23 日。

《关于“十四五”期间支持科普事业发展进口税收政策管理办法的通知》，科技部网站，2021 年 4 月 29 日。

《国家杰出青年科学基金项目管理办法》，国家自然科学基金委员会网站，2021 年 5 月 18 日。

报刊文章

周成奎、方新、孙玉麟、连燕华，《关于科技体制改革理论的若干问题》，《科研管理》，1989 年 05 期。

胡乐真，《科技体制改革的若干理论问题》，《科研管理》，1990 年 02 期。

中国科技促进发展研究中心，《科技体制改革的回顾与展望》，《科技导报》，1992 年 01 期。

方新，《科技体制研究中的一个分析框架》，《科学学研究》，1994 年 04 期。

连燕华，《试探科技体制改革的新问题、新焦点》，《科技导报》，1997 年 01 期。

王玉民、周文磊、赵作权，《科技体制改革要论》，《中国科学院院刊》，1997 年 01 期。

穆荣平、连燕华，《重大科研项目计划管理方法研究》，《科研管理》，1997 年 04 期。

尚勇，《深化我国科技体制改革的思路与目标》，《科学学与科学技术管理》，1998 年 03 期。

朱丽兰，《构筑面向新世纪的新型科技体制》，《全球科技经济瞭望》，1999 年 01 期。

丁厚德，《改革与建设国家创新体系——科技体制改革的挑战和机遇》，《清华大学学报（哲学社会科学版）》，1999 年 04 期。

《科技体制改革的重大突破—— 10 个国家局科研机构改制综述》，《中国科技论坛》，1999 年 04 期。

方新，《科技体制改革的回顾与前瞻》，《科研管理》，1999 年 05 期。

冀文海，《科技体制改革迫在眉睫——242 个科研院所走向产业》，《行政人事管理》，1999 年 12 期。

朱丽兰，《加大科技体制改革力度加快国家创新体系建设》，《科学学与科学技术管理》，2000 年 01 期。

胥和平等，《科技体制改革中的若干理论和政策问题——科研机构改革高层研讨会纪要》，《中国科技论坛》，2001 年 01 期。

吴林海、彭纪生，《对科技体制改革的反思》，《科学学与科学技术管理》，2001 年 04 期。

张九庆，《关于我国当前科技政策与体制改革评价的十点思考》，《科学学与科学技术管理》，2002 年 02 期。

方新，《关于深化科技体制改革的思考》，《中国科学院院刊》，2003 年 02 期。

方新、柳卸林，《我国科技体制改革的回顾及展望》，《求是》，2004 年 05 期。

汪前进、沈华，《中国科学院的改革实践——纪念科技体制改革二十周年》，《中国科学院院刊》，2005 年 02 期。

王玉民，《国家创新体系建设是科技体制改革深化的基本方向》，《科学对社会的影响》，2005 年 02 期。

孙英兰，《三任科技部长纵论科技体制改革释放第一生产力》，《瞭望新闻周刊》，2005 年 26 期。

朱效民，《中国科技体制：昨天、今天和明天》，《科技中国》，2006 年 10 期。

李真真，《中国科技体制的结构及其演变》，《高技术与产业化》，2007 年 10 期。

汪前进，《中国科学院在中国科技体制化和改革中的地位与作用》，《中国科学院院刊》，2009 年 02 期。

李正风，《科技体制改革与培育新的创新主体》，《科学学研究》，2011 年 12 期。

李新男，《关于深化科技体制改革重点的思考》，《科学学研究》，2011 年 12 期。

罗伟，《科技体制改革可能需要换个思路》，《科学与社会》，2012 年 03 期。

陈磊，《强化企业技术创新主体地位 提高创新体系整体效能——科技部部长万钢谈深化科技体制改革》，《中国科技产业》，2012 年 07 期。

朱效民，《科技体制改革的“体”与“用”》，《自然辩证法研究》，2012 年 07 期。

方新，《科技体制改革——三十年的变与不变》，《科学学研究》，2012 年 10 期。

白春礼，《科技体制改革是全面深化改革的重要任务》，《中国科学院院刊》，2014 年 01 期。

陈印政，《科技体制改革卅载历程的一次回顾与反思——“科技体制改革：30 年后的回望”纪念座谈会暨学术报告会综述》，《自然辩证法通讯》，2015 年 01 期。

李真真、王超，《科技体制改革的历史背景与战略选择》，《自然辩证法通讯》，2015 年 01 期。

曹聪、李宁、李侠、刘立，《科技体制改革新论》，《自然辩证法通讯》，2015 年 01 期。

周秀清，《向深化改革要动力——中国科学院院长白春礼谈中科院科技体制改革》，《紫光阁》，2015 年 03 期。

郭华东，《重塑科技创新体制》，《中国经济报告》，2015 年 07 期。

李侠、周正，《科技体制改革的红利与组织记忆重塑》，《中国科技论坛》，2015 年 08 期。

李平、王宏伟、张静，《改革开放 40 年科技体制改革和全要素生产率》，*China Economist*，2018 年 01 期。

汪克强，《我国科技体制改革的经验与启示》，《人民日报》，2018 年 10 月 25 日。

张景安，《科技体制改革 40 年》，《中国软科学》，2018 年 10 期。

李平，《改革开放 40 年科技体制改革发展历程》，《智慧中国》，2018 年 11 期。

田杰棠，《科技体制改革和创新 40 年回顾与展望》，《中国发展观察》，2018 年 11 期。

陈劲、张学文，《中国创新驱动发展与科技体制改革（2012—2017）》，《科学学研究》，2018 年 12 期。

孙烈，《中国科技体制的演变》，《当代中国史研究》，2019 年 06 期。

马名杰、张鑫，《科技体制改革 ：历程、经验与展望》，《中国科技论坛》，2019 年 06 期。

李万，《深化科技体制改革的新思路》，《中国党政干部论坛》，2019 年 07 期。

孙玉涛、刘凤朝、曹聪，《科技体制改革的逻辑一个制度理论的框架》，《科学学研究》，2022 年 01 期。

王志刚，《完善科技创新体制机制》，《人民日报》，2020 年 2 月 6 日。

图书著作

叶丹等编著，《中国科技改革：战略选择·实证研究》，上海科学技术文献出版社，1990 年版。

朱丽兰、管志安、徐昌敏主编，《中国改革全书（1978—1991 年）：科技体制改革卷》，大连出版社，1992 年版。

周成奎主编，《科技体制改革若干问题研究》，机械工业出版社，1992 年版。

王清扬主编，《第一生产力与科技体制改革》，山东人民出版社，1993 年版。

邹力行著，《社会主义市场经济中的科技体制》，青岛出版社，1995 年版。

中华人民共和国国家科学技术委员会、加拿大国际发展研究中心编，《十年改革：中国科技政策》，北京科学技术出版社，1998 年版，

吴波尔、叶丹、穆恭谦、汤世国、蒋円平、何德方等著，《解放第一生产力：科技体制改革》，广西师范大学出版社，1998 年版。

方新主编，《中国可持续发展总纲（第 16 卷）：中国科技创新与可

持续发展》，科学出版社，2007 年版。

方新等编著,《科学的春天》，科学出版社，2008 年版。

万钢主编,《中国科技改革开放 30 年》，科学出版社，2008 年版。

中华人民共和国科学技术部编,《中国科技发展 60 年》，科学出版社，2009 年版。

OECD著，薛澜、柳卸林、穆荣平等译,《OECD中国创新政策研究报告》，科学出版社，2011 年版。

薛澜等著,《中国科技发展与政策（1978—2018）》，社会科学文献出版社，2018 年版。

中国科学院编,《改革开放先锋 创新发展引擎——中国科学院改革开放四十年》，人民出版社，2018 年版。

中华人民共和国科学技术部编,《中国科技发展 70 年（1949—2019）》，科学技术文献出版社，2019 年版。

中国科技体制改革大事记

▼

1978年

3月18—31日，中共中央在北京召开全国科学大会，邓小平提出科学技术是生产力和中国的知识分子已经成为工人阶级的一部分的观点。在闭幕式上，郭沫若做了题为《科学的春天》的书面发言。

4月30日，国务院批准国家科委《关于全国科协当前工作和机构编制的请示报告》，全国科协组织正式恢复。

6月23日，国家计委、国家科委、民政部、国家统计局联合发出通知，决定在全国范围内进行一次自然科学技术人员基本情况的普查。普查的目的是准确掌握当前全国自然科学技术队伍的基本情况，落实党的知识分子政策，组织实施科学技术规划，为发展我国科学研究事业提供更加可靠的依据。

7月16日，《光明日报》发表题为《论“六分之五”》的社论，指出科学技术人员应当以科技为主，把最大精力放到科技业务工作上去，保证科技人员每周至少有六分之五的工作时间。

10月11日，我国第一所培养社会科学研究专门人才的高等学校——中国社会科学院研究生院在北京正式成立。

10月19日，国家科委党组和中国科学院党组召开科研机构党的工作座谈会，提出科研机构党的工作要以科研为中心，科研机构中党的工作干部，应当既懂政治又懂业务；要认真执行党委领导下的所长分工负责制，坚决克服党的组织包揽一切的做法；在组织政治学习中，坚决反对形式主义。

11 月 3 日，中组部发布《关于落实党的知识分子政策的几点意见》，就落实党的知识分子政策，对科级干部进行全面普查，解决好知识分子学以致用问题，提出了六条意见。

11 月 15 日，中国技术经济研究会、中国管理现代化研究会在北京成立。

12 月 28 日，国务院公布《中华人民共和国发明奖励条例》。

1979 年

1 月 21 日，《人民日报》发表《把注意力移到技术革命上来》的社论，提出把全党工作的着重点转移到社会主义现代化建设上来，就必须以极大的力量来推进科技革命。而把注意力转移到技术革命上来，首先要对技术的作用有正确的认识；安排好进行科技革新和技术革命的基本物质条件；正确处理好科研成果于应用推广的关系；充分发挥工程技术人员、专家和广大工人的积极性，发扬技术民主。

2 月 1 日，国务院批转国家科委、中国科学院、外交部《关于颁发科学技术人员对外通讯联系和交换书刊资料两个规定的请示》。

7 月 31 日，国务院颁发《中华人民共和国标准化管理条例》。

11 月 2 日，邓小平在中央党、政、军机关副部长以上干部会上做题为《高级干部要带头发扬党的优良传统》的报告，强调各级领导要支持科学家工作，使他们能够集中主要精力去钻研业务，搞好科研工作。

11 月 5 日，国家科委技术经济和管理现代化专业组、中国技术经济研究会等单位联合召开首都技术经济大型座谈会，从技术经济的角度探讨我国社会主义建设的经验教训。

11月21日，国务院公布《中华人民共和国自然科学奖励条例》，规定凡集体或个人的阐明自然现象、特性或规律的科研成果，对科学技术发展有重大意义的，可授予国家自然科学奖。

11月23日，财政部印发《关于文教科学卫生事业单位、行政机关“预算包干”试行办法》，从1980年起，对文教科学卫生事业单位的预算支出，年终有结余的可以全部留归各单位自己支配，不用上交。这样做可以调动行政事业部门的积极性，努力节约经费开支，提高资金的使用效果。

12月10日，国务院颁发《工程技术干部技术职称暂行规定》。

1980年

3月15—23日，中国科协召开第二次代表大会，距1958年召开的中国科协第一次全国代表大会已有22年。这次大会是中国科技团体发展史上一次拨乱反正、继往开来的大会，是继全国科学大会后我国科技界的又一次盛会。

6月27日，国家科委和国务院科技干部局在科技管理干部学习班结业典礼上为109名学员颁发结业证书。

7月15—19日，国家科委在北京召开第五次全国科技情报工作会议，强调科技情报工作要紧密围绕国民经济建设和科学技术发展的需要，广辟情报来源，加强文献工作，掌握国内外科学技术成就和动向，及时准确地为国民经济建设各条战线提供科学技术情报资料和分析资料。

7月15—26日，国家经委、国家建委、国家科委和国家档案局联合召开全国科技档案工作会议，强调国民经济各部门和科学技术研究机构要尽快地恢复和整顿好科技档案工作，搞好科技档案的收集、整理、保管和使用。

7月24日，中共中央在北京中南海开办了一个新的课堂，学生是中共中央书记处和国务院的领导同志。第一课的教师、著名科学家钱三强教授，以《科学技术发展的简况》为题，阐述世界科学技术发展的几个阶段及其对社会进步的影响。

8月17日，中国科协第二届常务委员会第二次会议通过《关于积极开展在职科技人员专业培训工作的意见》。

11月18—22日，中国系统工程学会成立大会暨第一届学术年会在北京召开。

11月30日—12月7日，全国科学学研究联络组、人才学研究会筹备组和中国未来学研究会在安徽合肥联合举行全国科学学、人才学、未来学联合学术讨论会，就我国政治、经济、社会等方面的改革发表了意见，并建议党和国家努力实现决策科学化。

12月14日，根据《中华人民共和国学位条例》规定，国务院设立学位委员会，负责领导全国学位授予工作。

12月27日，国家经济委员会、国家基本建设委员会、国家科委、国家档案局印发《科学技术档案工作条例》。

1981年

1月29日，中国科学院党组提出《关于中国科学院工作的汇报提纲》，并向中共中央书记处做了汇报。

2月24日，中国科协发出《关于在学会、地方科协建立科技咨询服务机构的通知》，提出中国科协成立科技咨询服务部，希望各省、市、自治区和各全国性学会的科技咨询服务机构，积极开展科技咨询服务业务。

3月6日，中共中央转发中国科学院《关于中国科学院工作的汇报提纲》。

3月31日，中国优选法、统筹法与经济数学研究会在北京成立，其宗旨是把优选法、统筹法与经济数学广泛应用于经济管理和生产技术，加强社会主义建设。

4月16日，中共中央、国务院转发国家科委党组《关于我国科学技术发展方针的汇报提纲》。

5月11—20日，中国科学院第四次学部委员大会在北京举行，提出“团结起来，发展科学，振兴中华”的口号，通过《中国科学院试行章程》，规定学部委员大会为中国科学院的最高决策机构，中国科学院是国家自然科学的最高学术机构和综合研究中心。

6月23—24日，根据中日两国政府1980年5月28日签订的《中华人民共和国政府和日本国政府科技合作协定》，中日科技合作委员会在北京举行了第一次会议，双方就计量标准、科技情报、农业技术、铁路技术、冶金卫生以及试验动物等方面的科学技术合作进行了探讨。

10月8日，国务院学位委员会召开第三次会议，讨论研究关于审定我国首批博士和硕士学位授予单位与如何做好学位授予工作的问题。

11月26日，我国首批博士和硕士学位授予单位名单经国务院批准，由国务院学位委员会下达。首批博士学位授予单位共151个，博士学位授予单位的学科、专业点812个，可以指导博士研究生的导师1550人；硕士学位授予单位358个，硕士学位、专业点3185个。

12月23日，全国人才学研究工作者代表会议在辽宁省沈阳市召开，正式成立了中国人才研究会。该会目的是研究人才政策和制度，探讨人才学术理论。

12月28日，中国科协在北京召开农业（包括多种经营）技术承包经验交流会。

1982年

2月15日，中国科协会同财政部联合发布《科协系统及所属学术团体科技咨询服务收费的暂行规定》，规定了科协系统及所属学术团体开展科技咨询服务的范围、收费的形式和标准、咨询服务所得收入的分配等。

3月15日，国务院科技干部局制定《聘请科学技术人员兼职的暂行办法》和《实行科学技术人员交流的暂行办法》，以提高科学技术人员的水平，促进科技知识的交流和转移，使科学技术更好地为经济建设服务。

3月16日，国务院公布《合理化建议和技术改进奖励条例》，以鼓励职工积极提合理化建议，努力进行技术革新。

5月23日，第五届全国人大常委会第二十四次会议通过《全国人民代表大会常务委员会关于设立国防科学技术工业委员会的决议》，决定将国务院国防工业办公室与国防科学技术委员会、中央军委科学技术装备委员会办公室合并，设立国防科学技术工业委员会。

6月9—14日，中国科学学与科技政策研究会成立会议在安徽九华山举行。

9月20日，中国科协第二届全国委员会第二次会议在北京召开。裴丽生在会上作题为《团结动员广大科技工作者，为全面开创社会主义现代化建设的新局面贡献力量》的工作报告，发出中国科协第二届全委会致全国科技工作者的倡议书。

11月27日，中国科学院科研成果展览交流会在北京民族文化宫正式开幕，历时40天。其间转让科技成果156项，推销产品517项，提供技术服务和咨询3184项，成交金额113.1万元。

12月2日，国务院办公厅转发农牧渔业部《关于迅速加强农业技术培训工作的报告》，提出迅速加强农业技术培训工作，用科学技术武装广大农村干部和农民群众是推动农业生产持续增长的一项迫切而有效的措施。

12月10日，全国总工会成立中华全国职工技术协作委员会。它是我国职工技术协作活动的领导机构，其职责为：研究、制定全国职工技术协作活动的政策、制度；总结交流经验，表彰先进；指导、协调地方职工技术协作组织的工作；编辑出版职工技术协作活动成果的资料、书刊；培训从事职工技术协作工作的干部。

12月19—24日，中国自然辩证法研究会在北京召开全国城市发展战略思想学术讨论会。这次会议的中心议题是讨论城市在我国社会主义现代化建设中的地位和作用，探讨我国城市发展的客观规律和战略思想。

1983年

1月26日—2月2日，全国农村科技工作会议在北京召开。这是新中国成立以来第一次全国性会议。

1月28日，国务院科技领导小组成立。其主要任务是：统一组织和管理全国的科技队伍，按需要调动集中使用；统一领导科技长期规划，包括行业和重点企业的技术改造规划，使各规划之间互相渗透、互相衔接；研究重大技术政策的决策，决定重大技术的引进和消化；协调各部门科技合作。

3月16日，中国科学技术咨询服务中心在北京正式成立。其依靠中国科协所属的学会等学术团体、科普团体和所联系的科研单位及广大科研工作者，对我国经济建设中的领导决策和技术进步问题进行咨询。同时，也接受国际组织或个人的委托，提供决策咨询、技术咨询和技术服务。

4 月 18 日，国务院同意并批转劳动人事部和国家民委《关于加强边远地区科技队伍建设若干政策问题的报告》，对加强边远地区科技队伍建设作了若干政策规定，鼓励沿海内地科技人员支援边疆。

4 月 22 日，国务院同意并批转劳动人事部、农牧渔业部、林业部、财政部《关于加强农林第一线科技队伍的报告》。

4 月 25 日，劳动人事部公布《工人技术考核暂行条例》。

5 月 27 日，国务院学位委员会和北京市人民政府在北京人民大会堂联合召开博士和硕士学位授予大会。

7 月 5 日，国务院办公厅公布《机械电子工业技术改造试行条例》。

7 月 19 日，中共中央办公厅、国务院办公厅转发国家科委党组《关于当前农村科技工作和体制改革的若干意见》。

9 月 12 日，国务院下发《关于延长部分骨干教师、医生、科技人员退休年龄的通知》。同日，国务院发布《关于高级专家离休退休若干问题的暂行规定》，以充分发挥高级专家的作用，并有利于新生力量的成长和队伍的更新。

9 月 26 日，国务院印发《关于引进国外人才工作的暂行规定》。

10 月 4—8 日，国家科委与联合国科技促进发展资金系统在北京联合召开“北京国际科技政策与管理讨论会”。这是第一次在我国召开的规模较大、内容较深的关于科技政策和管理的国际会议。

11 月 21 日，国家经委、财政部和中国人民银行联合召开全国企业技术进步工作会议。

12月13—22日，全国科技工作会议在北京举行。

1984年

2月22日，国家科委发布《关于科学技术研究成果管理的规定》。

2月27日，国务院发布《关于在我国统一实行法定计量单位的命令》。

3月1日，农牧渔业部公布《农业技术承包责任制试行条例》，规定开展技术承包必须本着“双方自愿，有偿服务，合理奖赔”的原则。

3月12日，六届人大常委会第四次会议审议通过《中华人民共和国专利法》。

4月25日，国务院修订《中华人民共和国发明奖励条例》《中华人民共和国自然科学奖励条例》，提高发明奖和自然科学成果奖奖金。

7月1日，国务院重大技术装备领导小组，国家经委等单位在上海召开重大技术装备研制攻关经验交流会。

7月17—21日，全国科技干部管理工作改革座谈会在北京举行，提出科技干部要试行聘用制，把计划调配和聘用制结合起来，以促进人才交流；国家决定成立全国科技与人才开发交流中心，建立“博士后”流动站。

9月12日，国务院公布《中华人民共和国科学技术进步奖励条例》。

1985年

1月6—13日，中国科学院1985年工作会议在北京召开。这次会议决定中国科学院改变科研经费拨款方式，开始实行基金制和合同制等改革措施。

1月10日，国务院印发《关于技术转让的暂行规定》，其内容包括技术商品和技术市场；技术转让的权益；技术转让费的支付、技术转让的税收和技术转让首付的使用等七条。

2月8日，国务院批转国家经委《关于改进技术进步工作的报告》和《关于改进技术进步工作的若干暂行规定》。同日，国务院同意并批转国家经委、财政部、中国人民银行《关于推进国营企业技术进步若干政策的暂行规定》。

3月2—7日，国务院主持召开的全国科技工作会议在北京举行，中心议题是研究科技体制改革的重大问题。

3月13日，中共中央印发《关于科学技术体制改革的决定》，提出经济建设必须依靠科学技术、科学技术工作必须面向经济建设的战略方针。

4月20日，国务院批准国家科委、国家经委、国防科工委《关于开放技术市场几点意见的报告》，提出了“放开、搞活、扶植、引导”的技术市场发展方针。同日，全国技术市场协调指导小组成立，办公室设在国家科委，其任务是对全国技术市场进行宏观指导，协调各业务部门的关系，推动技术市场的发展。这对于推动我国科技体制改革，实现科技与经济的结合，具有重要意义。

5月14日—6月7日，首届全国技术成果交易会在北京举行，吸引了来自全国各地共78个交易团、3000多个单位参加。这是开放技术市场以来一次规模较大的活动，对于促进科学技术更好地为国民经济建设服务，促进和繁荣技术市场，加速科技成果的商品化，推动生产力的发展，具有重大意义。

5月24日，国务院公布《中华人民共和国技术引进合同管理条例》。

5月25日，国家科委向国务院提出《关于抓一批“短平快”科技项目促进地方经济振兴的请示》。

6月6—10日，全国科技情报体制改革座谈会在江苏省南京市举行。

7月5日，国务院批转国家科委、教育部和中国科学院《关于试办博士后科研流动站的报告》，决定在我国试行博士后研究制度，并拨出专款用于建立博士后科研流动站。

8月21—27日，国家科委和全国人大教科文卫委员会共同召开全国科技立法工作座谈会在北京举行。目的是讨论如何加强科技领域的法制建设，提出科技立法规划的初步设想，并对《中华人民共和国技术合同法（草案）》进行讨论和修改。

9月10日，国家专利局公布我国首批专利申请。首批公布的国内外专利申请共有150项。

10月11—15日，国家科委在江苏省扬州市召开"星火计划"工作会议。国家科委经过调查研究，确定了"星火计划"在以后两年技术开发的14个重点领域，主要是利用国内已取得的科技成果，使之迅速商品化，为扩散、推广新技术提供榜样。

10月31日，国务院科技领导小组第十次会议决定，于1985年第四季度至1986年第二季度，在全国进行一次科技普查，以取得反映研究与开发机构科技活动状况和大中型工业企业技术开发状况的主要数据，为各级领导机关进行决策和在"七五"期间制定科技政策、研究发展战略提供依据。

11月24—26日，第三次全国企业技术进步工作会议在北京举行。

11月28日，国家科委发出《关于加强对技术市场管理工作的通知》。

12月7日，国家科委向国务院提出《关于实施"星火计划"的请示》。

12月28日，国家专利局在北京人民大会堂举行大会，颁发首批中华人民共和国专利证书，对143项专利申请授予专利权。

1986 年

1 月 4 日，全国职称改革工作会议在北京召开，决定从 1986 年起，有领导、有计划、有步骤地在全国进行职称评定，实行专业技术职务聘任制度。

1 月 11 日，我国第一家专营新技术风险投资的全国性金融企业——中国新技术创业投资公司在北京成立。这家股份有限公司隶属国家科委、金融业务由中国人民银行领导。主要投资对象是进行技术改造和开发利用新技术的中小企业，投资领域着重于开发信息、生物、电子、新材料和其他新技术产品及应用。

1 月 23 日，国务院印发《关于科学技术拨款管理的暂行规定》。

2 月 14 日，国务院下发《关于成立国家自然科学基金委员会的通知》。国家自然科学基金委员会是管理国家自然科学基金的事业单位。

2 月 18 日，国务院印发《关于实行专业技术职务聘任制度的规定》。

3 月 3 日，王大珩、王淦昌、杨嘉墀、陈芳允四位中国科学院学部委员向邓小平呈送《关于跟踪研究外国战略高技术的建议书》。

3 月 6 日，国家科委、财政部联合发出《关于办理科研事业费指标划转工作的通知》，提出自 1986 年起，国务院各部门的科研事业费均划转给国家科委统一归口管理；对划转工作中的有关具体问题作出了明确规定。

3 月 24 日，国家科委发出《关于对科研单位进行分类工作的通知》。

4 月 1 日，财政部发布《关于对科学技术研究机构收入征税的暂行规定》。

4 月 7 日，由联合国科技促进发展资金系统和国家科委联合举办的第二次北京国际科技政策讨论会在中国科技促进发展研究中心举行。

4月19日，国务院印发《关于扩大科学技术研究机构自主权的暂行规定》。

4月20日，中国深圳技术交易会闭幕。这是我国首次举办的以出口技术为主的大型交易会，向世界传播了我国技术走向世界市场的重要信息，并成为我国技术走向世界市场的良好开端。

6月22—28日，由全国技术市场协调领导小组发起的首届全国技术市场理论研讨会在江西省九江市召开，探讨了我国技术市场开发的途径和前景，为制定技术市场的有关政策、法规提供理论依据。

7月9日，国务院下发《关于促进科技人员合理流动的通知》。

8月2日，中共中央、国务院转发国家科委《关于当前科技工作形势和今后工作若干意见的报告》。

9月19日，中国科协促进自然科学与社会科学联盟工作委员会在北京成立。

9月22日，国家科委发布《国家科委科技项目贷款管理暂行办法》，规定国家科委将减下来的科研事业费的一部分转作科技委托信贷资金和科技贷款贴息资金，以贷款的形式提供给削减了科研事业费的主管部门，用于支持技术开发和近期可望取得使用价值的应用研究。

10月6日，中共中央办公厅、国务院办公厅转发《关于发挥离休退休专业技术人员作用的暂行规定》。

10月27日，全国哲学社会科学规划小组会议通过《国家社会科学基金暂行条例》。

11月18日，中共中央、国务院批转《高技术研究发展计划纲要》，提出了生物技术、航天技术、信息技术、先进防御技术、自动化技术、能源技术和新材料等七个领域中的十五个主题项目，作为我国此后发展高技术的重点。

12月15日，国家科学技术进步奖评审委员会发布《中华人民共和国科学技术进步奖励条例实施细则（试行）》。

12月17日，我国第一个国家重点实验室——中国科学院上海分子生物学实验室建成，并通过验收。

12月24日，国家统计局、国家计委、国家经委、国家科委、财政部联合决定，从“七五”国家重点科技攻关项目着手，建立科技统计报告制度。五个单位共同拟定了若干规定及用于具体统计调查的《专题合同基层表》。

1987年

1月20日，国务院发布《关于进一步推进科技体制改革的若干规定》。同日，国务院发布《国务院关于推进科研设计单位进入大中型工业企业的规定》。

1月22日，由国家计委、财政部、总参谋部和国防科工委共同组织制订的《国防科研试制拨款管理暂行办法》和《武器装备研制合同暂行办法》试行一年后，正式发布实施。

2月9—12日，由中国科协主持的全国民办科技实业家座谈会在北京召开。

3月2日，财政部、国家科委发出《关于对科研单位征收奖金税问题的通知》。

3月27—29日，由国家专利局上海分局、文汇报和上海经济信息报等20多个单位联合主办的专利技术交易会暨许可证贸易研究会在上海召开，展出项目1700多项。这是中国首次召开的专利技术大型交易会。

5月3日，中国民办科技实业家协会在北京农科院举行成立大会。

6月23日，六届全国人大常委会第二十一次会议通过《中华人民共和国技术合同法》，这是我国技术合同法体系中的基本法。

7 月 2 日，国家科委发布《国家星火奖励办法》，规定国家设立星火奖，分国家级和省市两级；根据授奖项目内容，设星火科技奖、星火人才奖、星火管理奖、星火优秀青年奖和星火示范企业奖。

7 月 15 日，中国技术市场研究协会在北京成立。该协会是全国从事技术市场研究、开发与经营工作的个人和单位的群众性学术团体。

7 月 29 日，中国科学、农牧渔业部、林业部、水利电力部共同制定发布《农民技术人员职称评定和晋升试行通则》。

9 月 14—18 日，第三世界科学院第二次会议在北京召开，重点讨论了科学发展与合作问题。

9 月 22 日，国家科委、财政部联合发布《关于科研单位建立三项基金的规定》，指出各类科研单位可从其纳税后留用的纯收入中，分不同情况按一定比例提取事业发展基金、集体福利基金和奖励基金。

10 月 9 日，我国为美国泛美太平洋卫星公司发射一颗通信卫星的合同生效仪式在北京举行。这是我国宣布承揽为国外发射卫星业务后生效的第一个合同。

12 月 22 日，国家科委、财政部联合发出《关于在中央有关部门和所属单位全面实行〈科学研究单位会计制度〉的通知》，决定从 1988 年 1 月 1 日起，在国务院各有关部门和所属单位普遍实行《科学研究单位会计制度》。

12 月 28 日—翌年 2 月 24 日，由中共中央办公厅调研室牵头，国家科委、国家教委、中国科学院、中国科协、北京市科委、北京市海淀区人民政府七家单位组成的联合调查组开始对北京中关村电子一条街进行联合调查。党中央考虑联合调查组的建议后，决定由北京市牵头，建立中关村新技术开发试验区。

1988 年

1 月 18 日，国务院办公厅转发国家科委《关于科技人员业余兼职若干问题的意见》，对科技人员业余兼职问题做了系统而且具体的规定，明确允许科技干部兼职，从而开了“智力柔性流动”的先河。

2 月 27 日，国务院批准施行《中华人民共和国技术合同管理暂行规定》。

5 月 3 日，国务院发布《关于深化科技体制改革若干问题的决定》，提出要鼓励科研机构切实引入竞争机制，积极推行各种形式的承包经营责任制，实行科研机构所有权和经营管理权的分离。

5 月 20 日，北京市人民政府发布《北京市新技术产业开发试验区暂行条例实施办法》，决定以中关村地区为中心，在海淀区划出 100 平方公里左右区域建立外向型、开放型的新技术产业开发试验区。由此，我国第一个国家级高新技术产业开发区正式成立。

7 月 7 日，钱学森同其他 31 名科学家、技术专家正式受聘进入国防科技“高级智囊团”——国防科工委科技委员会，这是国防科工委科技委员会第一次向全国聘请科技顾问和兼职委员。

8 月 5 日，北京新技术产业开发试验区宣布正式成立，并开始对外办公。

8 月 5—8 日，全国第一次“火炬”计划工作会议在北京召开。以此为标志，全国“火炬”计划正式开始实施。

8 月 29 日，国家科委在《关于科学技术成果鉴定办法若干问题的通报》中强调，凡可以通过市场机制鉴别的科技成果，尽可能不组织专门的鉴定。

9 月 20 日，国家科委、财政部联合发布《关于科研单位实行经济核算制的若干规定》。

12月28日，国务院办公厅发出《关于中长期科技发展纲领起草工作专家组组成人员的通知》，决定成立中长期科技发展纲领起草工作专家组。

1989年

2月13—15日，国家科委在北京召开全国基础研究和应用基础研究工作会议。

3月15日，国家科委公布《中华人民共和国技术合同法实施条例》。

3月21日，国务院发布《中华人民共和国测绘成果管理规定》。

5月18日，国家科委发布《关于进入大中型工业企业科研单位科学事业费管理办法》。

11月1—2日，二十一世纪国际专利制度世界讨论会在北京举行，联合国世界知识产权组织和中国专利局向10项“首届中国专利发明创造金奖”获得者颁奖。

12月23日，国家科委、国家税务局发布《关于科研单位中试产品免征所得税问题的若干规定》。

1990年

2月23日，国家科委在全国范围内正式实施国家重点科技成果推广计划，包括国家级计划和省级计划两个部分，旨在有组织、有计划地大面积推广先进、成熟的工农业重大科技成果。

3月2—6日，全国科技工作会议在北京召开。宋健在会上强调，科技体制改革得到进一步深化，科技与经济紧密结合的新机制正在逐步形成，已有相当一批研究院所、技术开发机构进入了经济领域。

5 月 9—13 日，第二次全国火炬工作会议在南京召开。

11 月 1 日，由 34 名专家组成的国家软科学研究工作指导委员会在北京宣告成立，该会是由国家科委决定组建的，是国家科委加强软科学管理的重要措施。

12 月 7 日，国家科委发布《技术交易会管理暂行办法》。

12 月 17—21 日，全国高校科技工作会议在北京举行。在闭幕式上，国家教委、国家科委联合表彰了近 600 名全国高校先进科技工作者和 69 个先进集体。

1991 年

3 月 4—8 日，全国科委主任、科技司长会议在北京举行。宋健做了题为《科技兴则国兴》的讲话，提出科技事业要形成计划管理和市场调节相结合的运行机制。

3 月 6 日，国家科委发布《国家高新技术产业开发区高新技术企业认定条件和办法》《国家高新技术产业开发区若干政策的暂行规定》。同日，国家税务局发布《国家高新技术产业开发区税收政策的规定》。

3 月 9 日，国家科委在北京召开了颁发国家分析测试中心证书大会，批准我国第一批 10 个测试单位为国家分析测试中心，并颁发了国家分析测试中心证书。

4 月 22—25 日，全国“863”计划工作会议在北京举行。会上宣读了邓小平的题词：“发展高科技，实现产业化”。

6 月 1 日，《中华人民共和国著作权法》开始施行。为保证《中华人民共和国著作权法》的正确执行，经国务院批准，国家版权局 1991 年 5 月 30 日公布《中华人民共和国著作权法实施条例》，与《中华人民共和国著作权法》同时施行。

6 月 4 日，国务院公布《计算机软件保护条例》。

8 月 9 日，共青团中央和国家科委联合发布《“八五”期间培养农村“青年星火带头人”活动规划要点》。

8 月 22 日，国家“七五”科技攻关成果展览在北京开幕，这是改革开放以来我国举办的最大的一次科技展览。

8 月 31 日，国家基础性研究重大项目首席科学家联席会议在北京举行。宋健、向谷、超豪等 12 位承担项目的首席科学家颁发聘书。

9 月 2 日，国家计委、国家科委、财政部主持召开的“七五”国家科技攻关表彰大会在北京举行，对 453 项重大科技成果和 206 名做出优异成绩的科技工作者颁奖。

10 月 7 日，国家科委、国家体改委联合发布《关于深化高新技术产业开发区改革，推进高新技术产业发展的决定》。

1992 年

3 月 8 日，国务院印发《国家中长期科学技术发展纲领》。

4 月 22 日，中国科学院第六次学部委员大会通过《中国科学院学部委员章程（试行）》，这是中国科学院学部成立以来第一个全面指导学部工作的基本文件。

8 月 27 日，国家科委、国家经改委联合发布《关于分流人才、调整结构、进一步深化科技体制改革的若干意见》，指出深化科技体制改革的一个战略任务，是要抓住有利时机，加快分流人才，合理调整结构，进一步转变科技系统的运行机制。这对于合理配置科技资源，充分发掘科技潜力，对于优化我国科技系统的组织结构，建立适应社会主义市场经济的新型体制，解放科技第一生产力，具有十分重要的意义。

1993 年

4 月 9—11 日，在国家科委倡导和支持下，由中国科学院组织的“香山科学会议”在北京香山正式举行。“香山科学会议”是以“科学前沿和未来学术讨论会”为主的高层次学术会议，其宗旨是提供自由讨论的宽松环境，促进学科的交叉与融合，推进跨学科研究，面向科学前沿，促进知识创新。

7 月 2 日，八届全国人大常委会第二次会议通过《中华人民共和国科学技术进步法》，明确提出逐步提高全国研究开发经费占国民生产总值的比例。

7 月 15 日，国家教委发布《关于重点建设一批高等学校和重点学科点的若干意见》，决定设置“211 工程”重点建设项目，即面向 21 世纪，重点建设 100 所左右的高等学校和一批重点学科点。

10 月 19 日，国务院第十一次常务会议决定，将中国科学院学部委员改称中国科学院院士。

1994 年

2 月 17 日，国家科学技术委员会、国家经济体制改革委员会联合发布《适应社会主义市场经济发展、深化科技体制改革实施要点》，提出科技体制改革的总体目标是建立适应社会主义市场经济发展，符合科技自身发展规律和市场经济运行规律，科技与经济密切结合的新型体制，促进科技进步，实现科技、经济和社会的综合协调发展。

2 月 25 日，国务院批准国家科委、中国科学院《关于建立中国工程院有关问题的请示》，正式批准成立中国工程院。

6 月 3 日，中国工程院成立大会和中国科学院第七次院士大会在中南海怀仁堂同时举行，中国工程院是中国工程技术界最高荣誉性、咨询性学术机构。在这次大会上，产生了96位中国工程院首批院士。

12月5日，中共中央、国务院印发《关于加强科学技术普及工作的若干意见》，把科普工作提到了关系全局的战略地位。

1995年

5月6日，中共中央、国务院印发《关于加速科学技术进步的决定》，提出科教兴国战略，强调深化科技体制改革，建立适应社会主义市场经济体制和科技自身发展规律的新型科技体制。

5月26—30日，中共中央、国务院在北京召开全国科学技术大会，江泽民在开幕式上作题为《努力实施科教兴国的战略》的讲话，提出决定在全国实施科教兴国战略，确立科技和教育是兴国的手段和基础的方针；提出“创新是一个民族进步的灵魂，是国家兴旺发达的不竭动力”。

1996年

3月18日，国家科技领导小组成立暨第一次会议在北京中南海举行。国家科技领导小组的主要职责是研究、制定国家科技政策，讨论、决定重大科技任务与项目，调和全国各部门科技工作的关系等。国家科技领导小组设在国务院，办公室设在国家科委。

4月27日，国家科委发出《关于实施技术创新工程意见的通知》，并附《国家科委“九五”技术创新工程实施要点》，从深化科技体制改革、加速技术创新体系和机制建设，加强科技计划继承，提高产业技术创新能力、营造良好的技术创新环境、做好技术创新的试点示范工作、加强对技术创新工程的组织领导等方面部署。

5月15日，八届全国人大常委会第十九次会议通过《中华人民共和国促进科技成果转化法》，旨在促进和规范科技成果转化活动。

9月15日，国务院印发《关于“九五”期间深化科技体制改革的决定》，确定了“九五”期间深化科技体制改革的主要目标、任务、措施和达到的目标，围绕经济建设和社会发展主战场、发展高技术和建立高新技术产业、加强基础性研究三个层次进行科技体制改革的战略部署。

1997年

5月8日，国家科委发布《关于加快深化地方科技体制改革实施工作若干意见》。

6月4日，国家科技领导小组第三次会议决定制定和实施《国家重点基础研究发展规划》，加强国家战略目标导向的基础研究工作。随后，科技部组织实施国家重点基础研究发展计划（即“973计划”）。

12月9日，中国科学院向党中央和国务院报送题为《迎接知识经济时代，建设国家创新体系》的研究报告，提出了深化科技体制改革，建设国家创新体系的建议。

1998年

2月4日，江泽民在《迎接知识经济时代，建设国家创新体系》报告上做出重要批示，强调知识经济、创新意识对于我国21世纪的发展至关重要，要求中国科学院先走一步，真正搞出自己的创新体系。

3月10日，根据《第九届全国人民代表大会第一次会议关于国务院机构改革方案的决定》，国家科学技术委员会正式更名为科学技术部。

6月9日，朱镕基主持召开国家科技教育领导小组第一次会议，审议并原则通过中国科学院《关于“知识创新工程”试点的汇报提纲》，开始在中国科学院试点“知识创新工程”，作为建设国家创新体系的试点。

6月25日，国务院印发《关于成立国家科技教育领导小组的决定》，决定成立国家科技教育领导小组，其主要职责是：研究、审议国家科技和教育发展战略及重大政策；讨论、审议科技和教育重要任务及项目；协调国务院各部门及部门与地方之间涉及科技或教育的重大事项。

8月4日，教育部和李嘉诚基金会共同启动实施了“长江学者奖励计划”。这项计划主要立足国内，通过实施高校特聘教授、讲座教授岗位制度和“长江学者成就奖”，吸引国内外中青年各界精英投身高校重点学科建设，赶超国际先进水平，培养和造就一批具有国际领先水平的学术带头人，以迅速提高我国高校在国家创新体系中的能力和在国际上的学术地位。

1999年

3月30日，国务院办公厅转发科技部等七部门《关于促进科技成果转化的若干规定》，鼓励高新技术研发及成果转化，保障高新技术企业经营自主权，发展高新技术产业。

4月12日，科技部、国家经贸委、财政部等十三个部门发布《关于国家经贸委管理的10个国家局所属科研机构管理体制改革的实施意见》，从实施方案、配套政策、组织实施等方面对国家经贸委管理的几个国家局所属242个科研机构的管理体制的改革提出具体实施意见。

8月20日，中共中央、国务院印发《关于加强技术创新，发展高科技，实现产业化的决定》。

8月23—26日，中共中央、国务院召开了全国技术创新大会，提出进一步实施科教兴国战略，建设国家知识创新体系，加速科技成果向现实生产力转化，提高我国经济的整体素质和综合国力，保证社会主义现代化建设第三步战略目标的顺利实现。

9月18日，中共中央、国务院、中央军委在北京人民大会堂举行表彰为研制“两弹一星”作出突出贡献的科技专家大会，朱镕基宣读了《中共中央、国务院、中央军委关于表彰为研制“两弹一星”作出突出贡献的科技专家并授予“两弹一星功勋奖章”的决定》，授予于敏、王大珩、王希季、朱光亚、孙家栋、任新民、吴自良、陈芳允、陈能宽、杨嘉墀、周光召、钱学森、屠守锷、黄纬禄、程开甲、彭桓武和追授王淦昌、邓稼先、赵九章、姚桐斌、钱骥、钱三强、郭永怀“两弹一星功勋奖章”。

2000年

5月24日，国务院办公厅转发科技部等部门《关于深化科研机构管理体制改革的实施意见》，提出对不同类型、分属不同部门的科研机构实行分类。

10月9—11日，党的十五届五中全会在北京举行，审议通过《中共中央关于制定国民经济和社会发展第十个五年计划的建议》，强调为实现“十五”计划目标，必须把发展作为主题，把结构调整作为主线，把改革开放和科技进步作为动力，把提高人民生活水平作为根本出发点。

10月11日，新中国成立以来我国工程界规模最大、级别最高的国际会议——2000年国际工程科技大会在北京召开。大会的主题是工程技术创新对21世纪经济与社会发展的影响。

12月13日，科技部发布《关于加强与科技有关的知识产权保护和管理工作的若干意见》。

12月28日，科技部发布《科技评估管理暂行办法》，规范我国科技评估活动的独立性，使科技评估工作有序、健康发展。

2001年

1月15日，人事部发布《留学人员创业园管理办法》。

2月19日，中共中央、国务院在北京举行国家科学技术奖励大会，江泽民向吴文俊、袁隆平颁发2000年度国家最高科学技术奖。这是党中央、国务院决定从2000年起以国家名义对为科学技术发展作出杰出贡献的科学家给予最高荣誉的奖励。

2月24日，民政部发出《关于重新确认社会团体业务主管单位的通知》，确认中国科协为22个正式授权的全国社会团体的业务主管单位之一。

3月22日，国务院印发《关于同意设立“科技活动周”的批复》，提出自2001年起，每年5月份的第三周，在全国开展群众性的“科技活动周”活动。

5月14—20日，首届“科技活动周”在北京举行。

6月11日，国家计委、科技部联合发布《国民经济和社会发展第十个五年计划科技教育发展专项规划（科技发展规划）》。

2002年

4月3日，科技部发布《国家重点实验室建设与管理暂行办法》。

4月8日，科技部印发《关于重大科技专项启动实施若干问题的意见》。

5月22日，国家知识产权局发布《促进技术创新城市专利试点工作导则（修订）》。

6月21日，国家经贸委、财政部、科技部、国家税务总局联合发布《国家产业技术政策》。该政策是一个包括工业、农业和国防科技工业的技术政策纲要，是引导市场主体行为方向的指导性文件。

6月29日，九届全国人大常委会第二十八次会议通过《中华人民共和国科学技术普及法》。

9月5日，中国科协2002年学术年会在四川成都开幕。

2003年

1月3日，科技部发出《关于省部共建实验室有关问题的通知》，公布了首批29个省部共建实验室名单。

5月30日，温家宝主持召开国家科技教育领导小组第一次会议，审议并原则通过《关于制定国家中长期科学和技术发展规划工作方案》。

12月20日，国务院印发《关于修改〈国家科学技术奖励条例〉的决定》。

2004年

6月2日，中国科学院第十二次院士大会、中国工程院第七次院士大会在人民大会堂开幕。大会主题是团结带领全国科学技术和工程技术界，深入研讨21世纪头20年我国科学技术和工程技术发展中的重大问题，为制定好国家中长期科学和技术发展规划积极献计献策。

7月3日，国务院办公厅转发科技部等部门《2004—2010年国家科技发展基础条件平台建设纲要》，提出到2010年，初步建成适应科技创新需求和科技发展需要的人才队伍和研究服务机构。为最终形成布局合理、功能完善、体系健全、共享高效的国家科技发展基础条件平台奠定基础。

11月20日，中国科协2004年学术年会在海南博鳌开幕，主题是“以人为本、协调发展”。

2005年

1月13日，科技部发布《国家高新技术产业开发区技术创新纲要》。

6月27日，中共中央政治局召开会议，讨论国家中长期科学技术发展规划的若干重大问题，研究部署加快我国科学技术事业发展的有关问题。

10月8—11日，党的十六届五中全会在北京召开，首次提出把增强自主创新能力作为调整产业结构、转变增长方式的中心环节。

10月28日，国家发改委、科技部、国家环境保护总局发布《国家鼓励发展的资源节约综合利用和环境保护技术》。

2006年

1月11日，胡锦涛会见全军后勤工作会议代表和“十五”时期全军后勤重大科技成果获奖单位、个人代表，提出要依靠科技进步与创新，不断提高后勤保障的质量和效益，为有效履行新世纪新阶段我军历史使命提供坚强的保障。

1月26日，中共中央、国务院印发《关于实施科技规划纲要，增强自主创新能力的决定》，提出全面提升国家竞争力，创新体制机制，走中国特色自主创新道路，为建设创新型国家而奋斗。

2月6日，国务院下发《关于全民科学素质行动计划纲要（2006—2010 -2020年）的通知》。

2月7日，国务院下发《关于印发实施〈国家中长期科学和技术发展规划纲要（2006—2020年）〉若干配套政策的通知》，要求营造激励自主创新的环境，推动企业成为技术创新的主体，努力建设创新型国家。

12月29日，十届全国人大常委会第三十一次会议修订《中华人民共和国科学技术进步法》。

2007年

1月16日，中组部、教育部、科技部、人事部、中国科协联合发布《关于动员和组织广大科技创新型国家做出新贡献的若干意见》。

1月23日，国务院办公厅转发国家发改委、科技部、教育部《国家自主创新基础能力建设“十一五”规划》，指出自主创新基础能力建设是国家创新体系建设的主要组成部分，是保障和促进全社会创新活动、培养和凝聚高层次人才、建设创新型国家的必要物质技术基础，是国家基础设施建设的重要内容。

2月14日，国务院第169次常务会议通过《国家自然科学基金条例》。

5月16日，民政部、中国科协联合发出《关于推进科技类学术团体创新发展试点工作的通知》，这是中国科协首次联合国家社会组织登记管理部门制定促进学会改革的指导性文件。至此，中国科协所属学会的改革创新试点工作纳入国家促进社会组织改革的整体框架体系。

11月27日，中国科协与中国科学院共同正式签署建立全国学会办事机构合作共建协议。按照“统筹协调，联合推进，加强协作，沟通协调，需求牵引，突出重点，权责明确，规范管理”的原则，将挂靠在中国科学院的45个全国学会办事机构的建设纳入中国科学院、中国科协的工作范畴，建立完善“整体协调、资源集成、联合推进”的经常化支持机制，共同加大对学会的人、财、物的支持。

12月29日，十届全国人大常委会第三十一次会议审议通过修订后的《中华人民共和国科学技术进步法》。

2008 年

1 月 15 日，中国科协第七届全国委员会第三次会议决定，自 2008 年起，每年 11 月的第三个周日为“中国科协会员日”。

6 月 5 日，国务院印发《国家知识产权战略纲要》。

7 月 1 日，修订后的《中华人民共和国科学技术进步法》正式实施。作为中国科技界基本法，修订后的《中华人民共和国科学技术进步法》被认为进一步奠定了建设创新型国家的法律基石。

12 月 23 日，中共中央办公厅转发中央人才工作协调小组《关于实施海外高层次人才引进计划的意见》，开始实施“海外高层次人才引进计划”，并对海外高层次人才回国发展的职务职称、科研资金、居留和出入境、落户、医疗、保险、住房、子女入学等方面的问题给予了最大限度的保障。

12 月 30 日，科技部、财政部、教育部、国务院国资委、全国总工会、国家开发银行联合发布《关于推动产业技术创新战略联盟构建的指导意见》。

2009 年

3 月 13 日，国务院印发《关于同意支持中关村科技园区建设国家自主创新示范区的批复》。

5 月 15 日，工业和信息化部、科学技术部、财政部、国家税务总局联合发布《国家产业技术政策》，该政策的目的是调动社会资源，引导市场主体行为，指导产业技术发展方向，促进产业技术进步。

7 月 14 日，科技部、财政部、教育部、国务院国资委、全国总工会和国家开发银行联合召开全国技术创新工程视频会议，发布《国家技术创新工程总体实施方案》，为地质装备制造企业的发展提供了新契机。

2010 年

1 月 6 日，国家发改委发布《关于推进国家创新型城市试点工作的通知》，原则同意大连、青岛、厦门、沈阳、西安、广州、成都、南京、杭州、济南、合肥、郑州、长沙、苏州、无锡、烟台等城市申报的创建国家创新型城市总体方案，支持以上十六个城市开展创建国家创新型城市试点。

1 月 8 日，科技部办公厅发出《关于选择一批产业技术创新战略联盟开展试点工作的通知》，决定在已成名的联盟中选择 36 个作为试点开展工作。

4 月 1 日，中共中央、国务院印发《国家中长期人才发展规划纲要（2010 — 2020 年）》。

4 月 6 日，科技部发布《关于进一步推进创新型城市试点工作的指导意见》和《创新型城市建设监测评价指标（试行）》，标志着国家创新型城市创建工作开始全面部署。

7 月 8 日，中共中央、国务院印发《国家中长期教育改革和发展规划纲要（2010 — 2020 年）》。

10 月 10 日，国务院印发《关于加快培育和发展战略性新兴产业的决定》。

12 月 16 日，科技部、中国人民银行、中国银监会、中国证监会、中国保监会发布《促进科技和金融结合试点实施方案》。

2011 年

7 月 4 日，科技部发布《关于印发国家十二五科学和技术发展规划的通知》，指出，“十二五”是我国全面建设小康社会的关键时期，是提高自主创新能力、建设创新型国家的攻坚阶段。

7 月 26 日，为大力推进科技人才队伍建设，特别是加强高层次创新型人才队伍建设，带动各类科技人才队伍全面发展，加快科技进步和创新，建设人才强国和创新型国家，科技部、人力资源和社会保障部等部门联合发布《国家中长期科技人才发展规划（2010—2020 年）》。

8 月 29 日，为进一步发挥民营企业在推进经济发展方式转变中的重要作用，围绕推进民营企业建立技术（开发）中心，承担或参与工程（技术）研究中心、工程实验室、重点实验室建设，以及建立和完善服务于民营企业的技术创新服务机构，增强民营企业技术创新能力，国家发改委、科技部出台《关于加快推进民营企业研发机构建设的实施意见》。

10 月 20 日，科技部、中国人民银行、中国银监会等发布了首批开展促进科技和金融结合试点地区名单，确定中关村国家自主创新示范区、天津市、上海市、江苏省、浙江省“杭温湖甬”地区、安徽省合芜蚌自主创新综合实验区、武汉市、长沙高新区、广东省“广佛莞”地区、重庆市、成都高新区、绵阳市、关中–天水经济区（陕西）、大连市、青岛市、深圳市等 16 个地区为首批促进科技和金融结合试点地区。

同日，为促进科技和金融结合，推进自主创新，培育发展战略性新兴产业，支撑和引领经济发展方式转变，加快建设创新型国家，科技部、财政部等八部门联合制定《关于促进科技和金融结合加快实施自主创新战略的若干意见》。

11月14日，国务院办公厅发布《关于进一步支持企业技术创新的通知》，强调要加强企业技术创新是加快转变经济发展方式的重要支撑，是促进科技体制改革的关键环节，是落实科学发展观、建设创新型国家的重要内容。

2012年

2月22日，科技部发布《现代服务业科技发展十二五专项规划》，提出围绕生产性服务业、新兴服务业、科技服务业等重点领域，加强商业模式创新和技术集成创新，突破一批共性关键技术，形成一批系统解决方案，建立完善现代服务业技术支撑体系、科技创新体系和产业发展支撑体系。

7月6—7日，全国科技创新大会在北京举行。

7月30日，国家科技体制改革和创新体系建设领导小组召开第一次会议，审议《落实〈中共中央、国务院关于深化科技体制改革加快国家创新体系建设的意见〉任务分工》。

9月23日，中共中央、国务院印发《关于深化科技体制改革 加快国家创新体系建设的意见》，核心是解决科技和经济“两张皮”问题，推进科技与经济的紧密结合，真正建立企业主导产业技术研发创新的机制。

2013年

1月15日，国务院下发《关于印发“十二五”国家自主创新能力建设规划的通知》，主要包括创新基础设施、创新主体、创新人才队伍和制度文化环境等方面内容。

1月28日，科技部发布《国家高新技术产业开发区“十二五”发展规划纲要》，提出到2015年，国家高新区要显著提高自主创新能力，努力实现自主创新能力、产业竞争力、引领辐射力和国际影响力“四个提升”。

2月5日，科技部发布《技术市场“十二五”发展规划》，明确了“十二五”时期我国技术市场发展的指导思想、发展目标和重点任务，提出了保障措施。

9月30日，中共中央政治局以实施创新驱动发展战略为题举行第九次集体学习。这次集体学习走出中南海，把“课堂”搬到了中关村，采取调研、讲解、讨论相结合的形式进行。习近平总书记在此期间强调，实施创新驱动发展战略是一项系统工程，最为紧迫的是要进一步解放思想，加快科技体制改革步伐，破除一切束缚创新驱动发展战略的观念和体制机制障碍。

10月11日，科技部发布《国家科技计划科技报告管理办法》。

11月12日，党的十八届三中全会通过《中共中央关于全面深化改革若干重大问题的决定》，把深化科技体制改革作为全面深化改革的重要内容，提出建立健全鼓励原始创新、集成创新、引进消化吸收再创新的体制机制，健全技术创新市场导向机制，发挥市场对技术研发方向、路线选择、要素价格、各类创新要素配置的导向作用；建立产学研协同创新机制，强化企业在技术创新中的主体地位，发挥大型企业创新骨干作用，激发中小企业创新活力，推进应用型技术研发机构市场化、企业化改革，建设国家创新体系。

2014年

6月9日，中国科学院第十七次院士大会和中国工程院第十二次院士大会在北京人民大会堂举行。习近平总书记在会上强调，我国科技发展的方向就是创新、创新、再创新。实施创新驱动发展战略，最根本的是要增强自主创新能力，最紧迫的是要破除体制机制障碍，最大限度解放和激发科技作为第一生产力所蕴藏的巨大潜能。

8月8日，习近平总书记对《中国科学院“率先行动”计划暨全面深化改革纲要》做出批示，强调要面向世界科技前沿、面向国家重大需求、面向国民经济主战场，精心设计和大力推进改革，清除各种有形无形的栅栏，打破各种院内院外的围墙，让机构、人才、装置、资金、项目都充分活跃起来，形成推进科技创新发展的强大合力。

10月9日，国务院印发《关于加快科技服务业发展的若干意见》，部署培育和壮大科技服务市场主体，创新科技服务模式，延展科技创新服务链，促进科技服务业专业化、网络化、规模化、国际化发展，为建设创新型国家、打造中国经济升级版提供重要保障。这是国务院首次对科技服务业发展做出的全面部署。

12月3日，国务院印发《关于深化中央财政科技计划（专项、基金等）管理改革的方案》，将国家科技计划全面整合成五大类，之前的各类科技计划经费渠道不再保留。

12月31日，国务院印发《关于国家重大科研基础设施和大型科研仪器向社会开放的意见》，要求提高科研设施与仪器利用率和共享水平，减少闲置浪费现象，充分发挥科研设施与仪器对科技创新的服务和支撑作用，提高科技资源利用效率。

2015年

3月13日，中共中央、国务院印发《关于深化体制机制改革加快实施创新驱动发展战略的若干意见》，从顶层设计方面推进科技创新。

5月4日，国务院办公厅印发《关于深化高等学校创新创业教育改革的实施意见》，目的是推动大众创业、万众创新，实施创新驱动发展战略，促进经济提质增效升级，推进高等教育综合改革，促进高校培养更高质量的毕业生进入社会创业就业。

5月5日，习近平总书记主持召开中央全面深化改革领导小组第十二次会议，审议通过《关于在部分区域系统推进全面创新改革试验的总体方案》《深化科技体制改革实施方案》。

5月19日，国务院印发《中国制造2025》，提出通过“三步走”实现制造强国的战略目标，是我国实施制造强国战略第一个十年的行动纲领。

6月11日，国务院印发《关于大力推进大众创业万众创新若干政策措施的意见》，并确定从2015年起，每年10月份举办“大众创业万众创新活动周”。

8月29日，十二届全国人大常委会第十六次会议通过《全国人民代表大会常务委员会关于修改〈中华人民共和国促进科技成果转化法〉的决定》。

9月24日，中共中央办公厅、国务院办公厅印发《深化科技体制改革实施方案》，从技术创新市场导向机制、科研体系改革、人才培养激励等10个方面，提出了32项改革举措、143项政策措施，强调坚持走中国特色自主创新道路，聚焦实施创新驱动发展战略，以构建中国特色国家创新体系为目标，全面深化科技体制改革，推动以科技创新为核心的全面创新，推进科技治理体系和治理能力现代化，促进军民融合深度发展，营造有利于创新驱动发展的市场和社会环境。

2016年

1月18日，中共中央、国务院印发《国家创新驱动发展战略纲要》，明确我国到2050年建成世界科技创新强国“三步走”的战略目标。

2月26日，国务院印发《实施〈中华人民共和国促进科技成果转化法〉若干规定》。对于促进大众创业、万众创新，鼓励科技成果转化，推进经济提质增速升级等起到了规范和指导的作用，也成为国家设立的科研院所、高等院校等科技成果转化主体在实践中的重要依据。

3月27日，中共中央办公厅印发《科协系统深化改革实施方案》。

4月12日，国务院印发《上海系统推进全面创新改革试验，加快建设具有全球影响力的科技创新中心方案》，批准上海加快建设科技创新中心，探索科技创新体制机制改革，总结和推广可复制的改革经验。

4月21日，国务院办公厅印发《促进科技成果转移转化行动方案》，加快推动科技成果转化为现实生产力，依靠科技创新支撑稳增长、促改革、调结构、惠民生。

5月30日，全国科技创新大会、两院院士大会、中国科协第九次全国代表大会隆重召开。习近平总书记在大会上的重要讲话，从战略高度把科技创新摆在更加重要位置，明确了我国科技事业发展的历史方位、奋斗目标，对深入实施创新驱动发展战略做出系统部署。这一重要讲话是指引我国科技事业发展的纲领性文献，吹响了建设世界科技强国的时代号角。

7月20日，中共中央办公厅、国务院办公厅印发《关于进一步完善中央财政科研项目资金管理等政策的若干意见》，为科研人员松绑解套。

11月7日，中共中央办公厅、国务院办公厅印发《关于实行以增加知识价值为导向分配政策的若干意见》，激发科研人员创新创业积极性，在全社会营造尊重劳动、尊重知识、尊重人才、尊重创造的氛围。

12月3日，国务院下发《关于印发中国落实2030年可持续发展议程创新示范区建设方案的通知》，提出在“十三五”期间，创建10个左右国家可持续发展议程创新示范区，科技创新对社会事业发展的支撑引领作用不断增强，经济与社会协调发展程度明显提升，形成若干可持续发展创新示范的现实样板和典型模式，对国内其他地区可持续发展发挥示范带动效应，对外为其他国家落实2030年可持续发展议程提供中国经验。

2017年

2月6日，习近平总书记主持召开中央全面深化改革领导小组第三十二次会议，审议通过《国家科技决策咨询制度建设方案》。

3月24日，习近平总书记主持召开中央全面深化改革领导小组第三十三次会议，审议通过《关于深化科技奖励制度改革的方案》，强调科技奖励制度是鼓励自主创新、激发人才活力、营造创新环境的一项重要措施。

8月18日，科技部、财政部、国家发改委三部门联合发布《国家科技创新基地优化整合方案》。

9月15日，国务院印发《国家技术转移体系建设方案》，明确提出了加快建设和完善国家技术转移体系的总体思路、发展目标、重点任务和保障措施，部署构建符合科技创新规律、技术转移规律和产业发展规律的国家技术转移体系，全面提升科技供给与转移扩散能力。

10月18—24日，党的十九大在北京举行。习近平总书记在题为《决胜全面建成小康社会 夺取新时代中国特色社会主义伟大胜利》的报告中强调加快建设创新型国家，并指出创新是引领发展的第一动力，是建设现代化经济体系的战略支撑。

2018年

1月19日，国务院发布《关于全面加强基础科学研究的若干意见》，从总体要求、完善基础研究布局、建设高水平研究基地、壮大基础研究人才队伍、提高基础研究国际化水平、优化基础研究发展机制和环境等方面提出意见。

4 月 10 日，重新组建的科学技术部正式揭牌。重新组建的科学技术部，将科学技术部、国家外国专家局的职责整合，科学技术部对外保留国家外国专家局牌子，国家自然科学基金委员会由科学技术部管理。

5 月 28 日，中国科学院第十九次院士大会、中国工程院第十四次院士大会在北京召开，习近平总书记强调瞄准世界科技前沿，引领科技发展方向，抢占先机迎难而上，建设世界科技强国。

6 月 22 日，科技部、财政部发布《关于加强国家重点实验室建设发展的若干意见》。

7 月 3 日，中共中央办公厅、国务院办公厅印发《关于深化项目评审、人才评价、机构评估改革的意见》，旨在从制度上让科研人员不再为人才“帽子”“牌子”和“检查”所扰。

7 月 18 日，国务院下发《关于优化科研管理提升科研绩效若干措施的通知》，提出切实精简人才“帽子”，对科技领域人才计划进行优化整合。

7 月 28 日，国务院办公厅发出《关于成立国家科技领导小组的通知》，决定将国家科技教育领导小组调整为国家科技领导小组，其主要职责是研究、审议国家科技发展战略、规划及重大政策；讨论、审议国家重大科技任务和重大项目；协调国务院各部门之间及部门与地方之间涉及科技的重大事项。

2019 年

6 月 11 日，中共中央办公厅、国务院办公厅印发《关于进一步弘扬科学家精神加强作风和学风建设的意见》。

7月22日，上海证券交易所举行科创板首批公司上市仪式，我国资本市场由此向科技创新企业开放大门。科创板作为新设的增量板块，重点支持高新技术产业和战略性新兴产业。面向新一代信息技术、新材料、生物和高端装备制造四大领域。设立科创板并首次在我国股票市场引入注册制，被普遍认为是我国A股市场设立以来，发行上市制度方面最为重大的变革。科创板承载着各方对资本市场在推进科技创新及经济转型发展中的殷切期望。

8月13日，科技部、中宣部等六部门发布《关于促进文化和科技融合的指导意见》。

9月12日，科技部发布《关于促进新型研发机构发展的指导意见》。

10月16日，由中国科协联合中国科学院、中国工程院共同主办的首届世界科技与发展论坛在北京召开，同时开设3个分论坛，分别以“科技革命与产业变革”“科学技术与教育文化”“青年科学家与中小企业成长”为议题展开。

12月31日，中国人民银行发布《金融科技发展规划（2022—2025年）》，提出新时期金融科技发展指导意见，明确金融数字化转型的总体思路、发展目标、重点任务和实施保障。

2020年

5月9日，科技部、国家发改委等九部门联合发布《赋予科研人员职务科技成果所有权或长期使用权试点实施方案》。

7月13日，国务院印发《关于促进国家高新技术产业开发区高质量发展的若干意见》。

9月11日，习近平总书记在北京主持召开科学家座谈会，就

“十四五”时期我国科技事业发展听取意见。

12 月 20 日，科技部发布《长三角科技创新共同体建设发展规划》。

2021 年

4 月 7 日，国家发改委、科技部发出《关于深入推进全面创新改革工作的通知》。

5 月 10 日，科技部发布《国家重点研发计划“数学和应用研究”等“十四五”重点专项 2021 年度项目申报指南》，意味着我国重大科研任务的“揭榜挂帅”正式开始实施。

5 月 21 日，习近平总书记主持召开中央全面深化改革委员会第十九次会议，审议通过《关于完善科技成果评价机制的指导意见》。

5 月 28 日，中国科学院第二十次院士大会、中国工程院第十五次院士大会和中国科协第十次全国代表大会在北京召开。

6 月 3 日，国务院印发《全民科学素质行动规划纲要（2021—2035 年）》。

9 月 27—28 日，中央人才工作会议在北京召开，习近平总书记出席会议并发表重要讲话，强调要坚持党管人才，坚持面向世界科技前沿、面向经济主战场、面向国家重大需求、面向人民生命健康，深入实施新时代人才强国战略，全方位培养、引进、用好人才，加快建设世界重要人才中心和创新高地，为 2035 年基本实现社会主义现代化提供人才支撑，为 2050 年全面建成社会主义现代化强国打好人才基础。

11 月 24 日，习近平总书记主持召开中央全面深化改革委员会第二十二次会议，审议通过《科技体制改革三年攻坚方案（2021—2023 年）》《关于支持中关村国家自主创新示范区开展高水平科技自立自强先行先试改革的若干措施》。

2022 年

1 月 1 日，经十三届全国人大会常委会第三十二次会议修订通过的《中华人民共和国科学技术进步法》正式施行。

1 月 6 日，2022 年全国科技工作会议在北京以视频形式召开。

3 月 23 日，2022 年全国科技政策法规与体制改革工作会议以视频会议形式在北京召开。

6 月 22 日，习近平总书记主持召开中央全面深化改革委员会第二十六次会议，审议通过《关于开展科技人才评价改革试点的工作方案》，指出开展科技人才评价改革试点，要坚持德才兼备，按照承担国家重大攻关任务以及基础研究、应用研究和技术开发、社会公益研究等分类进行人才评价，从构建符合科研活动特点的评价指标、创新评价方式、完善用人单位内部制度建设等方面提出试点任务，形成可操作可复制可推广的有效做法。

8 月 5 日，科技部、财政部发布《企业技术创新能力提升行动方案（2022—2023 年）》。

9 月 6 日，习近平总书记主持召开中央全面深化改革委员会第二十七次会议，审议通过《关于健全社会主义市场经济条件下关键核心技术攻关新型举国体制的意见》《关于深化院士制度改革的若干意见》，强调要发挥我国社会主义制度能够集中力量办大事的显著优势，强化党和国家对重大科技创新的领导，充分发挥市场机制作用，围绕国家战略需求，优化配置创新资源，强化国家战略科技力量，大幅提升科技攻关体系化能力，在若干重要领域形成竞争优势、赢得战略主动。

9 月 15 日，第 10 届中国—东盟技术转移与创新合作大会在广西南宁开幕，宣布启动中国—东盟技术转移专项行动。同时，中国—东盟技术转移联盟正式成立，该联盟是国内首个面向东盟开展技术转移的合作机制，将联合国内科技创新能力强、资源集中的省市创新机构，更有效地对接东盟各国创新需求。

10 月 16 日，党的二十大在北京召开，习近平总书记作了题为《高举中国特色社会主义伟大旗帜 为全面建设社会主义现代化国家而团结奋斗》的报告，提出必须坚持科技是第一生产力、人才是第一资源、创新是第一动力，深入实施科教兴国战略、人才强国战略、创新驱动发展战略，开辟发展新领域新赛道，不断塑造发展新动能新优势；完善科技创新体系，坚持创新在我国现代化建设全局中的核心地位，健全新型举国体制，强化国家战略科技力量，提升国家创新体系整体效能，形成具有全球竞争力的开放创新生态。

图书在版编目（CIP）数据

科技体制改革 / 穆荣平，眭纪刚主编. — 北京：
中国工人出版社，2024.1
ISBN 978-7-5008-8026-4
Ⅰ. ①科… Ⅱ. ①穆… ②眭… Ⅲ. ①科技体制改革
—研究—中国 Ⅳ. ①G322
中国国家版本馆CIP数据核字（2024）第005889号

科技体制改革

出 版 人	董　宽
责任编辑	王晨轩　左　鹏
责任校对	张　彦
责任印制	栾征宇
出版发行	中国工人出版社
地　　址	北京市东城区鼓楼外大街 45 号　邮编：100120
网　　址	http://www.wp-china.com
电　　话	（010）62005043（总编室）
	（010）62005039（印制管理中心）
	（010）62382916（工会与劳动关系分社）
发行热线	（010）82029051　62383056
经　　销	各地书店
印　　刷	北京印刷集团有限责任公司
开　　本	710 毫米 × 1000 毫米　1/16
印　　张	37.5
字　　数	410 千字
版　　次	2025 年 1 月第 1 版　2025 年 1 月第 1 次印刷
定　　价	106.00 元